GONGCHENG JIXIE DIANQI KONGZHI XITONG

工程机械电气控制系统

陈继文 范文利 等编著

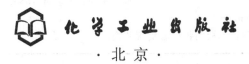

化学工业出版社

·北京·

本书全面介绍了工程机械的电气控制系统的构成及工作原理，以电工、电子技术及工程机械构造为基础，系统讲述了常用工程机械电气控制设备的构造、工作原理、维护及检修等方面的知识，主要包括蓄电池、交流发电机及其调节器、启动机、点火系统、照明及信号系统、仪表与报警系统、辅助电气设备、全车电路总线、施工现场供电及安全用电、故障诊断技术。本书内容比较丰富全面，且在叙述上考虑了知识的系统性，同时注重结合工程实践、实例说明、图文并茂、深入浅出，突出新技术、新工艺、新材料、新设备。

本书可供从事工程机械设计、制造、安装、检验与试验人员及有关管理与维护保养人员参考，也可作为高等院校工程机械及相关专业的教材。

图书在版编目（CIP）数据

工程机械电气控制系统/陈继文等编著. —北京：化学工业出版社，2012.10（2015.11 重印）
ISBN 978-7-122-15157-5

Ⅰ.①工…　Ⅱ.①陈…　Ⅲ.①工程机械-电气控制
Ⅳ.①TU6

中国版本图书馆 CIP 数据核字（2012）第 202409 号

责任编辑：张兴辉　　　　　　　　　　　文字编辑：陈　喆
责任校对：顾淑云　　　　　　　　　　　装帧设计：王晓宇

出版发行：化学工业出版社（北京市东城区青年湖南街 13 号　邮政编码 100011）
印　　装：北京印刷集团有限责任公司
787mm×1092mm　1/16　印张 19¾　字数 488 千字　2015 年 11 月北京第 1 版第 2 次印刷

购书咨询：010-64518888　　　　　　　售后服务：010-64518899
网　　址：http://www.cip.com.cn
凡购买本书，如有缺损质量问题，本社销售中心负责调换。

定　　价：68.00 元

前　言
Preface

　　电气控制系统是工程机械的重要组成部分，其性能直接影响了工程机械的动力性、经济性、工作可靠性、运行安全性、施工质量、生产效率以及使用寿命等。微电子技术、计算机技术、智能技术、总线技术、传感与检测技术、机器人技术等正在向工程机械领域不断渗透，促进了工程机械由模拟控制向数字控制发展，提高了工程机械的作业精度、工作可靠性、过程自动化程度和工作效率，也使工程机械实现智能控制、网络化与整体控制成为可能。

　　本教材从工程机械的实际情况出发，在内容安排上突出科学性和系统性，理论联系实际，实用性强，内容新颖、系统和详尽，原理介绍深入浅出，图文并茂，难易适度，便于自学。

　　本教材以工程机械典型电气设备与系统为基础，详细叙述了工程机械电气设备的基本结构、原理和工作特性，着重论述了工程机械电气设备的拆装、检查、调试、试验、维护、修理和使用注意事项等，还编入了一些工程机械电气设备与系统的典型实例，同时还有选择地介绍了一些电气设备的新结构和新技术。

　　本书共分11章，主要包括：蓄电池、交流发电机及其调节器、启动机、点火系统、照明与信号系统、仪表与报警系统、辅助电气设备、全车电路总线、施工现场供电及安全用电、故障诊断技术。

　　本书可以作为高等院校工程机械及相关专业的教材，还可以供从事工程机械设计、制造、安装、检验与试验人员及有关管理与维护保养人员参考。

　　本书由陈继文、范文利等编著，参与编写工作的还有王晓伟、王峰（大陆汽车电子有限公司）、张涵、张青、逄波、刘辉、沈孝芹、刘沛鑫（大陆汽车电子有限公司）、杨红娟等。陈继文负责统稿，全书由山东建筑大学于复生教授、大陆汽车电子（济南）有限公司刘超经理主审。山东建筑大学宋现春、董明晓等几位教授为本书的编写提出了宝贵的意见，同时感谢山东建筑大学机电工程学院及机电教研室的大力支持。在本书编写过程中，参阅了相关书籍和文献资料，在此一并表示衷心感谢。

　　由于编者水平所限，加之时间仓促，书中不足之处在所难免，敬请批评指正。

目 录
Contents

第1章
总　论

1.1　常用工程机械的类型

　　目前，我国工程机械是机械工业的重要组成部分。它与交通运输建设（公路、铁路、港口、机场、管道输送等）、能源工业建设和生产（核电、水电、煤炭、石油、火电等）、原材料工业建设和生产（黑色矿山、有色矿山、建材矿山、化工原料矿山等）、农林水利建设（农田土壤改良、农村筑路、农田水利、农村建设和改造、林区筑路和维护、储木场建设、育材、采伐、树根和树枝收集、江河堤坝建设和维护、湖河管理、河道清淤、防洪堵漏等）、工业民用建筑（各种工业建筑、民用建筑、城市建设和改造、环境保护工程等）以及国防工程建设诸领域的发展息息相关，与这些领域实现现代化建设的关系更加密切。工程机械主要可分为16种类型：

　　① 挖掘机械。包括单斗挖掘机、多斗挖掘机、挖掘装载机、隧道掘进机等。挖掘机在矿山特别是露天矿山使用较多，多数为大型、重型、履带式正铲，少数用反铲。

　　② 起重机械。包括塔式、汽车、轮胎、履带、桅杆、绳索、抓斗、管道起重机、卷扬机和施工升降机。

　　③ 铲土运输机械。包括推土机、铲土机、装载机、平地机、运输机、平板车和翻斗车。

　　④ 压实机械。包括夯实机、轮胎式压路机、振动压路机和静载压路机。

　　⑤ 桩工机械。包括柴油打桩锤、柴油打桩架、振动打拨桩锤、振动打拨桩架、压桩机和钻孔机。

　　⑥ 钢筋和预应力机械。包括钢筋强化、加工、焊接机械、预应力加工机械及设备等。

　　⑦ 混凝土机械。包括混凝土搅拌机、搅拌楼、搅拌站、搅拌输送车、输送泵、喷射机、浇注机和振动器。

　　⑧ 路面机械。它是公路路面施工及维修养路的机械，包括沥青喷洒机、沥青混凝土摊铺机、混凝土摊铺机、混凝土振实机、道路翻松机、土壤拌和机、石料摊铺机、石屑撒布机等。

　　⑨ 装饰机械。它是建筑装修机械，包括灰浆制备及喷涂机械、地面修整机械、装修升降平台及吊篮、手持机具等。

　　⑩ 凿岩机械与气动工具。包括各种凿岩机、凿岩台车、气动工具等。

　　⑪ 叉车。包括各种叉车和装卸机械。

⑫ 铁道线路机械。它是铁路线路施工及养护的专用机械。包括捣固机、起拨道机、清筛机、线路维修综合列车及其他线路养护机械。

⑬ 军用工程机械。

⑭ 其他专用工程机械。

1.2 工程机械的发展

工程机械的发展在技术上大致经历了三次革命。第一次是柴油机的出现，使工程机械有了较理想的动力装置。第二次是液压技术被广泛应用，使工程机械的工作装置、传动装置更趋合理。工程机械作业形式多种多样，工作装置的种类繁多，要求实现各类复杂运动。一个动力装置要驱动多种装置，而且传动距离往往比较长，20世纪50年代出现了液压传动，为工程机械提供良好的传动装置。与最初采用的纯机械和液力传动相比，液压传动的主要优点是调节便捷和布局灵活。发动机在任一转速下工作，传动系统都能发挥出较大的牵引力，而且传动系统在很宽的输出转速范围内仍能方便地获得各种优化的动力传动特性，以适应各种作业的负荷状态。但液压系统维护比较严格，不易检修，且受环境因素影响较大，容易对环境产生污染，与电力传动相比，效率相对较低。电力传动是通过电动机驱动车辆行走部分运动，通过电子调节系统调节电动机轴的转速和转向，它具有布局简单、调速范围广、效率高、能源可回收、环保节能等优点，是未来工程机械发展的趋势。工程机械电力驱动系统按驱动电机形式分为直流电机驱动系统、交流感应电机驱动系统、开关磁阻电机驱动系统和永磁同步电机驱动系统等。

第三次是电子技术，尤其是计算机技术的广泛应用，使工程机械有了较完善的控制系统。为了提高安全性，需要安全控制，进行运行状态监视，故障自动报警；随着建设领域的扩展，为了避免人员去无法及不易接近的场所和作业环境十分恶劣的地方作业，就需采用远距离操纵和无人驾驶技术；为了减轻驾驶员劳动强度和改善操纵性能，需要采用自动控制，实现工程机械自动化；要完成高技能的作业，就需要智能化；要使工程机械高效节能，就要对发动机和传动系统进行控制，合理分配功率，使其处于最佳工况。这一切都说明了工程机械当前的主要问题是操纵和控制。工程机械不能停留在人工操纵阶段，靠人的感觉、经验和技术操纵机械将大大影响工程机械技术的发展，也不能使人从繁重、复杂的操纵劳动中解放出来。因此，近年来工程机械的发展主要是操纵和控制机构的改进。例如，动力装置方面，柴油机已采用微机控制电子喷射和电子调速器；挖掘机、推土机和装载机都采用了发动机工况控制，根据作业工况通过电子控制，使发动机输出不同的功率。传动装置方面，如装载机变速器采用了电操纵、微机控制自动换挡和换挡品质控制等。工作装置方面，推土机、平地机刀板自动调节，铣刨机和摊铺机自动找平、挖掘机轨迹控制、自动挖削等。液压系统方面：节能控制，全功率控制，泵、阀和马达联合控制等。操纵系统方面，从先导操纵到先导比例操纵，最近正在向点操纵杆方向发展。推土机、装载机等操纵杆正在减少，操纵功率大大下降，操纵越来越方便。有的装载机转向操纵已从方向盘改为操纵杆式转向。

当前工程机械的先进技术主要集中于操纵与控制，要解决控制问题，仅从机械和液压角度考虑很难使产品有质的飞跃，必须引入良好控制性能和信息处理能力的电子技术、传感器技术和电液转换技术等。电子控制和信息处理技术已成为现代工程机械不可或缺的有机组成部分。国内外工程机械技术主要发展趋势有：机、电、液一体化高新技术的应用更加广泛；向节能、高效、可靠和环保型发展；向大型化和微型化发展；大型工程机械都安装了倾翻保护结构和重物坠落保护结构；拥有先进的配套动力技术；研究与应用虚拟现实（VR）技术。

1.3 工程机械电气系统的组成及特点

1.3.1 工程机械电气控制系统的组成

工程机械的电气设备系统是整机的重要组成部分,其性能的好坏直接影响到整机使用的经济性、可靠性和安全性。为了使机器发动,需要使用启动机,为了保证安全行驶,需要各种指示仪表信号装置和照明电器的正常工作。实践证明,由于工程机械处于振动和灰尘等恶劣的工作环境下,加上操作人员的使用不当,不能及时地维护保养,很容易使电气设备损坏。据统计,电气设备所出现的故障占总故障的30%左右,由此可见,为了保证工程机械设备的正常使用,对电气设备正确使用维护保养就显得特别重要。

工程机械电气系统主要由电气设备和电子系统两大部分组成。电气设备包括蓄电池、发电机与调节器、启动系统、充电系统和各种用电设备;电子系统包括发动机电子控制燃油喷射系统、电子控制自动变速器、电子检测与监控系统、电子负荷传感系统、电子功率控制系统、电子智能控制系统等,该系统也可看作是电气系统中用电设备的一部分。工程机械电气系统的电气设备数量和种类众多,但按其用途通常可以分成以下五个部分:

(1)电源系统

电源系统由蓄电池、发电机及其调节器组成,两者并联工作,其作用是向全车提供稳定的低压直流电能。发电机是主电源,蓄电池是辅助电源。其标称电压多为12V、24V制两种,大功率柴油机因为启动机功率大,多采用标称电压24V制。发电机配有调节器,其主要作用是在发电机转速随发动机转速变化时,自动调节发电机的电压,使之保持稳定。

(2)用电设备系统

机械装备上的用电设备种类和数量很多,大致分为以下几种。

① 启动系统:包括启动机、启动电路等,用于启动发动机。

② 点火系统:作用是产生高压电火花,点燃汽油发动机汽缸内的可燃混合气。有传统点火系统、电子点火系统和计算机点火系统之分。

③ 照明系统:包括车内外各种照明灯,以保证夜间安全行车所必要的灯光,其中以前照灯最为重要。

④ 信号系统:主要有灯光信号装置和喇叭,包括电喇叭、闪光器、蜂鸣器及各种信号灯,主要用来提供安全行车所必要的信号。

⑤ 辅助电器:包括电动刮水器、风窗洗涤器、空调器、低温启动预热装置、收录机、点烟器、玻璃升降器、坐椅调节器等。辅助电器有日益增多的趋势,主要向舒适、娱乐、保障安全等方面发展。

(3)检测仪表与报警装置

检测仪表与报警装置包括仪表电路、照明电路和其他用电及辅助用电设备。监测仪表包括用于监视发动机及控制系统工作情况的各种检测仪表,如电流表、电压表、机油压力表、温度表、燃油表、发动机转速表、车速里程表等。报警装置包括防盗报警装置、警告报警装置以及各种报警灯,如蓄电池充放电指示灯、油压过低报警灯、紧急情况报警灯、制动气压过低报警灯、温度过高报警灯、各种电子控制的故障报警灯等。

(4)配电装置

配电装置包括各种开关、中央接线盒、保险装置、插接件和导线等。

(5)电子控制系统

机械装备电子控制系统主要指由微机控制的装置,例如电子控制点火装置、发动机电子控制燃油喷射系统、电子检测与监控系统、电子控制防抱死装置、驱动防滑装置、电子控制自动变速器、电子控制悬挂系统、电子控制动力转向等。

工程机械电子控制装置与车上机械部件进行配合使用，形成"机电一体化"系统，直接用于控制设备运行并改善其性能。如发动机电子控制、底盘电子控制、工作装置电子控制等。车载电子装置是在设备工作环境下独立使用的电子装置，和设备本身的性能无直接关系，如车载 GPS、车载电话、汽车音响及多媒体等。工程机械电子控制系统组成框图如图 1.1 所示。

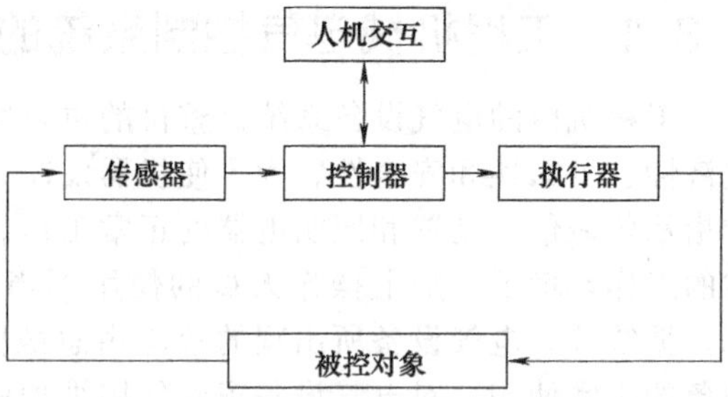

图 1.1　工程机械电子控制系统框图

① 传感器。传感器是将某种变化的物理量或化学量转化成对应的电信号的元件。

② 电子控制单元。电子控制单元 ECU（electronic control unit）即工程机械的微机控制系统，是以单片机为核心而组成的电子控制装置，具有很强的数学运算和逻辑判断功能。

③ 执行器。执行器是 ECU 动作命令的执行者，主要是各类机械式继电器、直流电动机、步进电动机、电磁阀或控制阀等执行器件。

1.3.2　工程机械电气控制系统特点

最初的机械装备上，除汽油机的点火装置外，几乎没有什么电气设备。随着电气设备在工程机械上的应用日益增多和广泛，工程机械的动力性、经济性和操纵性、安全性、舒适性不断提高，如启动、点火、照明、仪表、信号、暖风及刮水、空调等装置，都离不开电气系统。同时，机械工业、电子工业的进步，促进了电子技术在机械装备上的应用日益增多，车用电子装置的新产品不断涌现，传统电气设备面临着巨大的冲击。如交流发电机已经取代了直流发电机，晶体管调节器取代了触点式调节器，无触点电子点火系统正在取代传统的点火装置，各种信号、空调电控设备也大量应用了电子器件。尤其是大规模集成电路及微型处理机的应用，以计算机技术为主要特征的电子控制装置（如汽油喷射系统、柴油喷射系统、防抱死制动系统、自动变速器等）已逐步普及应用于机械装备。随着机械工业和电子工业的发展，工程机械上所配备的电气与电子设备将会逐步增加，将发挥越来越重要的作用。机械装备电子技术的发展主要分为三个阶段。

第一阶段：1965～1975 年，机械装备电子产品主要是由分立电子元件组成电子控制器，并由分立电子元件向集成电路（IC）过渡，其主要产品有晶体管硅整流发电机、电子式电压调节器、电子点火控制器、电子式闪光器、电子式间歇刮水控制器等。

第二阶段：1975～1985 年，主要开发专用的独立控制系统。主要产品有电子控制汽油喷射系统、空燃比反馈控制系统、电子控制自动变速系统、防抱死制动系统、座椅安全带收紧系统、车辆防盗系统、安全气囊系统等。

第三阶段：1985 年后，主要研制各种功能的综合系统及各种车辆整体系统的微机控制，进入了机械装备的电子时代，控制技术向智能化方向发展。微机控制系统可以实现对发动机的点火时刻、空燃比、怠速转速、废气再循环、自动变速器、制动防抱死、仪表、信号等多项控制。控制系统还配备故障自诊断和保护功能，提高了工作的可靠性。

现代机械装备上所装用的电气与电子设备的数量很多，在工业发达国家，电子装置的成本已占整车成本的 30%～35%。

工程机械电气系统分布于机械车辆全身，线路错综复杂，其共同的特点如下：

① 低压。工程机械电气系统的额定电压通常为 12V 和 24V。大功率柴油机车大多采用 24V 直流供电，汽油车大都采用 12V 直流电压供电。低电压情况下布线、查线较为安全，这已是国际通用标准。

② 直流。工程机械发动机是靠串励直流电动机来启动的，它必须由蓄电池供给强大的直流电流，蓄电池放电后又必须由直流电源给予充电，因此工程机械电气系统为直流系统，故工程机械的电源都采用方向和大小不随时间变化的直流电。这样，车上的其他电器也都选用了直流电器。

③ 用电设备并联。用电设备并联就是指工程机械上的各种用电设备都采用并联方式与电源连接，每个用电设备都由各自串联在其支路中的专用开关控制，互不产生干扰，避免某一电器出现故障，影响其他电器正常使用。

④ 单线制。工程机械的金属机体就是良好的导体，可以作为一根公共导线。所有用电设备均为并联，即从电源到用电设备只需一根导线（火线）连接，而用工程机械车身、发动机等金属体作为另一根公共导线，俗称"搭铁"。任何一个电路中的电流都是从电源的正极出发，经导线流入到用电设备后，通过金属车架流回电源负极而形成回路。采用单线制不仅可以节省材料（铜导线），使电路简化，线路清晰，而且便于安装和检修，降低故障率，且电器也不需与车体绝缘。但在一些不能形成可靠的电气回路或需要精确电子信号的回路，采用双线。

⑤ 负极搭铁。工程机械均采用负极搭铁。所谓搭铁，就是采用单线制时，将蓄电池的一个电极用导线连接到发动机或底盘等金属车体上。若蓄电池的负极连接到金属车体上，称为负极搭铁；反之，若蓄电池的正极连接到金属车体上，称为正极搭铁。我国标准中规定汽车电器必须采用负极搭铁。目前世界各国生产的汽车也大多采用负极搭铁方式。

工程机械电子系统主要由传感器、微机控制器和执行装置等组成。工程机械电子系统中，由于微处理器及大量电子元器件的应用，将一部分管脚连接形成另一个"地"，这个"地"一般相对于微处理器的供电电源，所测得的电压、电流指测点对微处理器供电电源的电压、电流。因此，一定要分清所述参数的相对"地"。

⑥ 两个电源。两个电源就是指蓄电池和发电机两个供电电源。蓄电池是辅助电源，在汽车未运转时向有关用电设备供电；发电机是主电源，当发动机运转到一定转速后，发电机转速达到规定的发电转速，开始向有关用电设备供电，同时对蓄电池进行充电。两者互补可以有效地使用电设备在不同的情况下都能正常地工作，同时也延长了蓄电池的供电时间。

1.4 电气线路基础

（1）电路的基本概念

电路：电流的通路，为了某种需要，由某些电工设备或元件按一定方式组合起来的。包括电源、负载和中间环节。

回路：电路中任一闭合路径称为回路。

电源：电路中提供电能的设备。

负载：电路中取用电能的设备。

中间环节：传输、控制和分配电能的作用。

电路通常有通路、断路、短路及接触不良四种状态。

（2）整机线路的组成

整机线路按功能划分一般包括以下几个部分：

① 电源电路：由蓄电池、发电机、电源开关及相应指示装置电路组成。

② 启动电路：由点火开关、继电器、启动马达、发电机、预热控制器及相关保护装置电路组成。

③ 仪表电路：由仪表、传感器、各种报警指示灯及控制电器组成的电路。

④ 行走控制电路：由行走液压泵、行走液压马达及相关控制阀组上的电磁阀组成的电路。

⑤ 工作装置控制电路：由主液压泵、主液压马达或主油缸及相关控制阀组上的电磁阀组成的电路。

⑥ 辅助装置控制电路：为提高车辆安全性、舒适性、经济性等各种功能而设置的电气装置组成的电路，包括风窗刮水装置、音响装置、空调装置及照明电路等。

（3）电路的保护

电气控制系统必须在安全可靠的条件下来满足施工工艺的要求，因此在以下线路中必须设有各种保护装置，保证设备和人身安全。

① 短路保护：由熔断器或低压断路器来实施保护。

② 过载保护：电器因长期超载运行而引起的温升和电流超过额定值，一般利用热继电器、电流反馈实施监测和保护。

③ 零位保护：确保工作装置在非工作位置才容许机器启动而实施的保护，如发动机或电动机启动。

④ 自锁及互锁：统称为电器的联锁控制。

1.5 电子电路基础

电子技术是在常规电气技术基础上发展起来的，却具有与常规电气不同的技术概念。其基础理论主要包括模拟电子技术和数字电子技术。

（1）模拟电子技术

模拟电子技术是处理连续变化的电信号的技术，一般来说，电压、电流、阻抗等都是模拟信号，即用电信号的变化来传递"量"的变化。如图 1.2 所示的温度测量电路，R_t 为热敏电阻式水温传感器，通过与一个电阻 R_1 串接到 5V 电压电路，把随温度变化的阻值变换成变化的电压值，输出给 ECU（电子控制单元）。

（2）数字电子技术

数字电子技术是处理脉冲信号的技术，用两个符号即"0"和"1"来表示量，它是离散的数值和符号，相应的有通、断型传感器，或者是开关触点的通、断状态。数字电路的主要特点：数字信号采用数字形式表示，在时间上是不连续的，总是发生在一系列离散的瞬间；

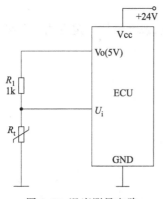

图 1.2 温度测量电路

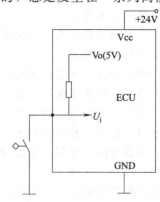

图 1.3 节气门开关电路

数字信号的表示方法采用二值逻辑，用 1 和 0 表示电压或电流的两种对立状态，并不十分注重电压的高低或者电流的大小；数字技术主要研究电路的逻辑功能，反映电路的输出和输入之间的逻辑关系。开关量输出型节气门位置传感器检测电路（又称节气门开关电路）如图 1.3 所示，ECU（电子控制单元）根据节气门开关的闭合或断开的情况判定发动机的工况，从而按具体工况的要求控制喷油量。

（3）脉冲的波形及其参数

数字电路中的工作信号是不连续变化的脉冲信号，即指脉动、短促和不连续的意思，它是由一系列暂态过程所组成。脉冲的波形可以是多种多样的，常见的有矩形波、尖脉冲波、三角波、锯齿波等，如图 1.4 所示。

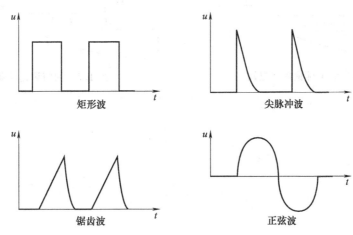

图 1.4　脉冲的波形

① 脉冲的主要技术参数。

脉冲幅值 U_m：脉冲从起始的静态值到峰值之间的变化量。

脉冲宽度 t_p：脉冲从前沿的 $0.5U_m$ 变化到后沿的 $0.5U_m$ 所需要的时间。

脉冲周期 T：周期性的脉冲信号，前后相邻的两个脉冲的前沿或后沿之间的时间间隔。

占空比 τ：脉冲宽度 t_p 与脉冲周期 T 的比值，一般用百分比来表示。

脉冲的主要技术参数示意图如图 1.5 所示。

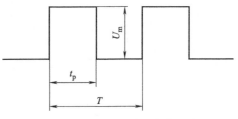

图 1.5　脉冲的主要技术参数示意图

② 脉冲的主要控制方式有脉冲的调幅、调频和调脉宽三种方式。

PWM（脉冲宽度调制）控制方式输出频率不变（频率变化容易引起设备振动、不推荐使用）、占空比可调的连续脉冲串。PWM 控制方式可以应用在液压泵流量控制、液压马达转速控制及直流电动机调速。PWM 满足以下公式：

$$I = \frac{U\tau}{R}$$

式中，τ 为脉冲输出占空比。

主油泵电比例控制电路如图 1.6 所示，它是一个典型的三极管放大电路，它是通过 PWM 控制调整三极管的基极小电流控制集电极的大电流，以控制主油泵排量。

PTO（脉冲串输出）控制方式输出频率可变、脉冲数可变、脉冲宽 50% 的脉冲串。PTO 控制方式可以用于步进电机转速控制。油门调速电路如图 1.7 所示，它是将脉冲信号转换成连续的模拟信号，以进行速度控制。

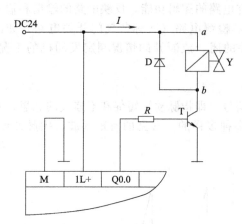

图 1.6　主油泵排量控制电路

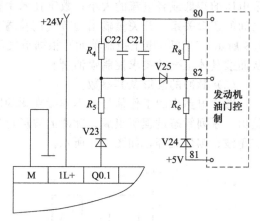

图 1.7　油门调速控制电路

第2章
蓄 电 池

工程机械上通常使用的电能，由两个电源供应：发电机和蓄电池。电源电路由蓄电池、交流发电机（包括电枢、磁场、内置调节器等）、电源总开关、励磁电阻等组成，为全车提供所需的电能。蓄电池是靠内部的电化学反应将化学能转变为电能给负载（用电设备）供电的；发电机是在发动机的驱动下，将机械能转变为电能给负载供电的。

发电机和蓄电池是并联的，典型电源电路原理图如图 2.1 所示。电源电路中，蓄电池的电源通过电源总开关控制；蓄电池与发电机并联；发电机的磁场由点火开关控制，磁场回路串有励磁电阻或充电指示灯；发电机的电压调节器一般为内置；蓄电池充、放电电流由电压表或电流表指示。

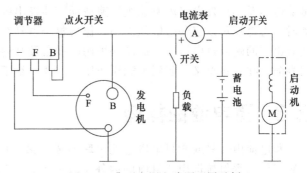

图 2.1 典型电源电路原理图示例

发动机启动时，蓄电池必须能给启动机提供 300～600A 的电流（有的启动机最大启动电流超过 1000A），并且要求能持续一定的时间（一般要求 5～10s 以上）；在发电机发生故障不能发电时，蓄电池的容量应能维持车辆行驶一定的时间。因此，要求工程机械用蓄电池有尽可能小的内阻和足够的容量。由于启动用铅酸蓄电池虽然比能较低，但其内阻小、电压稳定、在短时间内能提供较大的电流，并且结构简单、原料丰富，广泛应用到工程机械上。

2.1 蓄电池的类型

蓄电池主要分酸性蓄电池和碱性蓄电池两种类型。碱性蓄电池的电解液为氢氧化钠溶液或氢氧化钾溶液。酸性蓄电池的电解液为硫酸溶液。因为酸性蓄电池极板上活性物质的主要成分是铅，所以也称之为铅酸蓄电池。

随着科学技术的不断进步和发展，蓄电池也在不断地研制和发展中。目前机械装备所用的铅蓄电池主要有普通型铅蓄电池、改进型铅蓄电池及免维护铅蓄电池 3 种。改进型铅蓄电池是在普通型铅蓄电池的基础上开发了诸如穿壁式联条、玻璃纤维隔板及热封塑料外壳等技术后形成的；免维护铅蓄电池可大大减少日常保养和维护工作，极大地方便了使用者。

2.2 启动型铅蓄电池的功能

蓄电池是工程机械上的启动电源，它与发电机并联，为工程机械上的用电设备供电。启动型铅酸蓄电池的突出特点是内阻小、启动性能好、电压稳定，此外还有成本低、原材料丰富等优点，因此机械装备上普遍采用。蓄电池主要作用如下：

（1）供电

① 发动机启动时，为启动机和点火系统等其他电气设备供电。给启动机提供启动电流是蓄电池的主要作用，因此将其称为启动型铅蓄电池，汽油发动机启动电流一般为 200～600A，柴油发动机一般为 600～1000A，甚至更大。

② 发动机启动后，由于各种原因（如：停车、发电机转速较低、发电机超载、发电机故障等）造成发电机不工作或输出电压低于蓄电池电压时，为电气设备供电。

③ 当用电设备同时接入较多，发电机超载时，辅助发电机供电。

（2）充电

当发动机处于中高速运转，发电机的端电压高于铅蓄电池的电压时，铅蓄电池便将一部分电能转化为化学能存储起来。

（3）保护

蓄电池是一个可逆直流电源，它与发电机并联，其性能和工作方式使其相当于一个大容量的电容器。当发电机因发动机转速波动而使发出的电压波动时，以及用电负荷发生较大波动时，蓄电池可以起到缓解的作用，保持整个电气系统电压稳定。由于蓄电池能吸收电路中随时出现的瞬间过电压，因而能保护用电设备及其内部的电子元件不被击穿而损坏，延长使用寿命，在一定意义上起到了稳压作用。因此，绝不允许发动机脱开蓄电池而运转。

2.3 蓄电池的构造

蓄电池由 3 只或 6 只单格电池串联而成，每只单格电池的电压约为 2V，串联成 6V 或 12V 以供工程机械选用。目前国内外工程机械均选用 12V 蓄电池，需要 24V 电源时，用 2 只 12V 蓄电池串联使用。现代工程机械用蓄电池的结构如图 2.2 所示，主要由极板、隔板、电解液、联条等组成。

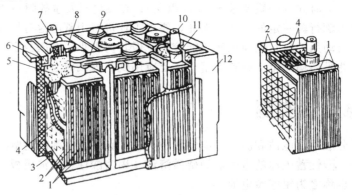

图 2.2 蓄电池的结构

1—正极板；2—负极板；3—肋条；4—隔板；5—护板；6—封口剂；7—负极桩；

8—加液孔螺塞；9—连接条；10—正极桩；11—基桩衬套；12—外壳

（1）极板

极板是蓄电池的核心部分，分为正极板、负极板。蓄电池充、放电过程中，电能与化学能的相互转换，依靠极板上活性物质与电解液中硫酸的化学反应来实现。正、负极板均由栅架和填充在其上的活性物质构成，形状如图2.3、图2.4所示。

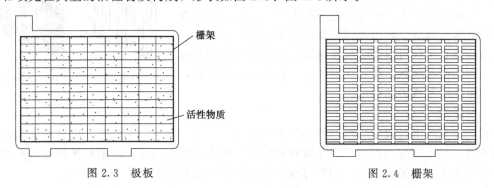

图2.3　极板　　　　　　　　　　　　　　　　图2.4　栅架

正、负极板的结构完全相同，但填充的活性物质不同。正极板栅架上填充的是二氧化铅（PbO_2），呈深棕色，负极板上填充的是海绵状纯铅，呈青灰色。为了提高负极板活性物质的多孔性，防止其在使用过程中钝化和收缩，降低自放电，提高蓄电池的大电流放电特性，常在负极板的铅中加入少量腐植酸、硫酸钡、木素磺酸钠和木素磺酸钙等添加剂。其中木素磺酸钠和木素磺酸钙对改善蓄电池的低温启动性能有显著效果。

栅架一般由铅锑合金浇铸而成，加锑目的是提高机械强度和浇铸性能，但是锑有副作用，铅锑合金耐电化学腐蚀的性能比纯铅差，锑易从正极板栅架中解析出来，这将引起蓄电池的自放电和栅架的膨胀、溃烂，缩短蓄电池的使用寿命。因此，目前国内外车用蓄电池普遍采用干荷电池与免维护电池，前者的栅架通常采用铅低锑（含锑2%～2.3%）合金浇注，后者的栅架通常采用铅钙锡合金浇注，从而大大减少了电解液中蒸馏水的消耗。

目前国内外大都采用1.1～1.5mm厚的薄型极板（正极板比负极板稍厚）。采用薄型极板，对提高蓄电池的比容量（极板单位尺寸的容量）和改善其启动性能都是有利的。将一片正极板和一片负极板浸入电解液中，便可得到2.1V左右的电动势。为了增大蓄电池的容量，将多片正、负极板分别并联，用汇流条焊接起来便分别组成正、负极板组，汇流条（横板）上联有极柱，各片间留有空隙。安装时各片正、负极板相互嵌合，中间插入隔板后装入蓄电池单格内，便形成单格电池。因为正极板上的化学反应比负极板上的化学反应剧烈，所以正极板夹在负极板之间，可使其两侧放电均匀，防止两侧活性物质体积变化不一致而造成极板拱曲，所以在每个单格电池中，负极板总比正极板多一片。如6-Q-60型蓄电池，每个单格电池中的正极板为4片，负极板则为5片。

（2）隔板

为了减小蓄电池的内阻和尺寸，蓄电池的正负极板应尽可能靠近，但为防止相邻正、负极板彼此接触而短路，正、负极板之间要用隔板隔开。隔板要求绝缘性好，应具有多孔性，以便电解液能自由渗透，还应具有一定的机械强度及良好的耐酸性和抗氧化性，不含有对极板有害的物质，且化学性能稳定。目前隔板主要使用的材料有木质材料、玻璃纤维、微孔橡胶、微孔塑料等。由于微孔塑料隔板孔径小、孔率高、薄而柔，生产效率高、成本低，因此目前广泛采用。

橡胶和塑料隔板的结构如图2.5（a）所示。隔板一面平滑，另一面制有沟槽（最新生产的一种塑料隔板两面都有沟槽，一面较深而另一面较浅）。安装时，隔板带槽一面应面向正极板，且沟槽必须与外壳底部垂直。因为正极板在充、放电过程中化学反应剧烈，沟槽既能使电解液较顺利地上下流通，也能使充电时产生的气泡沿沟槽上升，还能使脱落的活性物质沿槽下沉，并保证供应正极板起化学反应时所需的大量电解液。

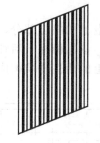

(a) 塑料或橡胶隔板　　(b) 袋式隔板

图 2.5　蓄电池隔板

免维护蓄电池等新型蓄电池中，普遍采用了聚氯乙烯袋式隔板，结构如图 2.5（b）所示。使用时，隔板袋紧包在正极板的外部，可进一步防止活性物质脱落，脱落的活性物质保留在袋内，不仅可以防止极板短路，而且可以取消蓄电池壳体底部凸起的筋条，简化组装工艺，使极板上部容积增大，从而增大电解液的储存量。

（3）电解液

在蓄电池充放电过程中，电解液不但起导电作用，而且参与化学反应。电解液由纯硫酸与蒸馏水按一定比例配制而成，因此这种蓄电池又称为铅酸蓄电池。电解液的纯度和密度对蓄电池的寿命和性能影响很大。配制好的电解液密度一般为 $1.24\sim1.31 \text{g/cm}^3$。

电解液的纯度是影响蓄电池电气性能和使用寿命的重要因素。电解液所用硫酸和蒸馏水应符合国家有关标准规定。因为普通工业用硫酸含铜、铁等有害杂质量较高，普通用水含杂质较多，会加速自放电，所以它们不能用于蓄电池。电解液密度过高、过低，不但影响蓄电池的内阻和容量，而且直接影响蓄电池的使用寿命。电解液密度低，冬季易结冰；电解液密度大，可以减少冬季结冰的危害，蓄电池的电动势也有所提高，但密度过大，电解液的黏度增加，使蓄电池的内阻增大。密度过大的电解液对极板、隔板的腐蚀加速，将缩短蓄电池的使用寿命。因此，选用电解液时，在不致造成结冰危险的情况下，应尽可能选用密度较低的电解液。使用时应根据当地最低气温或制造厂的推荐进行选择（表 2.1）。电解液液面应高出极板 10～15mm。

表 2.1　不同气温下的电解液相对密度

使用地区最低气温/℃	冬季	夏季	使用地区最低气温/℃	冬季	夏季
＜－40	1.30	1.26	－30～－20	1.27	1.24
－40～－30	1.28	1.25	－20～0	1.26	1.23

（4）外壳

外壳由电池槽和电池盖两部分组成，其作用是盛装蓄电池的正、负极板和电解液，其材料要求能耐酸、耐热、耐震等。外壳材料通常用硬橡胶（或工程塑料）制成，目前使用的干荷电与免维护蓄电池普遍采用聚丙烯塑料外壳，电池槽与电池盖之间采用热压工艺黏合为整体结构。聚丙烯塑料外壳壁薄、重量轻、外形美观、透明，便于检查电解液液面高度等蓄电池内部情况。橡胶外壳蓄电池电池槽与电池盖之间通常用沥青封口密封。壳内用间壁分隔成 3 个或 6 个互不相通的相同单格，单格底部有凸筋，用来积存极板脱落的活性物质。每个单格内放入一对极板组，组成一个单格电池。蓄电池盖上开有加液孔，用来添加电解液及检查电解液液面高度和相对密度。加液孔螺塞上的通气孔应该经常保持通畅，使蓄电池化学反应产生的气体能顺利逸出。

（5）连接条和极柱

铅蓄电池一般由若干个单元电池串联而成，每个单格电池的额定电压为 2V。连接条的作用是将单格电池串联起来，提高整个蓄电池的端电压。铅蓄电池的连接条和极桩均用铅锑合金铸成。连接方式有三种：敞露式、跨桥式和穿壁式。

第一种是敞露式，即连接条敞露在铅蓄电池的外部，该方式是早期蓄电池普遍采用的连接方式，连接工艺简单，但耗铅量大，连接电阻大，导致用启动机启动发动机时，电压降很大，功率损耗也大，且由于连接条外露，容易造成短路。外露式铅条连接方式已经被淘汰。

第二种是跨桥式［图2.6（a）］，即在相邻单格电池之间的隔壁上端留有豁口，连接条通过豁口跨越隔壁，所有连接条均布置在整体盖的下面。

第三种是穿壁式［图2.6（b）］，即在相邻单格电池之间的隔壁上打孔，供连接条穿过，把单格电池连接起来。塑料外壳蓄电池采用穿壁式连接条。

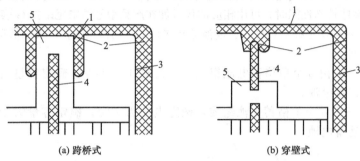

(a) 跨桥式　　　　　　　　　(b) 穿壁式

图2.6　单格电池的连接方式

1—电池盖；2—黏结剂；3—电池外壳；4—隔壁；5—连接条

跨桥式和穿壁式具有连接条短、省材料（节约材料约50%以上）的特点。由于连接条短，使电阻变小，连接条上的电能损耗可减少80%，端电压可提升0.15～0.4V，因此可以改善发动机的启动性能。

极柱分为正极柱和负极柱。铅蓄电池的首位两极板组的横板上分别焊有两接线柱，称为蓄电池的正负极柱。极柱分为侧孔型、锥型和L型3种。为了便于区分，正极柱上或旁边标有"+"记号或涂红颜色，较粗；负极柱上标有"—"或"N"符号，一般不涂颜色或涂蓝色，较细。若使用过的蓄电池标记不清时，可通过比较两极柱的粗细或用万用表直流电压测定。

2.4　蓄电池的型号和规格

由于工程机械中的蓄电池都有启动发动机的功能，因此本书重点讨论启动型铅酸蓄电池。在JB 2259—85《铅蓄电池产品型号编制方法》中规定，铅蓄电池的型号由4部分组成，内容及排列格式如下：

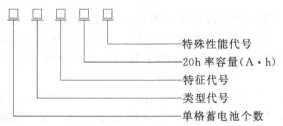

① 串联的单体电池数。指一个整体壳体内所包含的单格电池数目，用阿拉伯数字表示，其额定电压为这个数字的2倍。

② 电池类型。根据其主要用途来划分。如启动用铅蓄电池代号为"Q"，摩托车用铅蓄电池代号为"M"。

③ 电池特征。为附加部分，仅在同类用途的产品中具有某种特征，而在型号中又必须加以区别时采用。当产品同时具有两种特征时，原则上应按顺序将两个代号并列标志。产品特征代号见表2.2。

表 2.2　蓄电池产品特征代号

特　　征	代　　号	特　　征	代　　号	特　　征	代　　号
干荷电	A	防酸式	F	气密式	Q
湿荷电	H	密闭式	M	激活式	I
免维护	W	半密闭式	B	带液式	D
少维护	S	液密式	Y	胶质电解液	J

④ 额定容量是指 20h 放电率时的额定容量，单位为 A·h，用阿拉伯数字表示。

在产品具有某些特殊性能时，可用相应的代号加在产品型号的末尾。如 G 表示薄型极板的高启动率电池；S 表示采用工程塑料外壳、电池盖及热封工艺的蓄电池；D 表示低温启动性能。

规格型号举例：

6-QAW-100——由 6 个单格蓄电池组成，额定电压为 12V，额定容量为 100A·h 的启动用干荷电免维护蓄电池。

6-QA-105——由 6 个单格蓄电池组成，额定电压为 12V，额定容量为 105A·h 的启动用干荷电高频启动蓄电池。

2.5　蓄电池的工作原理与特性

（1）蓄电池的工作原理

蓄电池作为一种可逆的低压直流电源，是靠其内部的可逆化学反应来工作，既能将化学能转换为电能对外供电，也能将电能转换为化学能储存起来。其化学反应过程有各种不同的理论，比较被认可的是格拉斯顿和特拉普 1882 年提出的双极硫酸盐化理论。

根据双极硫酸盐化理论（简称双硫化理论），铅蓄电池正极板上参与化学反应的活性物质是二氧化铅，负极板上的则是海绵状纯铅，电解液是硫酸的水溶液。当蓄电池放电时，正极板和负极板之间通过外接负载构成回路，使正极板上的活性物质二氧化铅（PbO_2）和负极板上的活性物质铅（Pb）与电解液中的硫酸（H_2SO_4）作用，都变成硫酸铅（$PbSO_4$）和水（H_2O），电解液中的 H_2SO_4 浓度减小，电解液密度减小；充电时，在外加电源电流的作用下，正极板和负极板上的硫酸铅（$PbSO_4$）与电解液中的水作用，又分别被还原成 PbO_2 和 Pb，又分别转化为二氧化铅（PbO_2）、铅（Pb）和硫酸（H_2SO_4），电解液中的 H_2SO_4 浓度增加，电解液密度增大。这种过程可用下式简单描述：

$$PbO_2 + 2H_2SO_4 + Pb \underset{充电}{\overset{放电}{\rightleftharpoons}} PbSO_4 + 2H_2O + PbSO_4$$

（正极板）（电解液）（负极板）（正极板）（电解液）（负极板）

① 电动势的建立。根据能斯特理论，当蓄电池的极板浸入电解液后，部分金属或金属化合物溶于电解液，当溶解达到平衡时，在金属或金属化合物与电解液之间产生了电势差，叫作电极电势。

在负极板（Pb）处，有少量的 Pb 溶于电解液生成二价铅离子（Pb^{2+}），而在极板上留下了一些电子，使极板带负电；由于正负电荷的相互吸引，Pb^{2+} 沉附于极板的表面，当溶解达到平衡时，负极板与电解液之间的电势差约为 $-0.1V$。

正极板（PbO_2）处，有少量的 PbO_2 溶于电解液，与电解液中的水反应生成氢氧化铅 $Pb(OH)_4$，$Pb(OH)_4$ 又电离成四价铅离子（Pb^{4+}）和氢氧根离子（OH^-）：

$$PbO_2 + 2H_2O \longrightarrow Pb(HO)_4$$

$$Pb(HO)_4 \rightleftharpoons Pb^{4+} + 4HO^-$$

这相当于 PbO_2 中的氧离子（O^{2-}）进入电解液，Pb^{4+} 沉附于极板的表面，Pb^{4+} 沉附于极板的趋势大于溶解的趋势，因而使极板呈正电位。当溶解达到平衡时，正极板与电解液之间的电势差约为+2.0V。

因此，当蓄电池未与负载接通、正负极板与电解液反应处于平衡状态时，铅蓄电池的电动势（即正负极之间的电势差）约为 $E=2.0-(-0.1)=2.1$（V）。

② 放电过程。蓄电池将化学能转换成电能的过程称为蓄电池的放电过程。当蓄电池与负载接通时，电动势使放电电流 I_f 从正极经过负载流向负极，即电子从负极流向正极。这时，正极电位降低，负极电位升高，破坏了原有的电离平衡。正极板处，Pb^{4+} 得到电子变成 Pb^{2+}，Pb^{2+} 又与电解液中的 SO_4^{2-} 结合生成 $PbSO_4$ 沉附于正极板上。负极板处，Pb^{2+} 与电解液中的 SO_4^{2-} 结合生成 $PbSO_4$ 沉附于负极板上，而负极板上的 Pb 继续溶解，生成 Pb^{2+} 和电子。如果电路不中断，上述化学反应将持续进行，正极板上的 PbO_2 和负极板上的 Pb 都将逐渐转变为 $PbSO_4$。电解液中的 H_2O 逐渐增多，H_2SO_4 逐渐减少，电解液的密度逐渐下降。在使用中，可以通过检测电解液密度来判断蓄电池的放电程度。

理论上，放电过程可以进行到正负极板上的活性物质全部转变为 $PbSO_4$ 为止，但是，由于电解液不能渗透到活性物质内部，因而在实际上做不到这一点。所谓放电终止的蓄电池，其活性物质的利用率（表征 PbO_2 和 Pb 转变为 $PbSO_4$ 的多少）只有 20%～30%；并且随着放电电流的增大，活性物质的利用率降低，启动放电时，活性物质的利用率仅 10% 左右。因此，采用薄型极板，增加多孔率，提高活性物质的利用率是蓄电池发展的方向。由于 $PbSO_4$ 的导电性能比 PbO_2 和 Pb 差，随着 $PbSO_4$ 的增多，蓄电池内阻增大。同时，由于 $PbSO_4$ 附着于极板表面，使电解液与 PbO_2 和 Pb 接触面积越来越小，蓄电池的供电能力逐渐下降。

③ 充电过程。充电过程是电池将外接电源的电能转换成化学能储存起来的过程。充电时，蓄电池接直流电源，电源的正负极分别接蓄电池的正负极（即两者是并联而不是串联）。当电源电压高于蓄电池的电动势时，在电源电压的作用下，充电电流从蓄电池的正极流入、负极流出，电子则从蓄电池的正极经外电路流入蓄电池负极，这时正、负极板和电解液发生的电化学反应正好与放电过程相反。此时，负极板处的 $PbSO_4$ 开始进入电解液中，离解为 Pb^{2+} 和 SO_4^{2-}。Pb^{2+} 在电源的作用下，获得两个电子变为 Pb，沉附于极板上。而 SO_4^{2-} 则与电解液中的 H^+ 结合，生成 H_2SO_4。正极板处，$PbSO_4$ 也开始进入电解液中，离解为 Pb^{2+} 和 SO_4^{2-}。Pb^{2+} 在电源的作用下失去两个电子，变为 Pb^{4+}。Pb^{4+} 和电解液中的 OH^- 结合，生成 $Pb(OH)_4$，$Pb(OH)_4$ 又分解为 PbO_2 和 H_2O，而 SO_4^{2-} 与电解液中的 H^+ 化合，生成 H_2SO_4。充电过程中，正、负极板上的 $PbSO_4$ 逐渐还原为 PbO_2 和 Pb，电解液中的 H_2SO_4 逐渐增多，H_2O 逐渐减少，电解液的密度逐渐增大。在充电过程中，可以通过检测电解液密度来判断蓄电池的充电程度。

正、负极板上的活性物质逐渐由 $PbSO_4$ 转变为 PbO_2 和 Pb。理论上，充电过程可以进行到正负极板上的活性物质全部转变为 PbO_2 和 Pb 为止，但是，当大部分 $PbSO_4$ 转变为 PbO_2 和 Pb 时，部分充电电流将电解水，使蓄电池正极冒出氧气，负极冒出氢气，并且随着 $PbSO_4$ 的减少和充电电流的增大，电解水也越来越多，不但引起电解液中水的减少、蓄电池寿命缩短，还造成电能浪费。因此在使用中，当绝大部分 $PbSO_4$ 转变为 PbO_2 和 Pb、电解液中大量冒气泡时，就停止充电，并且在充电末期充电电流适当减小。

随着充电的进行、$PbSO_4$ 的减少及 PbO_2 和 Pb 的增多，蓄电池内阻减小；同时，蓄电池的供电能力逐渐恢复。

（2）蓄电池的主要工作参数

蓄电池的主要技术参数电动势、内部电阻（简称内阻）、端电压和其充放电过程都有一些特点，了解这些特点对正确选择和合理使用蓄电池有重要的指导作用。

① 电动势。无负荷情况下的端电压（开路电压）称为蓄电池的电动势，又称为静止电动势。电动势的高低，表征着电源给负载提供电压的大小，同样内阻的情况下，电动势越高，电

源给负载提供的电压也越高。静止电动势用符号 E_j 表示，其大小与电解液的密度和温度有关。

若密度在 $1.1\sim1.3g/cm^3$ 的范围内时，其值可由下面经验公式计算：

$$E_j = 0.85 + \rho_{25℃} \text{ (V)}$$

式中　$\rho_{25℃}$——电解液 25℃时的密度，g/cm^3，$\rho_{25℃} = \rho_t + \beta(t-25)$；

　　　ρ_t——实测的电解液密度；

　　　t——实测的电解液温度；

　　　β——密度温度系数，$0.00075g/cm^3$，即温度变化 1℃，电解液密度值变化 $0.00075g/cm^3$。

蓄电池电解液的密度在充电时增大，放电时减小。蓄电池充足电时，电解液密度一般在 $1.290g/cm^3$ 左右，对应的电动势约为 2.10V；放电终了时，电解液密度一般在 $1.12g/cm^3$ 左右，对应的电动势约为 1.97V。可见，蓄电池充放电前后，电动势随着充电和放电程度不同变化不大。因此，通过直接测量蓄电池的电动势判断其充放电程度，容易产生较大的误差，而用测量电解液密度的方法，相对误差要小一些。

② 内阻。蓄电池的内阻包括极板、隔板、电解液、连接条和极桩等电阻的总和。电源的内阻大小将影响蓄电池输出电流的大小，决定了电源带负载的能力，内阻越小，电源带负载的能力越强，即可以输出更大的电流。特别是发动机启动时，启动机所需电流相当大，内阻的微小变化都将影响蓄电池的负载能力，进而影响其启动性能。

蓄电池极板面积越大、越薄，多孔性越好，电解液就容易渗透，则极板电阻越小。放电时正、负极板变成硫酸铅，硫酸铅电导率小，故电阻增大。在正常使用中，极板电阻极小，它随活性物质的变化而变化，充电后，电阻变小，放电后，电阻变大。

隔板电阻与材料及其厚度有关，材料多孔性好且制得薄，电阻就小，反之则大。

联条和极柱的电阻是很小的。但是极柱的接触电阻不可忽视，若使用中一旦表面形成氧化物时，电阻将明显增大，使蓄电池不能正常工作。

电解液的电阻与其密度和温度有关。密度低，硫酸含量少，电解液的导电离子减少，电阻变大；密度过大，由于水分子相对减少而使硫酸电离速度变慢，加上电解液黏度增大，渗透能力下降，因而电阻也变大；温度越低，电化学反应速度变慢，电解液电阻就越大。

完全充足电的蓄电池，在 20℃时其内阻 R_0 可根据下式计算：

$$R_0 = 0.0585U_e/Q_e \text{ (Ω)}$$

式中　U_e——蓄电池的额定电压，V；

　　　Q_e——蓄电池的额定容量，$A \cdot h$。

综上所述，保持蓄电池充足电状态、采用适当密度的电解液、提高电解液的温度（如冬季对蓄电池保温）并减小极桩接触电阻，是降低蓄电池内阻、提高蓄电池供电能力的有效措施。

③ 端电压。放电时，由于蓄电池内阻 R_0，所以蓄电池的端电压 U_f 小于其电动势 E_0。

$$U_f = E - I_f R_0$$

式中　I_f——放电电流。

充电时，电源电压必须克服蓄电池的电动势 E 和蓄电池内部压降 $I_C R_0$，故蓄电池的端电压 U_C 大于其电动势 E。

$$U_f = E + I_C R_0$$

式中　I_C——充电电流。

2.6　蓄电池的工作特性

蓄电池的工作特性包括放电特性和充电特性。

（1）放电特性

蓄电池放电特性是指蓄电池在规定的条件下，定流放电（放电电流大小保持不变）过程中，蓄电池电动势、端电压和电解液密度随放电时间而变化的规律，为合理地使用蓄电池提供理论依据。图 2.7 为充足电的蓄电池以 20h 放电率恒放电的特性曲线。

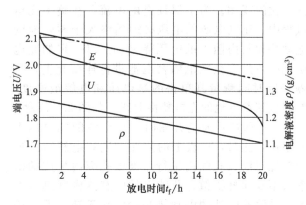

由图可见，由于放电电流是恒定的，电化学反应速度一定，单位时间内消耗的硫酸量和生成的水量都为定值，因而电解液的密度随时间直线下降。因此，蓄电池的放电程度与电解液密度接近呈线性关系，电解液密度每下降 0.04g/cm³，蓄电池约放电 25%。

图 2.7　放电特性曲线

由于蓄电池内阻 R_0 的存在，因此放电过程中，蓄电池端电压 U 低于其电动势 E，即

$$U = E - I_f R_0$$

式中　I_f——放电电流，A。

第一阶段，蓄电池内阻上的压降使得其端电压总是小于电动势。从放电特性曲线可以看出，放电开始时，蓄电池端电压从 2.11V 迅速下降，这是由于孔隙内的硫酸与活性物质反应后，孔隙外的硫酸来不及补充引起的。

第二阶段，随着极板孔隙外渗入的硫酸量与极板孔隙内消耗的硫酸量达到平衡，由于电动势随着电解液密度的减小而减小，蓄电池内阻上的压降随着 $PbSO_4$ 的增多而增大，端电压随着放电过程的进行缓慢下降，并且下降速度高于电动势的下降速度。

第三阶段，放电终了，对应的端电压称为放电终止电压。将近放电终了时，极板上的活性物质大部分转变成 $PbSO_4$，由于 $PbSO_4$ 比 PbO_2 和 Pb 体积大，所以 $PbSO_4$ 的生成使极板孔隙的截面积减小，阻碍了电解液的渗透，极板孔隙内消耗掉的硫酸难以得到补充，端电压迅速下降至放电终止电压（以 20h 率放电，单格电压为 1.75V），放电过程达到放电终了。蓄电池的端电压降至终止电压后，若继续放电即为过度放电，此时应立即停止放电，否则使蓄电池在短时间内端电压急剧下降为零，致使蓄电池过度放电（简称过放电）。这时，孔隙中生成了粗结晶硫酸铅，其在再充电时不宜还原，使极板损坏，蓄电池的容量下降。

第四阶段，蓄电池停止放电后，极板孔隙中的电解液与壳体中的电解液相互渗透，电解液的密度趋于平衡，蓄电池的端电压稍有回升（称为蓄电池"休息"）。

因此，应熟悉判断蓄电池放电终了的标准，避免过放电：电解液的密度降到了最小许可值（约为 1.12g/cm³）；单格蓄电池的端电压降到了放电终止电压。

放电终止电压值与放电电流有关。放电电流越大，蓄电池端电压降到放电终止电压所需时间越短，相应允许的放电终止电压越低。这种关系见表 2.3。

表 2.3　蓄电池的放电终止电压与放电电流的关系

放电电流/A	$0.05C_{20}$	$0.1C_{20}$	$0.25C_{20}$	C_{20}	$3C_{20}$
连续放电时间	20h	10h	3h	30min	5min
单格电池终止电压/V	1.75	1.70	1.65	1.55	1.5

注：C_{20} 为蓄电池 20h 率的额定容量，A·h。

（2）充电特性

蓄电池的充电特性是指定流充电时，蓄电池的端电压及电解液的密度等参数，随充电时间变化的规律。为了保证充电电流，在整个充电过程中，充电电源的电压必须始终大于蓄电池的电动势和其内阻上的电压降之和。以一定的充电电流向一只完全放电的蓄电池进行连续充电，每隔一定时间测量其单格的端电压和电解液密度，整理得到蓄电池的充电特性曲线，如图2.8所示。

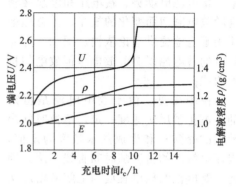

图2.8　充电特性曲线

第一阶段：充电开始时，蓄电池的端电压上升很快，这时，极板上的活性物质和电解液的反应首先在极板孔隙内进行。极板孔隙内生成的硫酸来不及向外扩散，孔隙内的电解液密度迅速增大，导致蓄电池的电动势和端电压迅速上升。随后，当极板孔隙内析出的硫酸量与向外扩散的硫酸量达到平衡时，端电压随着电解液密度的升高缓慢上升。

第二阶段：随着生成的硫酸不断向周围扩散，极板孔隙中产生硫酸的速度与向外扩展的速度达到动态平衡时，蓄电池的端电压上升的速度比较稳定。此时，没有电解水，充电电流全部用于活性物质转变，单位时间内生成硫酸量和消耗水量一定，电解液密度和电动势以较快的速度近似线性增长。

第三阶段：端电压升高到约2.3V时，水开始电解，在负极板周围形成氢气，在正极板周围形成氧气，由于氢离子在负极板处的积存使电解液与负极板之间产生了附加电极电位，端电压急剧上升到2.5～2.6V；达到充电终了时，电解液沸腾，端电压稳定在2.7V左右；此后再充电，端电压也不再升高。

第四阶段：极板上的活性物质几乎最大限度地转化为二氧化铅和海绵状纯铅，充电电流一部分用于活性物质转变，还有一部分电解水，电解液密度和电动势的增长速度下降，并且随着电解水的增多，电解液密度和电动势的增长越来越缓慢；当极板上的活性物质几乎全部转变完成时，称为充电终了。

若此后继续充电，将造成蓄电池的过充电。过充电时，充电电流几乎全部用于电解水，电解液密度几乎不再变化（严格地讲，由于水电解成气体排出，使电解液密度非常缓慢地上升），电动势也维持恒定，不再升高。由于水的电解在继续进行，以气泡形式放出的氢、氧会在蓄电池内产生压力，加速活性物质的脱落，使极板过早损坏，所以应尽量避免长时间的过充电。实际上，为保证蓄电池充足，蓄电池达到充电终了后，往往需要2～3h的过充电才行。当然，过充电时间不可过长，否则不但浪费电能、过量消耗水，而且容易加速活性物质脱落，降低蓄电池的容量，缩短蓄电池的使用寿命。

蓄电池充电终了的特征是：蓄电池内产生大量气泡，即所谓电解液"沸腾"；单格电池端电压上升到最大值2.7V；电解液密度上升到最大值，约1.28g/cm³。

2.7　蓄电池的容量及其影响因素

2.7.1　蓄电池的容量

铅蓄电池作为可逆电源有许多技术指标，其中最重要的是蓄电池容量，它是标志蓄电池对外放电能力的重要参数，也是选用蓄电池的重要依据。蓄电池的容量可以分为实际容量和标称容量两类。

实际容量是指实际使用过程中，完全充足电的蓄电池在允许放电的范围内所能输出的电量，单位为安培•小时，简称安•时（A•h）。

$$C = I_f t_f$$

式中 I_f——放电电流，A；

t_f——放电时间，h。

（1）额定容量

铅蓄电池的额定容量以 20h 放电率的容量表示。20h 额定容量是指完全充足电的蓄电池，将充电的新蓄电池在电解液温度为（25±5）℃条件下，以 20h 率的放电电流（$0.05C_{20}$）连续放至单格电池平均电压降到 1.75V 时，输出的电量，用符号 C_{20} 表示，单位为 A•h。它是检验新蓄电池是否合格的重要指标，新蓄电池的输出电量如果小于额定容量，即为不合格。

蓄电池的额定容量可按单格电池内正极板的额定容量来计算。因为单格电池内各片正极板均并联，所以蓄电池的额定容量 C_{20}（即 20h 率额定容量）就等于每片正极板的额定容量 C_s 乘以单格电池内正极板片数 N，即

$$C_{20} = C_s N$$

例如，6-Q-105 型蓄电池，每个单格电池有正极板 $N = 7$ 片，每片正极板的额定容量 $C_s = 15A•h$，则该电池的额定容量为：$C_{20} = C_s N = 105A•h$。

（2）储备容量

储备容量是指完全充足电的蓄电池在电解液温度为（25±2）℃时，以 25A 恒电流放电，当 12V 蓄电池的端电压下降到（10.50±0.05）V、或 6V 蓄电池的端电压下降到（5.25±0.02）V 时放电所持续的时间，用符号 C_m 表示，单位为 min。

储备容量表达了在工程机械充电系统失效时，蓄电池尚能为照明和点火系统等用电设备提供 25A 电流的能力。额定容量和储备容量称为蓄电池的标称容量。

储备容量和额定容量之间的换算关系如下：

$$C_{20} = \sqrt{17778 + 208.3C_m} - 133.3$$

式中，$C_m < 480$min 或 $C_{20} < 200A•h$。

（3）启动容量

启动型蓄电池主要用途是在发动机启动时向启动机提供强大电流，因此蓄电池标准规定了启动容量，以反映蓄电池大电流放电时的供电能力，用符号 C_q 表示。启动容量分为低温启动容量和常温启动容量。

① 低温启动容量指电解液在 −18℃ 时，以 3 倍额定容量的电流持续放电至单格电压下降至 1V 所放出的电量。持续时间应在 2.5min 以上。

例如，对新的 6-Q-105 型铅蓄电池，以 315A（$I_f = 3 \times 105 = 315A$）电流连续放电至单格电池平均电压降到 1.5V，放电 5min，其启动容量为：

$$C = I_f t_f = 3 \times 105 \times 5/60 = 26.25(A•h)$$

② 常温启动容量指电解液在 30℃ 时，以 3 倍额定容量的电流持续放电至单格电压下降至 1.5V 所放出的电量。持续时间应在 5min 以上。

例如，对新的 6-Q-105 型铅蓄电池，以 315A（$I_f = 3 \times 105 = 315A$）电流连续放电至单格电池平均电压降到 1V，放电 2.5min，其启动容量为：

$$C = I_f t_f = 3 \times 105 \times 2.5/60 = 13.125(A•h)$$

2.7.2 蓄电池容量的影响因素

蓄电池容量并不是一个固定不变的常数，而与很多影响因素有关，归纳起来分为两类：生

产工艺及产品结构因素和使用条件因素。生产工艺及产品结构因素包括：极板厚度、表面积以及其他影响蓄电池内阻的结构因素；使用条件因素包括：电解液密度、温度和放电电流。

（1）生产工艺及产品结构因素对容量的影响

① 极板厚度的影响。极板越薄，活性物质的多孔性越好，电解液越容易渗透，活性物质的利用率越高，蓄电池输出容量就越大。在外壳容积一定的前提下，减小极板的厚度，则可以提高活性物质的利用率，进而可以提高蓄电池的容量。例如，同体积的蓄电池，若采用1.7mm的薄型极板，容量可提高40%左右。

② 极板表面积的影响。极板表面积越大，能够参加化学反应的活性物质就越多，输出容量也就越大。增大极板表面积的方法有两种：增加极板片数和提高活性物质的多孔率。只要空间允许，可以通过增加极板片数增大蓄电池容量；依靠技术进步，提高活性物质的多孔率，是提高蓄电池容量的最有效途径。

孔率描述的是极板上活性物质孔隙的多少。孔率越大，电解液扩散、渗透更容易，容量可相应提高。若孔率过大，活性物质的数量则会减少，容量反而会下降。因此，孔率应该选择适当的数值。

③ 极板上活性物质数量的影响。理论上，活性物质越多，蓄电池的容量越大。实际上，正、负极板上的活性物质，参加化学反应的只有55%～60%。一旦活性物质的数量确定后，对活性物质的利用率将影响蓄电池的容量。因此，极板的面积越大、数量越多，与硫酸起化学反应的活性物质就越多，容量就越大。国产蓄电池的极板面积已有统一标准，每对极板能提供 7.5A·h 的容量。

④ 极板中心距的影响。极板中心距的大小，将影响蓄电池的内阻。减小极板中心距，可以减小蓄电池的内阻，提高蓄电池的容量。

（2）使用条件因素的影响

① 放电电流的影响。放电电流大，化学反应产生的硫酸铅将很快把极板表面活性物质的孔隙堵塞，极板内层的活性物质很难参与化学反应，蓄电池的容量将减少。发动机在启动时蓄电池放电电流是很大的，若发动机连续长时间启动，会使蓄电池容量迅速减小、蓄电池过早损坏。因此，必须想方设法减小发动机启动时的阻力矩，降低启动电流，并严格控制启动时间，每次启动的时间一般不得超过5s，而且相邻两次启动之间的时间间隔应在15s以上。

② 电解液温度的影响。电解液的温度越低，其黏度越大，渗入极板内部越困难；同时其电阻也随之变大，导致蓄电池的内阻变大。这两种情况使蓄电池的输出容量减小。

蓄电池的额定容量是电解液温度为25℃时的20h率容量。缓慢放电时，温度每下降1℃，蓄电池的容量将减少1%，在迅速放电时则会减少2%。不同温度下蓄电池的容量与25℃时的容量可由下式换算：

$$C_{25℃} = C_t [1 - 0.01(t - 25)]$$

式中　$C_{25℃}$——25℃时的容量，A·h；

　　　C_t——温度为 t 时的容量，A·h；

　　　t——电解液的温度，℃。

温度对蓄电池的容量影响很大。冬季用启动机启动机械设备时，放电电流大，温度又低，使蓄电池容量大大减小，这是冬季启动时总感到蓄电池电量不足的主要原因之一。一般电解液温度应控制在20～30℃，最高不超过40℃。

③ 电解液密度的影响。加大电解液的密度，有利于提高电解液的渗透速度和蓄电池的电动势，并减小蓄电池的内阻，使蓄电池的容量增加。但电解液的密度增大以后，其黏度亦增大，导致电解液的渗透速度降低，蓄电池的极板硫化程度增加，蓄电池的内阻增加，反而会使蓄电池的容量减少。综合考虑电解液密度对蓄电池性能的影响，不同用途的蓄电池应采

用不同密度的电解液。启动用蓄电池因内部容积限制，电解液储量较少，为防止放电终了时电解液密度过低，一般使用密度为 $1.26\sim1.300\mathrm{g/cm^3}$ 的电解液。实践证明，较低的电解液密度有利于提高放电电流和容量，有利于延长蓄电池的使用寿命。因此，在保证放电终了电解液不结冰的前提下，应尽可能减小电解液的密度。

2.8 蓄电池组的连接

蓄电池在充电中，根据充电机的功率和蓄电池的容量，常采用下列几种连接方式。

（1）蓄电池的串联

将几个蓄电池的异性极相连，最后两端留出正、负极的连接方式叫蓄电池的串联，如图 2.9 所示。蓄电池串联后，其特点有：总电动势（或总电压）等于各单个电池的电动势（或电压）之和，总内阻等于各单个电池内阻之和，总电流等于各个电池的电流，总容量不变。串联电路中，各蓄电池的电压不要求相等，但容量最好相同，否则定电流充电时的充电电流，应按串联支路中容量最小的一个计算。当容量小的蓄电池充足电后，先将它取下，再继续充其他容量大的蓄电池。

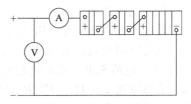

图 2.9 电池的串联

（2）蓄电池的并联

将几个电池的同性极相连，最后两端留出正、负极的连接方法叫蓄电池的并联，如图 2.10 所示。蓄电池并联后，其特点为：电动势或电压等于各单个电池的电动势或电压；总内阻等于各单个电池内阻的倒数之和；总电流等于各单个电池的电流之和；总容量等于各单个电池容量之和。当充电时，若各并联支路内无变阻器可用，则要求各并联支路的总电压应相等，否则将引起支路之间的环流，即电压高的支路会向电压低的支路放电。

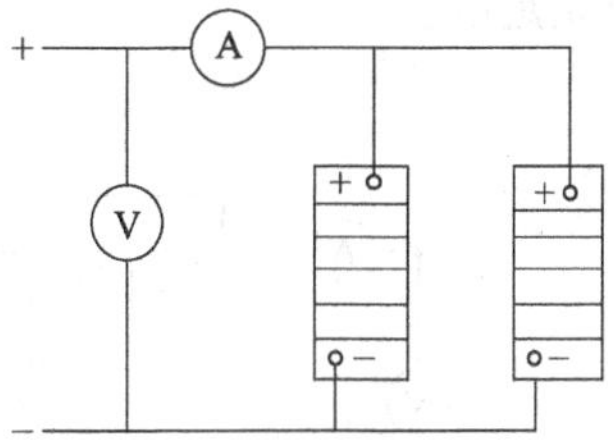

（3）蓄电池的混联

如果若干个电池分别串联成电压相等的几个分路，再将各分路并联起来，这种既有串联又有并联的连接方法叫蓄电池的混联，如图 2.11 所示。它兼具蓄电池串、并联的特点。

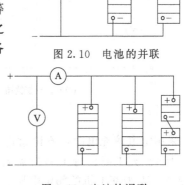

图 2.10 电池的并联

图 2.11 电池的混联

（4）充电时串、并联蓄电池数计算

每单格电池充足电时需 2.7V，故被充蓄电池串联的个数由充电机的额定电压确定，一般可按以下方法计算：

串联 6V 铅蓄电池的个数＝充电机额定电压值/3×2.7

串联 12V 铅蓄电池的个数＝充电机额定电压值/6×2.7

被充蓄电池的并联个数由其容量确定，一般可按下式计算：

并联铅蓄电池的个数＝充电机额定电流值/K×C

其中，C 为蓄电池的额定容量；K 为蓄电池的充电工艺常数，初充电为1/15，补充充电为1/10。

2.9 蓄电池的充电

为了使蓄电池保持一定容量和延长蓄电池的使用寿命，必须对蓄电池进行充电。新蓄电池和修复后的蓄电池在使用前必须进行初充电，使用中的蓄电池必须进行补充充电，并在必要时进行去硫化充电。

2.9.1 蓄电池充电方法

（1）充电设备

每台工程机械上都有交流发电机，发动机带动交流发电机发出电流，经整流后对蓄电池进行充电。脱离工程机械后，蓄电池由充电机进行充电。充电机将交流电网上的交流电用变压器降到所需电压，经整流后对蓄电池进行充电。

（2）充电方法

蓄电池是直流电源，因此必须用直流电源对其充电。充电时，充电电源正极接蓄电池正极，充电电源负极接蓄电池负极。充电方法有定电流充电、定电压充电和快速脉冲充电。

① 定电流充电。定电流充电法是指在充电过程中充电电流始终保持恒定，如图 2.12 所示。充电电流 $I_c = (U - E)/R$，U 为蓄电池两端的充电电压；R 为蓄电池的内阻；E 为蓄电池的电动势。在充电过程中，蓄电池的内阻虽然逐渐减小，但是电动势却是逐渐升高，并且其变化量较内阻大，所以要保持恒定的充电电流，就必须逐步提高蓄电池两端的充电电压。其第一阶段充电电流值一般为额定容量值的 10%～15%；当单格电池电压上升到 2.4V 左右时，开始电解水，形成氢气和氧气，再将充电电流减小 1/2 转入第二阶段充电，直到蓄电池完全充足电。

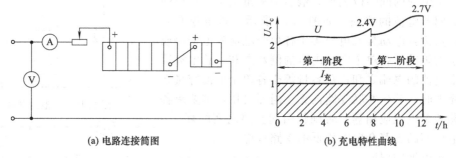

| (a) 电路连接简图 | (b) 充电特性曲线 |

图 2.12　定流充电

采用定电流充电时，不论蓄电池是 6V 还是 12V，都可以串联在一起充电，如图 2.12（a）所示。充电时，每个单格需要 2.7V 充电电压，故串联的单格电池总数不应超过 $n = U_c/2.7$，U_c 为充电机的额定电压。所串联蓄电池的容量最好相同，否则充电电流的大小应按照容量最小的来选定。当小容量的蓄电池充足电后，随即拆除，再继续给大容量的蓄电池充电。

定电流充电有较大的适应性，可任意选择和调整充电电流，对蓄电池的技术状况要求低，有利于延长蓄电池的使用寿命，使用广泛，如初充电、补充充电、去硫化充电都可以采用定电流充电。它的缺点是充电时间长，如无自动调整充电电流保持恒定功能的充电机，则需不断监测并人工调整充电电流，使之保持恒定，操作起来比较麻烦。

② 定电压充电。定电压充电是指蓄电池的充电电压在充电全过程中保持不变，如图 2.13 所示。定电压充电开始时，由于蓄电池的电动势 E 较低，充电电流很大。此后，随着 E 的增大，充电电流逐渐减小，至充电终了时，充电电流将自动降低到零［图 2.13（b）］。这样在充电过程中可不用人看管，充电结束时会自动断电，不易造成过充电。另外，由于定压充电开始时电流很大，在充电的前 4～5h 内蓄电池就可获得额定容量的 90%～95%，因而大大缩短了充电时间，较适合短时间补充充电。定电压充电的缺点是，不能调整充电电流

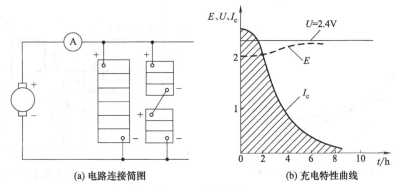

图 2.13　恒压充电

的大小，充电开始电流很大，蓄电池温度较高，容易引起极板弯曲，活性物质脱落；充电末期，充电电流很小，极板深处的铅不易被还原，所以不能用于初充电和去硫化充电。

定电压充电可将额定电压、容量相同的蓄电池并联在一起充电。采用定电压充电时，要选好充电电压，若充电电压过高，则会造成蓄电池温度过高和过充电，容易造成极板弯曲和活性物质脱落；若充电电压过低，则会使蓄电池充电不足。一般情况下，每单格电池的充电电压为 2.3～2.4V；对 6V 或 12V 的蓄电池，充电设备应提供 7.5V 或 15V 充电电压。

③ 快速脉冲充电。定电流充电和定电压充电称为"常规充电"。要完成一次初充电要 60～70h，补充充电也要近 20h，充电时间太长，给使用带来不便。从 20 世纪 70 年代开始，我国进行快速充电原理和技术的研究，先后研制生产出可控硅快速充电机和智能快速充电机，使蓄电池的初充电一般不超过 5h，补充充电只需 0.5～1.5h，大大缩短了充电时间，提高了效率。

a. 快速充电的原理。在充电后期的化学反应过程中，蓄电池正负极板之间的电极电位差会高于蓄电池的静止电动势，这种现象称为极化。极化是阻碍蓄电池充电过程中电化学反应正常进行的主要因素，要实现快速充电，就必须找出极化的原因并采取相应措施。理论分析和实践表明，产生极化的原因主要有以下三点：

• 欧姆极化：因为蓄电池各导电部分均有一定电阻，当电流通过时将会产生电压降（欧姆压降），充电停止后会自动消失。

• 浓差极化：充电过程中，由于化学反应在极板的孔隙内生成硫酸，使极板孔隙内的电解液密度较容器内的电解液密度稍高一些，这种由电解液密度差异引起的电极电位的变化称为浓差极化。停止充电后，由于分子的扩散，浓差极化也会逐渐消失。

• 电化学极化：充电接近终了时，极板表面上的活性物质大部分已转变成二氧化铅和铅，此时单格电压约为 2.3V，如再继续充电，则水开始分解，并在负极板上逸出氢气，正极板上逸出氧气。由于氢离子在负极板上与电子结合较为缓慢，使负极板附近积存有多量的氢离子，造成负极板电位降低，同时正极板逐渐被氧离子包围形成过氧化电极，使正极板电位提高，这就是电化学极化。随着充电的进行和充电电流的增加，这种电化学极化会更加明显。

另外，在充电过程中，蓄电池能够接受的充电电流是随时间而衰减的，如图 2.14 所示。充电电流为

$$i = I_0 e^{-at}$$

式中　I_0——在 $t=0$ 时，蓄电池能接受的充电电流最大值；

a——衰变率常数，即充电接受比，$a = \dfrac{I_c}{I_0}$，I_c 为 $t=0$ 时蓄电池实际接受的充电电流。

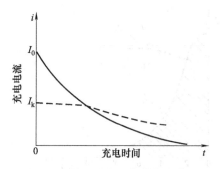

图 2.14　蓄电池充电接受能力曲线

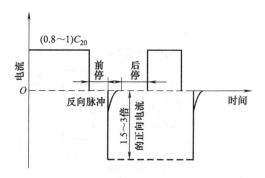

图 2.15　脉冲快速充电的电流波形

遵循这条曲线进行充电，蓄电池则处于最佳接受状态。若充电电流大于曲线上对应的值，即充电接受比大于1，并不能提高充电速率，只会导致水的分解；若充电电流低于曲线上对应的值，即充电接受比小于1，将使充电时间延长。如图 2.14 中虚线所示，$t=0$ 时，用小于 I_0 的 I_k 充电，充电接受比小于1，充电时间必然延长。

b. 快速充电方法。实现快速充电的基本方法有智能快速充电和脉冲快速充电两种。

脉冲快速充电法（图 2.15）就是以脉冲大电流充电来实现快速充电的方法。它是利用蓄电池在充电初期可以接受较大充电电流的特点，间断地以大电流充电，使蓄电池在较短时间内，可以恢复 60% 左右的容量。

脉冲快速充电的整个充电过程由控制电路自动控制，其充电过程如下：采用大电流充电（相当于 0.8～1 倍的规范充电电流），蓄电池则可在较短时间内充到额定容量的 60% 左右。当单格电池电压上升到 2.4V，水刚开始分解、冒泡时，由控制电路控制，开始进行脉冲充电，即先停止充电一段时间（如 10～20ms），随之欧姆极化消失，浓差极化也因电解液的扩散而部分消失；接着再以小电流放电，脉冲宽度为 10ms，目的是消除电化学极化中产生的电荷积累，同时消除极板孔隙中形成的气体，帮助浓差极化进一步消失；然后再停止放电 30ms，在此期间，自动检查电动势是否降至规定的数值，若未降至规定数值，再进行一次放电，若已降至规定数值，则进行充电，如此循环，直至充足电为止。

脉冲快速充电有以下特点。

• 充电时间短。初充电一般不超过 5h，补充充电只需 0.5～1.5h。

• 节能。脉冲快速充电的耗能仅为常规充电的 80%～85%。

• 可以增加蓄电池的容量。脉冲快速充电的消除极化功能，使充电时的化学反应更充分，加深了反应深度。因此，蓄电池的容量有所增加。

• 具有显著的去硫化作用。

• 对蓄电池的寿命有一定影响，需进一步改进。

一般经快速充电的蓄电池只是提高了容量，并未能"充足"电。若想将蓄电池充满，还需用小电流或正常充电电流对蓄电池进行最后充电。一般快速充电设备都有温度控制器，在充电时，将其传感器插入蓄电池的注液口。当电解液的温度超过一定值时（通常为 50℃），快速充电设备会自动停止充电。

控制充电电流按最佳充电电流曲线变化而实现快速充电的方法称为智能快速充电法。智能快速充电把蓄电池充电技术提高到了一个新的水平，主要优点是充电速度快、空气污染轻、省电节能、便于管理。对电池集中、充电频繁的部门，特别是汽车队，其优越性尤为突出。

2.9.2　蓄电池充电

根据充电时蓄电池的技术状态不同，充电分为初充电、补充充电和去硫化充电。

(1) 蓄电池的初充电

对新蓄电池或更换极板后的蓄电池进行的首次充电，称为初充电。初充电的目的在于恢复蓄电池在存放期间极板上部分活性物质缓慢放电和硫化而失去的电量。因此，初充电对蓄电池的性能和使用寿命影响极大。若初充电不彻底，会导致蓄电池永久性的充电不足，致使蓄电池容量长期不足、使用寿命显著缩短。若初充电时蓄电池过充电，则极板和隔板将受到严重腐蚀，蓄电池的使用寿命也会大大降低。因此，对蓄电池的初充电要十分认真。

初充电的特点是充电电流小，充电时间长（一般为70～90h）。这是因为新极板总是难免受到潮湿空气的氧化，其电阻相对增大，采用小电流充电可防止温升过高、保证充电质量。初充电的特点是充电电流小，充电时间长。初充电的步骤如下：

① 配置电解液。首先根据所在地区的最低温度或按照蓄电池制造厂家的规定往蓄电池中加注一定密度的电解液，密度一般为1.25～1.285g/cm³，温度不超过30℃，液面应高出极板10～15mm（封闭蓄电池液面高度在上下刻线之间），加注后一般静置6～8h，目的是使电解液向极板和隔板内部渗透，并散发出化学反应所产生的热量。加注后，电解液的温度还要升高，应监测电解液的温度，低于35℃时，才可以进行充电。

② 连接蓄电池组。按充电设备的额定电压和额定电流将被充蓄电池按一定形式连接起来。由于串联蓄电池的总电压不能大于充电设备的额定电压，当充电设备的额定电压不能满足蓄电池的要求而额定电流大大超过蓄电池要求的充电电流时，可把被充电的蓄电池并联起来。当蓄电池的容量相差较大时，可采用混联的方法连接。

③ 选择充电电流。接通充电电路，将蓄电池的正极接充电机的正极，蓄电池负极接充电机负极，然后初充电过程分两个阶段进行，定电流充电的充电电流是根据蓄电池容量来选择的。第一阶段的充电电流为容量的1/15，充电中，当蓄电池单格电压充到2.3～2.4V（充电时间为25～35h），而且电解液中放出气泡。为防止由于气泡剧烈产生并急速从极板孔隙内冲出，使孔隙边缘的活性物质冲掉，使容量降低，应将充电电流减半，转入第二阶段充电。第二阶段的充电电流为额定容量的1/30，充电至电解液剧烈放出气泡（沸腾）、电压和电解液密度在2～3h内稳定不变为止，即可停止第二阶段充电（第二阶段的充电时间为20～30h）。全部充电时间为45～60h。

④ 充电过程中应经常测量电解液温度。在充电过程中，应每隔2～3h测量电解液温度、密度和电压，并做好记录。如电解液温度超过40℃时，应将电流减半；如继续上升到45℃，应立即停止充电，并采用人工冷却，待冷至35℃以下时再充。

⑤ 调整电解液密度和液面高度。初充电临近结束时，应测量电解液密度和高度，如不符合规定，应用蒸馏水或密度为1.4g/cm³的稀硫酸进行调整。调整后，再用小电流继续充电1～2h，使电解液充分混合。再进行测量和校正，直至电解液的密度和液面高度符合规定为止。

⑥ 充放电循环。新蓄电池经过初充电后，应进行1～3次充、放电循环，以便检查蓄电池的容量是否达到额定容量。这种循环还可以促进极板上的物质转变为活性物质，提高蓄电池的容量。方法为：使充足电后的蓄电池休息1～2h，以蓄电池额定容量1/20的电流连续放电。放电中，每隔2h测量一次单格电压，当单格电压降至1.8V时，每隔20min测一次电压，单格电压降到1.75V时，应立即停止放电。如容量达不到90%以上额定容量，还需进行第二次充电（充电电流第一阶段为额定电流的1/10，第二阶段减半），蓄电池充足电后再进行第二次放电，当蓄电池容量达到90%以上的额定容量时，再进行最后一次补充充电。

对部分更换极板的蓄电池，修复后初充电时，注入的电解液密度要低于规定值0.03～0.06g/cm³，并按规定充电电流的50%～80%进行充电。

(2) 补充充电

蓄电池在使用过程中，常有充电不足的现象，应根据需要进行补充充电。蓄电池使用时，如果发现启动机旋转无力、照明系统的灯光比正常暗淡、电解液密度低于 $1.20\mathrm{g/cm^3}$、冬季放电超过额定容量 25%、夏季放电超过 50%、单格蓄电池电压降到 1.7V 以下时，必须及时进行补充充电。另外，由于工程机械上使用中的蓄电池采用的是定电压充电，不可能使蓄电池充足电，为了有效防止硫化，充电后的蓄电池若不用，每 2 个月应对其进行一次补充充电。

充电前不需另加电解液（如液面过低，加蒸馏水）。补充充电也分两个阶段进行，第一阶段电流值一般为蓄电池额定容量的 1/10，充电至单格电池端电压达到 2.4V，电解液中放出气泡；第二阶段电流值一般为蓄电池额定容量的 1/20，充电至端电压和电解液密度在 3h 内稳定不变为止，不需进行充放电循环。此外，蓄电池的连接、充电终了的特征以及电解液密度调整方法等，均与新蓄电池初充电时相同。

表 2.4 给出了几种常见蓄电池的初充电和补充充电的充电电流。

表 2.4　蓄电池的充电电流　　　　　　　　　　　　　　　　　　　A

蓄电池型号	初充电		补充充电	
	第一阶段	第二阶段	第一阶段	第二阶段
3-Q-75	5	3	7	3
3-Q-90	6	3	9	4
3-Q-105	7	4	10	5
3-Q-120	8	4	12	6
3-Q-135	9	5	13	6
3-Q-150	10	5	15	7
6-Q-60	4	2	6	3
6-Q-75	5	3	7	3
6-Q-90	6	3	9	4
6-Q-105	7	4	10	5
6-Q-120	8	4	12	6

（3）均衡充电

由于制造、使用的诸多因素，蓄电池会出现各单格蓄电池间的端电压、电解液密度、容量等的差异。为了消除这种差异，需进行均衡充电。具体方法是：用正常充电方法至蓄电池的端电压稳定，停止充电 1h 后用 20h 率充电电流进行充电，充 2h 停 1h，反复 3 次，直至各单格蓄电池一开始充电就立即剧烈地产生气泡为止。最后，调整电解液的密度至规定值。

（4）预防硫化过充电

为预防蓄电池的极板硫化，除每隔 2 个月进行一次补充充电外，每隔 3 个月还要进行一次预防性过充电，彻底清除极板上的硫酸铅结晶。具体方法是：用正常补充充电的电流值将蓄电池充足电，停止 1h 后再用 50% 的补充充电电流值充电至蓄电池"沸腾"为止。重复几次，直到一旦充电立即"沸腾"为止。

（5）去硫化充电

铅蓄电池长期充电不足或放电后长时间放置，在极板上都会逐渐生成一层白色粗晶粒的硫酸铅，这种硫酸铅晶粒很难在正常充电时转化为正常的活性物质，因而导致容量下降，这种现象称为极板硫化。铅蓄电池发生硫化故障后，内电阻将显著增大，开始充电时充电电压较高（严重硫化者可高达 2.8V 以上），温升亦较快。对严重硫化的蓄电池，只能报废。对硫化程度较轻的蓄电池，可以通过充电予以消除，这种消除硫化的充电工艺称为去硫化充电。去硫化充电的程序如下：

① 首先倒出原电解液，并用蒸馏水冲洗 2 次，然后再加入足够的蒸馏水。

② 接通充电机，将电流调节到初充电的第二阶段电流值进行充电，当电解液密度上升到 $1.15g/cm^3$ 时，再倒出电解液，换加蒸馏水再进行充电，如此循环，直到电解液密度不再上升为止。

③ 换用正常密度的电解液进行补充充电和充放电循环，直到蓄电池输出容量达到额定容量值的85%以上时，即可再次充足电后交付使用。

（6）充电注意事项

① 严格遵守各种充电方法的充电规范，经常保持充电电流在规定值。

② 充电过程中，注意对各个单格电池电压和电解液密度的测量，及时判断其充电程度和技术状况。如发现不正常现象，应查明原因及时排除。

③ 充电过程中，注意各个单格电池的温升，以防温度过高影响蓄电池的性能，必要时可用风冷或水冷的方法降温。

④ 初充电工作应连续进行，不可长时间间断。

⑤ 配制和注入电解液时，要严格遵守安全操作规程和器皿的使用规则。

⑥ 充电时应备好冷水和10%的苏打水溶液或10%的氨水溶液，以便处理溅出的电解液。

⑦ 充电时打开电池的加液孔盖，使氢气、氧气顺利逸出，以免发生事故。

⑧ 充电室应装有通风设备；严禁用明火照明、取暖等。

⑨ 为避免腐蚀性气体对充电设备的侵蚀，充电设备应与存放蓄电池的地方隔开。

⑩ 充电时应先接牢电池线，停止充电时，应先切断充电电源，然后拆下其他连接线；导线连接要可靠，严防火花产生。

2.10 蓄电池的常见故障与排除

蓄电池常见的外部故障有壳体裂纹、封口胶开裂、联条烧断、接触不良、极柱腐蚀等；内部故障有极板硫化、活性物质脱落、自行放电等。对于外部故障，可以直接通过外观检查发现，并根据具体情况进行维修或更换，如简单的修补、除污、紧固等方法；对于内部故障，则不易被察觉，只有在使用或充电时才出现一定症状，一旦产生就不易排除，要根据使用和维护过程中的现象进行仔细分析，确定原因，视情况处理。因此在使用中应以预防为主，尽量避免内部故障产生。

2.10.1 外壳破裂

外壳破裂是蓄电池最严重的一种破坏性故障。外壳破裂后，蓄电池内的电解液会向外渗漏而流失。若间壁损坏，相邻两单格便会互通而短路，使端电压显著下降而无法正常工作。

外壳破裂主要是由于使用维护不当，如固定框架过紧、橡胶减震垫过紧或漏装；工程机械行驶中剧烈振动冲击、外力猛击蓄电池外壳、加液孔螺塞上的通气孔堵塞、冬季电解液密度过低或气温过低而结冰等。

如发现蓄电池有裂纹时，必须立即从车上拆下，及时进行修补。否则，裂纹会加剧，以致无法修复。修补外壳裂纹有3种常用的修补方法，可根据实际条件选用。

（1）环氧树脂修补法

用环氧树脂修补硬橡胶外壳，是以环氧树脂作为黏合剂，在其中加入固化剂、增塑剂以及各种不同填料完成的。

环氧树脂黏合剂应按表2.5配制。配制时，先将配方中环氧树脂加热，待溶液变稀时，加入硬胶粉、炭黑（修复盖子用的胶泥中还应加入壳粉）搅拌均匀，待冷却后用。修补时，再按规定比例加入乙二胺，搅拌后即可使用。

表 2.5 修补硬橡胶外壳用环氧树脂黏合剂配制方法

环氧树脂		固化剂		增塑剂	填　料			
规格	用量	乙二胺	己二胺	二丁酯	硬胶粉	炭黑	玻璃丝布	石棉布
6101#	100	10	10		50	1	两层	两层
634#	100	6	10	10	50	1	两层	两层
641#	100	8	15	15	50	1	两层	两层

注：以环氧树脂为100份，按质量比计。

　　裂纹的修补方法是：用酒精灯（或远距离火焰）加热裂纹处，使之变软，用刀铲去裂纹表面杂质，在靠近裂口处锉成倒角，并在裂纹下端钻一直径为 4mm 的孔。用配好的环氧树脂填平钻孔，并在裂纹两侧及裂口上涂刷两遍，然后贴上玻璃丝布，再在玻璃丝布外面刷一些环氧树脂，干后即可使用。

　　（2）生漆修补法

　　将生漆和石膏粉调成糊状，修补方法与环氧树脂修补法相同。

　　（3）松香、沥青修补法

　　将松香、沥青和胶木粉取相同体积配成胶料，慢慢加热，加入适量石棉纤维搅拌均匀，按与环氧树脂相同的方法修补。

2.10.2　极板硫化

　　蓄电池长期充电不足或放电后长期放置，极板表面形成白色、坚硬、不易溶解的粗晶粒硫酸铅的现象，简称"硫化"。这种粗晶粒硫酸铅导电性能很差，正常充电时很难还原为二氧化铅和海绵状铅。由于晶粒粗、体积大，会堵塞活性物质的孔隙，阻碍电解液的渗透和扩散，因此，硫化后蓄电池的内阻显著增大。极板严重硫化后，在充电和放电时都会出现异常现象。充电时，单格蓄电池的端电压迅速升至 2.8V 左右，但电解液的密度达不到规定值，且过早出现"沸腾"现象；放电时，端电压急剧下降，容量减小，不能持续供给启动电流，以至于不能启动，即"一充就热、稍放便无"。产生硫化的主要原因：

　　① 蓄电池长期充电不足或放电后不及时充电是产生硫化的主要原因。正常放电时，极板上生成的硫酸铅晶粒较小，导电性能相对较好，充电时能够还原为 PbO_2 和 Pb。但当蓄电池长期处于充电不足状态时，极板上的硫酸铅部分溶解，温度越高，溶解度越大；当温度下降，溶解度减小，以致出现过饱和现象，部分硫酸铅从电解液中析出，再次结晶成更大晶粒的硫酸铅附在极板表面而形成硫化。

　　② 电解液数量不足，蓄电池液面过低，在工程机械行驶中，由于电解液上下波动，极板（主要是负极板）露出部分与空气接触而被强烈氧化，极板氧化部分再与波动的电解液接触，就会逐渐形成粗晶粒硫酸铅硬化层而使极板上部产生硫化。

　　③ 长期过量放电或小电流深度放电，使极板活性物质深孔内生成硫酸铅，平时充电时不易恢复，久而久之导致硫化。

　　④ 新蓄电池初充电不彻底，活性物质未得到充分还原。

　　⑤ 电解液密度偏高，利于硫酸铅再结晶。

　　⑥ 电解液成分不纯，外部气温变化剧烈。

　　减轻或避免硫化的主要措施是保持蓄电池经常处于充足电状态；在汽车上虽有充电系统为蓄电池充电，但只能保证基本充足，因此应当定期（1～2个月）取下进行补充充电；放完电的蓄电池，应在 24h 内进行补充充电；电解液的密度要符合标准，液面高度要保证极板不裸露于空气之中。对于已经硫化的蓄电池，应视硫化程度进行处理。轻者用过充电方法充电恢复，不太严重的可采用去硫化充电方法进行充电恢复，重者只能报废。

2.10.3 自行放电

蓄电池放置几天后，充足电的蓄电池在无负载状态下，电量自行消失的现象称为自行放电。蓄电池自放电是不可避免的现象，这是由其构造决定的。对于充足电的蓄电池，在30天内，若每昼夜容量降低不超过1％，则为正常现象；若每昼夜容量降低超过1％，则为自放电故障。自放电故障导致了蓄电池的使用性能变坏，表现在蓄电池的供电能力随着存放时间的延长明显下降，自放电严重时，可能出现"充电良好、出车困难"，即蓄电池正常充电，但次日或几日后出车时有启动机运转无力等现象，表明蓄电池供电能力不足。

自行放电的原因有电解液不纯；蓄电池盖上洒有电解液，使正、负极柱导通；蓄电池内部正、负极板短路，如隔板破裂、极板拱曲变形、活性物质严重脱落等。

预防自行放电的措施有：配制电解液用的硫酸及蒸馏水必须符合规定；配制电解液所用器皿必须是耐酸材料制作的，配好的电解液应妥善保管，严防掉入脏物；加液螺塞要盖好，保持蓄电池外表清洁干燥；补充的蒸馏水要符合要求。

产生自放电故障后，应根据原因进行处理。若蓄电池表面脏污，可用清水冲洗干净，用热水效果更好；若电解液不纯，应倒出电解液，取出极板组，抽出隔板，用蒸馏水冲洗干净后重新组装，加入新的电解液后充足电即可。

2.10.4 极板活性物质大量脱落

蓄电池使用中，主要是正极板上的活性物质PbO_2会逐渐脱落，这是蓄电池过早损坏的一个主要原因。活性物质脱落严重时，电解液混浊并呈褐色。蓄电池充电时，有褐色物质自底部上升，电压上升过快，沸腾过早出现，密度上升缓慢；放电时，电压下降过快，容量下降。

活性物质脱落原因有：充电电流过大；过充电时间过长；低温大电流放电。充电电流过大，使温度升高快、反应剧烈，容易引起极板栅架腐蚀，加速活性物质脱落。过充电会电解水，产生大量氢气和氧气，当氢气从负极板的孔隙内向外冲出时，容易导致活性物质Pb脱落，当氧气从正极板的孔隙内向外冲出时，容易导致活性物质PbO_2脱落。大电流放电，特别是低温、大电流放电时，极板易拱曲变形而导致活性物质脱落。此外，电解液密度增大、温度升高，工程机械行驶中的振动与颠簸，也会加速栅架腐蚀和活性物质脱落。

为了减轻活性物质脱落，使用中应避免长时间过充电；蓄电池的充电电流不能过大；充电时，电解液温度不得过高；电解液密度在保证冬季不结冰的前提下，应尽量降；蓄电池采用弹性支撑，减轻工程机械行驶产生的颠簸振动。

检查蓄电池极板脱落情况，脱落的活性物质沉积较少时，可清除后继续使用；脱落严重、沉积多时，须更换新极板和电解液；充电时，一定要避免充电电压过高。

2.11 新型铅蓄电池

随着新材料的开发和新技术的创新，出现了许多新型铅蓄电池，使得蓄电池的比能量提高，无需初充电或免去定期添加蒸馏水，减少了烦琐的维护。

2.11.1 新型铅蓄电池

(1) 干荷电铅蓄电池

干荷电铅蓄电池与普通蓄电池的结构基本相同，区别主要在于负极板的制造工艺要求较高，可使极板组在干燥状态下能较长期地保存电荷。

普通蓄电池正极板的活性物质（PbO_2）化学性能比较稳定，其荷电性能可以长期地保持。而负极板的活性物质（Pb）由于表面积大，活性物质微粒表面易被氧化，为把这部分物质还原，新蓄电池使用前，需进行比较烦琐的初充电。为使干荷电铅蓄电池的负极板在储存时也能较长时间地保持其荷电性能，负极板的活性物质在铅中配有一定比例的抗氧化剂，如松香、羊毛脂、油酸、有机聚合物和脂肪酸等，经深化处理后，使活性物质形成较深层的海绵状结构，再经防氧化浸渍处理，极板表面附着了一层较薄的保护膜，提高了抗氧化性能，最后还经惰性气体或真空干燥处理。

干荷电铅蓄电池具有储存时间长、使用方便等优点。在规定的保存期内（2 年）如需使用，只要加注规定密度的电解液，搁置 20min，不需进行初充电即可使用。对储存期超过 2 年的干荷电铅蓄电池，因极板上有部分活性物质已氧化，使用时应以补充充电的电流充电 5～10h 后再用。干荷电铅蓄电池的使用与维护方法与普通蓄电池基本相同。

（2）湿荷电铅蓄电池

湿荷电蓄电池是将蓄电池的极板分为两个群组，放入电解质溶液中，通入一定电压的直流电，在正极上形成二氧化铅，在负极上形成海绵状铅，将负极板浸入密度为 $1.35g/cm^3$ 的硫酸钠溶液里 10min，硫酸钠吸附在负极板活性物质表面，起抗氧化作用，两个极板群组经处理后（但不经干燥）即组装密封成蓄电池。因蓄电池极板内部仍带有部分电解液，其内部是湿润的，而被称为湿荷电蓄电池。

湿荷电蓄电池自出厂之日后，允许储存 6 个月。在此期间，只需加注符合标准的电解液，20min 后不需要初充电即可使用。其首次放电容量可达额定容量的 80%。如果超出储存允许期，则需按补充充电规范进行短时的补充充电后方可使用。

（3）免维护铅蓄电池

免维护铅蓄电池也叫 MF 铅蓄电池，是指在长期使用过程中不需要维护。免维护铅蓄电池在使用过程中除需要保持表面清洁外，不需补加蒸馏水和其他维护工作。典型免维护铅蓄电池结构如图 2.16 所示。

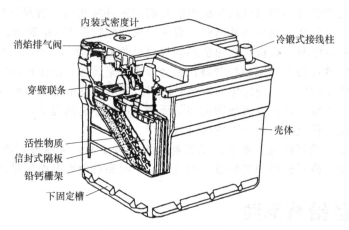

图 2.16　免维护铅蓄电池

免维护铅蓄电池与普通铅蓄电池相比，免维护铅蓄电池具有以下特点：

① 极板栅架采用铅钙合金或低锑合金（含锑 2%～3%），减少了析气量、耗水量。同时自行放电也大大减少，使用寿命延长。

② 采用密封式压铸成形极柱，不易断裂，免受酸气腐蚀。

③ 隔板采用袋式聚氯乙烯隔板，将正极板包住，可保护正极板活性物质不致脱落，并防止极板短路。

④ 通气孔采用新型安全通气装置，可防止蓄电池内的酸气与外部火花直接接触，以防

爆炸，还可使蓄电池顶部和极桩保持清洁，减少接头的腐蚀。

⑤ 单格电池间采用穿壁式连接，减小了内阻，提高了启动性能。

⑥ 蓄电池内部安装有液体密度计（俗称电眼），如图 2.17 所示，可以自动显示蓄电池的存电状态和电解液的液面高低。其结构如图 2.17（a）所示，由透明塑料管、底座和两只小球（一只为红色、另一只为蓝色）组成，通过螺纹安装在蓄电池盖上，两只小球安放在塑料管与底座之间的中心孔中，红色小球在上，蓝色小球在下。两只小球的材料密度不同，可以跟随电解液密度变化而上下浮动。当蓄电池存电充足、电解液密度符合标准时，两只小球向上浮动到极限位置，经过光线折射小球的颜色，从密度计观察到的结果为中心呈红色圆点、周围呈蓝色圆环，如图 2.17（b）所示，表明蓄电池技术状态良好、容量在 75％以上。当蓄电池存电不足、电解液密度过低时，蓝色小球下移到极限位置，从密度计观察到的结果为中心呈红色圆点、周围呈无色透明圆环，如图 2.17（c）所示，表明蓄电池存电不足、容量在 75％以下，应予以补充充电。当电解液液面过低时，两只小球都下移到极限位置，从密度计观察到的结果为中心呈无色透明圆点、周围呈红色圆环，如图 2.17（d）所示，表明蓄电池已接近报废，必须更换新的蓄电池。

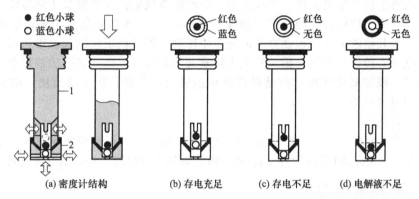

图 2.17　蓄电池内装式密度计
1—透明塑料管；2—密度计底座

⑦ 在出气孔上安装消氢帽，用铂、钯作催化剂，将蓄电池内产生的氢气和氧气重新化合成水再流回蓄电池中去。因而蓄电池用 3.5～4 年也不必补充蒸馏水。

⑧ 外壳用聚丙烯塑料热压而成，槽底没有肋条，极板组直接坐落于蓄电池底部，可使极板上部的电解液量增加一倍多。

免维护铅蓄电池优点有：免维护铅蓄电池合理使用过程中不需添加蒸馏水，短途运输车辆可行驶 8 万公里，长途载货车可行驶 40 万～80 万公里而不需维护，使用方便；极桩腐蚀极轻，甚至没有腐蚀；使用寿命长，一般在 4 年左右，几乎是普通蓄电池的 2 倍；蓄电池自行放电少，使用或储存时不需进行补充充电。

（4）胶体铅蓄电池

普通铅蓄电池的电解质为稀硫酸水溶液，而胶体铅蓄电池的电解质是一种黏稠的胶状物质，其主要成分是硅酸钠与稀硫酸。胶体铅蓄电池的主要特点是：电解质呈胶体状，不会晃动溅出，使用、维护、保管和运输方便，特别适合在偏僻地区使用的机械装备；使用过程中只需补充蒸馏水（蓄电池内的薄塑料片不显色则表示缺水），且补充蒸馏水的次数也只有普通铅蓄电池的 1/2；胶状电解质失水少，故使用时无需测量和调整电解液的密度和高度；耐硫化，这是由于蓄电池放电时产生的硫酸铅很难溶解到胶状电解质中去，胶状电解质中硫酸铅也难以返回到极板上再结晶，在一定程度上防止极板的硫化。

胶体铅蓄电池的主要缺点是：内电阻较大，导致蓄电池容量下降约 10%，大电流放电电压也下降约 10%。胶状电解质流动性差，与极板接触不均匀，使极板不同部分形成电位差；另外，胶体蓄电池自放电较大，且不均匀，这两种情况使得极板容易腐蚀。

2.11.2 碱性蓄电池

铅酸蓄电池具有良好的启动特性，但使用寿命短。现在有些车辆上采用碱性蓄电池，其优点为：寿命长，容器和极板的机械强度高，无硫化现象，工作可靠，耐强电流放电。其缺点是：价格较高，内阻大。碱性蓄电池有铁镍、镉镍和银锌 3 种。

（1）铁镍蓄电池

铁镍蓄电池的外壳由钢板制成。极板是钢制骨架，架中嵌入钢管，管壁有细孔，管内装活性物质。正极板的活性物质是氢氧化镍，为增强其导电性能，有时掺杂些片状纯镍。负极板的活性物质是海绵状铁，其中混有 5%～6% 的水银，以增强其导电能力和化学活性。电解液是纯净的苛性钠或苛性钾溶液，相对密度为 1.20～1.27。

（2）镉镍蓄电池

镉镍蓄电池正极为氢氧化镍，负极为镉。电解液为氢氧化钾或氢氧化钠溶液，隔板为橡胶或塑料。外壳用优质钢板压制、焊接镀镍而成，或用 ABS 树脂制成。正极板用氢氧化亚镍粉、石墨粉和其他添加剂，包在穿孔的钢带中压制、焊成极板组制成。添加石墨目的是增加极板的导电性。负极板由氧化镉和氧化铁粉及其他添加剂，包在穿孔的钢带中压制、焊接成极板组制成。添加氧化铁粉目的是提高氧化镉粉的扩散性，防止其结块，增加极板的容量。电解液相对密度为 1.1～1.27。

（3）银锌蓄电池

银锌蓄电池正极板上的活性物质为氧化银，负极板为锌。用银丝导线制成的银丝导电骨架，起传导电流和支撑活性物质的作用。电解液为氢氧化钾溶液。外壳用不锈钢或塑料制成。

2.11.3 高能蓄电池

电能是一种环保能源，人类一直在努力研究用电能加电动机取代燃油发动机为行走机械提供动力。高能蓄电池是实现这一目标的关键所在。新型高能蓄电池的比能量可达 140W·h/kg（铅蓄电池仅为 40～50W·h/kg），循环充电次数达 800 次以上，一次充电可使行走机械行驶 240km。研究开发中的高能蓄电池种类很多，其中较有前途的有钠硫蓄电池、燃料蓄电池、锌-空气蓄电池和锂合金二硫化铁蓄电池等。

2.12 铅蓄电池的使用与维护

蓄电池的技术性能和使用寿命，不仅取决于其结构和制造质量，而且还取决于使用与维护是否正确。铅蓄电池的正常使用寿命约为 2 年，如使用维护得当，其平均使用寿命可延长到 4 年左右。

2.12.1 蓄电池正、负极柱的判断

新蓄电池的正极上一般都刻有"＋"号或涂以红色标记，负极上刻有"－"或"N"号，涂以蓝色标记。蓄电池在使用中标记不清时，常用下列方法识别。

① 颜色法：正极柱通常为深褐色，负极柱通常为淡灰色。

② 放电法：将蓄电池的两极各引线相隔一定距离浸在稀硫酸溶液（或盐、碱水）中，这时，蓄电池通过导线、溶液放电，浸在溶液中的两导线周围都会产生气泡，冒泡多者为负

极，少者为正极。

③ 直流电压表测量法：将电压表"＋"、"－"两接柱分别接至蓄电池的两极柱上，如指针正摆（＞0），则接表"＋"的极柱为蓄电池正极，接"－"的极柱为负极，否则反之。此方法也可以用直流电流表串联在电路中测量。

④ 高率放电计法：将高率放电计测量蓄电池任意一侧有极柱的单格电压，测量时指针往哪边摆则哪边极柱为正极，另一极柱为负极。

⑤ 厂牌法：面对厂牌标志，右方极柱为正极，左方极柱为负极。

⑥ 二极管法：将一只耐压值高于蓄电池电压的二极管串一小灯泡（耐压与蓄电池相等）接在电路上，根据二极管单向导电性的特点来判定。若灯亮，则接二极管正极端的极柱为蓄电池的正极，接二极管负极端的极柱为负极；否则反之。

2.12.2 铅蓄电池的正确使用

① 及时充电。放完电的蓄电池应在24h内送到充电室充电；装在车上使用的蓄电池每2个月至少应补充充电一次，蓄电池的放电程度，冬季不得超过25％，夏季不得超过50％；带电解液存放的蓄电池，每2个月应补充充电一次。

② 正确使用启动机。不连续使用启动机，每次启动的时间不得超过5s，如果一次未能启动发动机，应休息15s以上再作第二次启动，连续三次启动不成功，应查明原因，排除故障后再启动发动机。

③ 应经常清除蓄电池表面的灰尘污物，保持蓄电池表面清洁、干燥；电解液洒到蓄电池表面时，应当用抹布蘸10％浓度的苏打水或碱水擦净，再用清洁的抹布擦干；极柱和电线接头上出现氧化物时要予以清除；经常疏通通气孔。

④ 经常检查电解液液面高度，必要时用蒸馏水或电解液调整，使其保持在规定范围内。

蓄电池使用时应尽量避免：长时间过充电或充电电流过大；过度放电；电解液液面过低或过高；电解液密度过高；电解液内混入杂质。冬季用蓄电池还应特别注意：尽量保持蓄电池处于充足电状态，以免蓄电池放电后电解液密度降低而结冰；补加蒸馏水，应在充电时进行，以使蒸馏水较快地与电解液混合而不致结冰；由于蓄电池容量降低，在冷态启动前，应尽量先将发动机加入热水并空摇数转进行预热，以减小启动阻力，提高启动转速，减少蓄电池的亏损。

2.12.3 铅蓄电池的保养

（1）每班保养（每天）

① 擦净蓄电池表面（如蓄电池表面有渗出的电解液时，可蘸10％苏打水或用热水冲洗），保持其清洁干燥；紧固接线卡和搭铁线螺钉；清除接线卡上的氧化物，并涂一层润滑脂或凡士林。

② 旋紧加液口盖，并疏通其上的通气孔。

③ 紧固蓄电池，防止松动。

（2）车场日保养（每周）

① 清洁蓄电池表面，检查蓄电池的放电程度。如冬季放电25％或夏季放电50％，应从车上取下进行补充充电。

② 检查电解液液面高度，要求电解液液面高出极板防护板10～15mm，如低于此规定，应用蒸馏水补充。不允许加自来水、井水、河水，更不能添加海水。

（3）换季保养

除完成每班和车场日保养内容外，还应根据蓄电池的充电情况和季节，恰当地调整电解液密度，一般冬季比夏季高 $0.02\sim0.04g/cm^3$ 为宜，并对蓄电池进行一次补充充电。

2.12.4 蓄电池技术状况的检查

为了保证蓄电池得到及时维护，了解电解液液面高度和蓄电池充放电程度的检查方法非常重要。

（1）电解液液面高度的检查

对于塑料壳体的蓄电池，可以直接通过外壳上的液面线检查。壳体前后侧面上都标有两条平行的液面线，分别用"max"或"UPPER LEVEL"或"上液面线"和"min"或"LOWER LEVEL"或"下液面线"表示电解液液面的最高限和最低限，电解液液面应保持在高、低水平线之间，如图 2.18 所示。

对于橡胶壳体的蓄电池，可以用孔径为 $3\sim5mm$ 的透明玻璃管测量电解液高出隔板的高度来检查，如图 2.19 所示。检测方法是：将玻璃管垂直插入蓄电池的加液孔中，直到与保护网或隔板上缘接触为止，然后用手指堵紧管口并将管取出，管内所吸取的电解液的高度即为液面高度，其值应为 $10\sim15mm$。

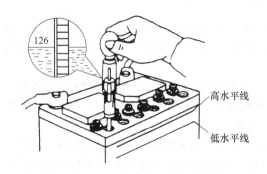

图 2.18 电解液密度检测

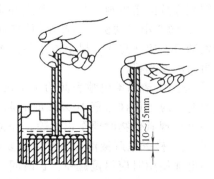

图 2.19 电解液液面高度检测

电解液液面偏低时，应补充蒸馏水。除非液面降低是由电解液溅出或泄漏所致，否则不允许补充硫酸溶液。这是因为电解液液面正常降低是由于电解液中水的电解和蒸发引起的。

（2）蓄电池放电程度的检查

① 根据电解液密度判断蓄电池放电程度。电解液密度可用吸式密度计或电解液密度检测仪检测，图 2.18 为用吸式密度计圈定电解液密度的示意图。使用时，先用拇指适当压瘪橡皮球，再将密度计的吸管插入电解液中，然后慢慢放松拇指，橡皮球恢复，使电解液吸入玻璃管中，吸入管中的电解液使浮子浮起，此时管中液面所对应的浮子刻度值即为电解液密度。

测量电解液密度时注意：必须同时测量电解液温度，并将测得的电解液密度值换算为 $25℃$ 时的电解液密度值；在大电流放电或加注蒸馏水后，不能立即测量电解液密度，应等电解液充分混合均匀后再测，一般在半小时以后即可。

电解液密度检测仪有电子密度检测仪和光学密度检测仪两种，电子密度检测仪是利用电位检测法检测的，光学密度检测仪是利用光的折射原理检测的。电解液密度检测仪具有测量精度高、操作简便等优点，但是成本较高。

根据实践经验，电解液密度每下降 $0.04g/cm^3$，约相当于蓄电池放电25%，所以从测得的电解液密度就可以粗略估算出蓄电池的放电程度。

例如，某机械用蓄电池在电解液温度为 $-25℃$ 时，测得其密度值为 $1.26g/cm^3$，该蓄电池充足电时的电解液密度为 $1.29g/cm^3$，其放电程度如何？是否需要补充充电？

解：先将－25℃时实测的电解液密度值换算为基准温度（25℃）条件下的电解液密度值，即：

$$\rho_{25℃}=\rho_{-25℃}+0.00075\times(-25-25)=1.26-0.0375\approx1.223(g/cm^3)$$

密度降低值为：

$$\Delta\rho_{25℃}=1.29-1.223=0.067(g/cm^3)$$

蓄电池的放电程度为：

$$\frac{0.067}{0.01}\times6\%=40.2\%$$

② 在大电流放电的情况下测量端电压判断蓄电池放电程度。

a. 用高率放电计检查。高率放电计由一个量程为2.5V的双向直流电压表和一个定值负载电阻组成，如图2.20所示。高率放电计是模拟接入启动机负荷，通过测量单格电池在大电流（接近启动机启动电流）放电时的端电压，判断蓄电池的技术状况和启动能力的一种测量工具。

测量时，将高率放电计两叉尖紧压在单格电池的正、负极桩上，历时5s左右，观察大电流放电情况下蓄电池所能保持的端电压。用放电电阻为0.01Ω的高率放电计测量，完全充足电的蓄电池单格电压为1.7～1.8V，蓄电池每放电25%，单格电压约下降0.1V，蓄电池达到放电终了时，单格电压为1.2～1.4V。一般情况下，技术状况良好的蓄电池，单格电压应在1.5V以

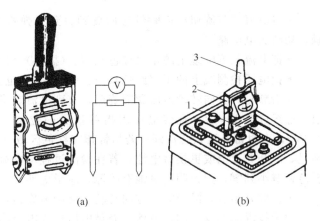

(a)　　　　　　(b)

图2.20　高率放电计测量单格电池电压
1—分流电阻；2—电压表；3—手柄

上，并在5s内保持稳定；如果某一单格电池的电压在5s内迅速下降或比其他单格电压低0.1V以上，说明该单格电池有故障，应及时修理。

注意：不同型号的高率放电计，负荷电阻值可能不同，放电电流和电压表的读数也就不同，使用时应注意参照说明书。高率放电计的测量结果还与蓄电池容量有关，蓄电池容量越大，内阻就越小，高率放电计的测量值也越大。测量时，应保证高率放电计两叉尖与单格电池的正、负极桩良好接触。

b. 用蓄电池测试器检查。由于蓄电池的主要作用是给启动机供电，因此对蓄电池进行模拟启动放电，能较为准确地反映蓄电池的技术状态，特别是干荷蓄电池和免维护蓄电池，联条均为穿式或跨桥式，蓄电池表面只有正、负极桩，无法用只能检测单格电池电压的高率放电计进行测量。因此能对整只蓄电池进行模拟启动放电并测量蓄电池端电压的蓄电池测试器应用越来越广。蓄电池测试器有可调电流式、不可调电流式两种。

不可调电流式测试器如图2.21所示，实际就是12V的高率放电计，应用方便。

可调电流的蓄电池测试器如图2.22所示，可调电流的蓄电池测试器主要由炭片电阻、电流调节旋钮、电流表、电压表、电流检测电缆和电压检测线等组成。炭片电阻由多块炭片并排构成。当沿顺时针方向转动电流调节旋钮时，炭片与炭片之间相互压紧，使蓄电池放电电路的电阻减小、电流增大；反之，当沿逆时针方向转动电流调节旋钮时，放电电阻增大、电流减小，当转动旋钮到炭片与炭片不再接触时，放电电流即被切断。检测的步骤如下：

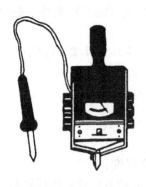

图 2.21　蓄电池测试器

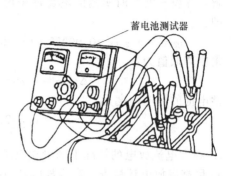

蓄电池测试器

图 2.22　蓄电池测试器的使用

• 将电流调节旋钮沿逆时针方向旋到直到无弹簧推力为止，目的是使炭片之间脱离接触，切断放电电路。

• 把电流检测电缆上的正（红色）、负（黑色）夹分别夹到蓄电池的正、负极柱上。

• 把电压检测线上的正（红色）、负（黑色）夹也分别夹到蓄电池的正、负极柱上。

• 沿顺时针方向转动电流调节旋钮，直到电流表指示的数值达到规定的蓄电池放电电流值。连续放电 15s 后，观察电压表指针指示的位置，若指针指在蓝色区域（端电压高于 9.6V），表明蓄电池状态良好；若指针指在红色区域（端电压低于 9.6V），表明蓄电池存电不足，应补充充电或更换蓄电池；若在检测过程中电流表指针不能稳定指示放电电流值，甚至急剧减小到零，则说明蓄电池有故障，应予更换。

• 读数完毕后，沿逆时针方向转动电流调节旋钮，使蓄电池放电停止。

对于技术状态良好的蓄电池，充足电后用蓄电池测试器以启动电流或规定的放电电流连续放电 15s 时，其端电压应不低于表 2.6 中规定数值。

表 2.6　蓄电池模拟启动放电参数

蓄电池容量/A·h	放电电流/A	放电时间/s	端电压/V
100	200～300	15	10.2
50	100～170	15	9.6
30	70～120	15	9.0

除上述方法外，蓄电池的放电程度还可通过电压表测量蓄电池的开路电压来判断或根据启动机运转情况就车检查。蓄电池完全充足电时，单格开路电压约为 2.15V，单格开路电压每下降 0.01V，约相当于蓄电池放电 7%。

c. 在工程机械上使用启动机判定蓄电池技术状况。在发动机正常温度、启动机工作良好的情况下，连续几次使用启动机都能带动发动机迅速运转，说明蓄电池不但技术状况良好，而且电还充足。反之，则表明蓄电池放电过多或有故障。也可以在夜间打开大灯的情况下接通启动机，通过灯光的变化程度判定蓄电池的技术状态。如果启动机转动很快，灯光稍许变暗，但仍有足够的亮度，则说明蓄电池技术状态良好；如果启动机旋转无力，灯光又非常暗淡，则说明蓄电池放电过多；如果接通启动机灯光暗红，甚至熄灭，则说明蓄电池放电已超过了允许限度或者已严重硫化。

（3）充放电检查判定蓄电池技术状况

充放电检查就是把送修的蓄电池进行一次充电和放电循环，观察并记录整个过程的现象和参数，经综合分析后做出正确的判断，给检修提供可靠的依据。充放电检查是判断蓄电池工作状况和诊断蓄电池内部故障的较可靠的方法之一。由于蓄电池内部的一切故障，在充放电时都会以不同的现象和形式表现出来。启动型铅蓄电池充、放电时，不同技术状况对比分析结果见表2.7。

表2.7 铅蓄电池充、放电时不同技术状况对比分析结果

比较内容		技术状况					
		正常	一般硫化	严重硫化	活性物质脱落	一般短路	严重短路
充电时（补充充电）	电解液密度	上升正常	上升缓慢	根本不上升	上升较正常,但电池内很混浊	上升缓慢	不上升
	电解液温度	正常上升	异常升高	异常升高	正常升高	上升较快	很快升高
	单格电池端电压	上升正常	最初即到2.8V	最初高于2.8V	上升正常,但达不到最高值	上升非常缓慢	几乎为零
	气泡出现时刻	单格电压升到2.4V时	提前出现	充电开始出现	约2.4V时出现	气泡很少	无气泡
	充电终止时间	正常			提早	过迟	
充电时（20h放电率放电）	端电压	正常下降	下降较快	急剧下降	下降较快且有褐色漂浮物	很低	为零
	电解液温度	正常	较高	异常高	正常	较高	异常高
	放电终止时刻	正常	提早	放电很短时间即出现终了特征	提早		
	容量	符合规定	较低	很低	不足	很低	等于零

2.13 蓄电池的拆卸和安装

蓄电池进行清洁、保养和维修时，通常应从车上拆下后进行。从车上拆下蓄电池时，应首先接通点火开关，检查并读取自诊断系统的故障码，然后按下述步骤进行拆卸。因此必须掌握正确的拆卸与安装方法。

（1）蓄电池的拆卸

① 将点火开关置于"OFF"（断开）位置，将工程机械的电源总开关断开。

② 先拧松负极柱上搭铁电缆的接头螺栓并取下搭铁电缆接头，然后再拧松正极柱上的电缆接头螺栓和取下该电缆接头，以免拆卸正极柱上的电缆接头时扳手搭铁导致蓄电池短路放电，拧松蓄电池正、负电缆的固定夹。

③ 拆下蓄电池在车上的固定架。

④ 从车上取下蓄电池。

拆下蓄电池时，应检查其外壳有无裂纹与电解液渗漏的痕迹，如有裂纹或渗漏，应予更换。

（2）蓄电池的安装

将蓄电池安装到车上时，应按下述步骤进行：

① 参照技术参数检查待用蓄电池是否适合本车使用。

② 确认蓄电池正、负极桩的安放位置正确后，再将蓄电池放到安装架上。

③ 在正、负极桩及其电缆接头上涂抹一层凡士林或润滑脂，以防极桩和接头氧化腐蚀。

④ 正、负电缆接头分别接于正、负极柱上（注意，先接正极桩上的电缆接头，然后再接负极桩上的搭铁电缆接头，以防扳手搭铁导致蓄电池短路放电；电缆不应绷得过紧）。

⑤ 装上压板，拧紧蓄电池固定架。

第**3**章
交流发电机及其调节器

　　工程机械上虽装有蓄电池,但蓄电池储存的电能是有限的,并且它在放电以后必须及时进行补充充电。为满足用电设备用电和蓄电池充电的需要,工程机械上除装有蓄电池外,还必须装有充电系统,它主要由交流发电机、调节器和充电状态指示装置组成,如图 3.1 所示。

　　发动机怠速运转时,发电机输出电压应不低于蓄电池的端电压并具有一定的带载能力;在发动机中高速运转时,发电机应能满足大多数用电设备同时用电的要求;发电机的负载和发动机的转速在正常范围内变化时,保持发电机输出电压既不低于蓄电池电压,又不高于用电设备的允许电压;在发电机电枢电压低于蓄电池电压时,防止蓄电池通过发电机电枢放电。工作过程中,发动机的转速不断变化,用电设备的工作状态也在变化,决定了发电机的转速和负载是变化的。为保证发动机运转过程中电气设备正常工作,故必须安装调节器。

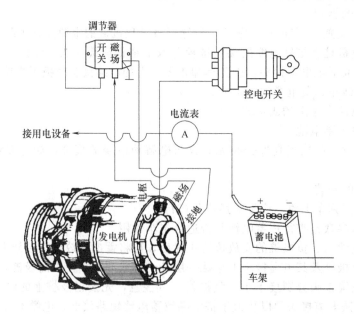

图 3.1　交流发电机、调节器和蓄电池的连接电路

3.1 交流发电机

工程机械采用的发电机有直流发电机和交流发电机两种。直流发电机是通过换向器（机械整流器）整流，输出直流电的发电机；交流发电机是用二极管（或可控硅）整流，输出直流电的发电机。由于交流发电机具有体积小、重量轻、结构简单、维修方便、使用寿命长、发动机低速时充电性能好、配用的调节器结构简单、产生的无线电干扰信号弱、能节省大量铜材等优点，已基本取代了直流发电机而被广泛使用。目前工程机械上大多数都采用交流发电机。

由于直流发电机和交流发电机的结构、原理不同，相应的调节器的作用也不同。直流发电机调节器的功用是控制发电机输出电压和电流在规定值的范围内，并自动接通与切断发电机与蓄电池间的电路。交流发电机调节器是在发电机的负载和发动机的转速在正常范围内时，保持发电机输出电压平均值维持在规定范围内。

交流发电机可按总体结构、整流器结构、搭铁形式、有无电刷、调节器安装位置等分类。

交流发电机按总体结构分为：普通交流发电机，指既无特殊装置、也无特殊功能与特点的工程机械交流发电机；整体式交流发电机，指内装电子调节器的交流发电机；带泵交流发电机，指带真空泵的交流发电机；无刷交流发电机，指无电刷和滑环结构的交流发电机；永磁交流发电机，指转子磁极采用永磁材料的交流发电机。

按整流器结构不同，交流发电机可分为六管交流发电机、八管交流发电机、九管交流发电机和十一管交流发电机。六管交流发电机，指整流器是由六只硅整流二极管组成的三相桥式全波整流电路的交流发电机；八管交流发电机，指整流器总成有八只二极管的交流发电机；九管交流发电机，指整流器总成有九只二极管的交流发电机；十一管交流发电机，指整流器总成有十一只二极管的交流发电机。此外，还有带真空泵的带泵式交流发电机。

按励磁绕组搭铁形式不同，交流发电机有内搭铁式和外搭铁式两种。内搭铁交流发电机，指励磁绕组一端通过发电机外壳直接搭铁，另一端通过调节器接电源的交流发电机；外搭铁交流发电机，指励磁绕组一端直接接电源，另一端通过调节器搭铁的交流发电机。交流发电机搭铁方式不同，所配用的调节器及接线方法也不同，充电系故障检查方法也不同，使用时应予注意，否则发电机不发电，调节器不工作。

交流发电机按有无电刷可分为有刷式和无刷式两大类。目前工程机械上普遍使用有刷式交流发电机。有刷式交流发电机根据电刷架的安装方式不同，又有外装式和内装式两种。前者电刷架可直接在发电机的外部拆装；后者电刷架不能直接在发电机外部进行拆装，如需更换电刷，则必须将发电机解体。

交流发电机按调节器安装部位又分为一般式和整体式两种。整体式交流发电机是指将发电机调节器装在发电机上或发电机内部，即调节器和发电机装为一个整体。由于内装集成电路（IC）调节器，可减少发电机外部的连接导线，还能大大简化制造过程，其应用也日益广泛。

3.2 交流发电机的基本结构

工程机械交流发电机已使用多年，虽然局部结构不断改进，但主要结构基本相同，由三相交流发电机和三相桥式整流器组成，具体包括定子、转子、整流器、端盖和 V 带轮等。普通硅整流发电机的组件如图 3.2 所示。

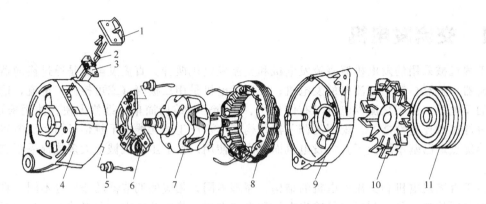

图 3.2 普通硅整流发电机结构

1—电刷弹簧压盖；2—电刷；3—电刷架；4—后端盖；5—硅整流二极管；6—散热板；
7—转子；8—定子；9—前端盖；10—风扇；11—V 带轮

3.2.1 转子

转子用来形成发电机的磁场，它主要由转子轴、爪极、磁场绕组和滑环等组成，如图 3.3 所示。

转子轴用优质钢车削而成，中部有压花，一端有半圆键槽和螺纹。导磁用的磁轭用软磁材料低碳钢制成，压装在轴的中部。励磁绕组用高强度漆包铜线绕成，套装在磁轭上，两个线头分别穿过爪极上的小孔与两个滑环焊接。爪极用低碳钢板冲压或精密铸造而成，两块爪极具有数目相等的鸟嘴状磁极，互相交错压装在励磁绕组和磁轭的外面。滑环由导电性能优良的铜制成，两个滑环之间及与轴之间均用云母绝缘。

滑环与装在后端盖上的炭刷相接触，当炭刷与直流电源接通时，励磁绕组中便有电流流过，产生磁场，使得一块爪极被磁化为 N 极，另一块爪极为 S 极，从而形成了犬牙交错的多对磁极（一般交流发电机都做成 6 对磁极）并沿圆周方向均匀分布。由于爪极凸缘的外形像鸟嘴，使其磁通密度近似正弦规律。转子磁场的磁力线分布如图 3.4 所示。

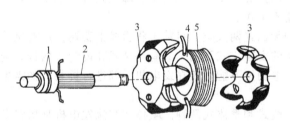

图 3.3 转子组成

1—滑环；2—转子轴；3—爪极；4—磁轭；5—励磁绕组

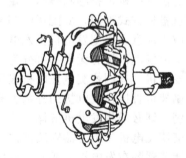

图 3.4 转子磁场分布

3.2.2 定子

定子又称电枢，由定子铁芯和定子绕组组成，用来产生三相交流电动势。定子铁芯一般是由相互绝缘且内圆带嵌线槽的环状硅钢片或低碳钢板（厚度一般为 0.5～1mm）叠合铆接或焊接而成，定子铁芯槽内嵌入三相对称定子绕组。绕组是用高强度漆包线在专用模具上绕制的。三相定子绕组的接法有星形和三角形两种，如图 3.5 所示。星形（Y）接法是将三相

定子绕组的末端 U_2、V_2、W_2 连在一起以形成中性点，首端 U_1、V_1、W_1 引出，分别与硅二极管相接。由于星形接法有利于降低发电机空载转速、提高发电机低速输出能力，因此大多车用发电机都采用星形连接。三角形（△）接法是把三相定子绕组首尾顺序相接，例如 U_2 接 V_1、V_2 接 W_1，W_2 接 U_1 连成一个闭合回路，再从三个连接点引出三根导线分别与硅二极管相接。三角形连接多用于输出电流较大的发电机。

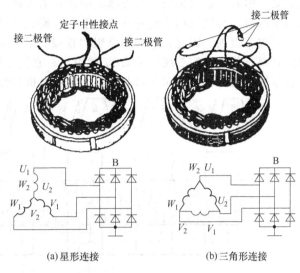

图 3.5　定子及三相绕组的连接

为在三相定子绕组中产生频率相同、相位差 120°、幅值相等并且尽可能高的三相对称交流电动势，定子绕组在定子铁芯中的布置应遵循如下原则：

① 在每个极面下，每相绕组串联的线圈个数及匝数应完全相等，并且每相绕组串联的线圈个数尽量与磁极对数相等，以便三相绕组获得相等的感应电动势。

JF13 交流发电机的磁极对数为 6，定子总槽数为 36，则每相绕组在每个极面下所占用的槽数（相带宽 q）为：

$$q = \frac{Z}{2Pm} = \frac{36}{2 \times 6 \times 3} = 1(槽)$$

式中　Z——定子总槽数；

　　　P——磁极对数；

　　　m——相数。

本例发电机共有 12 个磁极，则每相占有总槽数为 12 槽。本例为单层绕组（即每槽中只放一个线圈边），故每相绕组应由 6 个线圈（每两个槽放一个线圈）串联而成。每个线圈的匝数为 13 匝。

② 每个线圈的宽度（Y）应等于一个极距（τ）在定子内沿上所对应的槽数，以获得最大的感应电动势。

本例发电机定子总槽数为 36 槽，磁极数为 12，则每个磁极在定子内沿上所对应的槽数为：

$$\tau = Y = \frac{Z}{2P} = \frac{36}{2 \times 6} = 3(槽)$$

根据上式计算的结果，将线圈嵌入定子槽内时，每个线圈的两边应相隔 3 个槽。即线圈的一个边嵌入第 1 槽，另一边应嵌入第 4 槽。

③ 为使三相电动势在相位上互差 120°电工度，三相绕组的首端 U_1、V_1、W_1 或末端 U_2、V_2、W_2 在定子槽内的排列，在空间上应间隔 120°电工度。

本例为 6 对磁极，定子总槽数为 36 槽，则每槽所占的电工度 α 为：

$$\alpha = \frac{P \times 360}{36} = \frac{6 \times 360}{36} = 60°(电工度)$$

由于每槽所占的电工度为 60°，故各相首端之间应间隔两个槽。即第一相绕组的首端嵌放在第 1 槽时，第二相绕组的首端应嵌放在第 3 槽，第三相绕组的首端应嵌放在第 5 槽。在实际下线时，为使三相绕组的首端便于和整流元件板连接，三相绕组的首端必须均匀地分布在 180°电工度内。因此，第一相绕组的首端从第 1 槽引出时，第二相绕组的首端应从第 9 槽引出，第三相绕组的首端应从第 17 槽引出。它们之间虽然相隔了 480°电工度，但各相绕组的首端线圈边的电势方向并未改变，因此发电机的性能也不会改变，如图 3.6 所示。

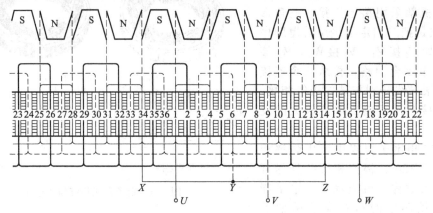

图 3.6　交流发电机定子绕组展开图

3.2.3　整流器

整流器是将三相交流定子绕组产生的交流电转换为直流电后向外输出，并阻止蓄电池通过发电机放电。整流器由专用的二极管和安装二极管的元件板组成。

车用交流发电机二极管的内部结构和工作原理与一般工业用交流二极管基本相同，但其外形结构却与一般二极管不同。常见的交流发电机二极管的内部结构如图 3.7 所示。图 3.7（a）所示二极管（简称 a 型）是将二极管的外壳用焊锡焊到金属散热板上；图 3.7（b）所示二极管（简称 b 型）是将二极管的整流结（即 PN 结）直接烧结在金属散热板上；图 3.7（c）所示二极管（简称 c 型）是将二极管做成扁圆形，既可焊在金属散热板上，也可夹在两块金属板之间使用；图 3.7（d）所示二极管（简称 d 型）是将二极管压装在金属散热板上的孔中使用。其中，b、d 两种形式应用最广。由于 b 型将二极管的 PN 结直接烧结在金属散热板上，具有接触电阻小、散热效果好、耐震、结构简单、小巧等优点，自 20 世纪 80 年代以后，在工业发达国家的交流发电机上应用日趋增多，到 20 世纪 90 年代，日本生产的交流发电机全都采用了 b 型结构。

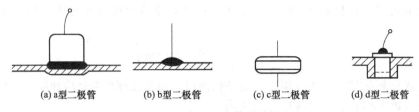

（a）a 型二极管　　　（b）b 型二极管　　　（c）c 型二极管　　　（d）d 型二极管

图 3.7　车用二极管的结构

整流器的 6 个二极管外壳和引线分别是它的两个电极，根据引线的极性不同，分为正极管和负极管两种类型。安装二极管的铝制散热板称为整流板（或元件板）。现代工程机械交流发电机的整流器大都有两块整流板，安装正极管的整流板称为正整流板（或正元件板）。

正极管的引线为二极管的正极，外壳为负极，在管壳底上一般有红字标记。3 个正二极管压装或焊接在一块铝合金制成的正元件板上，并与后端盖绝缘。所有正极管的负极通过正整流板连在一起形成发电机的正极，通常在正整流板上制有一个螺孔，称为输出（或电枢）接柱安装孔，螺栓由此引至后端盖外部作为发电机的输出接柱，该接柱即为发电机正极，记为"B"。

负极管的引线为二极管的负极，外壳为正极，在管壳底上一般有黑字标记。3个负二极管压装或焊接在另一块负元件上或发电机的后端盖上（国产交流发电机多是将3个负二极管压装在后端盖上），和发电机的外壳共同组成发电机的负极。

现代机械装备交流发电机的整流器多数都有两块元件板。有的交流发电机只有正元件板而无负元件板，3只负二极管直接压装在发电机的后端盖上，即后端盖相当于负元件板。由于不方便维修，因此此种结构正被淘汰。图3.8所示为二极管安装示意图。

JF1522A型交流发电机的整流器如图3.9所示。目前，多数发电机的整流器总成都装在后端盖的外侧，在整流器总成外面加装一个防护盖。这与整流器总成接于交流发电机后端盖内侧相比，更便于冷却和维修。

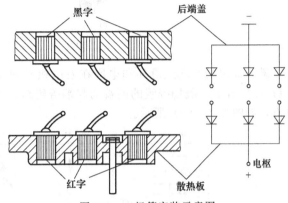

图3.8 二极管安装示意图

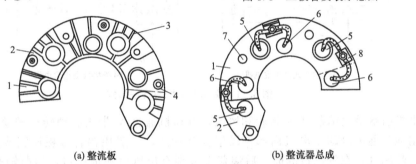

(a) 整流板   (b) 整流器总成

图3.9 JF1522A型交流发电机整流器

1—负整流板；2—正整流板；3—散热片；4—连接螺栓；5—正极管；6—负极管；7—安装孔；8—绝缘垫

3.2.4 端盖和其他部件

交流发电机前后端盖的作用是支承转子、定子并封闭内部构造，均用铝合金铸造而成，其上制有通风口，用以通风散热。铝合金为非导磁材料，可以减少漏磁，能提高发电的效能，并且还有重量轻、散热性能好的优点。前、后端盖上均装有滚珠轴承，用以支承转子。后端盖内装有电刷与电刷架。电刷用铜粉和石墨粉模压而成，又称"炭刷"。电刷架是用酚醛玻璃纤维塑料模压而成。两只电刷装在电刷架中的导孔内，借助弹簧的弹力分别压在两个滑环上并与滑环保持良好接触。两个电刷中一个与外壳绝缘的称为绝缘电刷，其引线接到发电机后端盖外部的接线柱"F"上，成为发电机的磁场接柱。另一个电刷是搭铁的，称为搭铁电刷。电刷组件的安装形式有外装式和内装式两种。外装式电刷架拆装时，电刷的拆装和更换直接在发电机外部进行，无需将发电机前后端盖拆开就可以完成电刷的拆装作业，拆装检修方便，因此，现代交流发电机普遍采用，如图3.10（a）所示。内装式电刷不能直接在发电机外部进行拆装，必须将发电机前后端盖拆开才能进行电刷的拆装作业，拆装不便，已很少采用，如图3.10（b）所示。

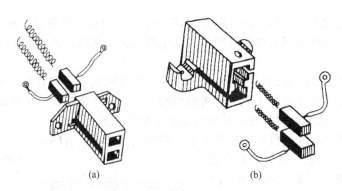

图 3.10　电刷及电刷架

磁场绕组的一端经滑环和电刷在发电机端盖上搭铁的发电机称为内搭铁发电机,如图3.11(a)所示。磁场绕组的两端均与端盖绝缘,其中一端经调节器的发电机称为外搭铁发电机,如图3.11(b)所示。

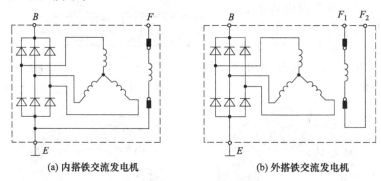

(a) 内搭铁交流发电机　　　(b) 外搭铁交流发电机

图 3.11　交流发电机的搭铁形式

发电机前端盖之前装有V带轮和风扇,发动机通过V带轮驱动转子转动,发电机工作时,风扇强制通风冷却发电机内部。风扇为叶片式,一般用铝合金板压制或用钢板冲压而成。其冷却原理:在发电机的前、后端盖上分别有出风口和进风口,当曲轴驱动V带轮旋转时,带动风扇叶片旋转产生空气流,空气流高速流经发电机内部进行冷却,如图3.12(a)所示。有些新型的发电机将传统的外装单风叶改装为两个风叶并分别固定在发电机的转子爪极两侧,使发电机由单面轴向抽风改为双向轴向抽风、径向排风的冷却系统,增强冷却效果。这为提高输出性能、缩小体积提供了条件,如图3.12(b)所示。

3.2.5　国产交流发电机的型号

国产交流发电机型号由5部分组成。

①产品代号:用2个或3个大写汉语拼音字母表示,交流发电机的产品代号有JP、JFZ、JFB、JFW四种,分别表示普通交流发电机、整体式交流发电机、带泵交流发电机和无刷交流发电机(字母"J"、"F"、"Z"、"B"和"W"分别为"交"、"发"、"整"、"泵"和"无"字的汉语拼音第一个大写字母)。

②电压等级代号:用1位阿拉伯数字表示,1、2、6分别表示12V、24V、6V,其含义见表3.1。

表 3.1　电压等级代号

电压等级代号	1	2	3	4	5	6
电压等级/V	12	24	—	—	—	6

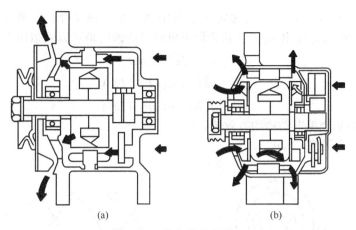

图3.12 发电机的通风

③ 电流等级代号：用1位阿拉伯数字表示，其含义见表3.2。

表3.2 电流等级代号

电流等级代号	1	2	3	4	5	6	7	8	9
电流等级/A	～19	≥20～29	≥30～39	≥40～49	≥50～59	≥60～69	≥70～79	≥80～89	≥90

④ 设计序号：按产品设计先后顺序，由1～2位阿拉伯数字组成。

⑤ 变型代号：交流发电机以调整臂的位置作为变型代号。从驱动端看，调整臂在中间不加标记；调整臂在右边时用Y表示；调整臂在左边时用Z表示。

例如：a. JF152表示交流发电机的电压等级为12V、电流等级为≥50～59A、第二次设计。

b. JFZ1913Z表示电压等级为12V、电流等级为≥90A、第13次设计、调整臂在左边的整体交流发电机。

3.3 交流发电机的工作原理

3.3.1 交流电动势的产生

交流发电机是利用电磁感应原理产生交流电动势的。交流发电机的三相定子绕组按一定规律分布在定子铁芯的槽中，彼此相差120°电工度。当磁场绕组接通直流电源时，在磁场绕组内部形成轴向磁场，转子的两块爪极分别被磁化成N极和S极。磁力线由N极出发，除一部分经过定子铁芯内的空气直接返回S极和少部分经过定子铁芯外的空气返回S极外，大部分磁力线都穿过转子与定子之间很小的气隙进入定子铁芯，最后又通过气隙回到相近的S极，通过磁轭和轴构成磁回路，如图3.13所示。转子磁极制作成鸟嘴形，可使产生的磁场近似于正弦分布。

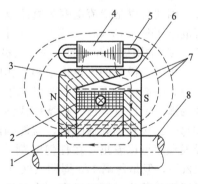

图3.13 交流发电机的磁路
1—磁轭；2—励磁绕组；3、6—爪极；
4—定子铁芯；5—定子绕组；
7—漏磁；8—轴

当转子旋转时，由于定子绕组切割磁力线，定子绕组中的磁通发生有规律的变化，使定子绕组产生感应电动势，如图 3.14 所示。这样，三相定子绕组中便产生了频率相同、幅值相等、相位互差 120°的正弦电动势 e_A、e_B 和 e_C。三相绕组中电动势的瞬时值可以近似用下列函数表示。

$$e_A = \sqrt{2}E_\Phi \sin\omega t$$

$$e_B = \sqrt{2}E_\Phi \sin(\omega t - 120°)$$

$$e_C = \sqrt{2}E_\Phi \sin(\omega t + 120°)$$

式中 E_Φ——每相绕组电动势的有效值，V；

　　　ω——电角速度，rad/s。

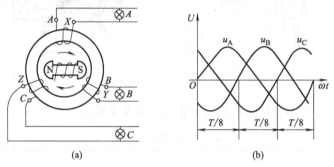

图 3.14　交流发电机的工作原理

发电机绕组内感应电动势的大小与每相绕组串联的匝数和感应电动势的频率（或转子的转速与磁极对数的乘积）成正比。发电机每相绕组中所产生的电动势的有效值 E_Φ 为

$$E_\Phi \approx 4.44KfN\Phi$$

式中 K——定子绕组系数，一般小于1，采用整距绕组时等于1；

　　　f——感应电动势频率，Hz，$f = Pn/60$，P 为磁极对数，n 为转子转速，r/min；

　　　N——每相绕组的匝数；

　　　Φ——磁极的磁通，Wb。

3.3.2　整流原理

交流发电机定子绕组中所感应出的正弦交流电，利用硅二极管的单向导电性，通过整流器将其转变为直流电对外输出。由于二极管的单向导电性，当给二极管加正向电压（即二极管的阳极电位高于阴极电位）时，二极管处于导通状态；反之，当给二极管加反向电压（即阳极电位低于阴极电位）时，二极管处于截止状态，这样二极管就只有一个方向电流可以通过，因此可以把交流电变为直流电。一般交流发电机中，6 只硅二极管组成三相桥式全波整流电路 [图 3.15 (a)]，其中三只正极管 V1、V3、V5 的阴极连接在一起，三只负极管 V2、V4、V6 的阳极连在一起，一只正极管的阳极与一只负极管的阴极连接后再与定子绕组连接。

由于二极管的嵌位作用和三相电动势的对称性，使得所有正极管或所有负极管不会同时导通，一般情况下，只有两只二极管同时导通，即阳极电位最高的那只正极管和阴极电位最低的那只负极管导通。根据桥式整流电路输入端三相交流电的瞬间变化情况 [图 3.15 (b)] 和每个二极管的导通时机，就能列出二极管的导通顺序，如图 3.15 (c) 所示。从二极管的导通顺序可以看出：在任何时刻，电路中只有两个二极管导通，每个二极管导通 1/3 周期（120°），但是每隔 1/6 周期（60°）二极管导通情况就改变一次，每隔 60°就有一个二极管从导通变为截止，同时又有一个二极管从截止变为导通，由于这样的轮流导通，便在负载 R_L 上得到一个脉动的直流电压。这个直流电压的每个瞬时值等于三相电压加到负载电阻 R_L 两端最高正向电位与最低负向电位的差值。由此形成整流后的电压波形，见图 3.15 (c)。

整流器的具体工作过程如下：

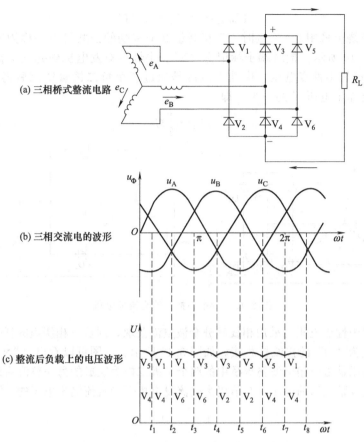

图 3.15 三相桥式整流电路中的电压波形

当 $0 < t < t_1$ 时，$u_C > u_A > u_B$，正极管 V_5 阳极电位最高，负极管 V_4 的阴极电位最低，因此二极管 V_5、V_4 处于正向电压作用下而导通。电流从 C 相出发，经 V_2、负载 R_L、V_4 回到 B 相构成回路。此时 C、B 之间线电压的瞬时值加在负载上。

当 $t_1 < t < t_2$ 时，$u_A > u_C > u_B$，正极管 V_1 阳极电位最高，负极管 V_4 的阴极电位最低，所以二极管 V_1、V_4 处于正向电压作用下而导通。电流从 A 相出发，经 V_1、负载 R_L、V_4 回到 B 相构成回路。此时 A、B 之间线电压的瞬时值加在负载上。

当 $t_2 < t < t_3$ 时，$u_A > u_B > u_C$，正极管 V_1 阳极电位最高，负极管 V_6 的阴极电位最低，所以二极管 V_1、V_6 处于正向电压作用下而导通。电流从 A 相出发，经 V_1、负载 R_L、V_6 回到 C 相构成回路。此时 A、C 之间线电压的瞬时值加在负载上。

依次下去，在不同时刻，不同的正极管和负极管轮流导通，将该时刻 A、B、C 之间线电压的最大值加到负载上，从而使负载上得到一个比较平稳的直流脉动电压。不同时刻、正极管和负极管轮流导通情况下负载电压波形如图 3.15（c）所示。

经整流后，不论定子绕组是星形连接还是三角形连接，负载 R_L 两端的直流电压（平均电压）即是交流发电机的直流输出电压，数值为三相交流电线电压的 1.35 倍，即：

$$U = 1.35 U_L = 2.34 U_\Phi$$

式中　U_L——线电压的有效值；

　　　U_Φ——相电压的有效值。

每个硅二极管在一个周期内只导通 1/3 的时间，流过每个管子的正向电流亦为负载电流的 1/3。每只硅二极管承受的最高反向电压等于线电压的最大值，即：

$$U_{dmax} = \sqrt{2}U_L = 1.05U$$

当三相定子绕组采用丫形连接时，三相绕组 3 个末端的公共接点，称为三相绕组的中性点，电路如图 3.16 所示，接线端子标记为 "N"。中性点对发电机外壳（搭铁）之间的电压 U_N 称为交流发电机中性点电压。中性点电压是通过三个负二极管整流后得到的直流电压，等于发电机直流输出电压 U 的一半，即：

$$U_N = \frac{1}{2}U$$

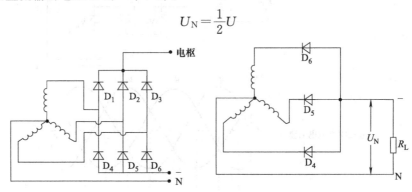

图 3.16 带中心抽头的交流发电机

有的发电机中性点电压也采用相线部分全波整流获取，即从三相绕组的任一首端引出一线与后端盖上标记为 "N" 的接线柱相接，如图 3.17 所示。由图可以看出，"N" 的接线柱与发电机外壳间的电压是由三相全波整流桥中的两个负极二极管组成的另一整流系统对三相交流电中的两相进行全波整流后的电压，其值仍为交流发电机平均直流输出电压的 1/2，即：

$$U_N = \frac{1}{2}U$$

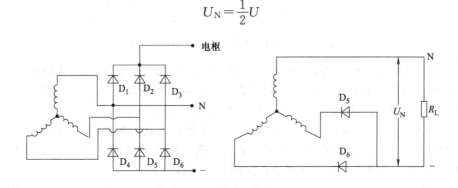

图 3.17 相线部分全波整流电路

中性点电压一般用来控制各种不同用途的继电器，如磁场继电器、充电指示灯继电器、启动复合继电器等。

3.3.3 交流发电机的励磁方式

除永磁式交流发电机外，其他类型交流发电机的磁场都是由电磁铁形成的，即通过给磁通绕组通电，使爪极磁化形成磁场（称 "励磁"）。交流发电机采用他励和自励结合的励磁方式，当交流发电机输出电压低于蓄电池端电压时，发电机的励磁电流由蓄电池供给，称他励；当发电机输出电压高于蓄电池电压时，发电机的励磁电流由自己供给，称自励。

因交流发电机转子的爪极剩磁较弱，若完全依靠自励，则在发电机低速运转时，加在二极管上的正向电压很小，二极管的正向电阻较大，仅利用较弱的剩磁产生很小的电动势难以克服二极管的正向电阻，励磁电流几乎为零，难以建立发电机端电压。故工程机械上发电机与蓄电池并联，开始时由蓄电池向交流发电机励磁绕组提供他励电流，以使发电机端电压很快建立起来并转变为自励，降低了交流发电机的空载转速，增加了蓄电池的充电机会，有利于使用维护蓄电池。

3.4 交流发电机的工作特性

交流发电机的工作特性是指交流发电机经整流后输出的直流电压、电流和转速之间的关系，包括空载特性、输出特性和外特性。

3.4.1 空载特性

空载特性是指交流发电机空载运行（输出电流为 0）时，发电机端电压和转速之间的关系，如图 3.18 所示。从曲线可以看出，随着转速的升高，端电压上升较快，若不采取调控措施，在高速时发电机的输出电压可以升高到近 100V，这对用电设备非常有害；在较低转速下发电机就能从他励转入自励发电，即能向铅蓄电池进行充电。

3.4.2 输出特性

输出特性是指发电机输出电压一定（对 12V 的发电机规定为 14V，对 24V 的发电机规定为 28V，对内装电子调节器的 12V 及 24V 的整体式交流发电机，分别规定为 13.5V 和 27V），交流发电机输出电流与转速之间的关系，如图 3.19 所示。

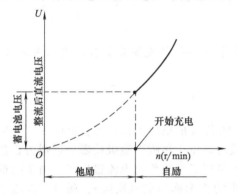

图 3.18 交流发电机的空载特性

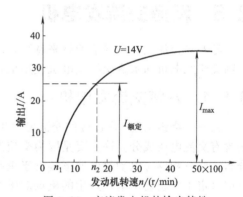

图 3.19 交流发电机的输出特性

输出特性是交流发电机的重要特性，通过它可以了解发电机在不同转速下输出功率的情况，确定一些重要的技术参数。

① 在额定电压下，发电机输出电流为 0 时的转速 n_1 称为发电机的空载转速。交流发电机只需在较低的空载转速 n_1 时，就能达到额定电压值，具有低速充电性能好的优点。只有当转速大于 n_1 时，才能向外供电，因此 n_1 是选择发电机与发动机传动比的主要依据。

② 在额定电压下，发电机输出额定电流（即输出额定功率）时的转速，称为满载转速 n_2，额定电流一般规定为发电机最大输出电流的 70%～75%。

③ 在中低速时，发电机输出电流随转速的升高而增大，当转速达到一定值后，发电机输出电流不再随转速的升高和负载电阻的减小而增大，这时电流值称为发电机的最大输出电流或限流值。这是因为随着转速的升高，定子绕组的阻抗增大，发电机的内部电压降增大；定子绕组中的感应电动势虽也有所增加，但是定子电流增加时，电枢反应的增强也使感应电动势增加速度逐渐减小，当发电机转速升高到一定值后，其输出电流几乎不变。可见交流发电机具有自身限制输出电流的能力，防止了负载过多而烧坏发电机的危险。

空载转速和满载转速是表示交流发电机性能的主要指标，在产品说明书中均有规定。使用中只要测得这两个数据，与规定值相比即可判断发电机性能是否良好。

3.4.3 外特性

外特性是指转速一定时，发电机的端电压与输出电流的关系，如图 3.20 所示。

由外特性曲线可见，发电机的转速越高，输出电压也越高，转速对输出电压的影响较大。在工程机械上，发电机是由发动机通过风扇皮带驱动旋转的，由于发动机工作时转速在很宽的范围内变化，而使发电机的转速也随之在较大范围内变化。

工程机械用电设备工作电压是恒定的（一般为12V 或 24V），所以要求发电机工作时，输出电压应保持恒定，以使用电设备工作正常。因此，实际使用中，交流发电机必须配用电压调节器，在发电机转速变化时，能保持发电机输出电压恒定。

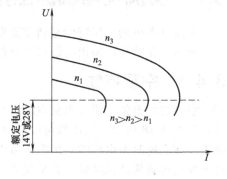

图 3.20　交流发电机的外特性

由外特性曲线可见，随着输出电流的增加，发电机的端电压下降，因此，当发电机高速运转时，若突然失去负载，端电压会急剧升高，此时发电机中的二极管以及工程机械上的电子元件就有被击穿的危险。

3.5　新型交流发电机

随着对交流发电机要求的越来越高，八管、九管和十一管的交流发电机应用越来越多，无刷交流发电机和永磁交流发电机应用也日趋广泛。

3.5.1　八管交流发电机

在定子绕组采用Y形连接的交流发电机中，其中性点 N 的电压不仅具有直流电压，而且还含有交流电压成分。这主要是因为交流发电机空载时，由于鸟嘴形磁极使磁场近似为正弦分布，使三相感应电动势的波形接近于正弦波。当发电机正常工作有电流输出时，由于电枢反应（定子绕组输出电流产生的磁场对磁场电流产生的影响称为电枢反应）、漏磁、铁磁物质的磁饱和特性以及整流二极管的非线性特性等因素，将会导致交流发电机内的磁通分布畸变为非正弦分布，从而导致交流发电机感应电动势和输出电压的波形产生畸变，相电压的实际波形如图 3.21（a）所示。利用数学方法分析发现输出电压畸变的波形是由图 3.21（b）所示的正弦基波和图 3.21（c）所示的三次谐波（波形频率为基本频率 3 倍的波）叠加而成。

若将交流发电机三相绕组输出电压波形进行分解，即可得到图 3.22 所示的三相电压的

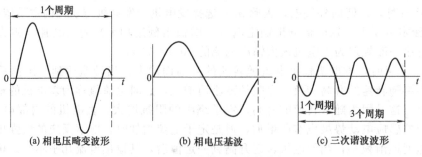

(a) 相电压畸变波形　　　　　(b) 相电压基波　　　　　(c) 三次谐波波形

图 3.21　交流发电机的外特性

基波电压和三次谐波电压波形。由图可见，尽管三相电压的基波相位差为120°电工度，但各相的三次谐波之间的相位却是相同的（即相位差为0°）。

当三相绕组采用Y形连接时，由于输出电压是两相电压之差，而三次谐波电压相位相同，大小相等，可互相抵消，故发电机对外输出的电压没有改变，反映不出三次谐波电压。但相电压可以反映出三次谐波电压，且该三次谐波电压的幅度随发电机转速升高而升高，如图3.23所示。可见，交流发电机中性点电压是由三相正弦基波电压整流得到的直流电压 U_N 和三次谐波电压（交流电压）u_N 叠加而成。

当发电机转速升高到2000r/min以上时，交流电压的最高瞬时值就有可能超过发电机的直流输出电压 U，最低瞬时值就有可能低于搭铁端电压（0V），如果在中性点与发电机输出

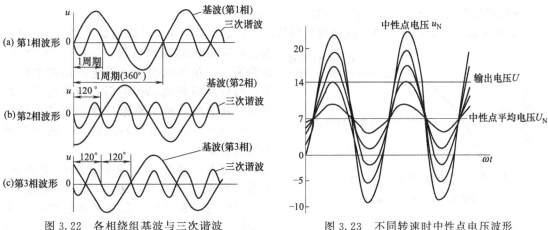

图3.22 各相绕组基波与三次谐波   图3.23 不同转速时中性点电压波形

端"B"以及与搭铁端"E"之间分别连接一只整流二极管，则当交流电压高于发电机输出电压 U 或低于0V时就可整流向外输出。

八管交流发电机除具有一般交流发电机所具有的三只正极管 VD_1、VD_3、VD_5 和三只负极管 VD_2、VD_4、VD_6 外，还具有两中性点二极管 VD_7、VD_8。两中性点二极管 VD_7、VD_8 连接在发电机中性点"N"与输出端"B"以及搭铁端"E"之间，如图3.24所示。

① 当中性点的瞬时电压 u_N 高于输出电压平均值 U 时，二极管 VD_7 导通，从中性点输出的电流如图3.24中箭头方向所示。其电路为：定子绕组→中性点二极管 VD_7→输出端子"B"→负载和蓄电池→负二极管→定子绕组。

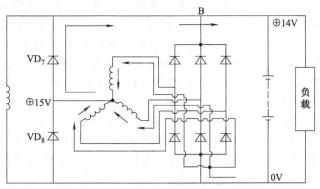

图3.24 中性点瞬时电压 u_N 高于输出电压 U 时的电流路径

② 当中性点瞬时电压 u_N 低于0V（搭铁电位）时，二极管 VD_8 导通，流过中性点二极管 VD_8 的电流如图3.25中箭头方向所示。其电路为：定子绕组→正二极管→输出端子

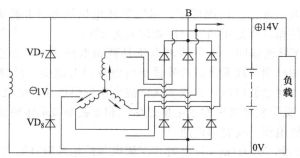

图 3.25　中性点瞬时电压 u_N 低于 0V 时的电流路径

"B"→负载和蓄电池→中性点二极管 VD_8→定子绕组。

由此可见，只要在中性点处连接两只整流二极管，就可利用中性点输出的交流电压来增

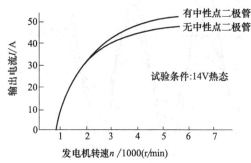

图 3.26　交流发电机输出电流比较

加交流发电机的输出电流，如图 3.26 所示。试验表明，在不改动交流发电机结构的情况下，加装两只整流二极管后，当发电机中高速时，其输出功率与额定功率相比就可增大 11%～15%，且发电机转速越高，输出功率增加越明显。

中性点二极管提高发电机的输出功率，本质上是通过减少发电机内部损失实现的。没有中性点二极管时，发电机的内阻约等于两相定子绕组阻抗之和，增加中性点二极管后，发电机的内阻约等于一相定子绕组的阻抗，比原来几乎减小了一半，发电机的内部损失也相应减少，因而发电机的输出功率相应提高；并且定子绕组的阻抗与发电机转速近似成正比，随着发电机转速的升高，定子绕组的阻抗和发电机的内部损失直线增大，中性点二极管减小发电机内部损失、增大输出功率的作用越来越明显。

3.5.2　九管交流发电机

九管交流发电机是在六管交流发电机基础上，增设三只小功率二极管 VD_7、VD_8、VD_9，并与三只负极管 VD_2、VD_4、VD_6 组成三相桥式整流电路来专门供给磁场电流的发电机，所增设的三只小功率二极管称为磁场二极管或励磁二极管。九管交流发电机可以控制充电指示灯来指示蓄电池充电情况，而且能够指示充电系统是否发生故障。内搭铁的九管交流发电机定子绕组、励磁绕组和二极管之间的连接关系如图 3.27 所示。

在发电机正常工作时，定子绕组中产生的三相交流电动势经 6 只二极管 VD_1～VD_6 组成的三相桥式全波整流电路整流后，通过"B"接柱输出直流电压向负载供电和向蓄电池充电。发电机的磁场电流则由三只磁场二极管 VD_7、VD_8、VD_9 与三只负极管 VD_2、VD_4、VD_6 组成的三相桥式全波整流电路整流后输出的直流电压 U_{D+} 供给。

接通点火开关 SW 时，蓄电池电流经点火开关 SW→充电指示灯→发电机"D+"端子→磁场绕组 R_F→调节器内部大功率三极管→搭铁→蓄电池负极构成回路。此时充电指示灯发亮，表示磁场电流接通并由蓄电池供电。

发动机启动后，随着发电机转速升高，发电机"D+"端电压随之升高，充电指示灯两端的电位差降低，指示灯亮度减弱。当发电机电压升高到蓄电池端电压时，发电机"B"端与"D+"端电位相等，此时充电指示灯两端电位差降低到零，指示灯熄灭，表示发电机已正常工作，磁场电流由发电机自己供给。

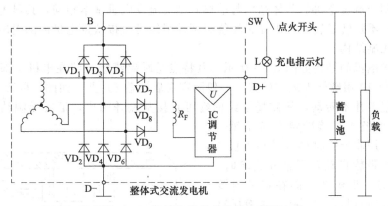

图 3.27　九管交流发电机充电系统电路

当发电机转速降低或充电系统发生故障而导致发电机不发电时，"D＋"接柱电位降低，故充电指示灯两端电位差增大而发亮，警告驾驶员不充电，应及时排除故障。

3.5.3　十一管交流发电机

十一管交流发电机具有三只正极管 VD_1、VD_3、VD_5，三只负极管 VD_2、VD_4、VD_6，三只磁场二极管 VD_7、VD_8、VD_9 和两只中性点二极管 VD_{10}、VD_{11}。十一管交流发电机充电系统电路见图 3.28。这种发电机具有八管交流发电机提高输出功率的作用，也具有九管交流发电机反映充电系统工作情况的作用，前面已分别介绍，故不赘述。

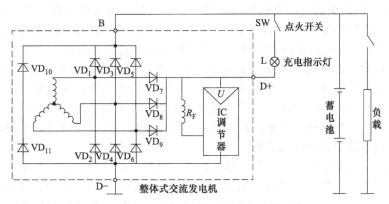

图 3.28　十一管交流发电机充电系统电路

3.5.4　无刷交流发电机

前面介绍的交流发电机都是有刷发电机，其磁场绕组都随转子轴旋转，磁场电流是通过电刷和滑环引入磁场绕组的。发电机工作时，因滑环与电刷有相对运动，滑环与电刷会发生磨损或接触不良，从而造成磁场电流不稳定或发电机不发电等故障，也增加了维护保养工作。对于工作环境恶劣的工程机械等，为保证发电机可靠运行和减少维修工作，20 世纪 80 年代以来，国内外都致力于开发结构新颖、性能优良、维修方便的无刷交流发电机。

无刷交流发电机就是没有电刷和滑环的交流发电机。无刷交流发电机分为爪极式无刷交流发电机和感应式无刷交流发电机两种类型。目前工程机械上采用的无刷交流发电机多为爪极式无刷交流发电机，下面介绍其结构特点和工作原理。

（1）爪极式无刷交流发电机的结构特点

爪极式无刷交流发电机的总体结构与前述有刷交流发电机基本相同，其显著特点是磁场绕组是静止的，不随转子转动，因此磁场绕组两端引线可直接从发电机内部引出，省去滑环和电刷并形成无刷结构。

无刷交流发电机的结构如图 3.29 所示，其特点是励磁绕组 5 装在电机中部的磁轭托架 10 上，磁轭托架 10 用螺栓固定在端盖（一般固定在后端盖 8）上。如此，尽管磁极 3、4 转动，但励磁绕组 5 并不转动，故磁场绕组两端可直接从端盖引出，形成无刷结构。两爪极 3、4 中，只有爪极 4 直接固定在转子轴 6 上，另一爪极 3 用非导磁材料将其与爪极 4 固定在一起。当带轮带动转子轴 6 旋转时，爪极 4 就带动另一爪极 3 一同在定子内转动。在爪极 3 的轴向制有大圆孔，磁轭托架 10 由此圆孔伸入爪极 3 和 4 的腔室内，磁轭托架 10 与爪极 3 以及转子磁轭之间均需留出附加间隙 g_1 和 g_2，以便转子转动。两爪极之间固定连接的常用方法有用非导磁连接环固定和用铜焊接两种。

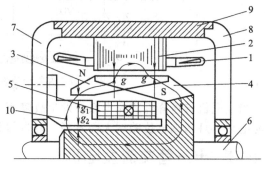

图 3.29　爪极式无刷交流发电机结构原理
1—定子绕组；2—定子铁芯；3、4—爪形磁极；
5—励磁绕组；6—转子轴；7、8—端盖；
9—机座；10—磁轭托架

（2）爪极式无刷交流发电机的工作原理

电源经过发电机壳体或端盖上的接柱直接给励磁绕组提供励磁电流，其主磁通路径如图 3.29 中带箭头的封闭曲线所示。当磁场绕组接通直流电流时，其主磁通路径由转子磁轭出发，经附加间隙 g_2→磁轭托架 10→附加间隙 g_1→左边爪极的磁极 N→主气隙 g→定子铁芯→主气隙 g→右边爪极的磁极 S→转子磁轭而形成闭合回路。可见，爪形磁极的磁通是单向通道，即左边爪极的磁极全是 N 极，右边爪极的磁极全是 S 极，或者相反。

因为无刷交流发电机的磁场绕组静止不动，转子上的爪极在磁场绕组与定子铁芯之间旋转，所以在转子转动时，磁力线便交替穿过定子铁芯，定子槽中的三相绕组就会感应产生交变电动势，形成三相交流电，经整流器整流后，即可变为直流电供给用电系统使用。

（3）爪极式无刷交流发电机的特点

爪极式无刷交流发电机的优点是：结构简单，维护工作量少，工作可靠性高，可在潮湿和多尘环境中工作；工作时无火花，减小了对无线电的干扰。这是因为无刷交流发电机没有滑环和电刷，不存在电刷与集电环接触不良而导致发电不稳或不发电等故障。

爪极式无刷交流发电机的缺点是：由于交流发电机转速最高可达 18000r/min 以上，因此连接两块爪极的制造工艺要求高、焊接困难；此外，由于主磁通路径中增加了两个附加间隙，因此在输出功率与有刷交流发电机相同的情况下，必须增大磁场绕组电流，这对控制磁场电流的调节器就提出了更高的要求。

3.5.5　带泵交流发电机

带泵交流发电机是带有真空助力泵的交流发电机，其发电机结构与前述交流发电机完全相同，显著特点是其转子轴较长并从后端盖中心伸出，然后在发电机后端盖上安装一个真空泵，利用伸出的发电机转子轴外花键与真空泵转子的内花键相连接。当发电机旋转时，发电机转子便带动真空泵一同旋转，从而形成一个真空源。带泵交流发电机主要用于没有真空源的柴油发动机装备（汽油发动机装备可直接从进气歧管处取得真空），作为真空助力制动系统中的真空动力源以及其他用途的真空源。

3.6 永磁式无刷交流发电机

永磁式无刷交流发电机利用永久磁铁作为转子磁极，旋转时产生旋转磁场，这不仅省掉了电刷和滑环，且不需要励磁绕组，结构更加简单可靠，使用寿命长。转子的材料使用钕铁硼等永磁材料，转子磁极采用瓦片形结构，用环氧树脂粘在磁轭上，磁极之间呈鸽尾形，用胶填充。

由于转子采用永磁结构，发电机工作时的旋转磁通不变，发电机的三相交流电动势随着转速的升高而升高，无法通过控制励磁电流的方法调节三相交流电动势，实现控制发电机输出电压的目的。故为保证发电机在不同转速和负载下输出电压的稳定，采用可控硅控制的三相桥式整流电路，通过电压调节器控制可控硅的导通实现发电机输出电压的调节，其电路原理如图 3.30 所示。

三只共阳极硅二极管 VD_1、VD_2、VD_3 与三只共阴极 VT_1、VT_2、VT_3 可控硅组成三相可控桥式整流电路。此外由 $VD_1 \sim VD_6$ 组成三相全波整流电路，通过电压调节器为可控硅控制级提供触发电压。发电机的电压控制原理是：当交流发电机转速较低时，电压调节器触点 K（或电子开关）闭合，可控硅的控制极获得正向触发电压，当发电机端电压高于蓄电池电压时，可

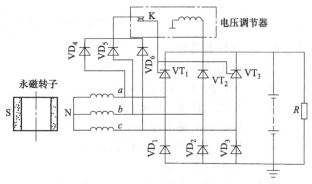

图 3.30 永磁交流发电机原理

控硅导通，发电机向蓄电池和负载提供三相全波整流电压。当发电机转速进一步提高，发电机输出电压也增大，当输出电压超过一定数值时，电压调节器触点 K 断开，可控硅失去正向触发电压而截止，使输出电压下降。输出电压下降到低于某一数值时，电压调节器触点 K 又闭合，可控硅被重新触发导通，使发电机输出电压又回升。如此反复，使发电机输出电压在规定范围内波动。

永磁交流发电机的优点有：体积小、重量轻、结构简单、维护方便、使用寿命长；传动比大，低速充电性好；比功率大，节约大量金属材料；无励磁损耗，效率可提高 10% 以上；电压调节器只控制可控硅触发，电流很小，只有 10mA 左右，有利于简化调节器结构，减少调节器故障，延长调节器寿命；由于永磁体的磁导率接近空气的磁导率，增大了电枢反应的磁阻，因而电压波形稳定。

3.7 交流发电机调节器

交流发电机是由发动机按固定传动比驱动旋转的，发动机转速决定着其转速的高低，当发动机转速变化或车上用电设备用电量变化时，交流发电机输出电压也会随之变化。因此，采用调节器来控制电压，它是把发电机输出电压控制在规定范围内的调节装置，其作用是：在发电机转速和负载发生变化时自动控制发电机电压，保证交流发电机输出电压不受转速和用电设备变化的影响，使其保持恒定，防止发电机电压过高而烧坏用电设备，防止蓄电池过量充电；也防止发电机电压过低而导致用电设备工作失常，防止蓄电池充电不足。

目前的调节器有电磁振动式调节器、晶体管调节器和集成电路调节器 3 种。电磁振动式

调节器又称触点振动式调节器，它因带有触点，结构复杂，电压调节精度低，触点火花对无线电干扰大，可靠性差，寿命短，它在现代工程机械上已基本被淘汰，取而代之的是晶体管调节器；晶体管调节器具有电压调节精度高、对无线电干扰小、体积小、无运动件、耐震、故障少、可靠性高等优点，且可通过的励磁电流较大，适于功率较大的发电机；集成电路调节器除具有晶体管调节器的优点外，由于它体积特别小，可直接装于发电机内部，省去了与发电机的外部连线，增加了工作的可靠性，具有防潮、防尘、耐高温性能好、价格低等优点，得到了广泛的应用。

3.7.1　调节器的基本原理

根据电磁感应原理，发电机的感应电动势为

$$E = C\Phi n$$

一般交流发电机的端电压为

$$U = E - Ir = C\Phi n \frac{R}{R+r}$$

式中　E——感应电动势，V；

　　　C——电机结构常数；

　　　Φ——每极磁通，Wb；

　　　n——发电机转速，r/min；

　　　U——发电机的端电压，V；

　　　r——发电机定子绕组的阻抗，Ω；

　　　R——负载电阻，Ω。

可以看出，发电机的端电压与发电机的结构常数、转速、磁通、负载电阻及定子绕组的阻抗有关。而发电机在工程机械上是由发动机按固定的传动比驱动旋转的，其转速随发动机转速变化而在很大范围内变化，定子绕组的阻抗也随转速的变化相应变化，并且发电机的负载大小也不是固定不变的。由于结构常数一定，要保持发电机端电压平均值恒定，就必须相应地改变磁极磁通。因为磁极磁通的多少取决于磁场电流的大小，可以通过调节励磁电流平均值的大小使发电机端电压平均值在不同的转速和负载情况下基本保持恒定，调节器就是利用这一原理工作的。

发电机负载一定时，随着发电机转速升高，端电压提高。当转速升高到一定程度、端电压达到调节器调节电压上限值 U_2 时，调节器开始使励磁电流 I_f 由 I_{f2} 减小到 I_{f1}，故磁通减弱，电动势降低，端电压下降；当端电压下降到调节器调节电压下限值 U_1 时，调节器开始使励磁电流由 I_{f1} 增大到 I_{f2}，故磁通增强，电动势升高，端电压上升；当端电压再次升高到 U_2 时，调节器重复上述工作过程，使发电机端电压在 U_1、U_2 之间变化，保持端电压平均值基本恒定。发电机转速越高，端电压从 U_1 升高到 U_2 和从 U_2 下降到 U_1 的时间越短，调节器的调节频率提高，同时励磁电流的平均值越小，如图 3.31 所示。

发电机转速一定时，随着发电机负载减小，即负载电阻增大，端电压提高。当负载减小到一定程度、端电压达到调节器调节电压上限值 U_2 时，调节器开始使励磁电流 I_f 由 I_{f2} 减小到 I_{f1}，故磁通减弱，电动势降低，端电压下降；当端电压下降到调节器调节电压下限值 U_1 时，调节器开始使励磁电流由 I_{f1} 增大到 I_{f2}，因此磁通增强，电动势升高，端电压上升；当端电压再次升高到 U_2 时，调节器重复上述工作过程，使发电机端电压在 U_1、U_2 之间变化，保持端电压平均值基本恒定。发电机负载越小，即负载电阻越大，端电压由 U_1 升高到 U_2 和由 U_2 下降到 U_1 的时间越短，调节器的调节频率提高，同时励磁电流的平均值越小，如图 3.31 所示。

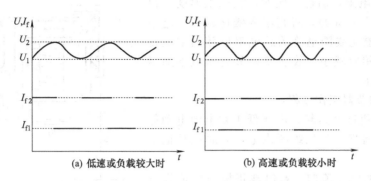

图 3.31 调节器工作时励磁电流和端电压变化情况

一般调节器都是通过调节励磁电流使磁场磁通改变来控制发电机的端电压,但是因调节器的种类不同,其励磁电流的调节方法并不相同,一般有三种:通过改变电路中的电压;改变电路中电阻值;控制电路的通与断。电磁振动式调节器是通过电磁力和弹簧弹力的平衡来改变触点闭合和断开的时间,改变励磁电流大小,从而改变磁通、调节电压的;电子调节器是利用功率管的开关特性,接通与切断励磁电流来改变励磁电流平均值的。

电压调节器除具有调节励磁电流的功能外,还必须要有检测发电机电压变化的装置。即先要检测发电机电压的变化,根据这个变化再决定怎么调节励磁电流。电磁振动式电压调节器通过电磁线圈检测发电机电压变化,电子式电压调节器通过稳压管检测发电机电压变化。

3.7.2 电磁振动式调节器

(1) 电磁振动式电压调节器的基本原理

电磁振动式电压调节器的基本原理如图 3.32 所示。

当发电机电压低时,线圈电流小,铁芯吸力小于拉簧拉力,触点闭合,励磁电流通过触点,电流较大,使电压上升。

当发电机电压升高到一定值时,线圈电流增大,铁芯吸力大于拉簧拉力,使触点打开,励磁电流通过附加电阻,电流减小,磁场减弱,电压降低。

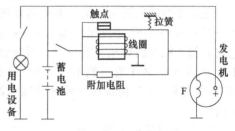

图 3.32 电磁振动式电压调节器基本原理

发电机电压下降后,电磁铁吸力减弱,触点又在拉簧的作用下闭合,励磁电流又增大,使电压上升,如此反复,使发电机的电压维持在一个稳定值。

由于电磁振动式调节器的性能较差,可靠性不高,目前已基本淘汰。

(2) FT61 型双级式电压调节器

常见双级振动式调节器的基本结构不同,但均有两个触点,其中常闭触点为低速触点,常开触点为高速触点,能调节两级电压,故称双级电压调节器。

FT61 型双级式电压调节器可与 12V、350~500W 的交流发电机配套,应用于 12V 电源系统的工程机械,其电路原理如图 3.33 所示。动触点位于两个静触点之间,形成两对触点 K_1 和 K_2。调节器不工作时,上面一对触点 K_1(即低速触点)处于常闭状态,下面一对触点 K_2(即高速触点)处于常开状态。高速触点的固定触点臂通过调节器底座直接搭铁。R_1 为加速电阻,它可加快动触点臂振动频率,提高调节器的灵敏度和调压质量;R_2 为磁场电路附加电阻(调节电阻),其作用是在触点振动时,调节励磁电流以稳定发电机的输出电压;

R_3 为温度补偿电阻，由镍铬丝制，其电阻温度系数很小（仅为铜的 1/800），将它串入磁化线圈电路中时，可使整个磁化线圈电路的总电阻值随温度变化而变化的数值相应减小，故能使调节电压值不随温度的增高而升高。

FT61 型调节器工作过程：

① 当发电机低速运转，电压低于蓄电池电动势时，蓄电池向调节器磁化线圈供电，同时进行他励发电。

磁化线圈的电流流向：蓄电池正极→电流表→点火开关→调节器"S"接线柱→加速电阻 R_1→磁化线圈 3→温度补偿电阻 R_3→搭铁→蓄电池负极。因此时流过磁化线圈的电流所产生的电磁力不足以克服调压弹簧 4 的拉力，故低速触点 K_1 仍处于闭合状态，发电机此时进行他励发电。励磁电流的流向为：蓄电池正极→电流表→点火开关→调节器"S"接线柱→静触点支架 1→低速触点 K_1→动触点臂 2→磁轭→调节器"F"、发电机"F"接线柱→绝缘电刷和滑环→磁场绕组→搭铁电刷和滑环→搭铁→蓄电池负极。

② 随着发电机转速的升高，其端电压也在不断地升高。当发电机端电压高于蓄电池电动势而低于调节器调节电压时，磁化线圈电流和励磁电流均由发电机供给。

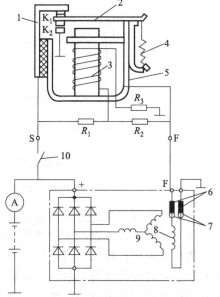

图 3.33　FT61 型调节器电路原理

1—静触点；2—动触点臂；3—磁化线圈；
4—调压弹簧；5—磁轭；6—电刷；7—滑环；
8—磁场绕组；9—定子绕组；10—点火开关；
K_1—低速触点；K_2—高速触点；R_1—加速
电阻（1Ω）；R_2—附加电阻（8.5Ω）；
R_3—温度补偿电阻（13Ω）

磁化线圈的电流流向为：发电机正极（B）→点火开关→调节器"S"接线柱→加速电阻 R_1→磁化线圈 3→温度补偿电阻 R_3→搭铁→发电机负极。此时，磁化线圈中电流所产生的电磁力仍不能克服调压弹簧拉力，低速触点 K_1 仍保持闭合状态。励磁电流流向为：发电机正极（B）→点火开关→调节器"S"接线柱→低速触点 K_1→动触点臂 2→磁轭→调节器"F"、发电机"F"接线柱→绝缘电刷和滑环→磁场绕组→搭铁电刷和滑环→搭铁→发电机负极。

③ 发电机转速升高，输出电压达到调节器调节电压时，磁化线圈电流所产生的电磁力足以克服调压弹簧拉力，使低速触点 K_1 打开，励磁电流改变流向，其电路为：发电机正极（B）→点火开关→调节器"S"接线柱→加速电阻 R_1→附加电阻 R_2→调节器"F"、发电机"F"接线柱→绝缘电刷和滑环→磁场绕组→搭铁电刷和滑环→搭铁→发电机负极。由于发电机励磁电路中串联了电阻 R_1 和 R_2，因此励磁电流减小，发电机电压降低。当发电机电压降至略低于调节电压时，磁化线圈所产生的电磁力便又会小于调压弹簧拉力，因此低速触点 K_1 重又闭合，将附加电阻 R_2 短路，励磁电流增大，磁场加强，发电机输出电压再次升高；当升至略高于调节电压时，低速触点 K_1 又被吸开。如此反复，使发电机输出电压保持恒定。

④ 当发电机高速运转时，发电机的输出电压会超过第一级调节电压而达到第二级调节电压，磁化线圈电流所产生的电磁力也将远大于调压弹簧的拉力，将活动触点臂继续吸下，使高速触点 K_2 闭合，磁场绕组被短路。此时，发电机磁场绕组中无励磁电流流过，发电机靠剩磁发电，端电压迅速下降，磁化线圈电流所产生的电磁力减小，高速触点 K_2 重又打开（低速触点 K_1 也处于打开状态），附加电阻 R_2 被串入励磁电路，磁场绕组中有电流流过，

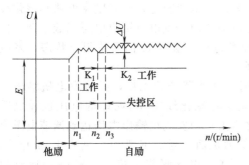

图 3.34　双级式电压调节器调节特性

发电机端电压升高，高速触点 K_2 重新闭合。如此反复，K_2 不断地振动，使发电机的输出电压保持在一定范围内。

双级电磁振动式调节器能控制两级电压，其电压调节特性如图 3.34 所示，其中 $n_1 \sim n_2$ 为低速触点（K_1）工作区，其工作电压为第一级调节电压。一般来说，12V 电源系，第一级调节电压为 $13.2 \sim 14.2$V；24V 电源系，第一级调节电压为 $27 \sim 29$V。调节电压高低取决于调压弹簧拉力和衔铁与铁芯间空气隙。$n_3 \sim n_{max}$ 为高速触点（K_2）工作区，其工作电压为第二级调节电压。触点工作从第一级过渡到第二级时，由于弹簧拉力以及衔铁与铁芯间空气隙发生变化，故两级调节电压的平均值也略有不同，出现一个差值 ΔU。12V 电源系，调节电压差值应不超过 0.5V；24V 电源系，调节电压差值应不超过 1V。调节电压差值 ΔU 的大小取决于高速触点 K_2 的间隙值。$n_2 \sim n_3$ 为电压调节器工作失控区，此时，低速触点 K_1 打开，失去调节作用，高速触点 K_2 还未进入工作，也处于打开状态，发电机输出电压失去控制，会随转速的升高而升高。

（3）单级电磁振动式电压调节器

交流发电机的磁场电流大，转速高，若采用普通单级电磁振动式电压调节器，需增大调节电阻值而使触点间火花增大，触点迅速烧蚀损坏；如采用双级式电压调节器，因有两对触点，检调较困难，且从低速触点过渡到高速触点工作时，出现失控区，对充电性能有一定影响。为克服上述缺点，可采用具有灭弧系统的单级电磁振动式电压调节器。

① FT111 型单级电磁振动式电压调节器。具有灭弧系统的 FT111 型单级电磁振动式电压调节器如图 3.35 所示。该调节器只有一对触点，仅能调节一级电压。为有效地减小触点断开时的火花，延长触点的使用寿命，在电路中增加了一个由二极管 VD、加速线圈 W_2 与电容器 C 组成的 V-W_2-C 触点灭弧系统。

② 电压调节过程。点火开关 SW 一旦接通，交流发电机的励磁绕组和调节器的磁化线圈 W_1 便有电流流过。

a. 当发电机还未发电或端电压低于蓄电池电动势时，励磁电流和磁化线圈电流均由蓄电池供给。励磁电流电路为：蓄电池正极→电流表 A→点火开关 SW→调节器接柱"B"→磁轭→衔铁→触点 K→调节器接柱"F"→发电机接柱"F"→电刷→滑环→励磁绕组→滑环→电刷→搭铁→蓄电池负极。流过磁化线圈 W_1 的电流有两路，一路为：蓄电池正极→电流表 A→点火开关 SW→调节器接柱"B"→加速电阻 R_1→磁化线圈 W_1→温度补偿电阻 R_3→搭铁→蓄电池负极；另一路为：蓄电池正极→电流表A→点火开关 SW→调节器接柱"B"→磁轭→衔铁→触点 K→附加电阻 R_2→磁化线圈 W_1→温度补偿电阻 R_3→搭铁→

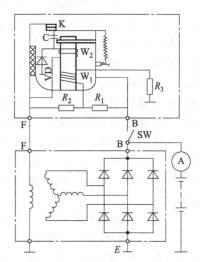

图 3.35　FT111 型调节器
R_1—加速电阻；R_2—附加电阻；
R_3—温度补偿电阻；W_1—磁化线圈；
W_2—加速线圈；VD—二极管；
C—电容器

蓄电池负极。此时磁化线圈电流产生的电磁力矩还小于弹簧力矩，故触点 K 保持闭合状态，发电机端电压随转速升高而升高。

b. 当发电机端电压高于蓄电池电动势时，发电机开始自励，励磁电流和磁化线圈电流由发电机供给，同时，发电机开始向用电设备供电和向蓄电池充电，此时励磁电路和磁化线圈电流的电路没变，但电源是交流发电机而不是蓄电池。由于发电机输出电压仍低于调节器调节电压，磁化线圈电流产生的电磁力矩仍小于弹簧力矩，触点 K 仍保持闭合状态，发电机输出电压随转速升高或磁场电流增大而继续升高。

c. 当发电机输出电压升高到调节电压上限值时，调节器开始工作，并将发电机输出电压控制在某一值不变。当发电机端电压升高时，调节器磁化线圈 W_1 两端的电压也随之升高，磁化线圈电流增大，所产生的电磁力矩也随之增大；当发电机输出电压达到调节电压上限值时，磁化线圈电流产生的电磁力矩便超过弹簧力矩而将触点 K 吸开。触点 K 断开后，励磁电流的电路为：发电机正极接柱"B"→点火开关 SW→调节器接柱"B"→加速电阻 R_1→附加电阻 R_2→调节器接柱"F"→发电机接柱"F"→励磁绕组→搭铁→发电机负极；磁化线圈 W_1 的电路为：发电机正极→电流表 A→点火开关 SW→调节器接柱"B"→加速电阻 R_1→磁化线圈 W_1→温度补偿电阻 R_3→搭铁→发电机负极。由于励磁绕组电路中串入了调节器的加速电阻和附加电阻，因此，励磁电路总电阻增大，励磁电流减小，磁极磁通减少，发电机端电压下降。当发电机端电压下降时，调节器磁化线圈两端的电压也随之下降，线圈电流减小，电磁力矩减小。当发电机端电压下降到调节电压下限值时，磁化线圈电流产生的电磁力矩便小于弹簧力矩，触点在弹簧力矩作用下重又闭合，调节器加速电阻和附加电阻又被隔出励磁电路，因此，励磁电路总电阻减小，励磁电流增大，磁极磁通增多，发电机端电压上升；当发电机端电压上升到调节电压上限值时，磁化线圈电流产生的电磁力矩又超过弹簧力矩而将触点 K 吸开，调节器重复上述工作过程，使触点 K 不断开闭振动，通过改变励磁电路电阻值的大小，使励磁电流平均值随发电机转速变化而变化，使发电机输出电压平均值基本稳定。

③ 保护电路工作过程。在调节器工作过程中，每当发电机端电压达到调节器调节电压上限值时，磁化线圈 W_1 产生的电磁力矩便将触点 K 吸开，加速电阻和附加电阻随即串入励磁电路，使励磁电流急剧减小。因为励磁电流急剧减小，所以在励磁绕组中便产生很高的自感电动势，自感电动势正向加在二极管 VD 上，并通过加速线圈 W_2 与励磁绕组构成放电回路，起到续流作用而保护触点，同时也使自感电动势迅速衰减，防止工程机械上的电子元件被反向击穿而损坏；电容器 C 通过加速线圈 W_2 并联在触点 K 的两端，用以进一步吸收浪涌电压，加速感应电动势衰减，减少触点电蚀。

上述的保护电路不仅具有减小触点火花、减少触点电蚀和保护工程机械电子设备的作用，且当触点断开时，由于放电电流通过加速线圈 W_2，产生的磁通与磁化线圈 W_1 产生的磁通方向相反，加快了铁芯退磁和触点闭合，提高了触点振动频率，改善发电机输出电压波形。

(4) 带有励磁绕组保护电路的 FT61 型双调节器

3Y1215 型压路机配用的 FT61A 型调节器是由双级触点振动式电压调节器和磁场继电器组成的双联调节器。调节器的内部电路如图 3.36 所示。磁场继电器的作用是：发动机熄火后能自动切断励磁电路和电磁电路。

磁场继电器的铁芯上绕有两个线圈：启动线圈 Q_1，承受蓄电池电压；保持线圈，承受发电机的中性点电压。磁场继电器的触点 K_3 串联在发电机的励磁电路中，控制发电机的励磁电路和电压调节器的磁化线圈电路。其工作过程如下：

① 发动机启动时，接通电源开关 K，按下启动按钮 A，蓄电池的电流便通过"按钮"接线柱流入磁场继电器的启动线圈 Q_1 中。触点 K_3 闭合，发电机励磁电路和电压调节器磁化线圈电路被接通。

磁化线圈电路为：蓄电池正极→电源开关 K→"电池"接线柱→触点 K_3→磁轭→加速电

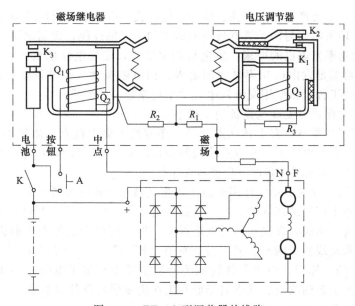

图 3.36　FT61A 型调节器的线路

Q_1—启动线圈；Q_2—保持线圈；Q_3—调节器磁化线圈；K—电源开关；A—启动按钮；
K_1、K_2、K_3—触点；R_1—调节电阻；R_2—加速电阻；R_3—温补电阻

阻 R_2→调节器磁化线圈 Q_3→温度补偿电阻 R_3→搭铁→蓄电池负极。

励磁电路为：蓄电池正极→电源开关 K→"电池" 接线柱→触点 K_3→磁轭→电压调节器磁轭→触点 K_1→"磁场" 接线柱→磁场绕组→搭铁→蓄电池负极。

② 当发动机启动后，发电机及其中性点电压升高，由中性点电压控制的保持线圈 Q_2 产生与 Q_1 方向一致的磁场，使触点 K_3 闭合得更牢。

发动机启动后，松开启动按钮，启动线圈 Q_1 中的电流消失，但在保持线圈 Q_2 的作用下触点 K_3 仍保持闭合。

③ 当发动机停止运转时，发动机中性点电压为零，保持线圈 Q_2 中的电流消失，磁场继电器触点 K_3 在弹簧作用下打开，切断了蓄电池与发电机励磁绕组的电路。此时，即使忘记断开电源开关，也能避免蓄电池向电机励磁绕组和调节器电磁线圈放电。

3.7.3　晶体管调节器

电磁振动式调节器包括铁芯、磁轭、衔铁、弹簧、触点、线圈等机械部件，不仅存在结构复杂、质量大等不足之处，而且在触点开闭过程中存在着机械惯性和电磁惰性，使振动频率受到限制。当发电机在高速状态下突然失去负载时，由于触点不能迅速动作，会导致发电机产生瞬时过电压，对整流二极管或其他电子元件造成危害。另外，触点容易烧蚀，还会产生无线电干扰。

晶体管调节器是利用稳压管的反向击穿特性和晶体管的开关特性来控制发电机的磁场电流、使发电机的输出电压保持恒定的装置。晶体管调节器可分为采用分离元件的晶体管调节器和集成电路调节器，后者在整体式发电机中应用广泛。晶体管调节器与电磁振动式调节器相比，具有以下优点。

① 不存在机械惯性和磁滞性，调节频率高，开、关时间短，速度快，所以可使发电机发电电压稳定，脉动小。

② 无机械触点、衔铁等运动部件，避免了工程机械振动和冲击对调节器性能的影响，工作可靠性高。

③ 没有触点，不会产生触点烧蚀、熔焊、绕组损坏等现象，所以故障率低，工作可靠。

④ 大多采用环氧树脂封装，具有较高的防尘和耐腐蚀性能，无需维修。

⑤ 能满足大功率发电机的要求，发电机功率愈大，磁场电流也愈大，通过选择不同功率的晶体管，即可满足发电机功率增大的要求。而电磁振动式调节器受触点断开功率的限制，难以满足现代工程机械配用交流发电机功率越来越高的要求。

⑥ 没有触点火花，对无线电设备的干扰小。

⑦ 集成电路调节器除具有上述优点之外，还有两个突出优点：体积小、重量轻，可作为一个标准部件装在发电机上，充电系统线路简化，故障少，线路损失减少；精度高，耐高温性能好，在130℃高温环境条件下仍能可靠工作。

⑧ 寿命长。晶体管调节器的使用寿命一般是电磁振动式调节器的2～3倍。

目前，国内外生产的晶体管调节器一般都是由2～4个晶体管、1～2个稳压管和一些电阻、电容、二极管等组成，焊接在印制电路板上，然后用铝合金外壳或铜板外壳封闭而成，引出线有插接式和接线板式两种，其上分别标有"B"或"+"（点火）、"-"或"E"（搭铁）和"F"（磁场）标记。由于晶体管调节器从本质上克服了电磁振动式调节器的缺点，随着电子元件生产工艺的改进、成本的降低和工程机械用电设备的增多，晶体管调节器特别是集成电路调节器已基本取代电磁振动式调节器。

（1）晶体管调节器的工作原理

工程机械交流发电机有内搭铁型与外搭铁型之分，与之配套使用的晶体管调节器也有内搭铁型与外搭铁型两类。内、外搭铁型晶体管调节器的基本电路分别如图3.37和图3.38所示，其基本电路由三只电阻 R_1、R_2、R_3，两只三极管 VT_1、VT_2，一只稳压二极管 VS 和一只二极管 VD 组成。

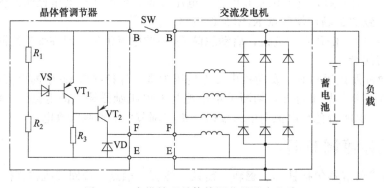

图 3.37 内搭铁型晶体管调节器基本电路

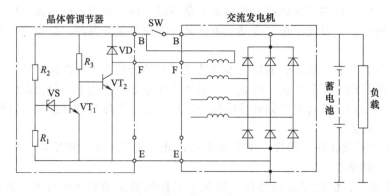

图 3.38 外搭铁型晶体管调节器基本电路

电阻 R_1、R_2 串联构成分压器，接在交流发电机输出端（标记"B"或"BATT"等）与搭铁端（标记"E"或"一"等）之间，直接检测发电机端电压 U 的变化，分压电阻 R_1 两端的电压 U_{R1} 为

$$U_{R1} = \frac{R_1}{R_1 + R_2} U$$

可见，发电机端电压 U 升高，分压电阻 R_1 两端的电压 U_{R1} 也升高；反之，当 U 下降时，U_{R1} 也下降。电阻 R_3 既是三极管 VT_1 的负载电阻（集电极电阻），又是三极管 VT_2 的偏流电阻。

VT_1 为小功率三极管，接在大功率三极管 VT_2 的前一级，起功率放大作用，也称放大级。VT_2 称为开关三极管，简称开关管，VT_2 的集电极与发电机励磁绕组相连，励磁绕组电阻就是 VT_2 的负载电阻，VT_2 饱和导通时，集电极和发射极之间近似短路，发电机励磁电路接通；VT_2 截止时，集电极和发射极之间近似断路，发电机励磁电路被切断。故通过控制 VT_2 的饱和导通与截止，可控制发电机励磁电路通断，调节发电机输出电压。外搭铁型调节器的三极管 VT_1 和 VT_2 是 NPN 型，内搭铁型调节器的三极管 VT_1 和 VT_2 是 PNP 型。

稳压二极管（简称稳压管）VS 是感受元件，其一端接 VT_1 的基极，另一端接在分压电阻 R_1、R_2 之间。VS 与 VT_1 的发射结反向串联后再与 R_1 并联，组成电压检测电路，检测发电机端电压的变化。当发电机端电压 U 升高到调节电压上限值 U_2 时，分压电阻 R_1 两端的分压值 U_{R1} 达到稳压管的击穿电压与 VT_1 的发射结压降之和，稳压管 VS 击穿导通；当发电机端电压 U 降低到调节电压下限值 U_1 时，分压电阻 R_1 两端的分压值 U_{R1} 低于稳压管的击穿电压与 VT_1 的发射结压降之和，稳压管 VS 截止。

二极管 VD 与励磁绕组并联，在励磁电路断开时为励磁绕组的自感电动势提供回路，防止三极管击穿。

（2）工作过程

① 接通点火开关 SW，电源电压经 SW 加在分压电阻 R_1、R_2 两端。当发电机端电压 U 低于调节电压上限值 U_2 时，R_1 上的分压值 U_{R1} 小于稳压管的击穿电压与 VT_1 的发射结压降之和，稳压管 VS 处于截止状态，三极管 VT_1 基极无电流，也处于截止状态，集电极和发射极之间近似断路。电源经点火开关 SW 和 VT_2 的偏流电阻 R_3 向 VT_2 提供基极电流，VT_2 饱和导通，接通励磁电路，外搭铁发电机的励磁电路为：电源正极→点火开关 SW→发电机励磁绕组→发电机"F"接柱→调节器"F"接柱→三极管 VT_2→调节器"E"接柱→搭铁→电源负极；内搭铁发电机的励磁电路为：电源正极→点火开关 SW→调节器"B"接柱→三极管 VT_2→调节器"F"接柱→发电机"F"接柱→发电机励磁绕组→搭铁→电源负极。此时发电机端电压随转速升高而升高。

② 当发电机端电压 U 升高到调节电压上限值 U_2 时，分压电阻 R_1 两端的分压值 U_{R1} 达到稳压管的击穿电压与 VT_1 的发射结压降之和，稳压管 VS 击穿导通。因为 VS 的工作电流就是 VT_1 的基极电流，则 VT_1 饱和导通，集电极和发射极之间近似短路，流过 R_3 的电流经 VT_1 集电极和发射极构成回路。因此 VT_2 无基极电流而截止。VT_2 截止，集电极和发射极之间近似断路，励磁电路被切断，磁极磁通迅速减少，发电机端电压 U 迅速下降。

③ 当发电机端电压降到调节电压下限值 U_1 时，分压电阻 R_1 两端的分压值 U_{R1} 低于稳压管的击穿电压与 VT_1 的发射结压降之和，稳压管 VS 截止，VT_1 无基极电流而截止。发电机又经 R_3 向 VT_2 提供基极电流，VT_2 饱和导通，接通励磁电路，磁极磁通增多，发电机端电压 U 重又升高，U 升高到调节电压上限值 U_2 时，调节器重复②、③工作过程，将发电机端电压平均值稳定在一定范围内。

可见，晶体管调节器是利用串联在发电机磁场电路中的大功率三极管的导通与截止（即

开关特性）来控制磁场电路的通和断，调节磁场电流的大小，使发电机的输出电压稳定在规定值范围内的。

（3）晶体管调节器实例

① JFT106 型晶体管调节器。JFT106 型晶体管调节器调节电压为 $13.8\sim14.6\text{V}$，可与外搭铁式的交流发电机配套使用。其内部接线如图 3.39 所示，该调节器对外有"＋"、"－"和"F" 3 个接线柱。其中"＋"与发电机的"F_2"接线柱相连、"F"与发电机的"F_1"接线柱相连、"－"接线柱搭铁。

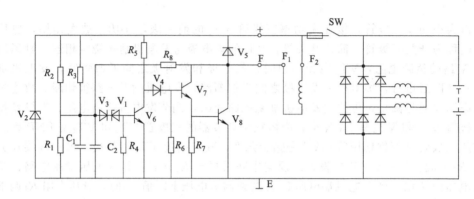

图 3.39 JFT106 型调节器电路原理

R_1、R_2、R_3 和稳压器 V_1 构成了电压检测电路，其中 R_1、R_2 和 R_3 为分压电阻，将交流发电机的端电压进行分压后反向加在稳压管 V_1 的两端；稳压管 V_1 为感压元件，随时感受着发电机端电压的变化，起控制作用。晶体三极管 V_6、V_7、V_8 组成复合大功率二级开关电路，利用其开关特性控制磁场电路的接通或断开。电阻 R_4、R_5、R_6、R_7 为晶体三极管的偏置电阻。二极管 V_3 接在稳压管 V_1 之前，其作用是保证稳压管安全可靠地工作。当发电机端电压过高时，V_3 能限制流过 V_1 的电流，以防烧坏 V_1；当发电机端电压降低时，V_3 又迅速截止，以保证 V_1 可靠截止。V_5 为续流二极管，其作用是防止 V_8 截止时，磁场绕组中的瞬时自感电动势击穿 V_8。R_8 为反馈电阻，它具有提高灵敏度、改善调压质量的作用。电容器 C_1、C_2 可降低晶体管的开关频率。稳压管 V_2 起到过电压保护作用，利用稳压管的稳压特性，可对发电机负载突然减小或蓄电池接线突然断开时，发电机所产生的正向瞬变过电压起保护作用，并可利用其正向导通特性，对开关断开时电路中可能产生的反向瞬变过电压起保护作用。

JFT106 型晶体管调节器工作过程：

a. 启动发电机并接通点火开关，蓄电池电压经分压器加在稳压管 V_1 两端，此时，由于加在稳压管 V_1 两端的电压低于击穿电压，V_1 截止，三极管 V_6 截止，而 V_7、V_8 导通，接通了发电机的磁场电路，发电机他励发电建立电动势。

b. 发动机转速上升，发电机转速随之上升，当发电机输出电压高于蓄电池电压时，交流发电机由他励转变为自励正常发电。此时，由于发电机的电压未达到调节器的调节电压，加在稳压管 V_1 两端的电压仍低于击穿电压，V_1 仍截止，三极管 V_6 截止，而 V_7、V_8 仍导通。

c. 随发电机转速继续升高，当发电机端电压达到调节器的调节电压时，稳压管 V_1 导通，三极管 V_6 由截止转为导通，V_7、V_8 则由导通转为截止，切断磁场电路，发电机端电压下降。当降至规定值时，V_1 又截止，V_6 也截止，V_7、V_8 又导通，再次接通磁场电路，发电机端电压又上升。如此反复，使发电机电压保持在规定值。

② JFT121 型晶体管调节器。JFT121 型晶体管调节器调节电压为 $13.8\sim14.6\text{V}$，可与

内搭铁式交流发电机配套使用，内部接线如图3.40所示。该调节器对外有"＋"、"－"和"F"3个接线柱。其中"＋"与发电机"B"接线柱相连，"F"与发电机"F"接线柱相连，"－"接线柱搭铁。

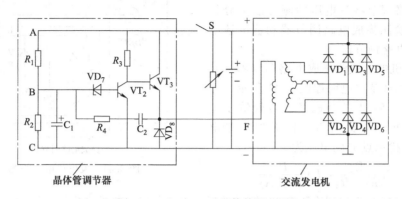

图3.40 JFT121型晶体管调节器

VT_3是大功率管，用于切断与接通发电机的励磁回路。VT_2是小功率管，用来放大控制信号；稳压管VD_7是感受元件，串联在VT_2的基极回路中，感受发电机电压的变化。R_1和R_2组成分压器，电压U_{BC}反向加在稳压管VD_7上，当发电机电压达到调节器的调节电压时，稳压管VD_7反向击穿而导通；R_3是VT_2的集电极电阻，同时也是VT_3的偏置电阻。VD_8为续流二极管，为VT_3由导通变为截止时励磁绕组产生的自感电动势续流，保护VT_3。R_4和电容C_2组成正反馈电路，用于提高VT_2的翻转速度；电容C_1用来降低开、关频率，减少功率损耗。

调节器工作过程：

a. 启动发电机并接通点火开关，蓄电池电压经分压器加在稳压管VD_7两端，此时，因加在稳压管VD_7两端的电压低于击穿电压，VD_7截止，VT_2因无基极电流而截止，而此时VT_3通过R_3加有较高的正向偏压，饱和导通，接通了发电机的磁场电路，发电机他励发电建立电动势。

b. 发动机转速上升，发电机转速随之上升，当发电机输出电压高于蓄电池电压时，交流发电机由他励转变为自励正常发电。由于发电机的电压未达到调节器的调节电压，加在稳压管VD_7两端的电压仍低于击穿电压，VD_7仍截止，三极管VT_2截止，而VT_3仍导通。

c. 随着发电机转速继续升高，当发电机端电压达到调节器的调节电压时，稳压管VD_7导通，三极管VT_2由截止转为导通，VT_3则由导通转为截止，切断磁场电路，发电机端电压下降。当端电压小于调节值时，当降至规定值时，VD_7又截止，三极管VT_2截止，VT_3又导通，如此反复，使发电机电压保持在规定的范围内。

3.7.4 集成电路调节器

集成电路调节器也称IC电路调节器，其基本工作原理与晶体管调节器相同，都是根据发电机的电压信号（输入信号），利用三极管的开关特性控制发电机的磁场电流，以达到稳定发电机输出电压的目的。集成电路调节器也有内、外搭铁之分，而且以外搭铁形式居多。集成电路调节器有混合集成电路调节器和全集成电路调节器两种类型。混合集成电路调节器是指由厚膜或薄膜电阻与集成的单片芯片或分立元件组装而成，目前使用最广泛的是厚膜混合集成电路调节器。全集成电路调节器是把三极管、二极管、电阻、电容等同时印制在一块硅基片上。集成电路调节器具有体积小、重量轻、调压精度高（为±0.3V，而电磁振动式调节器为±0.5V)、寿命长、耐振动、可以直接装在交流发电机内、接线简单等优点，广泛用于现代工程机械上。

（1）集成电路调节器工作原理

集成电路调节器按电压检测方法可分为发电机电压检测集成电路调节器和蓄电池电压检测集成电路调节器。

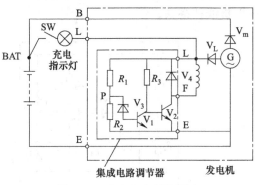

① 发电机电压检测集成电路调节器。发电机电压检测法基本电路如图 3.41 所示，加在分压器 R_1、R_2 上的是磁场二极管输出端"L"处的电压 U_L，此值和发电机"B"端电压 U_B 相等，检测点 P 的电压为：

$$U_P = U_L \frac{R_2}{R_1 + R_2} = U_B \frac{R_2}{R_1 + R_2}$$

图 3.41　发电机电压检测法

可见由检测点 P 加到稳压管 V_3 两端的反向电压与发电机的端电压成正比。

接通点火开关 SW，蓄电池电压经充电指示灯加在 R_1、R_2 组成的分压器上，此时稳压管 V_3 截止，三极管 V_1 截止，V_2 在 R_3 的偏置作用下导通，蓄电池电流经充电指示灯流入磁场绕组，使发电机励磁，此时充电指示灯亮，表示发电机不发电。当发电机电压达到蓄电池电压时，发电机由他励转为自励，通过磁场二极管向磁场绕组供电，此时充电指示灯因两端电位相等而熄灭，表示发电机工作正常。当发电机电压达到规定值时，稳压管 V_3 导通，三极管 V_1 有基极电流流过而饱和导通，V_2 则截止，切断磁场电路，发电机电压下降。当降至规定值时，V_3 又截止，V_1 截止而 V_2 导通，再次接通磁场电路，发电机电压又上升。如此反复，使发电机电压保持在规定值。

发电机电压检测法的不足之处：若"B"到"BAT"接线柱之间的电压降较大时，蓄电池的充电电压将会偏低，使蓄电池充电不足，故一般不宜用于大功率发电机。

② 蓄电池电压检测集成电路调节器。蓄电池电压检测法基本电路如图 3.42 所示，工作原理与发电机电压检测法基本相同。但加在分压器 R_1、R_2 上的电压为蓄电池电压，因为通过检测点 P 加到稳压管 V_3 上的反向电压与蓄电池端电压成正比，故可直接控制蓄电池的充电电压。但用该方法时，若"B"到"BAT"或"S"到"BAT"之间断路时，由于不能检测出发电机的端电压，发电机电压将会失控。为克服这个缺点，必须采取补救措施，图 3.43 所示为采用蓄电池电压检测法的补救电路，其特点是在分压器与发电机"B"端之间接入电阻 R_4，在分压器与蓄电池"S"端之间增加一个二极管 V_5。这样当"B"到"BAT"或"S"到"BAT"之间断路时，由于 R_4 的存在，仍能检测出发电机的端电压 U_B，使调节器正常工作，防止出现发电机电压过高的现象。

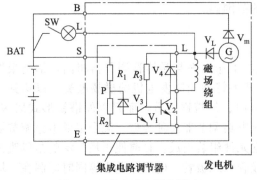

图 3.42　蓄电池电压检测法

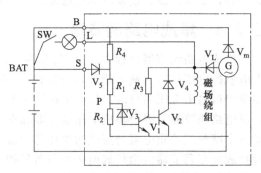

图 3.43　蓄电池电压检测法补救电路

（2）国产 JFT151 型内装集成电路调节器

国产 JFT151 型内装集成电路调节器为薄膜混合集成电路调节器，内部电路见图 3.44，为双重感受形式。R_1、R_2 组成分压器，稳压管 V_1 可从该分压器上获得比较电压。当发电机电压低于规定值时，稳压管 V_1 截止，三极管 V_2 截止，V_3 则在 R_4 偏置下导通，发电机磁场绕组中有电流流过，发电机端电压升高。当电压上升到高于规定值时，稳压管 V_1 导通，三极管 V_2 饱和导通并将 V_3 的基极和发射极短路，则 V_3 截止，切断了发电机的磁场电路，发电机端电压随即下降。当降至低于规定值时，V_1、V_2 重新截止，V_3 导通，又接通磁场电路，发电机端电压又上升。如此反复，发电机端电压便不随转速的升高而上升，保持在规定值范围内。

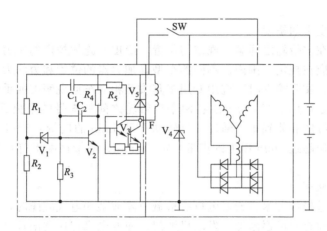

图 3.44　JFT151 型集成电路调节器

分流电阻 R_3 可提高三极管 V_2 的耐压能力，C_1、R_5 为正反馈电路，以加快 V_3 的翻转，减小 V_3 的过度损耗；C_2 为负反馈电路，降低开关频率，进一步减小管耗。V_5 为续流二极管，当 V_3 截止时，使发电机磁场绕组的自感电动势构成回路，保护 V_3 免受损坏；稳压管 V_4 与电源并联，起过电压保护作用。

3.7.5　交流发电机调节器的型号

一般交流发电机调节器的型号由 5 部分组成：

① 产品代号：用 2 个或 3 个大写汉语拼音字母表示，有 FF、FDT 两种，分别表示有触点的电磁振动式调节器和无触点的晶体管调节器。

② 电压等级代号：用 1 位阿拉伯数字表示：1—12V；2—24V；6—6V。

③ 结构形式代号：用 1 位阿拉伯数字表示。

④ 设计序号：按产品的先后顺序，用 1～2 位阿拉伯数字表示。

⑤ 变型代号：用大写汉语拼音字母顺序表示（不能用 O 和 I）。

例如，FT126C 表示 12V 电磁振动式电压调节器，第 6 次设计，第 3 次变型。FDT125 表示 12V 集成电路调节器，第 5 次设计。

3.8　交流发电机的检查与修理

应定期对交流发电机进行就车检查，以预防和及时发现充电系的故障。交流发电机每运行 750h（相当于 30000km）或发电机发生故障导致功率降低或不发电，应及时拆检，检查零部件的技术状况，主要包括电刷和轴承的磨损情况，整流器有无损坏、定子绕组和转子绕组有无短路、断路和搭铁故障，电刷与滑环接触情况等；检修后，还要测试交流发电机性能。

3.8.1 交流发电机在车上的检查

交流发电机在车上的检查内容主要包括皮带外观、导线连接情况、运转噪声和发电情况。

(1) 检查传动皮带的外观

用肉眼观察传动皮带的内外表面，应无裂纹或帘线拉断现象，检查带与带轮啮合是否正确，如有裂纹或磨损过度，应及时更换同种规格型号的传动皮带，V 带应两根同时更换。

(2) 检查传动皮带的挠度

皮带挠度是指在皮带轮之间某一规定的位置，给皮带施加规定的压力后，加力点处皮带的挠度，皮带挠度应在规定范围内。不同的车型，加力点的位置和力的大小有差异，皮带挠度的规定值也不同，实际检查时，应用专用工具按照相应车型说明书或手册的规定进行。如丰田系列发动机规定：用 100N 的力压在两个皮带轮之间的皮带的中央部位，皮带挠度为：新皮带（从未使用过的和装到车上随发动机转动不足 5min 的皮带）5～10mm，旧皮带（装到车上随发动机转动超过 5min 以上的皮带）7～14mm。皮带挠度不符合规定要求时，应进行调整。

(3) 检查运转噪声

当发电机皮带过松或过紧、或发电机有机械故障或某些电气故障时，发电机转动就会发出各种异常噪声。检查时可逐渐加大发动机油门，使发电机转速逐渐提高，同时监听发电机有无异常噪声，如有异常噪声，应将发电机拆下并分解检修。当 V 带运转时有异响并伴有异常磨损时，应检查曲轴带轮、水泵带轮、发电机带轮是否在同一旋转平面内。

(4) 导线的连接

检查各导线端头的连接部位是否正确；发电机"B"接线柱必须加装弹簧垫圈；采用插接器连接的，插座与线束插头的连接必须锁紧，不得松动。

(5) 发电情况

发电机的发电情况，直接影响蓄电池的启动性能和使用寿命。发电机的发电情况可用万用表或直流电压表检查。将万用表置于直流电压挡（DC V），表的"－"表笔接发电机"E"接柱或发动机机体等，以便可靠搭铁；"＋"表笔接发电机"B"接柱，测量发电机的端电压。发动机没运转时，测得电压等于蓄电池的端电压；发动机怠速运转时，如果发电机的端电压有所提高，表明发电机已经发电，如果发电机的端电压没有升高或反而降低，表明充电系有故障，如果线路连接正确、调节器工作正常，则应拆检发电机。

3.8.2 交流发电机的拆卸

从工程机械上拆卸交流发电机时，可按下列步骤进行：

① 拆下发电机"B"接柱上的导线。由于发电机"B"接柱上的导线直接与蓄电池正极连接，为了避免拆卸过程中扳手搭铁导致发电机与蓄电池之间的导线和电缆烧坏，最好先将电源总开关断开或先拆下蓄电池的搭铁电缆。注意：如果车辆有自诊断功能，在拆蓄电池的搭铁电缆前，应先读取故障码。

② 拆下发电机上的其他导线或拔下插接器插头，必要时作好标记，以便接线。

③ 拆下发电机固定螺栓和皮带松紧调节螺栓，松开皮带。

④ 取下交流发电机，并用棉纱擦净发电机表面的尘土和油污，以便分解与检修。

3.8.3 交流发电机的检测

当交流发电机发生故障，在解体修理前，应先进行机械和电气方面的检查或测试，以初步确定故障的部位和程度。

（1）机械方面的检查

① 检查外壳、挂脚等处有无裂纹或损坏。

② 转动带轮，检查轴承阻力，以及转子与定子之间有无碰擦。

③ 手持带轮，前后、左右摇晃，以检查前轴承的轴向与径向间隙是否过大。

（2）电气方面的检测

交流发电机解体前，可用万用表测量发电机各接线柱之间的电阻值，以初步判断发电机内部是否有电气故障及故障所在部位和程度。其方法是：用万用表 R×1 挡测量发电机 "F" 与 "—"（或 "E"）之间的电阻值；发电机 "B"（或 "+"）与 "—"（或 "E"）、"N" 与 "B"（或 "+"）、"N" 与 "E"（或 "—"）之间的正、反向电阻值。

① 测量发电机 "F" 与 "—"（或 "E"）之间的电阻值，即发电机磁场电路中的电阻值。

不同类型的发电机，磁场电路的电阻值不同。

若电阻超过规定值，表明电刷与滑环接触不良；若电阻小于规定值，表明磁场绕组有匝间短路；若电阻为零，说明两个滑环之间短路或 "F" 接线柱搭铁；电阻为无限大，即表针不动，表明磁场电路有断路处。

② 测量 "B"（或 "+"）与 "E"（或 "—"）或 "B"（或 "+"）与 "F" 之间的正、反向电阻值，以判断硅整流二极管有无短路、断路故障。交流发电机 "B" 与 "E"、"B" 与 "F" 之间的正反向电阻值见表 3.3。

表 3.3 交流发电机 "B-E"、"B-F" 之间正反向电阻值 Ω

发电机型号	"B"与"E"或"+"与"—"之间电阻		"B"与"F"或"+"与"F"之间电阻	
	正向	反向	正向	反向
JF1311 JF13 JF15 JF21 JF22 JF23 JF25 JF2311	40～50	>1000	50～60	>1000

用万用表 "—"（黑）测试棒接触发电机外壳，"+"（红）测试棒接触发电机 "B"（或 "+"）接线柱，若电阻值在 40～50Ω，交换测试棒，若电阻值为无穷大，即表针不摆动，表明硅二极管正常；若电阻值在 10Ω 左右，表明个别二极管击穿短路；若电阻值接近于零或等于零，表明正二极管和负二极管均有击穿短路故障。

③ 测量 "N" 与 "E"（或 "—"）、"N" 与 "B"（或 "+"）之间的正反向电阻值，可进一步判断故障所在，方法见表 3.4。

表 3.4 "N" 与 "E"（或 "—"）"N" 与 "B"（或 "+"）之间电阻值 Ω

测量部位	正向	反向	判 断
"N"与"E"（或"—"）之间的电阻值	10	1000	负元件板或后端盖上的3只负极管良好
	0	0	负元件板或后端盖上的3只负极管有短路故障或定子绕组有搭铁故障
"N"与"B"（或"+"）之间的电阻值	10	1000	正元件板上的3只正极管良好
	0	0	正元件板上的3只正极管有短路故障

3.8.4 交流发电机的分解

工程机械交流发电机种类繁多，但它们的分解程序却大同小异。下面分别举例说明一般交流发电机和整体式交流发电机的分解步骤。

(1) 一般交流发电机的分解

广泛应用的国产 JF13 系列交流发电机分解步骤如下：

① 旋下电刷组件的两个固定螺钉，取下电刷组件。

② 旋下后轴承盖上的三个固定螺钉，取下后轴承防尘盖，旋下转子轴向锁止螺母。

③ 拆下前后端盖之间的连接螺栓，用木榔头轻击前后端盖，使前后端盖分离，注意分离前后端盖时，应使定子与后端盖在一起，以免折断定子绕组引线，转子与前端盖、风扇和皮带轮在一起。

④ 从后端盖上拆下定子绕组端头，使定子与后端盖分离。

⑤ 必要时，从后端盖上拆下元件板或整流器总成。

⑥ 必要时，拆下皮带轮固定螺母，取下皮带轮、半圆键和风扇，将转子和前端盖分开后，拆下轴承盖。

在分解时，有的发电机轴与轴承和皮带轮配合很紧或由于长期未拆而锈死，遇到此种情况，不能用榔头使劲敲打，应用拉器拆卸。

(2) 整体式交流发电机的分解

JFZ1913Z 型发电机的结构分解步骤如下：

① 拆下固定电刷组件和调节器的两个螺钉，取下电刷组件和调节器。

② 拆下接线柱的固定螺母，注意：不要损坏绝缘架。

③ 拆下绝缘架固定螺钉，取下绝缘架。

④ 拆下防干扰电容器的固定螺钉，拔下电容器引线插头，取下电容器。

⑤ 拆下前后端盖之间的连接螺栓，用木榔头轻击前后端盖，使前后端盖分离，注意分离前后端盖时，应使定子与后端盖在一起，以免折断定子绕组引线，转子与前端盖、风扇和皮带轮在一起。

⑥ 拆下整流器总成固定螺钉，从后端盖上取下整流器与定子总成。

⑦ 用 50W 以下的电烙铁熔化定子绕组与整流器的焊接点，使定子总成与整流器分离。

⑧ 必要时，旋下转子轴上的皮带轮紧固螺母，取下皮带轮、风扇等零件，使前端盖与转子轴分离。

3.8.5 交流发电机零部件的检修

(1) 硅整流二极管的检测

发电机解体后（使每个二极管的引线都不与另外的元件相连），用万用表测试每个二极管的性能，其方法如图 3.45 所示。

测试装在后端盖上的三个负极管时，将万用表的"－"表棒（黑色）触及端盖，"＋"（红色）触及二极管的引线，如图 3.45 (a) 所示，电阻值应在 8～10Ω 范围内，再将两表棒交换进行测量，电阻值应在 10000Ω 以上。测量装在元件板上的三个正极管时，用同样的方法测试，测试结果应相反，如图 3.45 (b) 所示（上述测试数值是用通常使用的 500 型万用表，使用不同规格的万用表测试时，其数值有所变化）。若以上测试正、反向电阻均为零，则说明二极管短路；若正、反向电阻值均为无穷大，则说明二极管断路。短路和断路的二极管应进行更换。

(2) 转子的检测

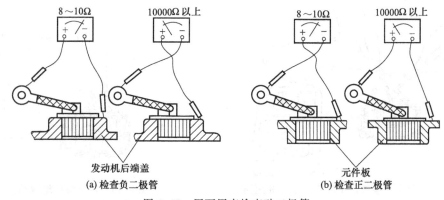

图 3.45　用万用表检查硅二极管

转子表面不得有刮伤痕迹。滑环表面应光洁，不得有油污，两滑环之间不得有污物，否则应进行清洁。可用干布稍浸点汽油擦净，当滑环脏污严重并有烧损时，可用 "00" 号细砂纸擦净。

检查励磁绕组是否有断路、短路故障可用万用表 R×1 挡按图 3.46 所示的方法进行。若电阻值符合有关规定，表明励磁绕组良好；若电阻值小于规定值，表明励磁绕组有短路；若电阻值无穷大，则说明励磁绕组断路。

励磁绕组绝缘情况可按图 3.47 所示的方法检查。灯不亮，表明绝缘情况良好；灯亮，表明励磁绕组或滑环有搭铁现象。励磁绕组若有断路、短路和搭铁故障时，一般需更换整个转子或重绕励磁绕组。

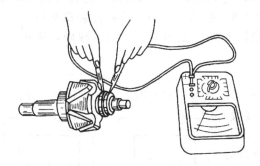

图 3.46　用万用表测量磁场绕组的电阻值

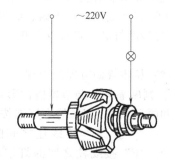

图 3.47　检查磁场绕组的绝缘情况

（3）定子的检测

定子表面不得有刮痕，导线表面不得有碰伤、绝缘漆剥落等现象。

定子绕组断路、短路的故障可用万用表 R×10 挡按图 3.48 所示的方法检查。正常情况下，两表棒每触及定子绕组的任何两相首端，电阻值都应相等。定子绕组的绝缘情况按图 3.49 所示的方法检查，灯亮表明绕组有搭铁故障，灯不亮表明绝缘良好。

定子绕组若有断路、短路、搭铁故障，而又无法修复时，则需重新绕制或更换定子总成。定子铁芯失圆变形与转子之间有摩擦时，应予更换。

（4）电刷总成的检查

电刷表面不得有油污，否则应用干布稍浸点汽油擦净。电刷应能在电刷架内自由滑动，当电刷磨损超过新电刷高度的 1/2 时，应予更换。电刷弹簧弹力减弱、折断或锈蚀时，应予更换。弹簧弹力的检查可在弹簧试验仪上进行。电刷架应无烧损、破裂、变形，否则应更换。

（5）轴承的检查与维护

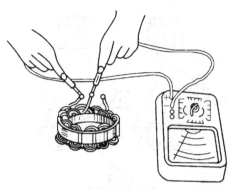

图 3.48　用万用表检查定子绕组的断路和短路

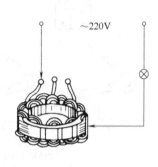

图 3.49　定子绕组绝缘情况检查

电机拆开后应用汽油或煤油对轴承进行清洗，再加复合钙基润滑脂润滑，但量不宜过多。封闭式轴承，不要拆开密封圈，由于轴承内装有润滑脂，一般不宜在溶剂中清洗。若轴承内润滑脂干涸，应更换轴承。若轴承转动不灵活或有破损，应更换。

3.9　调节器的检测与调整

当充电系工作异常，经检查确认调节器发生故障时，应对调节器进行检修；检修完毕，要对调节器进行性能试验，必要时进行调整；调节器代用时要遵循一些基本原则。

（1）电磁振动式调节器的检查

先检查调节器底部电阻的绝缘材料是否烧坏，有无断路、搭铁故障；再打开调节器盖，观察触点有无烧蚀，各电阻、线圈有无烧焦或短路、断路等故障。若触点轻微烧蚀，可用"00"号砂纸打磨。若触点严重烧蚀或电阻、线圈有烧焦或短路、断路等故障，应更换调节器。

（2）晶体管调节器的检查

① 判断晶体管调节器搭铁形式。晶体管调节器搭铁形式的判断方法是：用一个12V蓄电池和两只12V、2W的小灯泡按图3.50所示接线。如接"－"与"F"接线柱之间的灯泡发亮，而在"＋"与"F"接线柱之间的灯泡不亮，该调节器为内搭铁式。反之，则为外搭铁式。

② 晶体管调节器的检查。一般是用试灯检查调节器质量。用一电压可调的直流稳压电源（输出电压0～30V、电流3A）和一只12V（24V）、20W的车用小灯泡代替发电机磁场绕组，按图3.51所示接线后进行试验（注意：由于内搭铁和外搭铁式晶体管调节器灯泡的接法不同，在试验接线时应知道调节器的搭铁形式）。

调节直流稳压电源，使其输出电压从零逐渐增高时，灯泡应逐渐变亮。当电压升到调节器的调节电压（14V±0.2V或28V±0.5V）时，灯泡应突然熄灭。再把电压逐渐降低时灯泡又点亮，并且亮度随电压降低而逐渐减弱，则说明调节器良好。电压超过调节电压值，灯泡仍不熄灭或灯泡一直不亮，

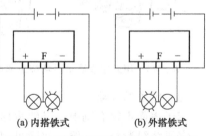

（a）内搭铁式　　　　　（b）外搭铁式

图 3.50　晶体管调节器搭铁形式判断

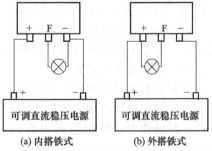

（a）内搭铁式　　　　　（b）外搭铁式

图 3.51　判断晶体管调节器的好坏

都说明调节器有故障。

（3）集成电路调节器的检查

判断集成电路调节器好坏的最简单的方法是就车检查。检查之前，应首先弄清楚发电机、集成电路调节器与外部连接端子的含义。带有集成电路调节器的整体式交流发电机与外部（蓄电池、线束）连线端子通常用"B+"（或"+B"、"BAT"）、"IG"、"L"、"S"（或"R"）和"E"（或"—"）等符号表示（这些符号通常在发电机端盖上标出），其代表的含义如下：

"B+"（或"+B"、"BAT"）：为发电机输出端子，用一根很粗的导线连至蓄电池正极或启动机上。

"IG"：通过线束接至点火开关。在有的发电机上无此端子。

"L"：为充电指示灯连接端子，该导线通过线束接仪表板上的充电指示灯或充电指示继电器。

"S"（或"R"）：为调节器的电压检测端子，通过一根稍粗的导线由线束直接连接蓄电池的正极。

"E"：为发电机和调节器的搭铁端子。

上述端子的含义也可参考集成电路调节器一节的有关电路。

就车检查集成电路调节器所需的设备与检查晶体管调节器时相同。

首先拆下整体式发电机上所有连接导线，在蓄电池正极和交流发电机"L"接线柱之间串一只5A电流表，若无电流表，可用12V、20W车用灯泡代替（对24V调节器可用24V、25W的车用灯泡），再将可调直流稳压电源的"+"接至交流发电机的"S"接头，"—"与发电机外壳或"E"相接，如图3.52所示。

接好后，调节直流稳压电源，使电压缓慢升高，直至电流表A指零或测试灯泡熄灭，该直流电压就是集成电路调节器的调节电压值。若该值在13.5～14.5V的范围内，表明集成电路调节正常。否则，表明该集成电路调节器有故障。

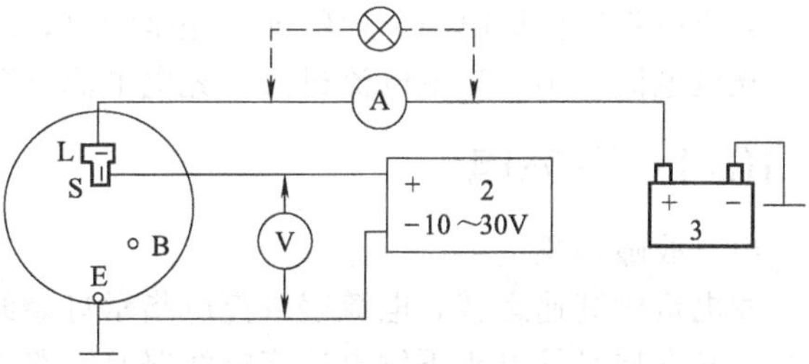

集成电路调节器也可从发电机上拆

图3.52　集成电路调节器的检查

下进一步检查，其检查方法基本上与晶体管调节器的检查方法相同。但注意：接线时应搞清楚调节器各引脚的含义，否则，会因为接线错误而损坏集成电路调节器。

（4）调节器的替换

在维修过程中，调节器在使用过程中若损坏而又无法买到原配件时，就产生了调节器的代用问题，特别是用国产调节器代换进口发电机的调节器就更有意义。可以在明确发电机搭铁类型的前提下遵循如下原则，选其他调节器进行代用。

① 调节器的标称电压必须与发电机的标称电压相同。否则，如果12V发电机误用24V调节器，调节器起不到调节电压的作用，将使发电机中高速运行时输出电压得不到有效控制而损坏用电设备；如果24V发电机误用12V调节器，不但引起不充电故障，而且使调节器很快损坏。

② 调节器允许电流必须大于发电机励磁电流的最大值（或能承受励磁绕组的感应电动势）。这可根据调节器元件的耐压、耐流及励磁绕组的电阻、匝数等来判断。

③ 尽量采用与原调节器搭铁方式相同的调节器，以减少线路改动，便于电路以后的恢复。

④ 调节器类型必须与发电机的搭铁形式相适应，否则发电机励磁电路无法接通，不发电。必要时，可以改变发电机的搭铁形式。

⑤ 代用调节器的结构形式应尽量相同或相近，这样可使接线变动最小，代换容易成功。

⑥ 安装代用调节器时，应尽量装在原位或离发电机较近处。

⑦ 接线应准确无误，否则易造成事故或故障。

3.10 充电系运行故障的诊断

电源系统是否正常工作，直接影响到蓄电池和用电设备的使用寿命和性能。故明确电源系统正常工作的特征，了解电源系统常见故障的现象、本质及诊断排除方法，对及时发现电源系统故障、诊断故障发生的部位及原因，并采取有效措施迅速排除故障具有重要的意义。

电源系统工作时，可通过充电指示灯或电流表、车上的电压表或外接电压表进行检查，工作正常时有如下特征：

① 点火开关接通后，充电指示灯亮或电流表指示放电，电压表显示蓄电池的端电压。

② 发动机启动后，充电指示灯熄灭。

③ 发动机怠速运转时，若不打开灯光、空调等用电设备，电流表应指示小电流充电，电压表指示比发动机运转前高。

④ 发动机中高速运转，若蓄电池亏电而又不打开灯光、空调等用电设备，充电电流一般不低于20A；若蓄电池充足电，充电电流一般不大于10A，电压表指示应在调节电压范围内（13.5～14.5V 或 27.0～29.0V）。

⑤ 发电机无异响。

若充电系工作情况与上述特征不完全相符，表明充电系有故障。充电系常见故障有不充电、充电电流过小、充电电流过大、充电电流不稳和发电机异响等。

3.10.1 不充电

（1）故障现象

发电机中高速运转，电流表或充电指示灯始终指示放电，蓄电池端电压不比发动机运转前高。其本质是发电机不发电或充电线路有断路故障。

（2）故障原因

① 皮带过松或有油污，引起打滑。

② 线路故障。熔断器断路；充电电路或励磁电路中各元件上的导线接头有松动或脱落；导线包皮破损搭铁造成短路；导线接线错误。

③ 发电机故障。滑环绝缘破裂击穿；电枢或励磁接线柱绝缘损坏或接触不良，造成短路、断路；电刷在其架内卡滞或磨损过大，使电刷与滑环接触不良；定子与转子绕组断路或短路；硅二极管损坏。

④ 晶体管电压调节器故障。稳压二极管或小功率管击穿短路；大功率管断路；续流二极管短路；调整不当。

⑤ 电流表损坏或接线错误。

（3）诊断方法

由于车型不同，充电系的组成、线路和各总成的结构也不尽相同，故障诊断的方法也有差别，下面重点以一般内搭铁交流发电机配单级调节器和电流表的充电系为例加以说明，电路如图3.53所示，包括充电电路和励磁电路两部分。充电电路为：发电机"＋"接柱→电流表"＋"接柱→电流表"－"接柱→保险→启动机主接线柱→蓄电池正极→蓄电池负极→

电源总开关→搭铁→发电机负极（壳体）。

励磁电路包括他励电路和自励电路，他励电路为：蓄电池正极→启动机主接线柱→保险→电流表→点火开关→调节器"＋"接柱→调节器"F"接柱→发电机"F"接柱→励磁绕组→发电机"－"接柱→搭铁→电源总开关→蓄电池负极。

自励电路为：发电机"＋"接柱→点火开关→调节器"＋"接柱→调节器"F"接柱→发电机"F"接柱→励磁绕组→发电机"－"接柱→搭铁→发电机负极。

发生不充电故障时，可按如下方法诊断：

① 检查发电机皮带是否过松或有油污打滑，一般用拇指压皮带的中点，挠度为10～15mm，皮带表面无油污。

② 检查充电电路、励磁电路中各元件上的导线接头是否有松脱。

③ 用试灯或万用表检查充电电路是否有断路。用试灯时，试灯一端搭铁，另一

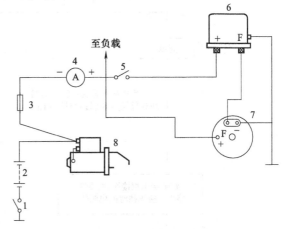

图 3.53　充电系基本电路连接

1—电源总开关；2—蓄电池；3—保险；4—电流表；
5—点火开关；6—调节器；7—发电机；8—启动机

端触及发电机"＋"接线柱，若试灯亮，说明充电线路良好；试灯不亮，表明充电线路有断路，可将试灯触及发电机"＋"接线柱的一端触及电流表的"＋"接线柱，若试灯亮，说明蓄电池到电流表的"＋"接线柱的充电线路正常，电流表与发电机之间的充电线路断路，若试灯不亮，可按此方法对电流表与蓄电池之间的充电电路的各个接线柱逐个进行检查，找出断路处。用万用表检查时，既可以用电阻挡或二极管检测挡直接测量导线电阻判断，也可以用直流电压挡测量导线两端与参考点的电压差进行判断，如果被测导线电阻为零或导线两端与参考点的电压相等，说明被测导线正常，否则，说明被检导线断路或接触不良。

④ 用试灯或万用表检查励磁电路是否有断路。接通点火开关，试灯一端搭铁，将试灯的另一端分别触及调节器的"＋"、"F"接线柱和发电机"F"接线柱，以检查励磁电路是否断路和调节器是否接通。若试灯亮，说明线路良好，若灯不亮，则是该点至蓄电池正极之间有断路。用万用表检查的方法同③。

⑤ 检查发电机是否发电。在线路良好的情况下，将调节器"F"接柱上的线拆下后与调节器"＋"接线柱上的线连接起来，然后启动发动机，使其中速运转（因为此时调节器不起作用，故转速不宜过高），若电流表或充电指示灯显示充电，说明发电机发电，调节器有故障；否则，说明发电机不发电。

硅整流发电机不充电的诊断也可按图3.54所示故障树进行。

3.10.2　充电电流过小

（1）故障现象

发动机中高速运转，蓄电池亏电并且其他功率较大的用电设备没有接通的情况下，充电指示灯或电流表虽然显示充电，但充电电流很小；或者蓄电池基本充足电的情况下，就不再继续充电；常伴随蓄电池亏电或启动机运转无力等现象。

本质：发电机输出功率不足或输出电压偏低。

（2）故障原因

① 皮带过松或有油污引起打滑。

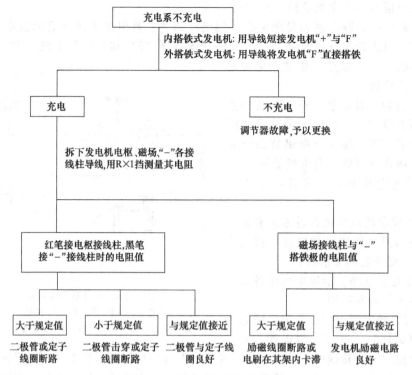

图 3.54　不充电故障检查方法

② 发电机内部故障造成输出功率不足：如定子绕组有一相断路或接触不良，整流器个别二极管断路，电刷磨损过度或滑环表面脏污或电刷弹簧弹力不足造成电刷与滑环接触不良等。

③ 调节器调节电压偏低。

（3）诊断方法

① 检查皮带是否打滑。

② 检查是调节器调节电压偏低还是发电机输出功率不足。发动机中高速运转，用电流表或电压表检查接通前照灯（或电喇叭等功率较大的用电设备，但不得超过发电机的额定功率）前后蓄电池充放电变化。如果前照灯接通前后，充电电流变化不大或蓄电池端电压没有明显下降，就说明调节器调节电压偏低；反之，如果蓄电池由充电转为放电，或蓄电池端电压明显下降，就表明发电机输出功率不足。如果条件允许，也可以采用将调节器控制励磁电路通断的两个接柱（内搭铁调节器的"B"或"＋"与"F"接柱；外搭铁调节器的"E"或"－"与"F"接柱）上的线短接的方法进行检查。将调节器对应接线柱上的线连接起来，发动机中速运转，若充电电流增大或蓄电池端电压接近或达到发电机额定电压，说明调节器调节电压偏低；若充电电流或蓄电池端电压无明显变化，说明发电机功率不足。

若故障在发电机，应解体检查；若故障在晶体管调节器，应更换。

3.10.3　充电电流过大

（1）故障现象

发动机中高速运转，蓄电池充足电后充电电流仍然在 10A 以上；往往还伴随蓄电池电解液消耗快，需经常补充电解液，灯泡和其他一些用电设备容易烧坏等现象。

本质：发电机输出电压偏高。

（2）故障原因

① 调节器有故障，使励磁电路无法切断。如电磁振动式调节器因磁场线圈电路断路或触点烧结或调节器搭铁不良等引起常闭触点不能打开，晶体管调节器大功率三极管集电极和发射极击穿短路或稳压二极管断路等。

② 调节器调整电压偏高：如电磁振动式调节器弹簧弹力过大。

③ 标称电压 12V 的发电机采用了 24V 的调节器。

④ 励磁绕组接线柱上的线接错。

（3）诊断方法

检查调节器标称电压是否与发电机相符，接线是否正确，调节器搭铁是否良好，如果正常，就说明调节器故障，应检修或更换调节器。

3.10.4　充电电流不稳

（1）故障现象

发动机正常运转时，电流表指针不断摆动或指示灯忽明忽灭。

本质：发电机输出电压不稳定或充电线路接触不良。

（2）故障原因

① 充电线路连接处松动，使充电电流时大时小。

② 调节器搭铁线接触不良，使调节器不能正常连续工作造成发电机输出电压忽高忽低。

③ 发电机皮带有油污，使发电机转速忽高忽低，输出电压不稳。

④ 发电机电刷与滑环接触不良或个别二极管性能不良等。

（3）诊断方法

检查发电机皮带是否打滑，接线是否正确，调节器搭铁是否良好，如果正常，应检修发电机。

3.10.5　发电机异响

（1）故障现象

发动机运转过程中，发电机发出异常的响声。

本质：发电机及其零部件异常振动产生噪声。

（2）故障原因

① 发电机皮带打滑。

② 发电机安装位置不正确。

③ 发电机轴承润滑不良或损坏。

④ 发电机扫膛。

⑤ 发电机个别二极管或定子绕组有短路或断路故障。

（3）诊断方法

一旦出现发电机异响，应立即检查，以免造成更严重的故障，首先应检查发电机安装位置是否正确，皮带是否打滑，如果无异常，应仔细检修发电机。

采用整体式交流发电机的充电系，发生不充电等故障时，应首先检查发电机皮带是否打滑，然后检查充电电路和充电指示灯电路（他励电路）线路（含保险）是否正常。如果发电机皮带和线路部分正常，则发电机或调节器有故障。由于调节器装在发电机上，有的还与电刷一起固定，难以采用将调节器短路的方法检查发电机是否发电，因此可以采用换件法（譬如更换调节器）进一步诊断。

注意：对于采用充电指示灯的充电系，在诊断充电系故障时，除了根据充电指示灯的指示，参照上面介绍的方法外，还要根据充电指示灯的工作原理，结合蓄电池和用电设备的工作情况进行仔细分析，只有这样才能作出正确的判断。

首先，充电指示灯指示正常，充电系工作未必正常。因为充电指示灯是由发电机中性点电压（或相电压）或磁场二极管输出电压控制，充电指示灯的亮和灭只能反映发电机是否发电，而无法直接反映蓄电池是否充电和充电电流的大小。所以即使充电指示灯指示正常，充电系也可能有故障，应注意根据启动机的运转情况和其他用电设备的工作情况及时发现充电系故障。譬如：如果线路连接良好但启动机运转无力，或夜间行车用电设备多一些时灯光变暗，表明蓄电池充电不足或发电机功率不足，应检查是否有不充电或充电电流过小故障；经常补充蓄电池电解液及继电器触点或灯泡容易烧坏，应检查是否有充电电流过大的故障。

另外，发电机发电和蓄电池充电，充电指示灯指示未必正常。例如，图 3.55 所示的电源系统，充电指示灯烧坏后，蓄电池通过与充电指示灯并联的电阻提供他励电流，发电机和调节器正常工作，蓄电池充电正常，但充电指示灯常灭不亮。

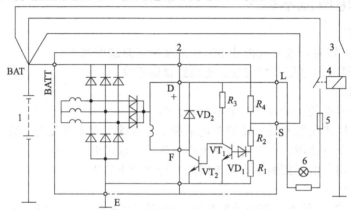

图 3.55　LR160-708 型电源系统原理

1—蓄电池；2—交流发电机及其调节器；3—点火开关；4—主继电器；
5—熔断器；6—充电指示灯及电阻

3.11　交流发电机及其调节器使用注意事项

交流发电机、晶体管调节器等皆含有电子元件，在受到较高的瞬间正反向过电压或短路电流的作用时，其中的电子元件就容易损坏。故使用和维护中应注意以下几点：

① 绝大部分车用交流发电机为负极搭铁，蓄电池搭铁极性必须相同。否则，蓄电池将直接通过发电机二极管放电，使二极管很快烧坏。

② 发动机运转过程中，禁止用试火法检查发电机是否发电。

③ 发电机不发电或者充电电流很小时，应及时找出故障并加以排除，以免造成更严重的故障。因为若有一个正极管或负极管短路，发电机就不能发电，如此时发电机继续运转，与故障二极管同极性的其他二极管和定子绕组会烧坏。

④ 绝对禁止用兆欧表（摇表）或 220V 交流试灯检查没有和整流器拆开的定子绕组的绝缘情况，否则会使二极管击穿而损坏。

⑤ 柴油车停熄时，应将电源开关断开，汽油车停熄后，应将点火开关断开，以免蓄电池长期向发电机励磁绕组和调节器磁化线圈放电。

⑥ 发电机与蓄电池之间连接的各导线均应牢固、可靠，防止突然断开，产生过电压，损坏二极管。

⑦ 发电机最好与专用的调节器配合使用，接线正确、完整，电磁振动式调节器外壳与发电机之间的搭铁线必须可靠连接。

⑧ 配用双级电磁振动式调节器时，应特别注意，当检查充电系统的故障时，不允许直接将发电机的"B"与"F"或调节器的"点火"与"磁场"短接，以免烧坏调节器中的高速触点。

⑨ 更换电子元件时，焊接用烙铁不得高于45W，焊接要迅速，最好用金属镊子捏住管脚加强散热，以免损坏电子元件。

⑩ 诊断充电系统故障时，不允许在发动机中高速运转情况下短路调节器，以免发电机无故障时，输出电压过高而损坏用电设备。

⑪ 在蓄电池未与车上的发电机和其他电气设备断开之前，不能用充电机为蓄电池充电。

3.12 微机控制交流发电机充电系统

一些现代工程机械上已经取消交流发电机的电压调节器，其输出电压由微机进行控制。下面简要介绍微机控制交流发电机充电系统的工作原理和故障诊断方法。

(1) 工作原理

微机控制交流发电机充电系统原理如图3.56所示。交流发电机由点火开关、自动切断继电器和电子控制单元ECU共同控制。发电机励磁绕组的一端（B）接自动切断继电器（即ASD继电器）的常开触点（87），由自动切断继电器控制实现与电源正极的连接与断开；励磁绕组另一端（C）接电子控制单元ECU，由ECU控制搭铁。点火开关不是直接串联在励磁电路中控制励磁电路，而是与ASD继电器的线圈串联，通过ASD继电器间接控制励磁电路。发电机的输出端（A）与蓄电池正极及ECU均相连。ECU上与充电系有关的连接点有5个：三个检测点和两个控制点。三个检测点分别是：蓄电池电压检测点（3）、ASD检测点（57）和发动机转速检测点（图中未画出）；两个控制点分别是ASD继电器控制点（51）和发电机励磁控制点（20）。各检测点和控制点的作用如下：

蓄电池或发电机通过蓄电池电压检测点（3）为ECU供电，即使在点火开关断开时，蓄电池仍直接通过蓄电池电压检测点（3）向ECU中的存储器等供电，以免存储器中存储的故障代码和发动机运行信息数据丢失。此外，蓄电池电压检测点（3）的信号还有以下作用：

① 在发动机工作时，该信号可以表明发电机有无输出，并检测充电电压过高或过低故障。

② 根据该信号电压的高低，ECU调节发电机的励磁电流，使

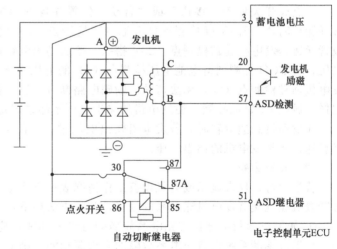

图3.56 微机控制交流发电机充电系统原理

发电机的输出电压保持在规定值，起到调节器的作用；在发动机怠速运行时，ECU根据该信号电压的高低，通过控制发动机的怠速转速，调节充电率，以免怠速时蓄电池放电，这是调节器无法实现的。

③ 根据该信号电压的高低，ECU对喷油器喷油脉冲宽度和点火闭合角进行修正。

利用ASD检测点（57），ECU检测自动切断继电器电路工作和故障情况。

发动机转速检测点的信号，是ECU控制燃油喷射和点火系统的主要依据之一，通过该

信号ECU还控制自动切断继电器的工作和发动机的怠速，也可以控制发电机励磁电路通断。

通过ASD继电器控制点（51），ECU控制自动切断继电器工作。当点火开关处于"接通"或"启动"位置时，ECU使ASD继电器线圈接地的同时，检测发动机转速信号。如果ECU在3s内未接收到发动机转速信号（即发动机不转），ECU将切断ASD继电器控制点（51）的搭铁，使通过该点搭铁的自动切断继电器和燃油泵继电器（图中未画出）等停止工作，切断励磁绕组、点火线圈、燃油泵和喷油器的电源；一旦ECU接收到发动机转速信号（表明发动机运转），马上将ASD继电器控制点（51）搭铁，使自动切断继电器和燃油泵继电器等投入工作，接通励磁绕组、点火线圈、燃油泵和喷油器的电路。

通过发电机励磁控制点（20），ECU控制发电机励磁绕组的搭铁。当点火开关处于"接通"或"启动"位置时，ECU使励磁绕组搭铁的同时，检测发动机转速信号。如果ECU在3s内未接收到发动机转速信号（即发动机不转），ECU将切断励磁绕组搭铁电路；一旦ECU接收到发动机转速信号（表明发动机运转），即刻根据蓄电池电压的高低接通或切断励磁绕组搭铁电路。

发电机电压调节原理如下：

为了保证发电机输出电压在规定范围内，ECU根据蓄电池电压检测点（3）的电压和发动机转速，通过大功率三极管控制发电机的励磁电路的搭铁。

发电机励磁电路为：蓄电池或发电机正极→保险装置→ASD继电器的常开触点→发电机"B"接柱→励磁绕组→发电机"C"接柱→ECU的发电机励磁检测点（20）→大功率三极管→搭铁→蓄电池或发电机负极。

若点火开关未接通，或虽然点火开关处于"接通"或"启动"位置但是ECU在3s内未接收到发动机转速信号，则ASD继电器不工作，大功率三极管截止，励磁绕组的电源电路和搭铁电路都断开，励磁电路不通。

当点火开关处于"接通"或"启动"位置并且发动机正常运转时，ASD继电器工作，常开触点闭合。若ECU检测到蓄电池电压检测点（3）的电压低于规定值，就使大功率三极管导通，发电机励磁检测点（20）搭铁，接通励磁电路，增大励磁电流，提高发电机输出电压；若ECU检测到蓄电池电压检测点（3）的电压高于规定值，就使大功率三极管截止，发电机励磁检测点（20）无法搭铁，励磁电路断开，减小励磁电流，降低发电机输出电压。这样，通过ECU的控制，使发电机的输出电压不超过规定值。

在发动机怠速运转时，若发电机输出电压过低，ECU会通过控制发电机励磁电流和提高怠速，调整发电机的输出电压。

（2）故障诊断

若指示灯、仪表显示或电气设备工作情况表明充电系可能有故障，则应立即停车检查。诊断微机控制交流发电机充电系的故障，基本方法如下：

① 如果自诊断系统具有充电系故障的自诊断功能，应首先读取故障码，明确故障的种类；如果自诊断系统没有充电系故障的自诊断功能，则应利用电压表测量蓄电池端电压在发动机不同转速及不同用电设备情况下的变化情况，确定故障种类，再进一步检查。

② 检查发电机皮带是否打滑。

③ 用试灯或万用表检查导线有无断路或插接件接触不良。

④ 用万用表检查励磁绕组是否有断路或搭铁故障。

⑤ 检查ASD继电器是否正常。

⑥ 如果皮带、线路、励磁绕组和ASD继电器都正常，充电系仍有故障，应拆检发电机，若发电机也正常，则检查ECU及其排线。

第**4**章
启 动 机

发动机的启动是指发动机由静止状态过渡到能自行稳定运转状态的过程。工程机械的发动机不能自行启动，需要由外力带动进入正常工作状态。发动机常用的启动方式有人力启动、辅助汽油机启动、气压启动和电力启动（又称启动机启动）等。人力启动是用手摇或绳拉启动，启动最简单，但启动不便，劳动强度大，不可靠、不安全，只适用于一些小功率的发动机，在一些汽车上仅作为后备方式保留着；气压启动是利用预先储存的高压空气启动，启动装置较复杂，主要用于坦克等履带装备的备用启动；辅助汽油机启动是利用小型汽油机带动大型柴油机启动，结构复杂，操作麻烦，主要用在一些大功率柴油发动机上；电力启动结构比较简单，操作简便，启动迅速，并且可以远距离控制，因此现代工程机械普遍采用电力启动机启动。电力启动系统，简称启动系，主要由启动机、继电器、蓄电池以及点火启动开关等部分组成，如图 4.1 所示。在点火开关闭合和启动继电器吸合后，启动机将蓄电

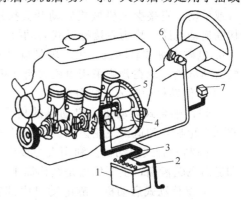

图 4.1　启动系的组成
1—蓄电池；2—搭铁电缆；3—启动机电缆；4—启动机；5—飞轮；6—点火开关；7—启动继电器

池的电能转化为机械能，通过离合器将启动机的电磁转矩传递给发动机的飞轮齿圈，从而使曲轴转动，完成发动机的启动。

4.1　启动机的组成和分类

启动系的作用是在正常使用条件下，通过启动机将蓄电池储存的电能转变为机械能带动发动机以足够高的转速运转，以便发动机顺利启动。对启动系的基本要求有：启动机的功率应和发动机启动所必需的功率相匹配，以保证启动机产生的电磁力矩大于发动机的启动阻力矩（摩擦阻力矩和压缩阻力矩），带动发动机以高于最低启动转速（指在一定条件下，发动机能够启动的最低曲轴转速，汽油机一般为 $50\sim70\text{r/min}$，柴油机一般为 $100\sim150\text{r/min}$）的转速运转；蓄电池的容量必须和启动机的功率相匹配，保证为启动机提供足够大的启动电流和必要的持续时间；启动电路的连接要可靠，启动主电路导线电阻和接触电阻要尽可能

小，一般都在 0.01Ω 以下。因此，启动主电路的导线截面积比普通的导线大得多，并且连接要非常牢固、可靠；发动机启动后，启动机小齿轮自动与发动机飞轮退出啮合或滑转，防止发动机带动启动机运转。

（1）启动机的基本组成

启动机是启动系的核心，主要由直流电动机、传动机构和控制装置三部分组成，具体结构如图 4.2 所示。直流电动机是将电能转变为机械能，产生电磁转矩。传动机构（又称啮合机构）是在发动机启动时，使启动机驱动齿轮啮入飞轮齿圈，将直流电动机产生的电磁转矩传递给飞轮，驱动发动机运转；并在发动机启动后，使启动机驱动齿轮自动打滑，以免反拖启动机电枢轴，并最终与飞轮齿圈脱离啮合。控制装置用来控制启动机主电路的通断，并控制传动机构的工作。在有些汽油车上它还用来隔除点火系点火线圈的附加电阻。

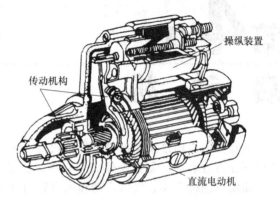

图 4.2　启动机的组成

（2）启动机的分类

① 按控制装置分类。

a. 机械操纵式启动机。由驾驶员利用脚踏（或手动）直接操纵机械式启动开关接通和切断启动电路，称为直接操纵式启动机。

b. 电磁操纵式启动机。由驾驶员旋动点火开关或按下启动按钮，通过电磁开关接通和切断启动电路。现在普遍采用电磁式启动机，它可以远距离控制，操作安全、方便、省力。

② 按传动机构啮入方式分类。

a. 惯性啮合式启动机。启动机的离合器依靠驱动轮自身旋转的惯性力产生轴向移动，使驱动齿轮啮入和退出飞轮齿圈。因为可靠性差，现在已不再使用。

b. 强制啮合式启动机。利用人力或电磁力经拨叉推移离合器，强制性地使驱动齿轮啮入和退出飞轮齿圈，主要优点是结构简单、动作可靠、操纵方便等，被普遍采用。

c. 电枢移动式启动机。靠电动机内部辅助磁极的电磁力，吸引电枢作轴向移动，将驱动齿轮啮入飞轮齿圈，启动结束后再由回位弹簧使电枢回位，让驱动齿轮退出飞轮齿圈，所以又称电枢移动式启动机。多用于大功率的柴油机上。

除上述形式外，还有减速式启动机、永磁式启动机等。

a. 减速式启动机。减速式启动机的传动机构设有减速装置，它解决了直流电动机高转速小转矩与发动机要求启动大转矩的矛盾。增加减速器，可采用高速小转矩的小型电动机，其质量和体积比较小，工作电流较小，蓄电池的负担大大减轻，使蓄电池的使用寿命延长。其缺点是结构和工艺比较复杂，维修的难度增加。

b. 永磁式启动机。该电动机的磁场由永久磁铁产生。由于磁极采用永磁材料制成，无需励磁绕组，故这种启动机结构简化、体积小、重量轻。

（3）启动机的型号

启动机型号组成各代号的含义如图 4.3 所示。

① 产品代号：启动机的产品代号有 QD、QDJ、QDY 三种，分别表示启动机、减速启动机和永磁启动机（包括永磁减速启动机），字母 "Q"、"D"、"J"、"Y" 分别

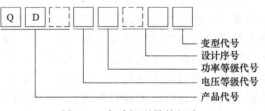

图 4.3　启动机型号的组成

为"启"、"动"、"减"、"永"字的汉语拼音第一个大写字母。

② 电压等级代号：用1位阿拉伯数字表示，1、2、6分别表示12V、24V、6V。

③ 功率等级代号：用1位阿拉伯数字表示，其含义见表4.1。

④ 设计序号：按产品设计先后顺序，以1～2位阿拉伯数字组成。

⑤ 变型代号：一般以大写汉语拼音字母A、B、C等表示。

例如：QD124表示额定电压为12V、功率为1～2kW、第四次设计的启动机。

表 4.1 功率等级代号

功率等级代号	1	2	3	4	5	6	7	8	9
功率/kW	~1	>1~2	>2~3	>3~4	>4~5	>5~6	>6~7	>7~8	>8~9

4.2 电磁式启动机结构与原理

工程机械用各型电磁式启动机的结构大同小异，按磁场产生的方式不同，分为永磁电动机和激磁电动机。根据磁场绕组和电枢绕组的连接方式，激磁电动机又分为串激电动机（又称串励电动机，磁场绕组和电枢绕组串联）、并激电动机（又称并励电动机，磁场绕组和电枢绕组并联）和复激电动机（又称复励电动机，部分磁场绕组和电枢绕组并联、其他磁场绕组和电枢绕组串联）。工程机械启动机中，由于串激电动机应用最多，下面主要以串激电动机为例介绍启动机用直流电动机的构造、原理和特性。直流串励式电动机通常由直流电动机、传动机构和操纵装置三大部分组成。

4.2.1 直流电动机

启动机使用的直流电动机，因其励磁绕组与电枢绕组为串联连接，所以也称其为直流串励式电动机，其作用是将蓄电池提供的直流电能转变为机械能，产生电磁转矩启动发动机。

（1）直流电动机的结构

直流串励式电动机主要由电枢总成、定子总成、电刷总成和端盖等组成，如图4.4所示。

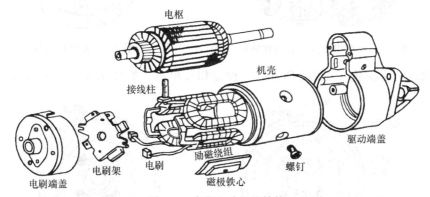

图 4.4 直流电动机的结构

① 电枢。电枢是电动机的转子，其作用是产生电磁转矩，由电枢轴、铁芯、电枢绕组和换向器等组成，如图4.5所示。

电枢铁芯由硅钢片叠成后压装在电枢轴上。铁芯外围均匀开有线槽，用以放置电枢绕组。电枢绕组由较大矩形截面的铜带或粗铜线绕制而成，电枢绕组的端头均匀地焊在换向片上。为防止绕组短路，在铜线与铜线之间及铜线与铁芯之间用绝缘纸隔开。为防止电枢高速旋转时由于离心力作用将绕组甩出，在铁芯线槽口两侧，用扎丝将电枢绕组挤紧、扎牢。

换向器如图 4.6 所示，由一定数量的燕尾形铜片和云母叠压而成，压装于电枢轴前端，相邻铜片之间及铜片与轴套压环之间用云母绝缘，换向片与线头采用锡焊连接，保证电枢绕组产生的电磁转矩的方向保持不变。

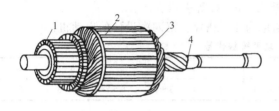

图 4.5 电枢的结构

1—换向器；2—铁芯；3—电枢绕组；4—电枢轴

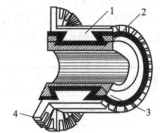

图 4.6 换向器结构

1—换向片；2—轴套；3—压环；4—焊线凸缘

电枢轴除中部固装电枢铁芯、左端固装换向器外，其右端还有伸出一定长度的花键部分，以套装传动机构的单向离合器。

② 定子。定子俗称"磁极"，磁极固定在机壳内部。定子由磁场绕组、磁极和机壳等组成磁场部分。为增大转矩，工程机械启动机通常采用 4 个磁极，功率超过 7.35kW（10PS），也有用 6 个磁极的。每个磁极上面都套装着磁场绕组，磁场绕组也是用矩形的裸铜线绕制，外包绝缘层，按一定绕向连接后使 N、S 极相间地排列，并利用机壳形成磁路。4 个磁场绕组的外形和极性排列如图 4.7 所示，4 个磁极的磁路如图 4.8 所示。

图 4.7 磁场绕组的外形和极性排列

图 4.8 磁极的磁路

磁场绕组的连接方式主要有两种：一种是相互串联，如图 4.9（a）所示（ST8B、315

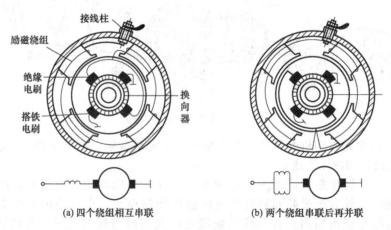

(a) 四个绕组相互串联   (b) 两个绕组串联后再并联

图 4.9 磁场绕组的连接方式

型等启动机采用）；另一种是先将 2 个串联后再组成 2 条并联支路，如图 4.9（b）所示（ST614、QD124 型等启动机采用），该接法可以在导线截面相同的情况下增大启动电流，提高启动转矩。工程机械用启动机的电动机磁场绕组与电枢绕组均采用串联接线。

③ 电刷及电刷架。电刷的作用是将电流引入电枢绕组，电刷总成如图 4.10 所示。电刷由铜与石墨粉压制而成，呈棕红色，一般含铜粉 80%～90%，石墨 10%～20%，截面积较大，引线粗或为双引线，电刷架多制成框式。电刷架上有盘形弹簧，用以压紧电刷，4 个电刷及电刷架装在电刷端盖上，其中两只搭铁电刷利用与端盖相通的电刷架搭铁；另外两只电刷与端盖绝缘。

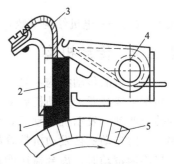

图 4.10 电刷总成
1—电刷；2—电刷架；3—电刷引线；
4—电刷弹簧；5—换向器

④ 机壳与端盖。

机壳用钢管制成，壳内装有磁极。端盖分为后端盖和驱动端盖。后端盖安装电刷总成。驱动端盖安装传动机构，上有拨叉座和驱动齿轮行程调整螺钉，还有支撑拨叉的轴销孔。一些启动机还装有中间支撑板，以防止电枢轴弯曲变形。端盖及中间支撑板上的轴承多用青铜石墨轴承或铁基含油轴承。轴承一般采用滑动式，以承受启动机工作时的冲击性载荷，有些减速型启动机也采用球轴承。电枢轴的两端则支承在两端盖的轴承孔中。

（2）直流电动机的工作原理

直流电动机是将电能转变为机械能的装置，它是根据磁场对电流的作用原理制成的，基本原理如图 4.11 所示。在磁场中放置一个线圈（即电枢绕组），线圈的两端分别连接两片换向片，两只电刷分别压在换向片上，并分别与蓄电池的正极和负极连接。

电动机工作时，蓄电池通过电刷和换向片为电枢绕组供电。当电枢绕组 a 端连接的换向片 A 与正电刷接触，d 端连接的换向片 B 与负电刷接触，电流方向是：蓄电池正极→正电刷换向片 A→线圈 $abcd$→换向片 B→负电刷→蓄电池负极。线圈中的电流方向为 $a \to d$，由左手定则可以确定导体 ab 受向左的作用力，cd 受向右的作用力，整个线圈受到逆时针方向的转矩作用，如图 4.11（a）所示，电枢绕组在电磁力矩的作用下逆时针转动。

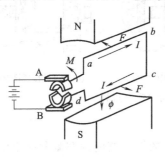
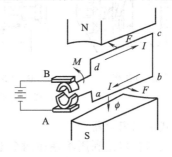

(a) 线圈中电流方向 $a \to d$　　　　(b) 线圈中电流方向 $d \to a$

图 4.11 直流电动机原理

当电枢转动至电枢绕组 d 端连接的换向片 B 与正电刷接触，a 端连接的换向片 A 与负电刷接触时，电流方向为：蓄电池正极→正电刷→换向片 B→线圈 $dcba$→换向片 A→负电刷→蓄电池负极。线圈中的电流方向为 $d \to a$，由左手定则可以确定导体 cd 受向左的作用力，ab 受向右的作用力，整个线圈仍然受到逆时针方向的转矩作用，如图 4.11（b）所示，使电枢绕组及换向片在电磁力矩的作用下继续逆时针转动。

因此，只要蓄电池连续对电动机供电，其电枢绕组及换向片就在电磁力矩的作用下连续地按同一方向转动。由于一匝线圈产生的电磁转矩太小，且转速不稳定，永久磁场也不可能保持恒定。故实际直流电动机将永久磁铁改为电磁场，电枢也由多匝线圈组成并均匀分布于铁芯圆周，换向片的数目也随线圈的增多而增加。这样就可以获得较大电磁转矩和稳定转速的直流电动机，以满足工作的需要。

由安培定律可导出直流电动机的电磁力矩 M 与磁通量 Φ、电枢线圈电流 I_s 之间的关系：

$$M=C_m\Phi I_s$$

式中　C_m——电机结构常数，主要与电枢绕组的面积、匝数等结构因素有关。

4.2.2　传动机构

启动机的传动机构主要由单向离合器和电枢轴的螺旋部分等组成，对于减速启动机，它还包括减速装置。发动机启动时，使驱动齿轮啮入发动机飞轮齿圈，将直流电动机的电磁转矩传给曲轴；发动机启动后，使驱动齿轮自动打滑，及时切断曲轴与电动机之间的动力传递，以防启动机被发动机带着超速旋转而损坏。对于大功率启动机，当发动机阻力过大而启动机不能带动时，离合器还能自动打滑，从而防止启动机因过载而引起损坏。

常见的单向离合器有摩擦片单向离合器、弹簧单向离合器和滚柱单向离合器。大功率的发动机则采用摩擦片单向离合器，小功率的发动机常采用滚柱单向离合器。一般通过拨叉强制拨动完成驱动齿轮与飞轮的啮合，如图 4.12 所示。启动机不工作时，驱动齿轮处于图 4.12（a）所示位置；当需要启动时，拨叉在电磁力的作用下，将驱动齿轮推出与飞轮齿圈啮合，如图 4.12（b）所示；当驱动齿轮与飞轮齿圈接近完全啮合时，启动机主开关接通，启动机带动发动机曲轴运转，如图 4.12（c）所示。发动机启动后，如果驱动齿轮仍处于啮合状态，则单向离合器打滑，小齿轮在飞轮带动下空转，电动机处于空载下旋转，避免了被飞轮反拖高速旋转的危险。启动结束，启动机拨叉在复位弹簧作用下回位，带动驱动小齿轮退出飞轮齿圈的啮合。

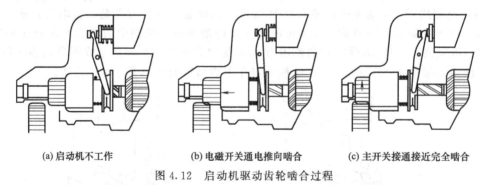

(a)启动机不工作　　(b)电磁开关通电推向啮合　　(c)主开关接通接近完全啮合

图 4.12　启动机驱动齿轮啮合过程

（1）滚柱式单向离合器

滚柱式单向离合器是利用滚柱在两个零件之间的楔形槽内的楔紧和放松作用，通过滚柱实现扭转传递和打滑的。其结构分为十字块式和十字槽式两种。

图 4.13 是滚柱式单向离合器的一种结构形式，驱动齿轮 1 与外壳 2 连成一体，外壳内装有十字块 3，十字块与花键套筒 8 固连，在外壳和十字块之间形成的四个楔形槽内分别装有一套滚柱 4、压帽与弹簧 5，压帽与弹簧的作用是保证滚柱在一般情况下处于楔形槽的小端。护盖 7 将滚柱和十字块等扣合在外壳内，使十字块和外壳只能相对转动而不能相对轴向移动。在花键套筒 8 的外面装有缓冲弹簧 10 及移动衬套 11，缓冲弹簧起缓冲作用，也保证了在驱动齿轮与飞轮轮齿端面相抵时，传动拨叉仍然可以推动移动衬套继续移动，让启动机的控制装置有足够的移动量，使启动机主电路可靠接通，启动过程继续进行。为了防止弹簧座脱出，在花键套筒的端部装有卡簧 12。整个离合器总成利用花键套筒套在电枢轴的花键

上，离合器总成在传动拨叉（插在移动衬套的环槽内）的作用下可以在电枢轴上作轴向移动。

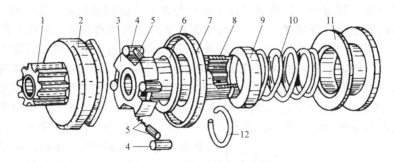

图 4.13　滚柱式单向离合器

1—启动机驱动齿轮；2—外壳；3—十字块；4—滚柱；5—压帽与弹簧；6—垫圈；7—护盖；
8—花键套筒；9—弹簧座；10—缓冲弹簧；11—移动衬套；12—卡簧

发动机启动时，单向离合器在传动拨叉的作用下沿电枢轴花键轴向移动，使驱动齿轮啮入飞轮齿圈，然后启动机通电，电枢轴通过花键套筒带动十字块一同旋转，这时十字块转速高，外壳转速低，滚柱在摩擦力作用下滚入楔形槽的窄端而越楔越紧，很快使外壳与十字块同步运转。则电枢承受的电磁力矩由花键套筒和十字块经过滚柱传给外壳和驱动齿轮，带动飞轮转动，启动发动机，如图 4.14（a）所示。

发动机启动后，曲轴转速升高，飞轮变成主动件，带动驱动齿轮和外壳旋转，使外壳转速较高，十字块转速较低，滚柱在摩擦力作用下滚入楔形槽的宽端而失去传递转矩的作用，即打滑，如图 4.14（b）所示，这样发动机的转矩就不能从驱动齿轮传给电枢，从而防止了电枢超速飞散的危险。滚柱式单向离合器结构简单，体积小，工作可靠，不需调整，但在传递大转矩时滚柱易变形而卡死失效，使传递的转矩受到限制。

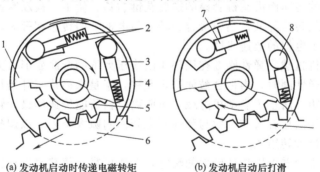

(a) 发动机启动时传递电磁转矩　　　(b) 发动机启动后打滑

图 4.14　滚柱式单向离合器工作原理

1—十字块；2—弹簧及滚柱；3—楔形槽；4—单向离合器外壳；
5—驱动齿轮；6—飞轮；7、8—滚柱

滚柱式单向离合器工作时滚柱属线接触传力，具体结构简单紧凑，坚固耐用、工作可靠，但在传递大转矩时滚柱易发卡，故常用于中小功率的启动机上，不适用于功率较大的启动机上。

（2）摩擦片式单向离合器

摩擦片式单向离合器是利用分别与两个零件关联的主动摩擦片和被动摩擦片之间的接合和分离，通过摩擦片实现转矩传递和打滑的。

摩擦片式单向离合器多用于柴油发动机使用的功率较大的启动机上，构造如图 4.15 所示。花键套筒 10 套在电枢轴的螺旋花键上，它的外圆表面上也制有三线螺旋花键，其上套内接合鼓 9。内接合鼓上有 4 个轴向槽，四周是圆形的主动摩擦片 8 的内凸齿插在其中，使主动摩擦片始终与内接合鼓同步转动；内孔是圆形的被动摩擦片 6 的外凸齿插在与驱动齿轮成一体的外接合鼓 1 的槽中，使从动摩擦片始终与外接合鼓同步转动；主、被动摩擦片相间排列。花键套筒的左端拧有螺母 2，螺母与摩擦片之间装有弹性圈 3、压环 4 及调整垫片 5；右端装有缓冲弹簧 13 及移动衬套 11，缓冲弹簧既起缓冲作用，又保证了在驱动齿轮与飞轮轮齿端面相抵时，传动拨叉仍然可以推动移动衬套继续移动，让启动机的控制装置有足够的移动量，使启动机可靠接通，启动过程继续进行。为了防止弹簧座脱出，在花键套筒的端部装有卡簧 12。整个单向离合器总成利用花键套筒套在电枢轴的花键上，单向离合器总成在传动拨叉（插在移动衬套的环槽内）的作用下，可以在电枢轴上作轴向移动。组装好的花键

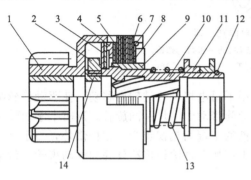

套筒及螺母、弹性圈、压环、调整垫片、摩擦片等由卡簧 7 定位在外接合鼓中。组装好的离合器，摩擦片间应无压力。

图 4.15　摩擦片式单向离合器

1—外接合鼓；2—螺母；3—弹性圈；4—压环；
5—调整垫片；6—被动摩擦片；7、12—卡簧；
8—主动摩擦片；9—内接合鼓；10—花键套筒；
11—移动衬套；13—缓冲弹簧；14—挡圈

发动机启动时，电枢轴首先带动花键套筒旋转，由于内外接合鼓开始瞬间都是静止的，在惯性力作用下内接合鼓因花键套筒的旋转而左移，从而使主、被动摩擦片压紧在一起，当内接合鼓转速与电枢轴的转速相等时，内接合鼓因花键套筒停止左移，利用主动摩擦片和被动摩擦片之间的摩擦作用，电枢的电磁力矩经花键套筒、内接合鼓及主、被动摩擦片和外接合鼓传给发动机启动。

发动机启动后，飞轮齿圈通过驱动齿轮带动外接合鼓和内接合鼓加速旋转，内接合鼓因转速高于花键套筒的转速而沿花键套筒的螺旋花键右移，使主、被动摩擦片放松，摩擦力消失而打滑，内接合鼓转速降低，当内接合鼓转速与电枢轴的转速相等时，内接合鼓因花键套筒停止右移，避免了电枢的超速飞散。

启动时若启动机过载，弹性圈 3 在压环 4 凸缘压力下的弯曲变形增大，当其弯曲到内接合鼓的左端面顶住弹性圈时，内接合鼓便停止左移，于是摩擦片间开始打滑，从而限制了启动机的最大输出转矩，防止了启动机过载。单向离合器所能传递的最大转矩可通过增减调整垫片的数量，即改变内接合鼓左端面与弹性圈之间的间隙大小来加以调整，间隙越大，单向离合器所能传递的最大转矩越大。

摩擦片式单向离合器可以传递较大的转矩，工作可靠，超载时自动打滑，以防止损坏启动机，但结构复杂，维修难度较大。由于摩擦片容易磨损而影响启动性能，因此要定期检查、调整。摩擦片式单向离合器多用于大功率启动机。

（3）弹簧式单向离合器

弹簧式单向离合器是利用与两个零件关联的扭力弹簧的粗细变化，通过扭力弹簧实现转矩传递和打滑的。

弹簧式单向离合器的结构如图 4.16 所示。驱动齿轮 1 空套在电枢轴上，花键套筒 6 通过螺旋花键与电枢轴配合。两个月形键 3 将驱动

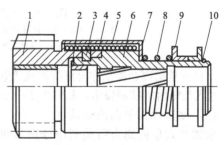

图 4.16　弹簧式单向离合器

1—驱动齿轮；2—挡圈；3—月形键；4—扭力弹簧；
5—护套；6—花键套筒；7—垫圈；8—缓冲弹簧；
9—移动衬套；10—卡簧

齿轮与花键套筒连接起来，使驱动齿轮与花键套筒之间可以相对转动而不能相对轴向移动。在驱动齿轮柄和花键套筒的外面套有扭力弹簧4，它的两端各有1/4圈内径较小，分别箍紧在驱动齿轮柄和花键套筒上，扭力弹簧有圆形与方形截面两种形式，在它的外面由护套5封闭。缓冲弹簧8、移动衬套9和卡簧10的作用与在滚柱式和摩擦片式单向离合器中的作用相同，不再赘述。

启动机工作时，电枢轴带动花键套筒旋转，当花键套筒的转速高于驱动齿轮的转速时，齿轮柄和花键套筒作用于扭力弹簧的总摩擦力与扭力弹簧的旋向相同，使扭力弹簧变细，扭力弹簧各圈全部箍紧在齿轮柄和花键套筒上，将齿轮柄和花键套筒抱紧。电枢的电磁力矩经花键套筒依靠摩擦力传给扭力弹簧，再利用扭力弹簧和驱动齿轮柄之间的摩擦力传给驱动齿轮，通过飞轮使发动机启动。

发动机启动后，飞轮齿圈带动驱动齿轮加速旋转，当驱动齿轮的转速高于花键套筒转速时，齿轮柄和花键套筒作用于扭力弹簧的总摩擦力与扭力弹簧的旋向相反，使扭力弹簧变粗，扭力弹簧各圈对齿轮柄和花键套筒的箍紧作用消失，即扭力弹簧松开而打滑，使驱动齿轮无法通过扭力弹簧将转矩反向传递给花键套筒，防止了电枢飞散，保护了启动机。

弹簧式单向离合器具有结构简单、寿命长、成本低等优点，应用越来越广；但扭力弹簧所需的圈数较多，轴向尺寸较大，因此一般只应用在大功率启动机上。

4.2.3 启动机的控制装置

启动机的操纵装置通常由主开关、拨叉、操纵元件和回位弹簧等组成，其作用是接通或切断启动机与蓄电池之间的主电路，并使驱动小齿轮进入或退出啮合，对于汽油机启动机的操纵装置还有副开关，能在启动时将点火线圈附加电阻短路，以增大启动时的点火能量。

（1）启动机控制装置的控制原则

启动机控制装置应遵循如下基本原则，以充分发挥启动机和蓄电池的性能。

① "先啮合后接通"的原则。即首先使驱动齿轮进入啮合，再使主开关接通，以免驱动齿轮在高速旋转过程中进行啮合，导致打齿并且啮合困难。

② "高启动转速"原则。即启动机控制装置应尽量减少甚至不消耗蓄电池电能，以便使蓄电池的电能尽可能多地用于启动电机，增大启动转速。

③ 切断主电路后，驱动齿轮能迅速脱离啮合。

（2）启动机的结构和原理

操纵元件及其工作方式的不同使启动机的控制装置分为机械式和电磁式两种形式。机械式控制装置检修方便，并且机械操纵不消耗电能，有利于提高启动转速；但是驾驶员劳动强度大，不宜远距离操纵，故目前应用较少。下面主要介绍电磁式控制装置的结构和工作原理。

① 电磁式控制装置的结构。电磁式控制装置俗称电磁开关，结构如图4.17中的点画线框内部分所示。作为操纵元件的活动铁芯由驾驶员用开关通过电磁线圈进行控制。多数启动机的电磁线圈由保持线圈和吸拉线圈两部分组成，既使活动铁芯移动有力，驱动齿轮啮合容易，又可以提高

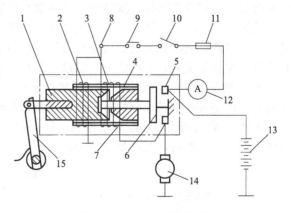

图4.17 电磁式开关结构

1—活动铁芯；2—保持线圈；3—吸拉线圈；4—黄铜套；
5—主接线柱；6—接触盘；7—挡铁；8—启动接线柱；
9—启动按钮；10—总开关；11—熔断器；12—电流表；
13—蓄电池；14—电动机；15—拨叉

启动转速。主接线柱和接触盘组成主开关。在黄铜套上绕有吸拉线圈和保持线圈，两线圈的绕向相同。吸拉线圈和电动机电枢绕组串联（主电路未接通时），保持线圈的一端搭铁，另一端与吸拉线圈接在同一接线柱上；在黄铜套内装有活动铁芯和挡铁，活动铁芯的后端与拨叉的上端相连接，挡铁是固定不动的，其中心孔内穿有推杆，推杆端部的接触盘用以接通启动机的主电路。拨叉通过销钉支撑在启动机上，拨叉下端插入单向离合器的移动衬套中。

② 电磁式控制装置的工作过程。电磁式操纵装置的工作过程如图 4.18 所示。

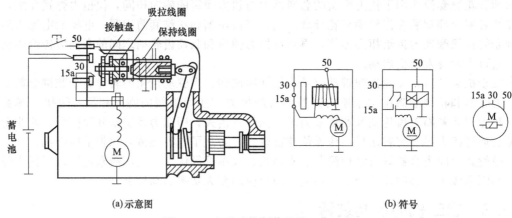

(a)示意图　　　　　　　　　　　　　　　(b)符号

图 4.18　电磁式控制装置的工作过程

a. 启动机不工作时，驱动齿轮处在与飞轮齿圈脱开啮合位置，电磁开关中的接触盘与各触头分开。

b. 接通启动开关时，蓄电池经启动控制电路向启动机电磁开关通电，其电流回路是：

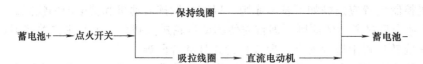

此时，吸拉线圈和保持线圈磁场方向相同，电磁吸力相加。活动铁芯在电磁力作用下克服回位弹簧的弹力向内移动，压动推杆使启动机主开关接触盘与触头靠近，与此同时，通过拨叉将驱动小齿轮与飞轮齿圈啮合；当驱动小齿轮与飞轮齿圈接近完全啮合时，接触盘已将触头接通，启动机主电路接通，直流电动机产生强大转矩通过接合状态的单向离合器传给发动机飞轮齿圈。同时热变电阻短路开关接通，将点火线圈附加电阻短路。主开关接通后，吸拉线圈被主开关短路，电流消失，活动铁芯在保持线圈电磁力作用下保持在吸合位置。

c. 发动机启动后，飞轮齿圈转动线速度高过了启动机驱动小齿轮的线速度，单向离合器打滑，使小齿轮空转而电枢不跟着飞轮高速旋转。

d. 松开启动开关，切断启动控制电路，但电磁开关内吸拉线圈和保持线圈通过仍然闭合的主开关得到电流，其电流回路为：

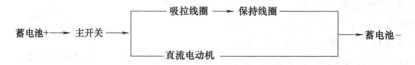

此时，因吸拉线圈和保持线圈磁场方向相反，电磁力相互削弱，活动铁芯在复位弹簧作用下迅速复位，使驱动小齿轮脱开飞轮齿圈，断开主、副开关，启动机停止工作，启动完成。

③ 驱动小齿轮与飞轮齿圈不能脱开的保护措施。启动机工作时，因蓄电池存电不足、发动机有故障或在严寒季节等情况下，使用启动机启动发动机而未能将发动机转动时，虽然启动机启动按钮或钥匙已经松开，但因驱动小齿轮与飞轮齿圈间存在着压力，致使驱动小齿轮不能退出，导致启动机开关不能断开，使流过启动机的电流增大到制动电流的强度，若时间稍长，即有烧坏启动机的可能。为防止上述现象的发生，在启动机操纵装置的结构上采取了以下三种保护措施。

a. 将拨叉滑套制成两部分，并在靠电枢的一面加装缓冲弹簧。当松开启动机启动按钮或钥匙，驱动小齿轮因故不能脱出时，活动铁芯在复位弹簧的作用下，可推动拨叉滑套的前半块压缩缓冲弹簧，使活动铁芯向退出方向移动一定距离即可断开启动机开关，断开启动机电源，启动机便不再产生转矩，使齿面间的压力消失，即可驱动小齿轮与飞轮齿圈脱离。

b. 拨叉杆与衔铁的连接孔采用长圆形，如图 4.19 所示。当松开启动机启动按钮或钥匙，驱动小齿轮因故不能脱出时，活动铁芯可在其回位弹簧和触盘弹簧的作用下，沿此长圆孔右移一定距离 a，从而使触盘与启动机开关触头分开，切断启动机电源，启动机便不再产生转矩，使齿面间的压力消失，拨叉在回位弹簧的作用下，即可带动驱动小齿轮退出飞轮齿圈脱离。

c. 在衔铁与拨叉杆的连接处增设一个弹簧柱，如图 4.20 所示。松开启动机启动按钮或钥匙时，因故驱动小齿轮不能脱出时，活动铁芯在其复位弹簧和触盘弹簧的作用下，可克服弹簧柱弹簧的弹力，使活动铁芯左移一定距离 a，将启动机触盘与开关触头分开，切断启动机电源，使齿面间的压力消失，使驱动小齿轮与飞轮齿圈脱离。

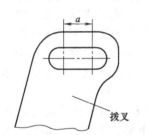

图 4.19 拨叉上的长圆形连接孔

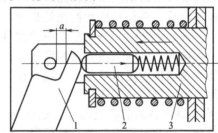

图 4.20 在衔铁中增设弹簧柱

1—拨叉；2—弹簧柱；3—活动铁芯

（3）启动系控制电路

常见的启动系控制电路有：开关直接控制、继电器控制和启动复合继电器控制 3 种。

① 开关直接控制式启动电路。开关直接控制是指启动机由点火开关或启动按钮直接控制，如图 4.21 所示。这种控制形式常用于启动功率较小的工程机械。

启动电路由蓄电池、启动机、启动按钮、连接导线组成，启动机由钥匙开关或启动按钮直接控制，如图 4.21 所示。其主要优点是线路简单、检查方便，缺点是容易损坏钥匙开关，这是因为经过钥匙开关和电磁开关线圈的电流太大（一般为 35~50A）。

启动工作过程：启动发动机时，接通电源总开关，按下启动按钮，吸拉线圈和保持线圈的电路被接通，此时电流通路为蓄电池"＋"→主接线柱→电流表→电源总开关→启动按钮→启动接线柱。此后分为两条支路，一路为保持线圈→搭铁→蓄电池"—"，另一路为吸拉线圈→主接线柱→串励式直流电动机→搭铁→蓄电池"—"。这时活动铁芯在两个线圈产生的同向电磁力的作用下，克服复位弹簧的推力而右行，一方面带动拨叉将单向离合器向左推出，使驱动齿轮与飞轮齿圈可以无冲击地啮合，这是因为吸拉线圈与电动机的磁场绕组、电枢绕组相串联，电流较小，产生的转矩也较小，因此驱动齿轮是在缓慢旋转的过程中与发动机飞轮齿圈啮合的；另一方面，活动铁芯推动接触盘向右移动，当接线柱被接触盘接通

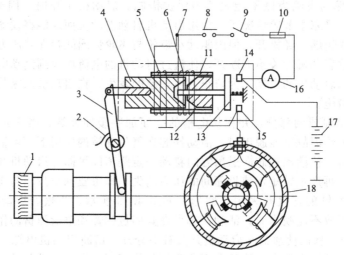

图 4.21　开关直接控制的启动电路

1—驱动齿轮；2—回位弹簧；3—拨叉；4—活动铁芯；5—保持线圈；6—吸拉线圈；7—接线柱；
8—启动按钮；9—总开关；10—熔断器；11—黄铜套；12—挡铁；13—接触盘；
14、15—主接线柱；16—电流表；17—蓄电池；18—启动机

后，吸拉线圈被短路，则蓄电池的大电流经过启动机的电枢绕组和励磁绕组，产生较大的转矩，带动曲轴旋转而启动发动机。此时，电磁开关的工作位置靠保持线圈的吸力维持。

发动机启动后，在松开启动按钮的瞬间，吸拉线圈和保持线圈是串联关系，电流通路为蓄电池"＋"→主接线柱14→接触盘→主接线柱15→吸拉线圈→保持线圈→搭铁→蓄电池"－"，两个线圈所产生的磁通方向相反，互相抵消。则活动铁芯在复位弹簧的作用下迅速回到原位，使得驱动齿轮退出啮合，接触盘在其右端弹簧的作用下脱离接触回位，启动机的主电路被切除，启动机停止工作。

② 带启动继电器的启动电路。普通继电器控制是指启动机由钥匙开关通过普通启动继电器进行控制，启动电路比开关直接控制电路增加了启动继电器。主要特点是启动继电器触点控制启动机电磁开关的通断，减小了启动时钥匙开关的电流，保护启动开关，有利于延长钥匙开关使用寿命，应用最广泛。

带启动继电器的启动电路如图4.22所示。启动继电器由1对常开触点1、1个线圈2和4个接线柱等组成。4个接线柱的标记分别是"启动机"、"电池"、"搭铁"、"点火开关"（或"S"、"B"、"E"、"SW"），常开触点1通过"启动机"和"电池"接线柱分别与启动机电磁开关接线柱9和蓄电池正极连接，控制电磁开关线圈电路的通断。继电器线圈2一端通过"搭铁"接线柱搭铁，另一端通过"点火开关"接线柱接点火开关3，由点火开关控制线圈电路的通断。

启动工作过程：启动时，将点火开关3置于启动位置，启动继电器的线圈通电，启动继电器线圈电流路径为：蓄电池"＋"→主接线柱4→电流表→点火开关→启动继电器"点火开关"接线柱→继电器线圈2→启动继电器"搭铁"接线柱→搭铁→蓄电池"－"。

启动继电器的线圈通电后产生的电磁吸力使触点闭合，蓄电池经过启动继电器触点1为启动机电磁开关线圈供电。启动机电磁开关线圈的电路电流路径分别为：

蓄电池"＋"→主接线柱4→启动继电器"电池"接线柱→触点1→启动继电器"启动机"接线柱→接线柱9→吸拉线圈13→接线柱8→导电片7→主接线柱5→电动机→搭铁→蓄电池"－"。

蓄电池"＋"→主接线柱4→启动继电器"电池"接线柱→触点1→启动继电器"启动

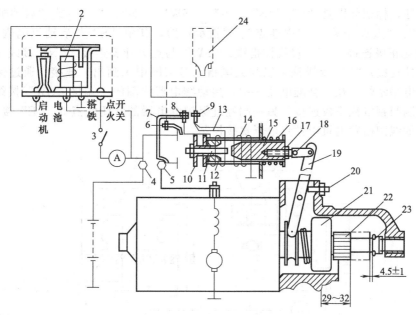

图 4.22　带启动继电器的启动电路

1—启动继电器触点；2—启动继电器线圈；3—点火开关；4、5—主接线柱；6—点火线圈附加电阻短路
接线柱；7—导电片；8、9—接线柱；10—接触盘；11—推杆；12—固定铁芯；13—吸拉线圈；
14—保持线圈；15—活动铁芯；16—复位弹簧；17—调节螺钉；18—连接片；19—拨叉；
20—定位螺钉；21—单向离合器；22—驱动齿轮；23—限位环；24—点火线圈

机"接线柱→接线柱 9→保持线圈 14→搭铁→蓄电池 "一"。

吸拉线圈 13 和保持线圈 14 通电后，两线圈产生方向相同的磁通，使活动铁芯 15 在磁力 的作用下向左移动，一方面通过调节螺钉 17 和连接片 18 拉动拨叉 19 绕支点转动，拨叉下端拨动单向离合器 21 向右移动，使驱动齿轮 22 与飞轮齿圈啮合；另一方面通过推杆 11 推动接触盘 10 向左移动，当驱动齿轮与飞轮齿圈接近完全啮合时，接触盘 10 与主接线柱 4、5 接触，启动机主电路接通，电流路径为：

蓄电池 "＋"→主接线柱 4→接触盘 10→主接线柱 5→励磁绕组→绝缘电刷→电枢绕组→搭铁电刷→搭铁→蓄电池 "一"。

启动机主电路接通后，短接吸拉线圈，电磁开关的工作位置靠保持线圈的电磁力来维持，同时电枢轴产生足够的电磁力矩，驱动曲轴旋转而启动发动机。

发动机启动后，放松点火开关，点火开关将自动转回一个角度（至点火位置），切断启动继电器线圈电流，启动继电器触点打开，吸拉线圈和保持线圈变为串联关系，产生的电磁力相互削弱。在复位弹簧 16 的作用下，活动铁芯右移复位，启动机主电路切断；与此同时，拨叉带动单向离合器向左移动，使驱动齿轮与飞轮齿圈分离，结束启动过程。

③ 带安全驱动保护功能的启动电路。安全驱动保护功能的含义：发动机一旦启动后，能使启动机自动停止工作；发动机工作时，即使错误地接通了启动开关，启动机也不会工作。

带有组合继电器的启动机控制电路如图 4.23 所示，它具有安全驱动保护功能，由启动继电器和保护继电器（也称充电指示灯继电器）两部分组成，启动继电器的触点 K_1 是常开的，用来控制启动机电磁开关工作。保护继电器的触点 K_2 是常闭的，用来保护启动机并控制充电指示灯。它的磁化线圈一端搭铁，另一端接至发电机三相定子绕组的中性点，承受硅整流发电机中性点电压。保护继电器的作用是保护启动机并控制充电指示灯。复合继电器共有6个接线柱，标记分别是"S"、"B"、"F"、"SW"、"N"、"L"（或"启动机"、"蓄电池"、"搭铁"、"点火开关"、"中性点"、"指示灯"），其中"S"与启动机电磁开关连接，"B"与蓄电池正极连接，"E"接线柱搭铁；"SW"与点火开关连接，"N"接线柱与发电机中性点接线柱连接；"L"接线柱可以与充电指示灯（图中未画出）连接，通过保护继电器触点控制充电指示灯。在复合继电器6中，启动继电器线圈的一端接"SW"接线柱，由点火开关7控制与蓄电池正极连接，另一端经过保护继电器的常闭触点5、"E"接线柱搭铁；保护继电器的线圈由发电机中性点电压直接控制。

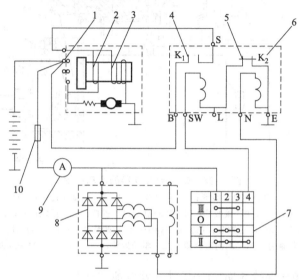

图4.23 带有复合继电器的启动机控制电路

1—主接线柱；2—吸引线圈；3—保持线圈；4—启动继电器触点；5—保护继电器触点；
6—组合继电器；7—点火开关；8—硅整流发电机；9—电流表；10—熔断器

启动工作过程：启动时，将点火开关置于启动位置，复合继电器的启动继电器线圈电路接通，电流路径为：蓄电池"+"→主接线柱1→熔断器10→电流表9→点火开关7→组合继电器"SW"接线柱→启动继电器线圈→保护继电器触点→组合继电器"E"接线柱→搭铁→蓄电池"-"。

在电磁力作用下启动继电器触点闭合，则接通电磁开关中吸拉线圈和保持线圈的电路，使电磁开关动作，启动机带动发动机运转。

发动机启动后，放松点火开关，点火开关将自动退出启动位置，切断启动继电器线圈电流，切断启动机主电路，复位弹簧使拨叉带动单向离合器复位，于是驱动齿轮与飞轮齿圈分离，结束启动过程。

发动机启动后，若点火开关仍处于启动挡，启动机将会自动停止运转。这是因为发动机正常运转后，交流发电机电压已经建立起来，发电机中性点电压加在保护继电器的线圈上，其电路为：发电机中性点→组合继电器接线柱N→保护继电器线圈→组合继电器接线柱E→搭铁→发电机"-"。保护继电器线圈产生的电磁吸力使其常闭触点打开，切断了启动继电器线圈的电路，于是启动继电器的触点打开，电磁开关的线圈断电，启动机停止工作。

发动机正常工作过程中，由于已经打开保护继电器的触点，使启动继电器线圈无法搭铁。因此，即使由于误操作而将点火开关转至启动位置，启动机电磁开关也不会通电，启动机主电路就不能接通，防止了启动机齿轮和飞轮齿圈的撞击，对启动机起到保护作用。

4.3 启动机的预热装置

在寒冷季节里，因为气温低、燃油雾化困难，需用预热装置对进入汽缸的空气、可燃混合气、冷却水或润滑油（机油）进行预热，保证发动机冬季能迅速启动。

4.3.1 电热塞

电热塞又称为电预热塞，如图 4.24 所示。螺旋形电阻丝用铁镍铝合金制成，一端焊接在中心螺杆上，另一端焊接在用耐高温不锈钢制成的发热体钢套的下部。中心螺杆用高铝水泥胶合剂粘接固定在陶瓷绝缘体上。绝缘体与壳体之间采用旋压工艺封装，并借旋压预紧力将陶瓷绝缘体、发热体钢套、密封垫圈和壳体互相紧压在一起。在发热体钢套内，还填充有绝缘性能和导热性能好且耐高温的氧化铝填充剂。热塞壳体上带有一个密封垫圈，起到密封作用。电热塞的中心螺杆用导线并通过专门设置的预热开关连接到蓄电池上。

在寒冷季节启动发动机之前，先接通预热开关，使电热塞的电阻丝电路接通，发热体钢套很快就会红热，提高汽缸内空气的温度，从而升高压缩终了时汽缸内的空气温度，使喷入汽缸的柴油容易点燃。电热塞通电时间应不超过 1min。发动机启动后，为延长电热塞的使用寿命，应立即断开预热开关，切断电热塞电路。若发动机启动失败，应在停止 1min 后，再接通电热塞电路进行第二次启动。否则，也会缩短电热塞的使用寿命。

密封式电热塞的电阻丝安装在发热体钢套内部，它结构牢固，寿命较长，广泛应用于柴油发动机。

4.3.2 火焰预热塞

火焰预热塞又称为火焰预热器，安装在进气管内，用于预热进气的气流，提高压缩终了时空气的温度。

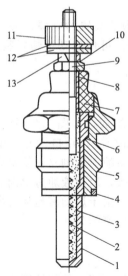

图 4.24 电热塞的结构

1—发热体钢套；2—电阻丝；3—填充剂；
4、6—密封垫圈；5—壳体；7—绝缘体；
8—胶合剂；9—螺杆；10、11—螺母；
12、13—垫圈

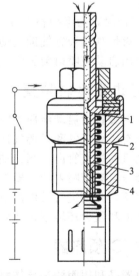

图 4.25 热胀式火焰预热塞

1—进油孔；2—阀体；3—阀芯；
4—电阻丝

火焰预热塞有热胀式和电磁式两种。其中，热胀式火焰预热塞应用较广，结构如图4.25所示。阀体由线胀系数较大的金属材料制成。其内部为空腔结构，空腔的一端为进油孔，另一端设有内螺纹，阀芯下端的外螺纹旋在阀体的内螺纹中，上端的锥形尖端在预热塞不工作时将进油孔堵死。

当启动柴油发动机时，接通预热塞开关，蓄电池便对电阻丝供电，炽热的电阻丝加热阀体，使其受热伸长，并带动阀芯向下移动，开启进油孔，由油箱送来的柴油经进油孔流入阀体的内腔而受热汽化。当汽化后的柴油从阀体的内腔喷出时，就会被炽热的电阻丝点燃形成火焰，火焰使进气气流预热后，压缩终了的气流温度就会升高，使发动机顺利启动。当断开预热塞开关时，切断电路，电热丝变冷，阀体冷却收缩，阀芯上移而堵住进油孔，火焰熄灭，预热停止。

使用时工作过程：

① 接通预热系统电源开关（该开关设置在保险丝盒旁边），此时仪表盘上的预热指示灯发亮。

② 接通电源约50s后，预热指示灯由发亮转为闪烁，此时即可接通启动开关启动发动机。

③ 当启动机带动发动机旋转时，预热指示灯将由闪烁变为常亮。当发动机启动成功且启动机停止工作时，预热控制器将再一次向预热器供电，预热指示灯再次由常亮变为闪烁状态，发动机进入暖机状态。暖机结束后，预热系统将自动停止工作。

④ 若启动失败，预热系统将自动间隔至少5s后，再次投入预热状态。

使用注意事项：

① 当发动机冷却液温度超过23℃±5℃时，火焰预热系统将不工作。

② 若在预热指示灯尚未进入闪亮时就进行启动操作，火焰预热系统将自动退出工作。如在预热指示灯闪烁30s以上仍未开始进行启动操作，火焰预热系统将自动停止工作。若需再次使用预热系统预热，必须在先断开预热系统电源开关，再接通电源开关之后，预热系统才能重新工作。

③ 正常工作时，为保护整个预热装置，一定要断开预热装置的电源开关。环境温度低于-25℃时，火焰预热装置辅助启动性能达不到最佳状态。可用启动液喷射装置辅助启动，但严禁同时使用启动液喷射装置和进气预热装置。

4.3.3 启动液喷射装置

启动液喷射装置由启动液压力喷射罐和喷嘴两个部分组成，如图4.26所示。启动液压力喷射罐内充有压缩氮气和易燃气体（乙醚、丙酮、石油醚等），罐口设有一个单向阀，喷嘴安装在发动机的进气管内。当柴油发动机低温启动时，将喷射罐倒立，使罐口对准喷嘴上端的管口。轻压启动液喷射罐，即打开喷射罐口处的单向阀，启动液通过单向阀、喷嘴喷入发动机的进气管，并随进气管内的空气一起被吸入燃烧室。由于启动液是易燃燃料，所以其可在较低的温度和压力环境下迅速着火，从而点燃喷入燃烧室的柴油。

4.3.4 PTC 预热器

陶瓷预热器是利用陶瓷半导体材料的电阻值随温度变化而变化的特性制成。根据热敏电阻的特性不同可分为3种类型：正温度系数热敏电阻PTC、负温度系数热敏电阻NTC和临界温度热敏电阻CTR。正温度系数热敏电阻PTC的电阻值随温度升高而增大；负温度系数热敏电阻NTC的电阻值随温度升高而减小；临界温度热敏电阻CTR的阻值以某一温度（称为临界温度）为界，高于此温度时阻值为某一水平，低于此温度时阻值为另一水平。

PTC 陶瓷预热器结构如图 4.27 所示。PTC 陶瓷预热器安装在进气歧管的进气口上，在启动发动机之前，接通预热器电阻电路，预热器发热，加热进入汽缸前的空气，改善发动机的启动性能。

KTC 陶瓷预热器预热系统的使用方法基本相同，方法如下：

① 预热器在 -40～5℃的环境温度下启动柴油发动机时使用。

② 接通仪表盘上的预热开关，预热绿色指示灯发亮，表示预热开始。

③ 预热时间设定为 6min，当预热时间达到 6min 时，绿色指示灯开始闪烁，蜂鸣器也开始鸣叫，此时即可接通启动开关启动发动机。

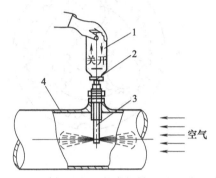

图 4.26 启动液喷射装置

1—启动液喷射罐；2—单向阀；3—喷嘴；4—进气管

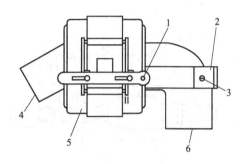

图 4.27 PTC 陶瓷预热器结构

1—节气门拉杆；2—节气门拉线支架；3—搭铁螺栓；
4—进气端；5—预热器；6—出气端

④ 若发动机启动成功，则要立刻断开预热开关。若一次启动不成功，可在 15s 后重复进行启动操作。

⑤ 预热器断电保护时间设定为 12min。无论发动机是否启动，当预热结束 12min 时，只要驾驶员未断开预热开关，预热控制器自动切断预热器电源，蜂鸣器也要停止鸣叫，预热指示灯将由闪烁转为常亮，提示驾驶员及时断开预热开关。

预热器使用时要注意：避免进气预热器与冷启动液同时使用；车辆每天工作时间较短导致蓄电池充电不足时，应根据蓄电池存电情况谨慎使用进气预热器；若在环境温度极低的情况下使用预热器启动发动机时，不要将油门踏板踩到底，避免发动机启动后转速迅速升高造成油路系统供油不足而熄火；预热系统工作正常时，若发动机多次启动未能成功，则应检查启动转速和供油系统工作是否正常。

4.4 新型启动机

4.4.1 永磁启动机

近年来研制了一种用铁氧体或钕铁硼永磁材料作为磁极的启动机，称为永磁启动机。由于它取消了磁场绕组和磁场铁芯，使启动机结构简单，相应减小了重量及体积。北京 BJ2021（切诺基）吉普车装用的 12VDW1.4 型启动机即为永磁式启动机。

永磁式启动机与电磁操纵的强制啮合式启动机无本质区别，只是在启动机电枢和驱动齿轮之间增加一对减速齿轮（一般减速比为 3～4），故可提高启动机电枢的工作转速、降低转矩，从而减小其体积，再通过减速机构降低驱动齿轮的转速并增加转矩。永磁式启动机与同功率普通启动机相比，具有体积小（约可减小 1/2）、重量轻、驱动转矩大的优点，这不仅提高了启动性能，还减轻了蓄电池负担。其不足之处是增加了机械零件，电动机高速运转，结构及生产工艺相对复杂。

永磁式启动机结构如图 4.28 所示。启动机中有 6 块永久磁极，用弹性保持片固定于机壳内。传动机构采用滚柱式单向离合器。减速装置采用行星齿轮减速装置，它以电枢轴齿轮为太阳轮，另有 3 个行星齿轮及 1 个固定内齿圈，其啮合关系如图 4.29 所示。

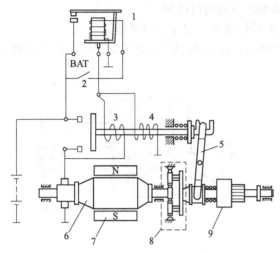

图 4.28 12VDW1.4 型永磁减速式启动机
1—启动继电器；2—点火开关；3—吸拉线圈；4—保持线圈；
5—拨叉；6—电枢；7—永久磁极；8—行星齿轮减速装置；
9—滚柱式单向离合器

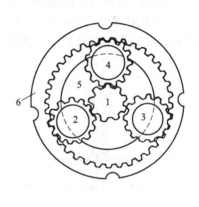

图 4.29 行星齿轮减速装置的啮合关系
1—太阳轮；2、3、4—行星齿轮；5—行星轮
支架（输出轴）；6—内齿圈

太阳轮压装在电枢轴上与 3 个行星齿轮同时啮合，3 个行星齿轮的轴压装在一个圆盘上，该圆盘与驱动齿轮轴制成一体，驱动齿轮轴一端有螺旋花键与传动套筒内的螺旋花键配合。内齿圈由塑料注塑而成，3 个行星齿轮在其上滚动，内齿圈的外缘制有定位用的槽，以便嵌放在后端盖上。

该启动机的工作过程与普通启动机工作过程基本相同。差异之处在于电枢轴产生的转矩要经行星齿轮减速装置才能传给启动机的驱动齿轮，带动飞轮齿圈，启动发动机。转矩的传递途径为：电枢轴产生的转矩由电枢轴齿轮（太阳轮）→行星齿轮及支架→驱动齿轮轴→单向离合器→飞轮齿圈。

4.4.2 电枢移动式启动机

（1）结构

电枢移动式启动机（如国产 ST9187、ST9187A 型）广泛应用于大功率柴油车，其结构如图 4.30 所示。

其主要结构特点：

① 启动机不工作时，电枢在弹簧的作用下，停在与磁极中心轴向靠前错开的位置上。

② 换向器较长，以便移动后仍能和电刷接触。

③ 啮合过程是由电枢在磁场的作用下，进行轴向移动来实现的。启动后，靠复位弹簧的弹力，使齿轮脱离啮合，退回原位。

④ 有主、辅两种励磁绕组：串联的主励磁绕组、串联的辅助励磁绕组和并联的辅助励磁绕组。由于扣爪和挡片的作用，辅助绕组首先接通。

⑤ 采用摩擦片式单向离合器。

（2）工作过程

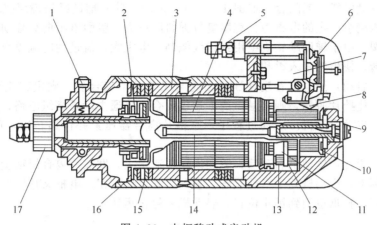

图 4.30　电枢移动式启动机

1—油塞；2—摩擦片式单向离合器；3—磁极；4—电枢；5—接线柱；6—接触桥；7—电磁开关；8—扣爪；9—换向器；
10—圆盘；11—电刷弹簧；12—电刷；13—电刷架；14—复位弹簧；15—磁场绕组；16—机壳；17—驱动齿轮

电枢移动式启动机工作过程可分为 3 个阶段。启动机不工作时，如图 4.31 （a） 所示。

第一阶段，啮入：启动时，按下启动按钮，电磁铁产生吸力吸引接触盘，但由于扣爪顶

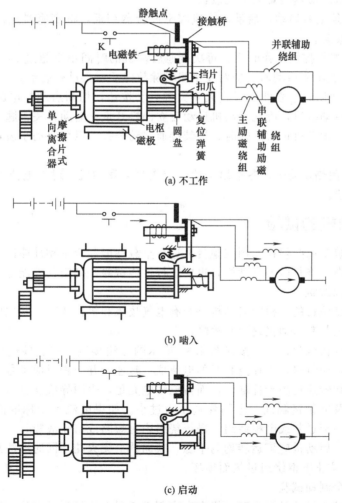

图 4.31　电枢移动式启动机的工作原理

住了挡片，接触盘仅能上端闭合，如图 4.31（b）所示。此时辅助励磁绕组接通，并联辅助绕组和串联励磁绕组产生的电磁力，克服复位弹簧的拉力，吸引电枢向后移动，使启动机齿轮啮入飞轮齿圈。由于辅助励磁绕组用细铜线绕制，电阻大，流过的电流较小，启动机仅以较低的速度旋转，使齿轮啮入柔和。

第二阶段，启动：当电枢移动使驱动齿轮与飞轮基本啮合后，固定在换向器端面的圆盘，顶起扣爪，使挡片脱扣，则接触盘的下端也闭合，接通主励磁绕组电路，启动机便以正常的转矩工作，启动发动机。启动过程中，摩擦片离合器压紧并传递转矩，如图 4.31（c）所示。

第三阶段，脱开：发动机启动后，驱动齿轮转速增大，摩擦片离合器被旋松，曲轴转矩便不能传到电枢上，启动机处于空载状态。直到松开启动按钮，电枢又移回原位，驱动齿轮与飞轮齿圈脱开，扣爪也回到锁止位置，启动机才停止运转。

4.5 启动机的使用与试验

4.5.1 启动机的正确使用

在使用启动机时应当注意以下几点：

① 发动机必须空载启动。启动时，应踩下离合器踏板，将变速器挂入空挡，严禁挂挡启动来移动机械装备。

② 启动时要严格控制工作时间。每次接通启动机的时间不得超过 5s，两次之间应间歇 15s 以上，连续 3 次不能启动时，应对发动机排除故障后，再进行启动。

③ 发动机启动后，应立即松开点火开关或启动按钮，切断启动机电源。在使用不具有自动保护功能的启动机时，应在发动机启动后立即松开点火启动开关钥匙或按钮，以减少单向离合器的磨损；发动机正常工作时，严禁接通启动开关，以免驱动小齿轮与发动机飞轮齿圈撞击而损坏。

④ 冬季要先预热发动机。冬季启动前，应先预热发动机，对蓄电池采取保温措施，然后才能启动发动机。

4.5.2 启动机的试验

新启动机在装车前必须在专用试验台上进行空载性能和全制动性能试验，确定启动机的性能是否达到标准。修复后的启动机，也要进行性能试验，确定其性能是否达到标准。

（1）空载性能试验

启动机空载试验目的是检验启动机是否有电气故障和机械故障，其主要是通过测量空转转速和空转电流来判断启动机是否有故障。

将启动机固定在试验台上，按如图 4.32 所示的方法接线。在实验过程中，启动机不带负载，接通电源，测量启动机在空载时的电流值、转速，并与相对应型号启动机的标准值进行比较。若电流和转速均小于标准值，而蓄电池电充足，表明导线连接点内部有接触不良或换向器接触不良及电刷接触面、电刷弹簧压力过小。如果电流大于标准值而转速低于标准值，表明启动机装配过紧或电枢绕组、磁场绕组内有短路或搭铁故障。

空载试验时，启动机应该运转均匀平稳，换向器上无火花。同时应注意每次试验时间不得超过 1min，以防止电枢绕组过热而损坏。

（2）启动机全制动试验

启动机制动试验目的是测出启动机在完全制动工况下所消耗的电流（制动电流）及所产

生的制动转矩,以判断启动机是否有电气故障和机械故障。其主要通过测量全制动时的电流和转矩来判断启动机有无故障。

全制动试验如图4.33所示。启动机装在试验台上,杠杆的一端夹紧启动机的驱动齿轮,另一端挂在弹簧秤上。试验时接通启动机电路,观察在制动状态下单向离合器是否打滑,并记录电流表和弹簧秤的读数,正常时其值应符合标准值。若测得转矩低于标准值而电流高于标准值,则说明磁场绕组和电枢绕组中有短路或搭铁故障。如转矩和电流都低于标准值,表明启动机内部线路中有接触不良故障。若驱动齿轮锁止而电枢轴仍缓慢转动,表明单向离合器有打滑现象。注意:全制动试验每次通电时间不能超过5s,以免损坏启动机和蓄电池。

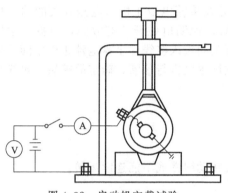

图4.32 启动机空载试验

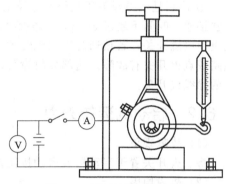

图4.33 启动机全制动试验

4.6 启动系统的常见故障及诊断排除

启动系统常见故障有启动机不转、启动机运转无力、启动机空转和驱动齿轮与飞轮齿圈不能啮合且有撞击声等。

4.6.1 启动机不转

(1)故障现象

点火开关旋至启动挡时,启动机不转动。

(2)故障原因

① 蓄电池严重亏电或蓄电池正、负极柱上的电缆接头松动或接触不良,甚至脱落。

② 启动继电器的触点不能闭合或烧蚀、沾污而接触不良或线圈断路。

③ 电动机电磁开关的吸引线圈和保持线圈有搭铁、断路、短路现象;主触点严重烧蚀或触点表面不在同一平面内,使接触盘不能将两个触点有效地接通。

④ 直流电动机内部的励磁绕组或电枢绕组有断路、短路或搭铁故障;换向器严重烧蚀或电刷弹簧压力过小或电刷在电刷架中卡死而导致电刷与换向器接触不良;电刷引线断路或绝缘电刷(即正电刷)搭铁。

⑤ 外部线路有短路、断路或接头松脱。

(3)故障诊断与排除方法

各型工程机械启动系统故障的诊断与排除方法基本相同,检查与判断方法如下:

① 接通工程机械前照灯或喇叭,如前照灯发亮或喇叭响,说明蓄电池存电比较充足,因此故障不在蓄电池;如前照灯灯光变暗或喇叭声音变小,表明蓄电池亏电,须拆下充电或更换一个电量充足的蓄电池;如灯不亮或喇叭不响,表明蓄电池或电源线路有故障,应检查

蓄电池搭铁电缆和正极电缆的连接有无松动脱落，若电缆松动脱落拧紧即可；若蓄电池有故障，需更换或修理。

② 若蓄电池正常，故障可能发生在启动机、电磁开关或外部电路中。可用螺丝刀接通启动机的两个主接线柱，使启动机空转。如启动机不转，则确定电动机有故障；若启动机空转正常，表明电磁开关或控制电路有故障。

③ 若确定电动机存在故障时，可根据螺丝刀搭接两个主接线柱时产生火花的强弱来进一步判别电动机的故障情况。如搭接时无火花，表明励磁绕组、电枢绕组或电刷引线等有断路故障；如搭接时有强烈火花而启动机不转，表明启动机内部有短路或搭铁故障。一般要将启动机从车上拆下，将其解体后进一步检修。

④ 诊断是电磁开关还是外部电路故障时，可用导线将蓄电池正极与电磁开关的输入接线柱接通（时间不超过 3～5s），若接通时启动机不转，说明电磁开关有故障，应拆下检修或更换电磁开关；若接通时启动机转动，说明电磁开关的输入接线柱至蓄电池正极之间外部线路或点火开关有故障。这部分故障可用万用表或试灯逐段进行诊断，确定故障后，更换相应的导线或开关。

4.6.2　启动机运转无力

（1）故障现象

将点火开关置于启动挡或启动按钮接通，启动机转动缓慢或不能连续运转。

（2）故障原因

① 蓄电池存电不足或有短路故障，使其供电能力降低或蓄电池极柱松动、氧化或腐蚀，使其不能正常供电。

② 直流电动机内部故障，如换向器脏污或烧蚀，电刷磨损严重造成接触不良；励磁绕组或电枢绕组局部短路，使启动机输出的功率降低。

③ 电磁开关故障，如接触盘与主接线柱烧蚀或有油垢造成接触不良。

（3）故障诊断与排除方法

① 检查蓄电池的技术状况是否良好。如果存电不足，应及时充电；如内部故障，更换或进一步检修。

② 检查蓄电池极柱是否松动、氧化或腐蚀。如极柱松动，拧紧即可；如极柱氧化或腐蚀，拆下清除干净后重新拧紧。

③ 若蓄电池和主电路连接正常而启动机仍转动无力，用足够粗的导线将启动机的两个主接线柱短接，如果启动机运转正常，说明主接线柱与接触盘接触不良，应进行除垢、打磨、调整或更换直至排除故障；如果启动机仍转动无力，说明故障在电动机内部，应进行拆解检修或更换。

4.6.3　启动机空转

（1）故障现象

将点火开关置于启动位置后，启动机高速转动，而发动机不转动。

（2）故障原因

① 飞轮齿圈或驱动齿轮磨损甚至损坏。

② 单向离合器失效打滑。

③ 电磁开关铁芯行程太短，驱动小齿轮与飞轮齿圈不能啮合，拨叉折断或连接处脱开。

（3）故障诊断与排除方法

启动机空转有两种常见情况：一种是启动机驱动齿轮不与飞轮齿圈啮合的空转，这是由于启动机的操纵机构或控制机构有故障造成的；另一种是启动机的驱动齿轮已与飞轮齿圈啮合，但由于单向离合器打滑而空转。

① 检查拨叉连接处是否脱开或折断。如果拨叉连接处脱开，装复即可；如果拨叉折断，更换拨叉。如果拨叉正常，进行下一步检查。

② 将发动机飞轮转过一个角度，重新进行启动。如果空转现象消失，说明飞轮齿圈有缺齿，应更换飞轮齿圈。如果空转现象仍存在，说明是单向离合器打滑，应更换单向离合器或拆解修理。

4.6.4 启动机异响

（1）故障现象

接通启动开关，可听到"嘎、嘎"的齿轮撞击声。

（2）故障原因

① 主电路接通过早。当驱动齿轮与飞轮齿圈尚未啮合或刚刚啮合时，电动机主电路就已接通，由于驱动齿轮在高速旋转过程中与静止的飞轮齿圈撞击，因此会发出强烈的打齿声。

② 飞轮齿圈或驱动齿轮损坏。

③ 蓄电池严重亏电或内部短路。

④ 电磁开关中的保持线圈断路或搭铁。

（3）故障诊断与排除方法

接通启动开关，仔细辨别启动时的声响。根据不同声响，再作进一步检查，查出故障原因后采取相应措施。

① 若启动时发动机不转，启动机发出"哒、哒"的声音，可用万用表检测蓄电池电压。若电压过低（低于9.6V），表明蓄电池严重亏电或内部短路，应予更换新蓄电池。若蓄电池技术状况良好，则说明电磁开关保持线圈搭铁不良而断路或启动继电器断开电压过高，应分别检修或更换电磁开关、启动继电器即可排除故障。

② 若启动时发出强烈的打齿声，可能是主电路接通过早或飞轮齿圈、驱动齿轮损坏。

首先检查和调整电磁开关的接通时间，若故障无法消除，表明飞轮齿圈或驱动齿轮损坏，更换飞轮齿圈或驱动齿轮。

4.6.5 启动机失去自动保护功能

（1）故障现象

用启动复合继电器控制的启动系，发动机启动后，驾驶员不松开点火开关钥匙，启动机不能自动停止运转。发动机运转过程中，将启动开关扭至启动挡，则发出齿轮撞击声。

（2）故障原因

① 充电系统发生故障，发电机中性点无电压。

② 复合继电器中保护继电器的触点烧蚀，或磁化线圈断路、短路、搭铁。

③ 发电机接线柱 N 至复合继电器接线柱 N 的导线断路或接触不良。

④ 复合继电器搭铁不良。

（3）故障诊断与排除方法

① 检查发电机中性点处是否有电压，电压是否正常。

② 检查保护继电器的触点是否已烧蚀。

③ 发电机正常工作时，检查保护继电器 N 接线点是否有电压。

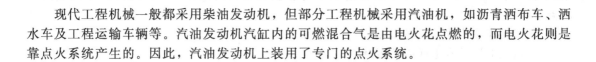

第**5**章
点火系统

现代工程机械一般都采用柴油发动机，但部分工程机械采用汽油机，如沥青洒布车、洒水车及工程运输车辆等。汽油发动机汽缸内的可燃混合气是由电火花点燃的，而电火花则是靠点火系统产生的。因此，汽油发动机上装用了专门的点火系统。

5.1 概述

5.1.1 点火系统的作用

点火系统的作用是在发动机各种工况和使用条件下，将蓄电池或发电机的低压电（一般为 10～14V）转变为高压电（15～20kV），并且按照发动机的做功顺序与点火时刻的要求，适时准确地将高压电送至各缸的火花塞，使火花塞跳火，点燃汽缸内的可燃混合气。

5.1.2 点火系统的类型

发动机点火系统按其组成和产生高压电的方式不同，可分为蓄电池点火系统（传统点火系统）、磁电机点火系统、电子点火系统和微机控制点火系统 4 种。蓄电池点火系统由于有机械式触点存在，其固有的缺陷越来越无法满足现代汽油发动机的需要，因此已逐渐被淘汰，但现在我国还有大量运行中的车辆采用此种点火系统。从发展趋势看，车辆越来越多地采用电子点火系统和微机控制点火系统。

（1）蓄电池点火系统（传统点火系统）

由蓄电池或发电机供给低压电能，借助点火线圈和带有触点机构的断电器将低压电转变为高压电，再由配电器、导线送到各缸火花塞上，在火花塞两电极间产生电火花。蓄电池点火系统多用于四冲程汽油发动机，它结构简单、成本低，但故障率高、高速性能差。

（2）磁电机点火系统

磁电机点火系统的电能则由磁电机本身直接产生高压提供电能。与传统点火系统不同之处就是磁电机产生电流不需要另设低压电源，在与其组合成一体的点火线圈、断路器和配电器的配合下完成点火功能。磁电机点火系统多用于二冲程汽油发动机以及不带蓄电池的摩托车发动机。

（3）电子点火系统

利用半导体器件（如晶体管、晶闸管）作为开关，接通与断开初级电流的点火系统，故又称其为半导体点火系统或晶体管点火系统。电子点火系统具有高速性能好、点火准确、结构简单、重量轻和体积小等优点。

（4）微机控制点火系统

发动机工作时，通过安装在其上的各种传感器监测出发动机的各种运行参数并输入微机，微机将输入的各种信息快速处理后，向点火模块发出指令，驱动点火模块，迅速切断初级电路，使次级产生高压而点火。与普通电子点火系统不同的是，该系统完全取消了离心式和真空式点火提前机构，点火正时（即点火提前角）由微机控制，它可以保证汽油机在任何工况下均能在最佳时刻点火。

5.1.3 点火系统的基本要求

为了保证可靠点火，汽油发动机对点火系统有以下基本要求。

（1）能产生足以击穿火花塞间隙的电压

在火花塞电极间产生火花时需要的电压，称为击穿电压。击穿电压的高低与火花塞间隙的大小、汽缸内混合气的压力和温度、电极的类型以及发动机的工作情况等有关。电极间距离愈大，缸内气体压力愈高，温度愈低时，则击穿的电压愈高。实验证明，当火花塞间隙为 $0.5 \sim 1mm$，压缩终了缸内气体压力为 $0.6 \sim 0.9MPa$ 时，发动机启动时需要的击穿电压为 $7000 \sim 8000V$。发动机在满负荷低转速时需要的高电压应达 $8000 \sim 10000V$ 才能跳火。

为了保证可靠点火，点火系统必须有足够的电压储备，以保证在各种困难的情况下均能提供足够的击穿电压，但过高的电压又将给绝缘带来困难，成本增高。一般点火系所产生的最高电压大都在 $15000 \sim 25000V$ 范围以内。

（2）电火花应具有足够的能量

要使可燃混合气可靠地点燃，火花塞跳出的电火花还应具有足够的能量。正常工作情况下，发动机在汽缸压缩冲程结束时，其内部混合气的温度和压力已接近自燃条件，故只需要很小的点火能量（$10 \sim 50mJ$）即可顺利点燃混合气体。在发动机的不同工况下，其对点火能量要求也不同。启动、急速、加速、大负荷等工况时所需点火能量较高，尤其在启动时，由于混合气雾化不良，废气稀释严重，电极温度低，所需点火能量最高。另外，为了提高发动机的经济性，减少有毒气体的排放，也需要增加电火花的能量。

为了保证可靠点火，点火系提供的能量通常为 $50 \sim 80mJ$，且火花持续时间约 $500\mu s$，启动时应大于 $100mJ$。

（3）适合各种状况下的点火正时

首先，点火系统应按发动机的工作顺序进行点火，一般六缸发动机的工作顺序为 1—5—3—6—2—4 或 1—4—2—6—3—5；四缸发动机的工作顺序为 1—2—4—3 或 1—3—4—2；V 型六缸发动机的工作顺序为 1—2—3—4—5—6；V 型八缸发动机的工作顺序为 1—8—4—3—6—5—7—2 等。

其次，必须在最有利的时刻点火，以获得最大的燃油经济效益，即获得最大功率。点火时刻是用点火提前角来表示的。在压缩行程中，从点火开始到活塞运行到上止点时曲轴所转过的角度，称为点火提前角。如果点火提前角过大（即点火过早），混合气的燃烧完全在压缩过程中进行，汽缸压力急剧上升，在活塞到达上止点之前即达到较大压力，给正在上升的活塞一个很大的阻力，会阻止活塞向上运动。这样不仅使发动机功率下降，油耗增加，还会引起爆燃，加速机件损坏。如果点火提前角过小（即点火过迟），则混合气边燃烧、活塞边下行，即燃烧过程是在容积增大的情况下进行的，不仅导致压力下降、发动机功率下降，还会引起发动机过热，油耗增加。一般把发动机发出最大功率或油耗最小时的点火提前角，称为最佳点火提前角。发动机在不同工况和不同使用条件下，最佳点火提前角是不相同的，其影响因素通常有：压缩比、汽油辛烷值、混合气成分、转速、负荷、启动及怠速工况等。

5.2　传统点火系统

（1）传统点火系统的组成

传统点火系统的组成如图5.1所示，主要由电源、点火线圈、分电器、点火开关、火花塞、附加电阻和高低压导线等组成。

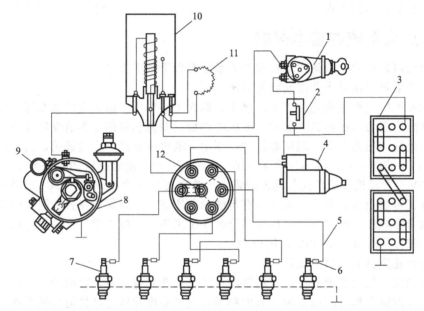

图5.1　传统点火系统的组成

1—点火开关；2—电流表；3—蓄电池；4—启动机；5—高压导线；6—阻尼电阻；
7—火花塞；8—断电器；9—电容器；10—点火线圈；11—附加电阻；12—配电器

① 电源：由蓄电池和发电机组成，作为电源为点火系提供电能。

② 点火线圈：将低压电转变成能击穿火花塞电极间隙的高压电。它的工作原理类似自耦变压器，因此也称为变压器。

③ 分电器：主要由断电器、配电器、电容器和点火提前机构等组成，其作用是保证点火系统按发动机的要求，实现有规律地点火，以便发动机正常工作。断电器的作用是在发动机凸轮轴驱动下，准时接通和切断点火线圈初级电路，使点火线圈及时产生高压电；配电器的作用是按点火顺序将高压电分配到各缸火花塞；电容器的作用是减小断电器触点火花，提高点火线圈次级电压；点火提前机构能根据发动机的工况及时调整点火提前角。

④ 点火开关：控制点火系统低压电路的通断，实现发动机的启动和熄火。

⑤ 火花塞：将点火系统产生的高压电引入发动机的汽缸燃烧室，在电极之间产生电火花，点燃混合气。

（2）传统点火系统的工作原理

传统点火系的工作原理如图5.2所示。接通点火开关，启动发动机，发动机开始工作。断电器的凸轮在发动机配气凸轮轴的驱动下不断旋转，凸轮旋转时交替地使断电器的触点断开和闭合，交替断开和接通了点火线圈初级绕组的电路，使低压直流电经断电器和点火线圈转变为高压电，再经配电器分配到各缸火花塞，在火花塞的电极间产生电火花，点燃可燃混合气，使发动机工作。

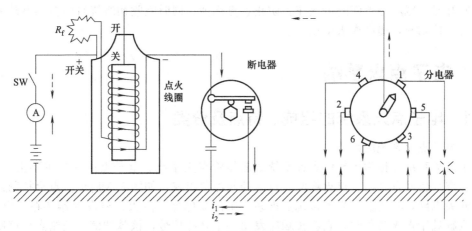

图 5.2　传统点火系统的组成和工作原理

点火系统的点火工作过程主要分为三个阶段。

① 断电器的触点闭合，初级绕组的电流增大。当点火开关 SW 闭合，断电器触点闭合时，接通了点火线圈初级绕组的电路（又称低压电路）。电流的路径是：蓄电池"＋"→电流表→点火开关 SW→点火线圈"＋"→附加电阻 R_f→点火线圈初级绕组→点火线圈"－"→断电器触点→搭铁→蓄电池"－"。如图 5.2 中实线箭头所示。由于点火线圈的初级绕组有电流流过，使铁芯产生了磁场。随着触点闭合时间的增长，初级电流不断增大。

当断电器的凸轮使其触点断开时，点火线圈初级绕组断路，点火线圈初级电流突然减小。根据电磁感应原理，处于同一铁芯上的点火线圈初级绕组、次级绕组将产生感应电动势，由于点火线圈次级绕组的匝数远远多于初级绕组，因此其上产生可达 15～20kV 的感应电动势。如此高的感应电动势引到火花塞，足以击穿其电极间隙产生电火花，并点燃汽缸内的混合气。次级感应电流的路径为：点火线圈次级绕组下端→附加电阻 R_f，→点火线圈→接线柱→点火开关 SW→电流表→蓄电池→搭铁→火花塞电极→分缸高压导线→配电器侧电极→配电器分火头→中央高压导线→点火线圈次级绕组上端。在发动机输出轴控制下，每当断电器产生一次点火高压时，配电器的分火头都会随着转到点火顺序规定的点火位置。断电器随发动机转动一周，配电器按规定顺序对发动机各缸依次点火一次。

② 断电器的触点断开，次级绕组产生高压电。当断电器的凸轮使其触点断开时，点火线圈初级绕组断路，点火线圈初级电流突然减小。根据电磁感应原理，处于同一铁芯上的点火线圈初级绕组、次级绕组将产生感应电动势，由于点火线圈次级绕组的匝数远远多于初级绕组，因此其上产生可达 15～20kV 的感应电动势。如此高的感应电动势引到火花塞，足以击穿其电极间隙产生电火花，并点燃汽缸内的混合气。

③ 火花塞放电，点燃缸内可燃混合气。点火线圈次级绕组电流通过的路径是：点火线圈次级绕组下端→附加电阻 R_f→点火线圈"＋"→接线柱→点火开关 SW→电流表→蓄电池→搭铁→火花塞电极→分缸高压导线→配电器侧电极→配电器分火头→中央高压导线→点火线圈次级绕组上端。在发动机输出轴控制下，每当断电器产生一次点火高压时，配电器的分火头都会随着转到点火顺序规定的点火位置。断电器随发动机转动一周，配电器按规定顺序对发动机各缸依次点火一次。

断电器触点断开时，点火线圈初级绕组同样会产生感应电动势。由于该线圈匝数较少，产生的感应电动势不是很大，有 200～300V。200～300V 的感应电动势在断电器触点间放电，会使触点加速烧蚀。为避免该情况发生，在断电器触点间并联一个电容器，其作用就是当触点断开时，减小触点间的电火花，防止触点烧蚀；同时吸收初级绕组的自感电动势，使初级电流迅速切断，提高次级电压。

5.3 电子点火系统

5.3.1 电子点火系统的组成、特点及分类

（1）电子点火系统的组成

电子点火系统又称为半导体点火系统或晶体管点火系统。电子点火系统主要由火花塞、分电器、点火信号发生器、点火线圈、点火控制器等组成，如图5.3所示。点火控制器是一个电子开关电路，其功能相当于传统点火系统中的断电器。点火信号发生器装在分电器内，当相应汽缸处于点火时刻时，它会按顺序发出一个脉冲信号，该脉冲信号控制点火控制器的通断，以便接通或断开点火线圈的初级电路。

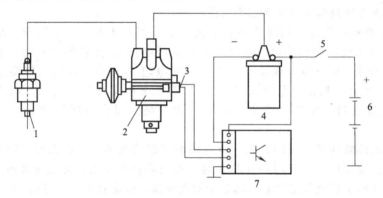

图 5.3 电子点火系统的基本组成

1—火花塞；2—分电器；3—点火信号发生器；4—点火线圈；

5—点火开关；6—蓄电池；7—点火控制器

（2）电子点火系统的优点

传统点火系统存在的缺点有：断电器触点容易烧蚀；次级电压及火花能量受限；高速易断火；对火花塞积炭敏感。因此，它已明显不能适应现代工程机械发动机向高转速、高压缩比方向发展的需求，也不能满足近年来为了减少空气污染、改善混合气的燃烧工况、提高点火电压及点火能量的需求。电子点火系统是在传统点火系统的基础上发展产生的，其功能与传统点火系统完全相同，但点火性能却有很大提高，其主要优点表现在以下几个方面：

① 由于电子点火系统无触点，因此与触点相关的缺陷不复存在。

② 由于没有触点电流的限制，因此可适当增大初级电流，减小初级绕组的匝数，相应减小了初级绕组的电感和电阻，则使初级电流上升更快，再加上三极管开关速度是断电器无法相比的，因此，次级电压高且稳定，火花能量大。由于次级电压上升时间缩短，对火花塞积炭不再敏感，进一步提高了点火可靠性。电子点火系统适应了高速、高压缩比及燃用稀混合气的现代新型发动机的需要，它可使发动机的冷启动性、动力性和燃料经济性得以提高，而且排气污染下降。

③ 由于电子电路设计、制造都很方便，在电子点火系统中可以很方便地增加其他功能，如恒流控制电路、闭合角控制电路、点火正时控制电路等，电子点火系统的点火性能进一步提高。同时，电子点火系统对无线电干扰小，结构简单，重量轻，体积小，使用维护方便。

（3）电子点火系统的分类

① 按储存能量的方式分类。

a. 电感蓄能式点火系统：点火系统产生高压前，从电源获取的能量是电感线圈以磁场能的形式储存的。目前电感储能式点火系统应用较多。

b. 电容蓄能式点火系统：点火系统产生高压前，从电源获取的能量是以电场形式储存在专门的储能电容中的。

② 按有无触点分类。

a. 有触点式电子点火系统：用装在分电器内的触点的开、闭作为功率三极管或晶闸管的触发信号，来控制点火线圈初级电流的通断。触点式电子点火系统的点火信号仍由断电器产生，与断路器有关的缺陷仍不能克服。目前已基本不采用有触点式电子点火系统。

b. 无触点电子点火系统（全晶体管点火系统）：采用信号发生器代替了机械触点式断路器，用信号发生器产生的触发信号控制电子点火控制器（点火组件或点火模块），点火控制器把信号发生器产生的信号进行处理，再去控制点火器内功率三极管来完成初级电路的通断，从而产生点火信号。

③ 按点火信号产生的方式分类。

a. 磁感应式电子点火系统：利用电磁感应原理，改变磁路磁阻，使通过感应线圈的磁通量发生变化，在感应线圈内产生交变电动势，以此作为点火信号。该点火系统国内外普遍使用，如丰田车系。

b. 霍尔效应式电子点火系统：利用霍尔效应原理，改变通过霍尔元件磁感应强度，产生脉动的霍尔电压，以此作为点火信号。该点火系统在西欧车辆和部分美国车辆中使用，如大众车系。

c. 光电式电子点火系统：随转子的转动，发光二极管照射到光敏二极管上的光线发生变化，光敏二极管便产生点火脉冲信号。由于光电式电子点火系受外界环境影响较大，点火信号电压很不稳定，现已很少采用，如日产车系。

d. 电磁振荡式无触点点火系统：使用较少。

5.3.2　有触点电子点火系统

这是最早出现的电子点火系统，它主要是在传统点火系统的初级电路中增加了一个电子控制装置，用传统的断电器来控制电子控制装置中晶体管的导通与截止，以控制点火线圈初级电流的通断。其结构如图 5.4 所示。

当触点闭合时，三极管 V_1 的基极与发射极短路，则 V_1 截止。此时电源通过 R_2、V_3 向大功率三极管 V_2 提供基极电流，使 V_2 导通，于是电源电流便经点火线圈初级绕组 W_1、附加电阻 R_f、V_2 的集电极、发射极至搭铁构成回路，点火线圈初级电路接通。

当触点打开时，电源通过 R_3 向 V_1 提供基极电流，使 V_1 导通。V_1 导通时，则 V_2 截止，点火线圈初级绕组的电流迅速中断，磁场迅速消失，于是在次级绕组 W_2 中产生点火高压。

相比于传统蓄电池点火系统，这种点火系统的触点寿命长（因流过触点的电流很小，约 1A），次级电压高（因 V_2 的开关速度快）。但因仍存在触点表面烧蚀、凸轮及顶块的磨损以及高

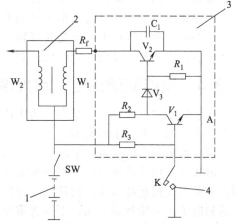

图 5.4　国产 BD-71 型有触点电子点火装置

1—蓄电池；2—点火线圈；3—电子控制装置；

4—断电器触点

速时触点臂的颤动现象，限制了断电器的工作速率。因此，它很快就被无触点的电子点火系统所取代。

5.3.3 电容储能式电子点火系统

电容储能式电子点火系统不同于传统点火系统和电感储能式电子点火系统，它用于产生电火花的能量不是以磁场的形式储存在点火线圈中，而是以电场的形式储存在专门的储能电容中，当需要点火时，储能电容向点火线圈初级绕组放电，在次级绕组中感应出高压电动势，使火花塞跳火。

电容储能式电子点火系统一般由直流升压器、储能电容、开关元件（可控硅）、可控硅触发器以及点火线圈、分电器等组成，其电路原理如图 5.5 所示。

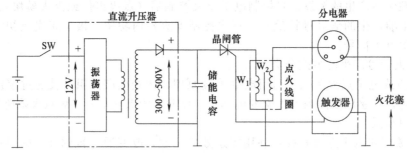

图 5.5 电容储能式电子点火系统原理

直流升压器一般包括振荡器、变压器和整流器三部分，其负责将 12V 的低压直流电转变为交流电并升压，再经整流器整流为 300～500V 的直流电，向储能电容充电。储能电容用来储存产生电火花的能量，其电容量一般为 0.5～2μF。可控硅起开关作用，它由触发器在规定的点火时间触发，以实现点火。触发器可分为有触点式和无触点式两种。

有触点电容储能电子点火系统工作原理：当触点闭合时，触发器发出指令信号，使可控硅关断，直流升压器输出 300～500V 的直流高压电，向储能电容充电；当触点打开时，触发器也发出指令信号，使可控硅导通，则储能电容器向点火线圈初级绕组放电，在次级绕组中同时感应出 20～30kV 的高压电，使火花塞跳火，点燃混合气。

无触点电容储能电子点火系统的工作原理与上述基本相同，其主要区别就在于触发信号的获得方式不同，其触发信号获得方式有磁脉冲式、霍尔式、光电式等。

电容储能电子点火系统，由于储能电容充、放电时间很短，且可控硅开关动作速率极高（0.5～2μs），所以次级电压不受转速影响，因而高速点火性能好，且能量利用率高。但因其结构复杂、成本高、放电持续时间极短等，故使用较少，仅用于高速汽油机上。

5.3.4 电感储能式电子点火系统

电感储能式电子点火系统在结构组成方面与传统点火系统相比，增加了点火信号发生器和电子点火器，去掉了断电器。

（1）磁感应式电子点火系统

磁感应式电子点火系统是目前应用比较广泛的一种电子点火系统，主要由磁感应分电器、电子点火控制器（点火模块）、高能点火线圈和火花塞等组成。各种车型使用的感应分电器和电子点火控制器不同，下面着重介绍几种典型车型使用的磁感应电子点火系统。

① 解放 CA1091（CA1092）型汽车磁感应电子点火系统。解放 CA1091（CA1092）型汽车磁感应式电子点火系统由 WFW63 磁感应式分电器、6TS107 型电子点火控制器、JDQ172 型高能点火线圈和火花塞等组成，如图 5.6 所示。

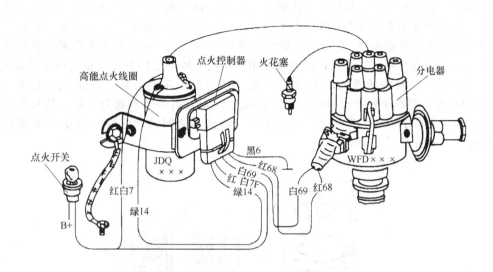

图 5.6 解放 CA1091（CA1092）型车磁感应电子点火系统的组成

a. 磁感应分电器：主要由磁感应点火信号发生器、离心提前装置、真空提前装置和配电器四部分组成，其结构如图 5.7 所示。它的配电器部分与传统触点式分电器相同，在此不再赘述。

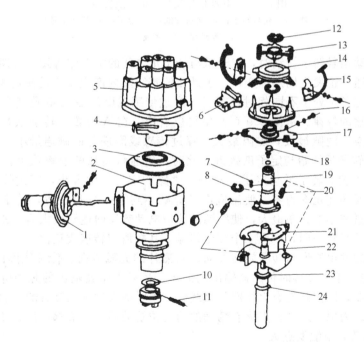

图 5.7 CA1091（CA1092）型汽车磁感应分电器结构

1—真空提前装置；2—分电器壳；3—防护罩；4—分火头；5—分电器盖；6—插座护套；

7—圆柱销；8、12—挡圈；9—调整孔塞子；10、2—耐磨垫圈；11—弹性圆柱销；

13—信号转子；14—传感器线圈；15—固定夹；16—定子组件；17—底板式；

18—油毡；19—转子轴；20—拉簧；21—离心飞块；22—托板；

23—尼龙垫；24—分电器轴

•磁感应信号发生器。磁感应点火信号发生器也称为磁感应式传感器，其作用是确定点火时刻，它装于分电器内（即原断电器的位置），其组成和安装如图 5.8 所示。底板 7 和传感线圈 3 固定在分电器壳内，定子 4、塑性永磁片 5 和导磁片 6 三者用铆钉铆合后套在底板的轴套上，并受真空调节装置拉杆的约束。定子和信号转子上均有与发动机汽缸数相同的 6 个爪，且 6 个爪之间的角度误差很小。当转子爪与定子爪对齐时，两爪之间留有 0.3～0.5mm 的间隙；塑性永磁片充磁后，一个表面为 N 极，另一个表面为 S 极。信号发生器的磁路为：永磁片的 N（S）极→定子→定子爪与转子爪之间的空气隙→转子→传感线圈铁芯→导磁片→永磁片的 S（N）极。

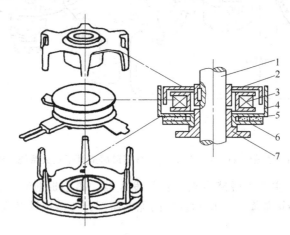

图 5.8　磁脉冲信号发生器组成及安装
1—转子轴；2—信号转子；3—传感线圈；4—定子；5—塑性永磁片；
6—导磁片；7—底板

当转子轴带动信号转子转动时，定子爪与转子爪之间的空气隙将发生周期性变化，使穿过传感线圈的磁通量也发生周期性变化，于是在传感线圈内产生交变的感应电动势。图 5.9 所示为转子爪与定子爪处于不同相对位置时，穿过传感线圈的磁通 Φ 及其产生的感应电动势随转子转角变化的规律。从图 5.9（c）中可以看出，在 A 位置，转子爪处于相邻两个定子爪之间，此时空气间隙最大，磁阻最大，穿过传感线圈铁芯的磁通最小，感应电动势为零；在 B 位置，转子爪开始与定子爪接近，此时，磁通量增加的速率最大，感应电动势达到最大值；在 C 位置，转子爪与定子爪对齐，磁路的空气间隙最小，穿过传感线圈铁芯的磁通最大，但磁通的变化率为零，使感应电动势减小到零；在 D 位置，转子爪刚离开定子爪，此时，磁通量减小的速率最大，使线圈的感应电动势反向达到最大值；E 位置的情况与 A 位置相同。转子每转一周，产生 6 个交变信号，其幅值与转速成正比。

信号发生器的输出波形与转子旋转方向、永磁片的充磁方向、传感线圈的绕向等有关。图 5.10 所示为转子正、反转时传感器输出的波形。信号发生器输出的脉冲电压信号，被送至电子点火控制器，以控制与点火线圈初级绕组相串联的大功率三极管的导通和截止，使次级产生点火高压。为保证发动机点火有精确的角度位置关系，一般都选择脉冲电压信号陡峭段（ab 段）中的某点来触发点火。

磁脉冲信号发生器的基本工作原理是：利用电磁感应原理，将运动速度转换成传感线圈的感应电动势输出，并采取了使信号转子爪、定子爪和发动机汽缸数相等的办法，来产生磁脉冲信号。它工作时不需要电源，而是将分电器轴输入的机械能转变成脉冲的电能，同时利用不损失的永久磁铁的磁能来传递能量。其优点是输出功率大、性能稳定、制造容易等，因而被广泛采用。

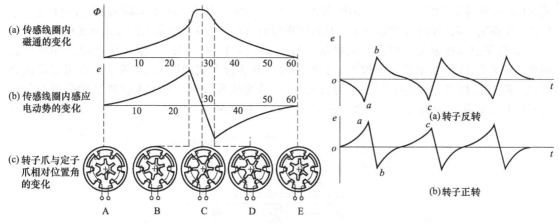

图 5.9 传感线圈内磁通及感应电动势的变化

图 5.10 传感器输出波形

• 离心式点火调节装置。离心调节装置的组成如图 5.11 所示。离心式点火调节装置的工作原理与传统点火系统不同的是，当转速增大时，飞块产生离心力，使得本来与分电器轴同步转动的转子轴带着信号转子相对分电器轴朝前转过一个角度，相当于信号转子爪提前与定子爪对齐，从而达到提前点火。

离心调节装置的分电器轴 9 和托板 8 压装在一起，信号转子 1 和凸轮 4 固定在转子轴 2 上，转子轴套装在分电器轴 9 的上端，且能绕分电器轴转动。两个离心飞块 7 分别松套在柱销 6 上，两根拉簧 5 分别挂在挂销 3 和挂杆上。

当分电器轴随发动机转动时，通过柱销 6、离心飞块 7 和凸轮 4 驱动转子轴 2 旋转。飞块旋转时将产生离心力，转速越高，飞块的离心力越大。当飞块的离心力大于拉簧的拉力时，飞块便绕着柱销 6 向外甩开，其圆弧面顶着凸轮 4，使本来随分电器轴同步旋转的转子轴 2 相对于分电器轴朝前转过一个角度，从而使信号转子爪提前与定子爪对齐，电信号在时间上提前出现，并通过电子点火控制器实现提前点火。

两根弹簧的刚度不同，一根刚度小，另一根刚度大。当调节装置停止时，刚度小的拉簧预先被拉紧；当分电器轴旋转时，刚度小的拉簧先起作用；转速达到一定值时，刚度大的拉簧也同时参加工作；当转速再进一步上升到飞块与托板上的挡杆相碰时，离心提前装置便不再起作用。

• 真空式点火调节装置。真空式点火调节装置的组成如图 5.12 所示。真空式点火调节装置的工作原理与传统点火系统的不同之处在于，拉杆拉动的是定子组件而不是触点组，当

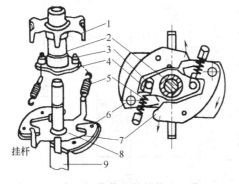

图 5.11 离心调节装置的结构和工作原理

1—信号转子；2—转子轴；3—挂销；4—凸轮；5—拉簧；
6—柱销；7—离心飞块；8—托板；9—分电器轴

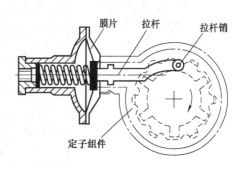

图 5.12 真空调节装置结构

发动机在小负荷工作时，在真空度的作用下，拉杆拉动定子组件逆着分电器轴旋转方向转过一个角度，使得定子爪与转子爪提前对齐，从而实现提前点火。而在大负荷工作时，与此相反。

　　b. 电子点火控制器：也称点火模块，解放 CA1091（CA1092）型采用美国摩托罗拉公司生产的 6TS2107 型电子点火模块，其外形尺寸和连接方式如图 5.13 所示。它用厚膜混合集成电路工艺制成，其接线如下：①搭铁；②、③为信号端子，接收来自磁脉冲分电器传感线圈的信号；④接电源正极；⑤接点火线圈"－"接线柱。

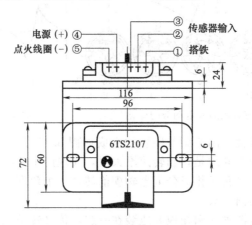

图 5.13　6TS2107 电子点火控制器外形及接线方式

　　6TS2107 型电子点火控制器工作原理如图 5.14 所示，图中给出了要求磁脉冲分电器输出的电压信号波形。其工作原理如下：

　　当发动机不转动时，磁感应线圈无信号输出，点火控制器 VT 截止，初级电路无电流。

　　当发动机转动时，磁感应信号发生器的磁感应线圈产生交变的点火信号，送至点火控制器的 2、8 端，当输入信号电压下降至一定值（－100mV）时，开关管 VT 导通，点火线圈初级绕组 W_1 中有电流流过，经点火控制器搭铁；当信号电压上升到一定值时，与点火线圈相串联的开关管 VT 截止，点火线圈初级电路被切断，W_1 中无电流流过，线圈中磁通发生变化，因此在次级绕组 W_2 中感应出高压电，经配电器高压线分配给需要点火的工作缸。

　　分电器轴每转一周，信号发生器产生 6 次交变信号，经点火控制器处理后，点火线圈产生 6 次点火高压，以保证每一个工作循环各缸轮流点火一次。

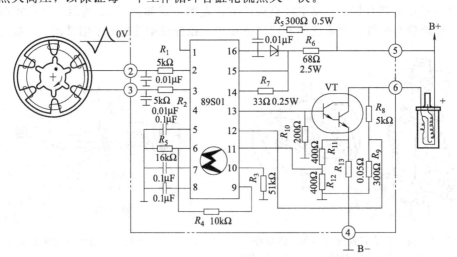

图 5.14　6TS2107 点火控制器工作原理及实物连接

6TS2107点火控制器除具有上述基本功能外，还具有如下辅助功能：

恒流控制功能：即在发动机转速和电源电压变化时，电子点火控制器可将点火线圈初级绕组的电流值限制在5.5A±0.5A，以防电流过大，烧坏点火线圈和电子点火控制器，并可使点火能量恒定，以实现恒能点火。

失速慢断电功能：若由于某种原因而使发动机突然停转，且点火开关仍然闭合时，电子点火控制器可在0.5s之内缓慢切断点火线圈初级电流，以避免点火线圈和电子点火组件长期通电而烧坏，又可防止误点火。

低速推迟输入信号功能：在发动机转速低时，可使发动机启动时推迟点火，以实现发动机顺利启动，改善启动性能。

过电压保护功能：当电源电压超过30V时，能自动切断点火系统初级电路，使发动机停止工作，以保护电子点火控制器等。

c.点火线圈。采用JDQ172型开磁路无附加电阻的高能点火线圈。电子点火系统的点火线圈与传统点火系统不同，一般采用初级绕组为低电阻、低电感、高匝比的专用高能点火线圈，从而达到增大初级电流上升率及切断电流、提高次级电压的目的。因此电子点火系统必须采用专用点火线圈，而不能采用传统点火系统的普通点火线圈代替。

电子点火系统采用闭磁路式点火线圈，其结构如图5.15（a）所示，磁路如图5.15（b）所示。

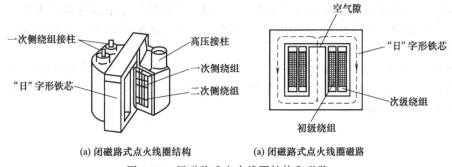

(a) 闭磁路式点火线圈结构   (a) 闭磁路式点火线圈磁路

图5.15 闭磁路式点火线圈结构和磁路

d.火花塞。

• 火花塞的工作条件及要求。火花塞的工作条件极其恶劣，它受到高温、高压及燃料燃烧产生的强烈腐蚀，因此对其提出了很高的要求。即：耐高温、高压、耐高压电冲击和抗腐蚀。

• 火花塞的结构。如图5.16所示，其主要由中心电极、侧电极、导电密封剂、瓷质绝缘体、钢壳等组成。

• 火花塞的型号与选用。根据ZBT 37003—89《火花塞产品型号编制方法》的规定，火花塞型号由三部分组成：第一部分为汉语拼音，表示火花塞的结构类型及主要尺寸；第二部分为阿拉伯数字，表示火花塞热值，用1、2、3、4、5、6、7、8、9、…表示由热至冷；第三部分为汉语拼音字母，表示火花塞派生产品、结构特性、发火端特性、材料特性及特殊技术要求，如省略，表示普通型火花塞。

要使发动机工作良好，必须使火花塞保持适当温度。温度过低，易产生积炭而漏电，导致不点火或点火不良；温度过高，易产生爆燃，甚至在进气行程燃烧。火花塞绝缘体裙部在

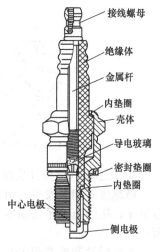

图5.16 火花塞的结构

工作中的温度取决于其受热情况和散热条件，火花塞各处的温度及散热途径如图 5.17 所示。

火花塞的热特性主要取决于绝缘体裙部的长度，裙部越长，其受热面积越大，传热距离越长，散热越困难，温度就越高，称为"热型"火花塞；反之，裙部越短，称为"冷型"火花塞，如图 5.18 所示。

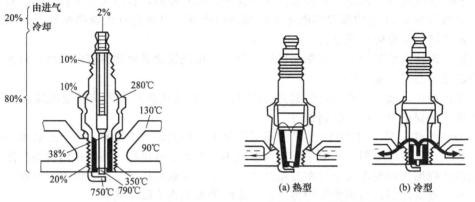

图 5.17　火花塞各处的温度及散热途径　　　　图 5.18　热特性不同的火花塞

一般在选用时，低压缩比、低转速、小功率的发动机应选用"热型"火花塞；高压缩比、高转速、大功率的发动机选用"冷型"火花塞。最好按厂家推荐的型号选配。

火花塞的间隙一般为 0.6～0.7mm，采用电子点火系统时一般为 1.0～1.2mm，若不合适，应使用专用工具检查、调整。

② 丰田 20R 型发动机用磁感应式电子点火系统。丰田 20R 型发动机用感应式电子点火系统如图 5.19 所示。该点火系统主要组成部分有磁感应式信号发生器、点火控制器、分电器、火花塞及点火线圈。

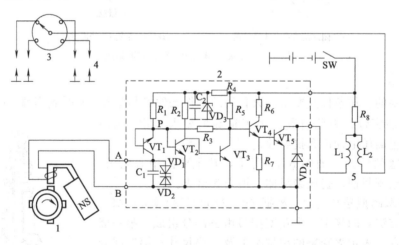

图 5.19　丰田 20R 型发动机用磁感应式电子点火系统
1—磁感应式点火信号发生器；2—点火控制器；3—分电器；4—火花塞；5—点火线圈

a. 磁感应式信号发生器。

磁感应式信号发生器由信号转子、传感线圈、铁芯、永久磁铁等组成。其作用是产生信号电压，送给点火系控制器，通过点火控制器来控制点火系的工作，其工作过程如图 5.20 所示。

永久磁铁和铁芯固定在分电器内，传感线圈绕在铁芯上，信号转子由分电器轴带动，其上的凸齿数与发动机缸数相同。当信号转子随分电器轴一同转动时，其中某凸齿靠近永久磁铁时磁路磁阻减小，传感线圈中的磁通增加；当该凸齿离开永久磁铁时，磁路磁阻增大，传感线圈中的磁通减少。由于传感线圈中的磁通随凸齿转动不断变化，于是有感应电动势产生，其大小与磁通变化率成正比。

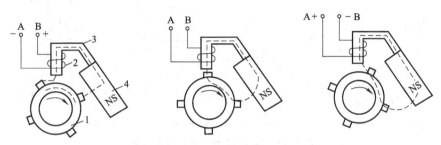

图 5.20　磁感应式信号发生器的组成和工作原理
1—信号转子；2—传感线圈；3—铁芯；4—永久磁铁

　　b. 点火控制器。

　　点火控制器的内部电路如图 5.19 中 2 所示。图中的三极管 VT_2 构成点火信号检出电路，三极管 VT_3、三极管 VT_4 及三极管 VT_5 构成开关放大电路。

　　点火开关 SW 闭合后，蓄电池经 R_4、R_1 为三极管 VT_2 提供基极电流，使三极管 VT_2 导通。三极管 VT_2 的导通导致三极管 VT_3 截止，蓄电池经 R_5 为三极管 VT_4 提供基极电流，使三极管 VT_4 导通，随后三极管 VT_5 导通。于是点火线圈初级绕组中有电流流过。

　　点火信号发生器的输出电压在 P 点与该点的直流电位叠加。当点火信号发生器的输出电压为正值时，两者叠加后仍维持三极管 VT_2 导通。若点火信号发生器的输出电压为负值，两者叠加后不能维持三极管 VT_2 导通时，则其截止。此后，联锁反应使三极管 VT_5 截止。点火线圈初级绕组断电，次级绕组产生很高的感应电压，经分电器分配至各缸火花塞点火。转子每转一圈，各缸依次按点火顺序点火一次。三极管 VT_1 与 VT_2 型号相同，其基极与发射极短路，相当于一个二极管，其作用是为 VT_2 进行温度补偿。当温度升高时，VT_2 的导通电压会降低，导致其提前导通，滞后截止，因此，导致点火滞后。由于温度特性基本相同的 VT_1 与 VT_2 并联，所以当温度升高时，VT_1 的管压降也下降，则 P 点的电位下降，正好补偿了温度升高对 VT_2 的影响，保证 VT_2 的导通、截止时间基本不变，点火时间也与常温时相同。

　　反向串联的稳压二极管 VD_1、VD_2 并接在传感线圈两端，其作用是"削平"高速时传感线圈产生的大信号波峰，保护三极管 VT_1 与 VT_2。

　　稳压二极管 VD_3 的作用是稳定 VT_1 与 VT_2 的电源电压。稳压二极管 VD_4 则是保护 VT_5。

　　电容 C_1 用来消除传感线圈输出电压波形中的毛刺，防止误点火。电容 C_2 则使电源电压更平稳，防止误点火。

　　电阻 R_3 是正反馈电阻，可加速 VT_2、VT_4 与 VT_5 翻转，缩短它们的翻转时间，减少发热量，降低温升。

　　③ 东风 EQ1090 型汽车用感应式电子点火系统。该磁感应式电子点火系统由磁感应式信号发生器、JKF667 型点火控制器、点火线圈、火花塞等组成。磁感应式信号发生器与前述相同，下面着重介绍 3KF667 型点火控制器的电路及工作原理。

　　JKF667 型点火控制器的电路如图 5.21 所示。点火开关 SW 闭合，蓄电池经电阻 R_{14} 为三极管 VT_1 提供基极电流，使其导通。此后，其集电极 G 点电位降低，使三极管 VT_2、

VT_3 截止，尽管点火开关 SW 闭合，点火线圈初级绕组也不会有电流流过。因此发动机停车时，蓄电池不会因点火开关 SW 闭合而经点火线圈初级绕组长时间放电，导致点火线圈过热。

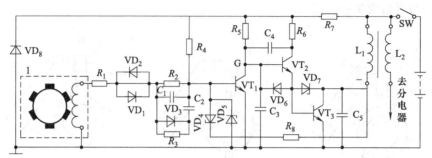

图 5.21　JKF667 型点火控制器电路

当发动机运转时，信号转子随分电器转动，点火信号发生器便产生感应电压脉冲信号。当传感线圈输出的电压脉冲信号为负值时，电流经蓄电池"＋"、SW、R_7、R_4、R_2、VD_2、传感线圈、搭铁、蓄电池"－"形成回路，VD_2 导通，导致 VT_1 因发射结反向偏置而截止。VT_1 集电极 G 点电位升高，使三极管 VT_2、VT_3 导通，则点火线圈初级绕组便有电流通过。当传感线圈输出的电压脉冲信号为正值时，该信号电压经 R_1、VD_2、R_2 传到 VT_1，基极与蓄电池共同作用，使 VT_1 导通，VT_1 集电极 G 点电位迅速降至 0V，使三极管 VT_2、VT_3 迅速截止。点火线圈初级绕组电流被切断，点火线圈次级绕组 L_2 感应出很高的感应电动势，经分电器分配到相应汽缸的火花塞，使其产生电火花。

该点火控制器除上述基本点火功能外，还具有点火能量控制、闭合角控制及各种校正和保护的功能。

电阻 R_7 和稳压二极管 VD_8 组成点火能量控制电路，使电路的工作电压稳定在 6V 左右。当电源电压低于 10V（如发动机启动时），VT_1 导通，使三极管 VT_2、VT_3 截止。稳压二极管 VD_5 截止，VT_1 的基极电流由 R_4 供给，VT_1 处于临界饱和状态，其触发灵敏度很高，有很弱的信号输入时，也能使 VT_1 翻转。这就保证了三极管 VT_3 的导通时间，点火线圈初级绕组则能够存储足够的磁场能量，提高了发动机启动的可靠性。若电源电压高于 10V，稳压二极管 VD_4 导通，VT_1 的基极电流由 R_4、R_8 共同供给，则 VT_1 的基极电流增加，VT_1 的饱和程度增加，灵敏度减小，缩短了 VT_3 导通时间，使点火线圈初级绕组存储的磁场能量减少。这样，电源电压发生变化时，由稳压二极管 VD_4 和 R_8 组成的反馈电路，使三极管 VT_1 的静态工作点稳定在要求的范围内，点火能量不随电源电压波动而变化。

该图中的电阻 R_2 和电容 C_1 组成一个加速电路。当点火信号前沿到来的瞬间，C_1 可看作短路，VT_1 的瞬间基极电流可以很大，因而很快导通。随着 C_1 的充电，由其供给 VT_1 的基极电流逐渐减少。当 C_1 充满电后，VT_1 的基极电流完全靠 R_2 提供。当点火信号脉冲后沿到来时，C_1 通过 R_2 放电，R_2 上形成一个左"＋"右"－"的电压，该电压加在 VT_1 的发射结上，形成一个负偏压，使很快截止。在 C_1、R_2 的作用下，VT_1 的开关速度被加快，使 VT_1 的输出波形更接近于方波，改善了点火性能。

传统点火系统中，分电器凸轮在断电器触点闭合时间内转过的角度 β，称为分电器的触点闭合角。电子点火系统中，在末级大功率三极管饱和导通时间内，分电器轴转过的角度也称为闭合角。该角度实际上是导通角，但习惯上仍称为闭合角。对于四冲程发动机，若分电器转速为 n（r/min），则闭合角与闭合时间的关系为：

$$t_b = \frac{\beta}{360n/60} = \frac{\beta}{6n}$$

该式表明，当β为常量时，t_b与n成反比，即点火线圈初级电路的导通时间与转速成反比。当发动机转速较低时，点火线圈导通时间较长，会造成点火线圈过热，末级功率三极管功率损失大，不但浪费电能，而且容易使点火线圈和功率三极管损坏。发动机转速较高时，点火线圈初级电路导通时间过短，初级电路电流达不到规定值，导致发动机断火。

JKF667型点火控制器电路中用二极管VD_3、电容C_2、电阻R_3等元件组成闭合角控制电路。当点火信号发生器输出正脉冲信号时，电流经电阻R_1，二极管VD_1、VD_3，给C_2充电，同时，三极管VT_1导通，VT_2、VT_3截止。而当点火信号发生器输出负脉冲时，脉冲信号经$VD_5 \rightarrow R_2 \rightarrow VD_2 \rightarrow R_1$构成回路。与此同时，充满电的$C_2$经$R_3 \rightarrow VD_2 \rightarrow R_1 \rightarrow$传感线圈$\rightarrow VD_5 \rightarrow C_2$和$R_3 \rightarrow R_2 \rightarrow C_2$两条支路放电，并与传感线圈产生的信号一起控制三极管VT_1的截止时间。当发动机转速较低时，由于脉冲电压较低，C_2充满后的电压也低，则其放电时间也较短，三极管VT_1截止时间亦短，VT_2、VT_3导通时间也短，闭合角较小。信号脉冲电压随发动机转速升高而增大，C_2充满电后的电压增高，放电时间延长，三极管VT_1的截止时间变长，VT_2、VT_3导通时间也变长，闭合角也变大。因此，闭合角受到控制，改善了点火性能。

电容C_3是一只小容量滤波电容，用来滤除三极管导通或截止的一瞬间产生的高频自励振荡，防止了电路自励，提高了电路工作的稳定性。三极管VT_3的集电结并联了一个耐压400V的稳压二极管VD_7，以防止浪涌电压将其击穿。C_5用来吸收点火线圈初级绕组的自感电动势，也是为了保护三极管VT_3。二极管VD_6用来保护三极管VT_2的发射结。

（2）霍尔效应式电子点火系统

霍尔效应式电子点火系统是利用霍尔效应原理，改变通过霍尔元件磁感应强度，利用产生脉动的霍尔电压作为点火信号。它主要由内装霍尔信号发生器的分电器、点火控制器、点火线圈、火花塞等组成。

霍尔效应示意图如图5.22所示。霍尔触发器也称霍尔元件，是一个带有集成电路的半导体基片。当外加电压作用在触发器两端时，便有电流I通过半导体基片。若在垂直于电流I的方向上同时有外加磁场B的作用，则在垂直于电流I和外加磁场B的方向上，半导体基片两端产生电压U_H，该现象称为霍尔效应，该电压称为霍尔电压。霍尔电压与通过霍尔元件的电流和磁感应强度成正比，与基片的厚度成反比。

霍尔式无触点分电器由霍尔式信号发生器、配电器、离心式调节装置、真空式调节装置四部分组成，其结构见图5.23。

① 霍尔信号发生器。

a. 霍尔信号发生器的结构。霍尔信号发生器是根据霍尔效应原理制成的，由上述内容可知：若流过基片的电流为一定值时，霍尔电压与磁感应强度成正比。当采用一带有缺口的转子周期性地遮挡磁

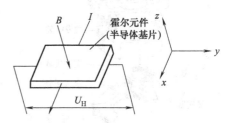

图 5.22　霍尔效应原理
I—电流；B—磁感应强度；
U_H—霍尔电压

分电器盖

防尘罩

分火头

触发叶轮

触发开关

真空调节装置

固定板

分电器外壳

离心调节装置

图 5.23　霍尔式无触点分电器

力线时，霍尔电压就会周期性地产生，这就是霍尔信号发生器的基本结构原理，如图 5.24 所示。

霍尔信号发生器由带有与缸数相同缺口的触发叶轮和触发开关组成。触发叶轮与分火头制成一体，为转子部分，与分电器轴联动；触发开关为定子部分，由霍尔集成组件及带有导板的永久磁铁组成。霍尔集成组件由霍尔元件和霍尔集成电路组成，因霍尔电压信号十分微弱（只能达到毫伏级），需经集成电路放大、脉冲整形后以方波输出，才能作为触发信号使用，见图 5.25。当霍尔电压为零时，霍尔集成电路使霍尔发生器的输出电压急剧上升至数伏；而当产生霍尔电压时，霍尔信号发生器的输出电压则降至 0.4～0.5V。霍尔信号发生器输出的矩形脉冲控制点火控制器的大功率三极管的导通与截止，接通和切断点火线圈初级电流，从而控制点火系统的工作。

b. 霍尔信号发生器的工作原理。霍尔信号发生器的工作原理。如图 5.26 所示。

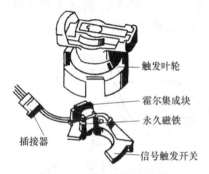

图 5.24　霍尔信号发生器

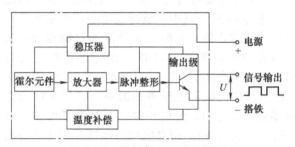

图 5.25　霍尔集成电路方框图

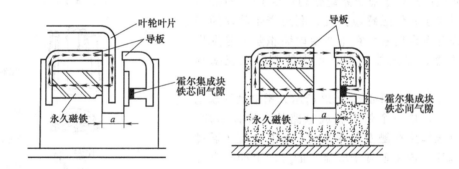

图 5.26　霍尔信号发生器工作原理

当叶轮的叶片进入霍尔元件与永久磁铁的空气隙时，由于磁力线被遮挡，则霍尔元件无法产生霍尔电压，此时霍尔信号发生器产生高电位输出；当叶轮的缺口进入空气隙时，霍尔元件产生一个霍尔电压，此时霍尔信号发生器以低电位输出；带有与缸数相同数目缺口的叶轮不断转动，霍尔信号发生器则产生与之相对应的方波脉冲信号输出，送给点火控制器作为触发信号，见图 5.27。

② 配电器。霍尔式分电器上的配电器除分火头与信号转子制成一体外，无其他大的区别。

③ 离心式调节装置与真空式装置。霍尔式分电器中的离心式及真空式调节装置与磁感应分电器大同小异。

（3）点火控制器

如图 5.28 中的 5 所示是 BOCSH 公司早期用在霍尔信号发生器上的电子点火控制器，由三极管 VT_1、VT_2、VT_3 和一些电阻、电容组成。当霍尔信号发生器输出高电平时，VT_1 导通，VT_2 和 VT_3 组成的复合管也饱和导通，点火线圈初级电路接通。若霍尔信号发生器输出为低电平，VT_1 截止，VT_2 和 VT_3 也截止，点火线圈初级电流被切断，则次级绕组产生点火高电压。

现在集成电路点火电子组件已取代了上述单一功能的分立元件的点火电子组件。意大利 SGS 公司的 L497 专用点火集成电路，其功能较全、性能优越、工作可靠、价格低廉，被广泛采用。图 5.29 是以 L497 专用点火集成电路为核心的电子点火控制器，基本点火功能与前述分立元件电子点火控制器基本相同。各车选用的点火控制器不同，其外形及连线可能会略有差异。点火控制器与点火系统的外接端子共有 6 个：①接点火线圈"一"极；②接搭铁；③信号发生器搭铁端；④点火线圈"＋"接柱端；⑤信号发生器电源输入端；⑥信号发生器信号输出端。当信号发生器输出高电位时，点火控制器三极管导通，点火线圈初级电路接通，初级电流上升；当信号发生器输出低电位时，点火控制器三极管截止，将点火线圈初级电路切断，从而产生次级高压电。该电子点火控制器还有许多附加功能，有点火线圈限流保护功能、闭合角控制功能、电流上升率控制电路功能、停车慢断电保护电路功能、过电压保护电路功能以及其他保护电路功能。

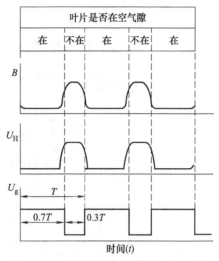

图 5.27 霍尔信号发生器输出电压波形

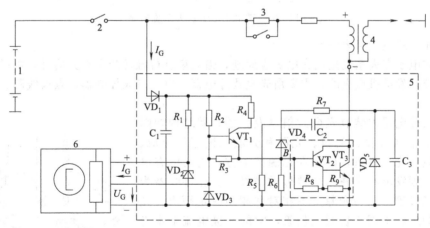

图 5.28 德国 BOCSH 公司的霍尔式电子点火系统电路

1—蓄电池；2—点火开关；3—附加电阻；4—点火线圈；
5—电子点火控制器；6—霍尔式点火信号发生器

（4）霍尔式电子点火系统的基本电路

霍尔式电子点火系统的基本电路如图 5.30 所示。

由于霍尔式点火信号发生器输出的点火信号幅值、波形不受发动机转速影响，所以低速时点火性能好，有利于发动机的启动；点火正时精度高，易于控制；此外，不需调整，不受灰尘、油污影响，工作性能更可靠、耐久，使用寿命长，所以霍尔效应式电子点火系在欧洲应用较为广泛。

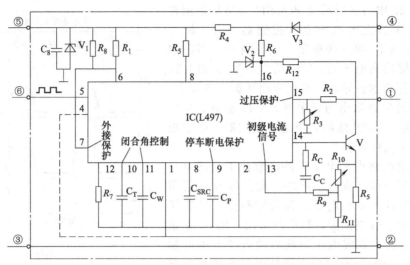

图 5.29　以 L497 为核心组成的电子点火控制器电路

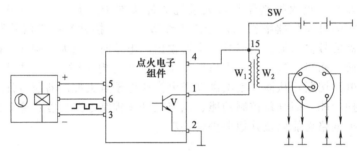

图 5.30　霍尔式电子点火系统电路

（5）光电式电子点火系统

光电式电子点火系统是用光电效应原理，借光束进行触发产生点火信号，再通过电子点火控制器控制发动机点火的，主要由光电式分电器、电子点火控制器、点火线圈、火花塞等组成。

光电式分电器内装有光电式信号发生器，其结构如图5.31所示，它主要由遮光盘、光源和光敏三极管等组成。光源是一只发光二极管，固定在光源架上方，当其中有电流通过时，则发出光束并用半球形透镜聚集。光接收器为一只光敏三极管，它与光源上下相对并相距一定距离。光敏三极管的工作不同于普通三极管，它的基极电流是由光产生的，即当有光束照在其上时，基极就有电流流过，三极管就导通；当光速照射不到其上时，基极电流消失，三极管即截止。可见，光敏三极管的基极不必输入电信号，也无需基极引线。

遮光盘用金属或塑料制成，盘外圆上开有与发动机汽缸数相等的缺口。遮光盘安装在分电器轴上方，盘的外缘正好处于光源与光接收器之间。当遮光盘随分电器轴转动时，缺口处便有光束通过并照射到光敏三极管上，则光敏

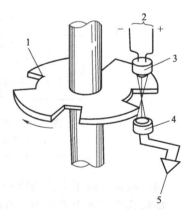

图 5.31　光电式信号发生器
1—遮光盘；2—电源；3—光源；
4—光接收器；5—输出信号

三极管导通，输出电信号；当遮光盘实体部分处于光源与光敏三极管之间时，挡住了光束，光敏三极管截止，无电信号输出。显然，分电器轴每转一周，光电式信号发生器便产生与发动机汽缸数相同的电信号。

电子点火控制器的作用是接收光电式信号发生器产生的电信号，并将其放大，以控制大功率三极管接通和切断点火线圈初级电路。

光电式电子点火系统的工作原理如图 5.32 所示，接通点火开关，发光二极管 V_1 便发出光束。发动机工作时，遮光盘随分电器轴转动，当遮光盘上的缺口通过光源时，光束通过缺口照射到光敏三极管 V_2 上，使其导通，V_3 也随之导通。V_3 导通后，给 V_4 提供基极电流，使 V_4 导通，V_4 导通时，V_5 由于发射极被短路而截止，V_5 截止时，V_6 由于 R_8、R_6 的分压获得偏流而导通，则接通了点火线圈的初级电路。当遮光盘的实体部分遮住光束时，V_3、V_4 截止，V_5 导通、V_6 截止，切断了点火线圈初级电路，则在次级绕组中便产生高压而点火。稳压管 V_7 的作用是稳定发光二极管 V_1 的工作电压。R_7 的作用是当 V_6 截止时，吸收初级绕组中产生的瞬时自感电动势，以保护 V_6。C_1 起正反馈作用，用以加速 V_4、V_5 的翻转速度。

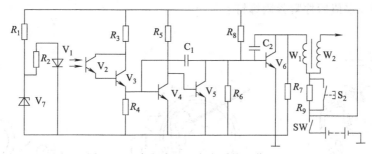

图 5.32　光电式电子点火系统工作原理

光电式电子点火系统优点是光电触发信号只取决于遮光盘位置（即曲轴位置），而与发动机转速无关，故在发动机转速很低时，仍能发出正常触发信号，以保证发动机可靠点火；其次是结构简单、成本低。如果灰尘覆盖在光源外表面时，会降低光通量，影响点火的可靠性。

5.3.5　电子点火系统的使用与部件检修

（1）电子点火系统的使用

① 安装时，电源极性不可接错，部件安装必须牢固且接线必须正确，否则极易损坏电子点火器。

② 发动机运转时，不可拆去蓄电池连接线，不能用刮火的方法检查发电机的发电情况，以免损坏电子元件。

③ 在拆接系统中的导线或拆接检测仪器时，应先关闭点火系统。

④ 洗车时，应关闭点火系统，应尽量避免水溅到电子点火器和分电器内。

⑤ 电子点火器应安装在干燥、通风良好的部位，并保持其表面的清洁，以利于散热。

⑥ 当需摇转发动机而又不需要发动机启动时，应先拔下分电器上的中央高压线并将其搭铁，绝不允许点火线圈在开路状态下工作。

⑦ 电子点火系统中所用点火线圈为高能点火线圈，应尽量避免用普通点火线圈代替。

⑧ 点火信号线与高压线应分开放置，以免干扰电子点火器工作。

⑨ 高压导线必须连接可靠，否则高压电极易击穿分电器盖及点火线圈绝缘层。

（2）电子点火系统的部件检修

若发动机不能启动而怀疑点火装置有问题时，可从分电器盖上拔下中央高压线，使其端部和机件保持 5～7mm 距离，然后启动发动机，若高压线与机件间有电火花产生，表明点火装置无问题，否则点火装置有问题，应予检查。点火装置有关的接线发生故障的可能性远比点火装置本身发生故障的可能性要大，因此首先应对它们进行检查，当确认接线无故障后，再检查点火装置本身。相关接线故障的检查方法与传统点火装置基本相同。

① 点火信号发生器的检修

a. 磁感应式点火信号发生器的检修。将分电器与线束间的插接器断开，用万用表测量与分电器相连两根导线间的电阻，如图 5.33 所示。还可用螺丝刀等工具轻敲传感器线圈或分电器外壳，以检查其内部有无接触不良的故障。如果测量值与传感线圈标准电阻值相差较大（不同车型标准值不同，一般为几百至一千欧姆不等），表明传感线圈可能损坏；若阻值为无穷大，说明线圈断路，一般断点大多在导线接头处，如焊点松脱等，此时可将传感线圈拆下进一步检查，若有松脱，将其焊牢。

对转子凸齿与线圈铁芯间的间隙的检查，可按图 5.34 所示的方法，用厚薄规测量间隙值。其标准值一般为 0.2～0.4mm，若超出该范围，可按图 5.35 所示，松开紧固螺钉 A、B，调整间隙到规定值后拧紧紧固螺钉。

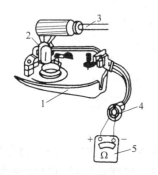
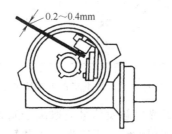
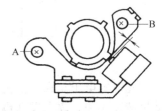

图 5.33　测量传感线圈的电阻值　　图 5.34　测量信号转子凸轮与传感　　图 5.35　信号转子凸轮与传感线

1—分电器；2—传感线圈；3—螺丝刀；　　　　线圈之间的间隙示意图　　　　圈铁芯间的间隙示意图

4—插接器；5—万用表

检查信号发生器输出电压时，转动分电器轴，用万用表交流电压挡测量信号发生器输出。如果有输出电压，且电压值正比于转速，表明无故障；否则信号发生器有故障。

b. 霍尔式点火信号发生器的检修。霍尔式点火信号发生器为有源器件，检修时需要接通电源。霍尔式点火信号发生器的检查方法如图 5.36 所示。首先检查点火信号发生器的电源电压是否正常。将直流电压表表笔正确接于分电器插接器"＋"、"－"接线柱，接通点火开关，电压表的示值应接近蓄电池电压，为 11～12V；否则，说明点火控制器没有提供正常工作电压，应检查点火控制器。如果电压表的示值正常，进一步检查信号发生器的输出电压。此时应接通点火开关，用电压表测量分电器信号输出线的电压。当触发叶轮的叶片在霍尔信号发生器的空气隙中时，电压表的示值应接近电源电压，为 11～12V；触发叶轮的叶片不在霍尔信号发生器的空气隙中时，电压表的示值应接近于零，为 0.3～0.4V。若测量结果与上述不相符，表明有故障；否则无故障。对其他类型的霍尔式点火信号发生器也可参照该方法检修。

② 点火控制器的检修。

a. 干电池检测法。用干电池电压模拟点火信号进行检查，如图 5.37 所示。用一节 1.5V 的干电池，正接和反接于点火控制器的两根信号输入端，用万用表电压挡检查点火线圈"－"接线柱与搭铁之间的电压。在正接和反接两次测试中，测试值应一次为 1～2V，一

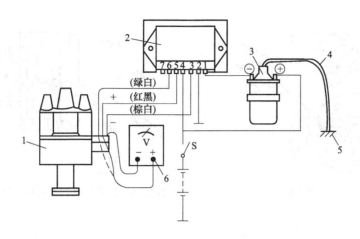

图 5.36　霍尔信号发生器的检查
1—分电器；2—点火控制器；3—点火线圈；4—高压线；5—搭铁；6—直流电压表

次为 12V，否则说明点火控制器有故障。也可以用试灯代替万用表，通过观察试灯亮灭来进行判断，两次测试，试灯应一次亮，一次灭，否则说明点火控制器有故障。

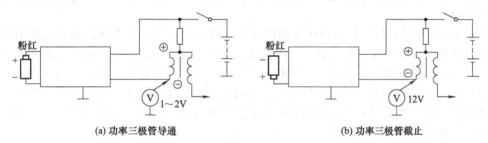

(a) 功率三极管导通　　　　　　　(b) 功率三极管截止
图 5.37　用干电池检查点火控制器

　　b. 高压试火法。在确认点火信号发生器和点火线圈等均良好的情况下，可采用跳火法判断点火控制器是否有故障。方法是：将分电器中央高压线拔出，高压线端部距离缸体 5～10mm，接通点火开关，使信号发生器产生点火脉冲，此时看高压线端是否跳火。如果火花强，则说明点火控制器良好；不点火，表明故障在点火系的高压配电部分。

　　不同类型的点火信号发生器产生点火脉冲的方法不同。磁脉冲式信号发生器可用一只旋具头快速地碰刮定子爪，以改变通过感应线圈的磁通而产生点火脉冲，如图 5.38所示。

　　霍尔式信号发生器则可采用小旋具或钢锯条在霍尔元件的气隙中插入后迅速拔出，使通过霍尔元件的磁通发生变化，产生点火脉冲信号。另外也可采用旁路法，甩开霍尔信号发生器对电子点火器做跳火试验。如图 5.39 所示，将跨接线一端接在信号线插头上，另一端反复搭铁（时间不超过 1s），间歇产生脉冲信号。

　　c. 加热法。电子点火器内细小的电子元件对高温极为敏感。检查时，可模拟发动机运转时其舱内的温度情况，用灯泡或电烙铁加热电子点火器，这样可使电子点火器内部元件或线路的故障现象暴露出来，便于发现故障。检查间断性出现的故障时，就可采用此种方法。

　　d. 替换法。该方法是最简单的方法，即用相同型号的点火控制器替换怀疑有问题的点火控制器，若替换后一切正常，说明原点火控制器有问题。

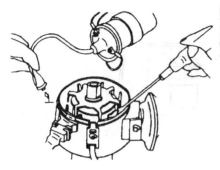

图 5.38　磁脉冲电子点火跳火试验

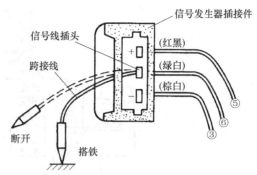

图 5.39　用跨接线代替霍尔信号发生器跳火试验

5.4　微机控制点火系统

电子点火系统有效地提高了次级电压和点火能量，但点火提前调节装置与传统点火系统一样，仍靠离心式、真空式两种提前调节机构来完成。由于机械传动机构的磨损和自身局限性等因素的影响，机械式点火提前调节机构精度低、抗干扰能力差，不能保证发动机处于最佳点火时刻。

20 世纪 70 年代后期，随着微机技术的发展，微机控制点火系统随之出现。由于微机具有响应速度快、运算和控制精度高、抗干扰能力强等优点，通过微机控制点火提前角要比机械式的离心提前机构和真空提前机构的精度高得多，而且微机控制点火系统还可以考虑多种因素对点火提前角的影响，可以使发动机在各种工况和使用条件下的点火提前角最优。

微机控制点火系统按有无分电器可分为有分电器和无分电器（直接点火式）两种类型，一般配合电控燃油喷射系统使用。

5.4.1　微机控制点火系统

微机点火控制包括点火提前角的控制、通电时间控制和爆震控制 3 个方面，其主要特点有：①在任何工况均可自动获得最理想的点火提前角，使发动机动力性、经济性等方面都达到最佳。②在整个点火工作范围内，均可对点火线圈的通电时间进行控制，使点火能量保持恒定不变，提高了点火可靠性。同时在整个工作范围内，该系统可很容易实现向稀薄混合气燃烧提供所需的恒定点火能量。③采用闭环控制技术后，使点火提前角控制在刚好不发生爆燃的状态，获得较高的燃烧效率，有利于发动机各项性能的提高。

5.4.2　有分电器微机控制点火系统

有分电器微机控制点火系统主要包括微机控制单元（ECU）电源、点火开关、传感器、点火控制器、分电器、高低压导线和火花塞等，如图 5.40 所示。

有分电器微机控制点火系统原理是发动机工作时，微机控制单元不断地采集发动机转速、曲轴位置、发动机负荷、冷却水温度、进气温度及进气量等信号，并根据存储器中存储的有关程序和数据，确定出该工况的最佳点火提前角和初级回路的最佳导通角，并以此向点火控制模块发出点火指令。点火控制器模块根据微机控制单元的指令，控制点火线圈初级回路的导通与截止。当电路导通时，有电流从点火线圈中的初级绕组通过，当初级绕组电流被切断时，次级绕组感应产生高压电，再经分电器送至各缸火花塞，产生电火花点燃可燃混合气。在带爆震传感器的控制系统中，微机控制单元还可以根据爆震传感器的输入信号来判断

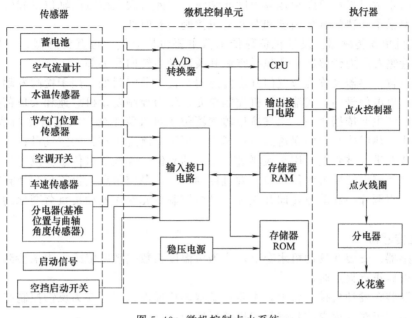

图 5.40 微机控制点火系统

发动机的爆燃程度，并将点火提前角控制在轻微爆燃的范围内，使发动机获得较高燃烧效率。

（1）微机控制单元的组成及其作用

微机控制单元是点火系统的中枢（简称 ECU），主要包括中央处理器 CPU、只读存储器 ROM、随机存储器 RAM、模拟/数字转换器（A/D）、输入/输出接口（I/O）等。其作用是：发动机工作时，收集各种影响点火提前角的传感器反馈信号，将其送到车用计算机控制系统（ECU），经过信号处理后，与储存的标准参数对比，通过分析，计算出最佳点火提前角，送给点火控制器，由其确定点火线圈初级电路的通或断，从而控制产生高压的点火时刻。

（2）传感器及其作用

传感器主要用于检测、反馈发动机各种工况信息，为微机控制单元提供曲轴转速、曲轴位置、发动机负荷、空气温度及进气量、节气门开度、混合气燃烧情况等各种发动机运行工况和使用条件的信息，为微机控制单元提供点火提前角和初级电路导通角的控制依据。

微机控制点火系统的传感器主要包括发动机曲轴位置、转速传感器、判缸信号传感器、气门位置传感器、空气流量传感器、进气歧管绝对压力传感器、水温传感器、爆震传感器、进气温度传感器、氧传感器等。各种车型点火系所用的传感器的形式、数量不同。

① 发动机曲轴位置、转速传感器和判缸信号传感器。发动机曲轴位置、转速传感器和判缸信号传感器可以装于曲轴前端或中部、凸轮轴前端或后端、飞轮上方或分电器内，其结构形式有光电效应式、磁感应式和霍尔效应式三种。曲轴位置传感器用来反映活塞在汽缸中的位置，提供活塞上止点信号，以便确定各缸的点火时刻；转速传感器向微机控制单元提供发动机转速（曲轴转角）信号，作为微机控制点火提前角、初级电路导通角与燃油喷射系统计算喷油量的主要依据；判缸信号传感器用来区别到底是哪一个汽缸的活塞到达压缩行程上止点。

多数车型的曲轴位置传感器、转速传感器和判缸信号传感器装在一起，采用一个或两个同轴的信号转子触发。也有的车辆曲轴位置传感器、转速传感器和判缸信号传感器分装在不同的位置。由于微机采样速度和运算速度非常快，因此可大大缩短曲轴位置和转速传感器的采样间隔，增强了转速的测量精度和对发动机控制的实时性。

② 发动机负荷传感器。发动机负荷传感器主要包括节气门位置传感器、空气流量传感器或进气歧管绝对压力传感器，还包括空调开关和动力转向开关等。

节气门位置传感器又称为节气门开度传感器，位于节气门处，用于检测发动机节气门的开度和状态，以电信号的形式输入微机控制单元，作为控制发动机怠速和大负荷点火提前角和计算喷油量的主要依据之一。空气流量传感器位于进气管中的空气滤清器与节气门之间，主要有阀门式、热线式和卡门涡流式三种形式，用于检测进入汽缸的空气量；进气歧管绝对压力传感器装在进气歧管上，用来检测进气压力的高低；空气流量传感器或进气歧管绝对压力传感器将空气流量转变为电信号输入微机控制单元，是控制点火提前角和计算喷油量的主要依据之一。空调开关和动力转向开关等向微机控制单元输入发动机负荷变化的信号，以便调整提前角。

③ 其他传感器

水温传感器。安装在发动机水套上，多为负温度系数热敏电阻式，用来检测发动机冷却水的温度，以修正点火正时。

氧传感器装在发动机排气管上，主要用于空燃比反馈控制，在为反馈控制空燃比提供依据的同时，还用于对点火提前角进行间接的反馈控制。

进气温度传感器用来将空气的温度转变为电信号，以便微机控制单元准确计算空气质量，修正点火提前角（特别是大负荷时）和喷油量。

爆震传感器用于将汽缸体的振动信号转变为电信号并传送给微机控制单元，以便发生爆震时推迟点火时间；无爆震现象时，微机控制单元维持点火提前角在接近爆震的数值，既可防止爆震，又可最大限度地发挥发动机的功率。爆震传感器有三种：a. 利用装于每个汽缸内的压力传感器检测爆震引起的压力波动，称为压力传感器型。压力传感器型对爆震的鉴别能力较强，检测精度较高，但制造成本也较高，可靠性较差，安装较困难，应用较少。b. 壁振动型传感器，把一个或两个加速度传感器装在发动机缸体或进气管上，检测爆震引起的振动，称为壁振动型。壁振动型虽然对爆震的鉴别能力低一些，但因其制造成本低、可靠性好、维修容易等优点而应用较广。c. 燃烧噪声频谱分析型。燃烧噪声频谱分析型为非接触式，其耐久性也较好，但检测精度和灵敏度偏低，目前应用较少。

启动开关向微机控制单元输入发动机启动信号，以便调整提前角。此外，微机控制单元还不断检测蓄电池电压信号，作为控制初级电路导通角的一个主要依据。

（3）执行器及其作用

执行器由点火控制器、点火线圈、分电器、火花塞等组成。它根据微机控制单元发出的点火信号，点火控制器接通或切断点火线圈的初级电路，使相应汽缸的火花塞产生火花。

（4）微机控制点火提前角

不同车型，微机控制点火提前角的方法不同，一般分为主要参数和修正参数，依据下列因素进行控制（以丰田汽车 TCCS 系统为例）：

实际点火提前角＝原始设定点火提前角＋基本点火提前角＋修正点火提前角

① 原始设定点火提前角（又称固定点火提前角）：原始设定点火提前角在几种工况下为固定值，如发动机启动时、转速很低时。

② 基本点火提前角：它储存在微机的存储器中，分为平常行驶基本点火提前角和怠速基本点火提前角。平常行驶基本点火提前角是指节气门位置传感器触点打开时的基本点火提前角；怠速基本点火提前角是指节气门位置传感器触点闭合时的基本点火提前角。

③ 修正点火提前角：发动机要想得到最佳点火提前角，只依据原始设定点火提前角和

基本点火提前角不能满足要求，还需考虑其他影响点火提前角的因素，如冷却水温度，必须根据相关因素加以修正。修正点火提前角分为暖机和稳定怠速两种工况的修正点火提前角。

暖机时的修正点火提前角是指节气门位置传感器怠速触点闭合时，微机根据水温传感器传来的冷却水温度信号经过分析、比较、计算自动修正点火提前角。当冷却水温度较低时，增大点火提前角，尽快使发动机温度上升；当水温高于 90℃ 时，自动减小点火提前角，防止水温过高。稳定怠速时的修正点火提前角是指随着发动机怠速转速发生变化时，微机自动修正点火提前角，从而保持发动机在怠速下稳定运转。

有些发动机还要考虑其他一些修正因素。发动机实际点火提前角是原始设定点火提前角、基本点火提前角、修正点火提前角之和，发动机每转一周，微机根据各种传感器传来的信号，经过分析、比较、计算输出一次实际点火提前角的调整数据，随时调整点火提前角。因此微机控制点火系统对于点火提前角的控制比其他种类的点火系统更为准确。

5.4.3 无分电器微机控制点火系统

无分电器点火系统又称为直接点火系统，是一种最新型的点火装置。无分电器微机控制点火系统与其他点火系统相比，其最大的区别在于，此系统完全取消了分电器，由点火线圈产生的高压电，直接送到火花塞，也称为微机控制直接点火系统。自 20 世纪 80 年代中期诞生以来，在现代工程机械上得到了愈来愈广泛的应用。

（1）无分电器点火系统的优点

无分电器微机控制点火系统采用电子配电方式代替了机械式配电方式（配电器盖和分火头配电），其优点如下：

① 能量损失小。由于无分电器，由点火线圈直接送到火花塞，减少了从分火头到旁电极跳火的能量损失。

② 点火精度更高。由于点火提前角的调整完全由微机随时自动控制，使得点火提前角的调整更加准确和及时，从而保证了发动机总处于最佳的点火提前角。

③ 减小了电磁干扰。由于无分火头到旁电极的跳火，因此减小了电磁干扰。

④ 提高了点火能量。由于一个缸或两个缸配备一个点火线圈，故避免了其他点火系统在高速时点火线圈初级电流过小、次级电压低、点火能量不足的弊端，保证高速时的点火性能。

⑤ 结构简单、维修方便、故障少。因去掉了分电器，大大简化了系统，更容易布置结构，维修方便，而且系统本身故障也大为减少。

（2）无分电器点火系统的组成

无分电器微机控制点火系统一般由电源、点火开关、传感器、微机控制单元、点火控制器、点火线圈、高低压导线和火花塞等组成，如图 5.41 所示。有的还将点火线圈直接安装在火花塞上方，无高压导线，如图 5.42 所示。

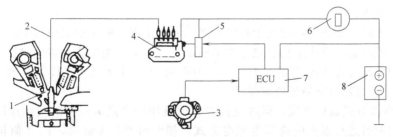

图 5.41　无分电器微机控制点火系统组成（一）

1—火花塞；2—高压线；3—传感器；4—点火线圈；5—点火控制器；
6—点火开关；7—微机控制单元；8—蓄电池

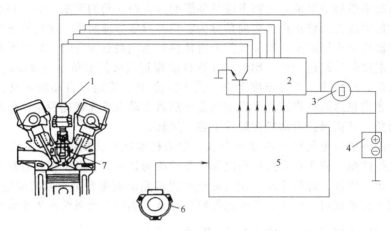

图 5.42 无分电器微机控制点火系统组成（二）

1—点火线圈；2—点火控制器；3—点火开关；4—蓄电池；5—微机控制单元；6—传感器；7—火花塞

（3）无分电器点火系统的种类

根据采用的电子配电方式的不同，无分电器点火系统可分为点火线圈分配式和二极管分配式两大类，其中点火线圈分配式又有同时点火方式和单独点火方式两种。

点火线圈分配式是将来自点火线圈的高压电直接分配给火花塞，如图 5.43（a）、（b）所示。二极管分配式是利用二极管的单向导电性，将次级绕组产生的高压电分配给需要点火的火花塞，如图 5.43（c）所示。

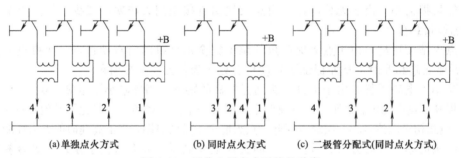

(a)单独点火方式　　　　(b)同时点火方式　　　　(c)二极管分配式(同时点火方式)

图 5.43 无分电器点火系统的种类

（4）无分电器点火系统的工作原理

① 单独点火方式点火系统。单独点火方式是指用一个火花塞配一个点火线圈，单独直接地对每个缸进行点火，如图 5.43（a）所示。其点火线圈数应与发动机汽缸数相等，且每个点火线圈均由其触发器控制。点火线圈直接安装在火花塞上，其外形就像火花塞的高压线帽，且没有高压线。

发动机工作时，微机控制单元根据发动机的各种工况，输出点火信号给点火控制器，点火控制器直接控制需要点火缸初级电路的通断而进行点火。为防止初级电路接通时，次级绕组产生的感应电动势在汽缸内误点火，点火线圈输出端与火花塞接线柱之间一般留有 3～4mm 的间隙，该间隙由安装托架来保证。

② 同时点火方式点火系统。同时点火方式就是用一个点火线圈对到达压缩和排气上止点的两个汽缸同时进行点火的高压电配电方式。如对四冲程 4 缸机，1、4 缸同时实施点火时，若 1 缸为压缩上止点，1 缸点火后，可燃混合气会被引燃而做功；而 4 缸则为排气上止点，点火后不产生功率，电火花浪费在废气中。但由于 4 缸排气上止点时缸内压力比 1 缸压

缩上止点的压力低很多（仅稍高于1个大气压），故火花塞电阻值很小，只需消耗很小的放电能量就能使高压电流通过，故此时对其火花塞并无太大损伤。尽管点空火时对火花塞损耗不大，但总会不同程度地存在一些损耗，因此，为了延长火花塞的使用寿命，在同时点火的无分电器点火系统的火花塞上，均焊有铂合金，其使用寿命可高达10万公里以上。同时由于点火线圈远离火花塞，因此点火线圈与火花塞之间仍然需要高压线。

a. 点火线圈同时点火方式：如图5.44所示，发动机工作时，一方面曲轴位置角传感器中的G1、G2信号传感线圈不断地检测并将6缸和1缸压缩接近上止点的信号输入微机，同时Ne信号传感线圈也不断地向微机输入曲轴角度和转速信号；另一方面，装在发动机上的各种传感器也连续不断地检测并输入各种工况下的各种信号（如进气量、进气管真空度、冷却水温度、节气门开度、缸内燃烧状况等）。微机将来自各方面及各种传感器的信息综合处理后，很快确定出该工况下发动机的最佳点火提前角和需要点火的汽缸，经转换后输给电子点火控制器，电子点火控制器利用此信号驱动其末级大功率三极管 V_1、V_2、V_3 轮流通断，以便在3个点火线圈中依次产生高压电而点火。

电子点火控制器内还设有恒流控制和闭合角控制电路，以实现高压、恒能点火。此外，电子点火控制器工作时会产生安全信号，并将其通过转速控制电路输给转速表；另一方面，该安全信号同时也反馈给微机，作为微机自诊断系统信号之一。点火线圈次级绕组输出端的一侧所接的高压二极管，其作用是防止高速时初级电路接通时在次级绕组中产生的感应电动势在汽缸内误点火。

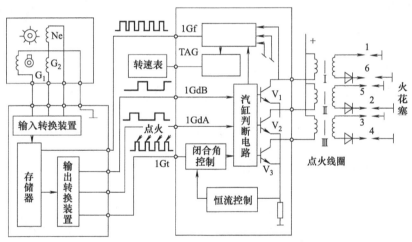

图 5.44　点火线圈分配式同时点火系统工作原理

b. 二极管分配式同时点火方式：如图5.45所示，与二极管配电方式相配的点火线圈内有两个初级绕组2和5，1个次级绕组3，次级绕组有两个输出端并经4个高压二极管分别同4个缸的火花塞相连。1、4缸对应的二极管方向相反；2、3缸对应的二极管方向相反。

发动机工作时，当1、4缸发出触发信号，微机便向电子点火控制器中的1、4缸触发控制电路发出点火触发信号，使 V_1 截止，初级绕组2中电流切断，在次级绕组3中便感应出下"＋"、上"－"的高压电，高压电经4、1缸火花塞构成回路，给压缩终了的1缸（或4缸）点火，此时4缸（或1缸）点空火。曲轴转过180°，即排气凸轮轴转过90°后，2、3缸发出触发信号，微机又向电子点火控制器中的2、3缸触发控制电路发出点火触发信号，使 V_2 截止，初级绕组5中电流切断，次组绕组3中产生上"＋"、下"－"的高压电，并经2、3缸火花塞构成回路，此时3缸（或2缸）点火，2缸（或3缸）点空火。依此类推，发动机曲轴转2周，排气凸轮轴转1周，发动机则按1—3—4—2的点火次序给各缸轮流点火

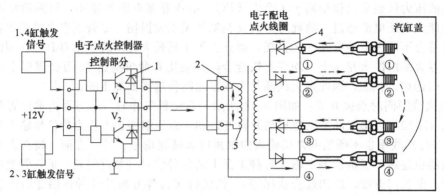

图 5.45　二极管分配式同时点火系统工作原理

1—稳压管；2、5—初级绕组；3—次级绕组；4—高压二极管

1 次。电子点火控制器中的稳压管（两个）1 用于吸收初级绕组中产生的自感电动势，以保护 V_1、V_2。

第6章

照明及信号系统

工程机械照明装置和光信号装置总称为工程机械灯具，其作用是保证工程机械夜间或雾中作业或行车安全，提高工作效率。由于工程机械灯具在车上的安装位置不同、性能要求不同，所以其种类繁多。工程机械灯具按用途可分为外部照明、内部照明、外部光信号、内部光信号四大类。

6.1 照明系统

工程机械照明系统主要由照明设备、电源（蓄电池或发电机）、控制电路（车灯开关、变光开关、雾灯开关、灯光继电器）和连接导线等组成，如图 6.1 所示。

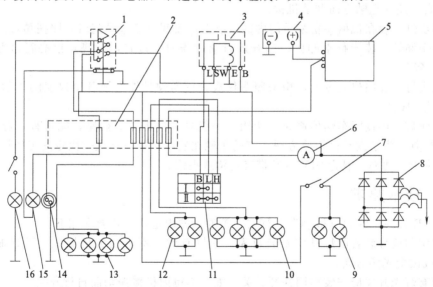

图 6.1 照明系统电路

1—车灯开关；2—熔断丝盒；3—灯光继电器；4—蓄电池；5—启动机；6—电流表；
7—雾灯开关；8—硅整流发电机；9—雾灯；10—前照灯远光灯；11—变光开关；
12—前照灯近光灯；13—仪表灯；14—工作灯插座；15—顶灯；16—发动机罩下灯

6.1.1　照明设备的种类与用途

工程车辆的照明设备按照其安装位置和用途的不同，可分为外部照明设备和内部照明设备。外部照明设备包括前照灯、雾灯、牌照灯（尾灯）、防空灯等，外部灯具光色一般采用白色、橙黄色和红色。内部照明设备包括室内灯（顶灯）、阅读灯、行李厢灯、踏步灯、仪表照明灯、工作灯等。

① 前照灯　俗称大灯、火头灯，装在机械头部的两侧，亮度较大，用来照亮前方行车道路。在四灯制的工程机械中，前照灯的外侧装了两只前照侧灯作为前照灯的辅助照明，特别是在工程建设机械行驶道路条件比较复杂的情况下，前照侧灯能使工程机械左右两侧的道路、场地得到较好的照明。四灯制前照灯并排安装时，装于外侧的一对应为近、远光双光束灯；装于内侧的一对应为远光单光束灯。远光灯一般为 45～60W，近光灯一般为20～55W。

② 雾灯　又称防雾灯，安装在机械装备头部或尾部，在雾、下雪、暴雨或尘埃弥漫等情况下，有效地照明道路和提供信号。前雾灯功率为45～55W，其安装位置比前照灯稍低，一般距离地面约50cm，射出的光线倾斜度大，灯泡为单丝，灯光为黄色或橙色，因为这两种颜色光的波长较长，透雾性较好，故能照亮前方较远距离的路面。后雾灯功率为 21W 或6W，光色为红色，以警示尾随车辆保持安全车距。

③ 牌照灯　安装在车辆尾部牌照上方或左右两侧，供夜间照亮牌照号码，灯光为白色，功率一般为 5～10W，以确保行人在车后 20m 处能看清牌照上的文字及数字。

④ 防空灯　战争期间，当工程机械在敌人空袭、炮火威胁的区域内进行夜间作业或行驶时，将前照灯加装遮光罩后的照明灯。

⑤ 顶灯　装在车厢或驾驶室顶部，作为内部照明用；还可起监视车门是否可靠关闭的作用。在监视车门状态下，若还有车门未可靠关闭，顶灯就发亮。其功率一般为 5～15W。

⑥ 阅读灯　装于乘员席前部或顶部，聚光时乘员看书不会使驾驶员产生眩目，照明范围较小，有的还有光轴方向调节机构。

⑦ 踏步灯　装在机械装备乘员门内的台阶上，夜间开启乘员门时，照亮踏板。

⑧ 行李厢灯　装于行李厢内，当开启行李厢盖时，灯自动发亮，照亮行李厢内空间。其功率为 5W。

⑨ 仪表灯　装在仪表盘上，用来照明仪表，使驾驶员能看清各个仪表的指示情况。其功率一般为 2W。

⑩ 工作灯　供夜间车辆检修时照明用，一般只装设工作灯插座，配备有一定长度导线的移动式灯具。为了发动机检修方便，有的车辆在发动机罩下增设一固定的工作灯，开关通常位于灯座上。功率一般为 21W，常带有挂钩或夹钳。

6.1.2　技术要求

根据 GB 7258—2004《机动车运行安全条件》的规定，一般要求如下：

① 照明与信号装置的灯具应安装可靠、完好有效，不得因为机械振动而松脱、损坏、失去作用或改变光照方向。

② 所有灯光开关应安装牢固并开、关自如，不得因机械振动而自行开关。

③ 灯光开关的位置应便于驾驶员操纵。

④ 除前照灯的远光外，所有灯光均不得眩目，左右两边布置的灯具光色、规格必须一致，安装位置对称。

⑤ 前位灯、后位灯、示廓灯、牌照灯和仪表灯等应能同时启闭，当前照灯关闭或发动

机熄火时仍能明亮。

⑥ 危险报警信号灯的操纵装置应不受电源中开关的控制。

⑦ 转向信号灯在侧面可见时视为满足要求，否则应安装侧转向信号灯。

⑧ 照明和信号装置的任一条线路出现故障时，不得干扰其他线路的工作。

⑨ 前、后转向信号灯、危险报警闪光灯及制动灯白天距100m处可见，侧转向信号灯白天距30m可见；前、后位置灯和示廓灯夜间好天气距300m可见。

6.1.3　前照灯

（1）对前照灯的照明要求

在照明设备中，前照灯的照明效果直接影响夜间行车安全，它具有特殊的光学结构，其他灯在光学方面无严格要求。对其基本要求如下：

① 前照灯的上缘距离地面高度不大于1.2m，外缘距机械外侧不大于0.4m。

② 前照灯必须保证夜间车前有明亮而均匀的光照，使驾驶员能看清车前路面50～100m范围内的任何障碍物，现代高速机械装备照明距离应达到200～250m。

对于低速履带机械装备，前大灯照射距离不得小于50m；对于轮式或高速履带机械装备，前大灯照射距离不得小于100m。这个数据是根据机械装备在较高行驶速度（80km/h）下所需的制动距离（低速履带机械装备为8～10m，轮式或高速履带机械装备为50m）和驾驶员从发现障碍到采取措施的反应距离（一般为25～35m）来确定的。

③ 前照灯应具有防止眩目的装置，确保夜间两车迎面相遇时，不会使对方驾驶员眩目而造成交通事故。

④ 四灯制前照灯并排安装时，装于外侧的一对应为远、近光双光束灯，装在内侧的一对应为远光单光束灯。

⑤ 在电源系统处于充电状态时，两灯制前照灯的每只灯的发光强度应在15000cd以上，四灯制前照灯的每只灯的发光强度应在12000cd以上。

（2）前照灯的结构

前照灯一般由配光镜、灯泡、反射镜、插座及灯壳等组成，如图6.2所示。

① 反射镜。反射镜也被称为反光镜，其作用是最大限度地将灯泡发出的光聚合成强光束并导向前方，使前照灯照明距离达到100m或更远。反射镜一般用0.6～0.8mm的薄钢板冲压而成或由玻璃、塑料制成。反射镜的表面形状呈旋转抛物面，如图6.3所示，其内表面镀银、镀铝或镀铬，然后抛光。从光学角度讲，银是反射镜的最好镀料，镀银层的反射系数高达90%～95%，但由于银层质软，容易被擦伤，易受硫化作用而发黑，此外银的成本也高；镀铬层的机械强度较高，不易擦伤损坏，反射系数为60%～65%，镀铝层具有较好的反射系数，可达到94%，机械强度也较高，成本适宜，所以目前反射镜大都采用真空镀铝。现代工程机械多采用注塑成形反射镜（成形后真空镀铝）。

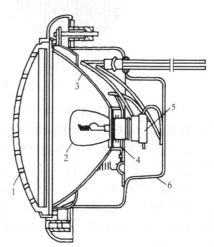

图6.2　半封闭式前照灯

1—配光镜；2—灯泡；3—反射镜；
4—插座；5—接线盒；6—灯壳

反射镜的聚光作用如图6.4所示。灯丝位于反射镜焦点上，灯丝的绝大部分光线向后射在立体角ω范围内，经反射镜反射后变成平行光束射向远方，使光度增强几百倍，甚至上千倍，从而使车前100m内路段照得足够清楚。从灯丝射出的位于立体角 $4\pi \sim \omega$ 范围内的光线则向各方散射。散射向侧方和下方的部分光线，可照亮车前5～10m的路面和路缘。

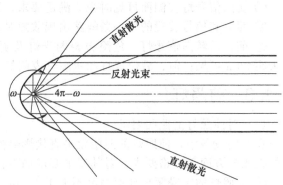

图6.3 半封闭式前照灯的反向镜 　　　　　　图6.4 反射镜的聚光作用

② 配光镜。配光镜又称为散光玻璃，用透明玻璃压制而成，是棱镜和透镜的组合体，相当于多块特殊的棱镜和透镜的组合，其几何形状比较复杂，外形一般为圆形和矩形，如图6.5所示。配光镜的作用是将反射镜射出的集中光进行折射和散射，扩大光线照射的范围，使车前路面和路缘照明均匀而明亮。同时它还可保护反射镜和灯泡，防止雨、雪及灰尘的侵蚀。

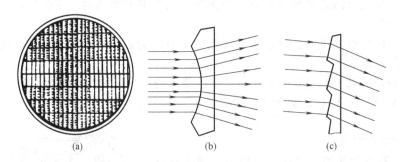

图6.5 配光镜的结构与作用

③ 灯泡。灯泡是前照灯的光源。前照灯灯泡的形状有长形、锥形和圆形等。灯泡的选型及质量的优劣对照明效果影响很大，目前工程机械前照灯的灯泡有下列3种：

a. 白炽灯泡。充气灯泡的灯丝由钨丝制成，钨的特点是熔点高、发光强，但钨丝受热后会蒸发，不仅使灯泡寿命降低，还会造成灯泡的黑化，发光效果变差。在制造灯泡的过程中，从玻璃泡中抽出空气，再充入86％氩和14％氮气的混合性惰性气体。这样气体受热膨胀时压力增大，减少钨丝的蒸发，延长使用寿命，减少黑化程度，增强发光效率。为了缩小灯丝的尺寸，常把灯丝制成紧密的螺旋状，这对聚合平行光束是有利的，白炽灯泡的结构见图 6.6（a）。

b. 卤钨灯泡。虽然充气灯泡抽成真空并充满惰性气体，但灯丝的钨仍然要蒸发并沉积在灯泡上使其发黑。卤钨灯泡利用卤钨再生循环反应的原理制成，在灯泡内所充的惰性气体中渗入碘、溴、氯、氟等某种卤族元素。其再生过程是从灯丝上蒸发出来的气体钨与卤族元素反应生成一种挥发性的卤化钨，它扩散到灯丝附近的高温区又受热分解，使钨重新回到灯丝上，被释放出来的卤素继续扩散参与下一次循环反应，如此周而复始地循环下去，防止了钨的蒸发和灯泡的发黑。卤钨灯泡的结构如图 6.6（b）所示。

卤钨灯泡尺寸小，灯壳用耐高温，机械强度较高的石英玻璃或硬玻璃制成，充入压力较高的惰性气体，因而这种灯泡的工作温度高，灯内的工作气压也比其他灯泡高得多，有效地抑制了钨的蒸发。在相同功率下，卤钨灯的亮度为白炽灯的1.5倍，寿命长2～3倍。现在使用的卤素一般为碘或溴，称为碘钨灯泡或溴钨灯泡。

c. 高压放电氙灯。高压放电氙灯的组件系统由弧光灯组件、电子控制器、升压器三部分组成，其外形及原理如图6.7所示。灯泡发出的光色和日光灯非常相似，亮度是卤钨灯泡的3倍左右，使用寿命是卤钨灯泡的5倍。高压放电氙灯克服了传统灯泡的缺陷，几万伏的高压使得其发光强度增加，完全满足工程机械夜间作业的需

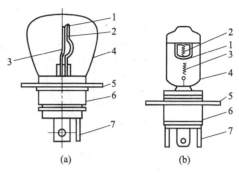

图6.6　前照灯灯泡结构
1—配光屏；2、4—近光灯丝；3、6—远光灯丝；5—配光屏；7—泡壳

在石英管内的两个电极，管内充有氙气及微量金属元素（或金属卤化物）。在电极加上数万伏的引弧电压后，气体开始电离而导电，气体原子即处于激发状态，使电子发生能级跃迁而开始发光，电极间蒸发少量水银蒸气，光源立即引起水银蒸气弧光放电，待温度上升后再转入卤化物弧光放电工作。

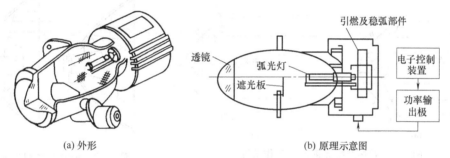

(a) 外形　　　　　　　　　　(b) 原理示意图

图6.7　高压放电氙灯外形和原理示意图

（3）前照灯的防眩目措施

正常情况下，前照灯可均匀地照亮车前150m甚至400m以内的路面，如不采取适当措施，前照灯射出的强光会使迎面来车驾驶员眩目。"眩目"是指人的眼睛突然被强光照射时，由于视觉神经受刺激而失去对眼睛的控制，本能地闭上眼睛，或只能看到亮光而看不见暗处物体的生理现象。眩目使驾驶员失去对工程机械的正确操纵，极易发生事故。

一般在工程机械上都采用双丝灯泡的前照灯，避免前照灯的眩目，保证工程机械夜间作业安全。灯泡的一根灯丝为"远光"，另一根为"近光"。远光灯丝功率较大，位于反射镜的焦点；近光灯丝功率较小，位于焦点上方（或前方），如图6.8所示。当夜间行驶无迎面来车时，接通远光灯丝，使前照灯光束射向远方，便于提高工作效率。当两车相遇时，接通近光灯丝，使光束倾向路面，避免造成迎面来车驾驶员的眩目，并照亮车前50m内的路面。

国内外的双丝灯泡的前照灯，按近光的配光不同，有对称型和非对称型两种配光制。

① 对称型配光（SAE方式）。远光灯丝位于反射镜的焦点上，而近光灯丝则位于焦点的上方并稍向右偏移（从灯泡向反射镜看去）。其工作情况如图6.9所示。

当接通远光灯丝时，灯丝发出的光线经反射镜反射后，沿光学轴线平行射向远方，如图6.9（a）所示。当接通近光灯丝时，灯丝发出的光线由反射镜反射后倾向路面，如图6.9（b）所示，而射到反射镜 bc 和 b_1c，（由焦点平面 bb_1 到端面）上的光线反射后倾向上方，

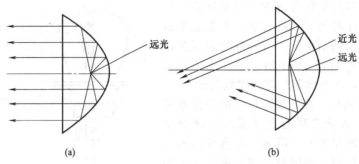

图 6.8　远、近光灯光束

但倾向路面的光线占大部分，从而降低了对迎面来车的驾驶员的眩目作用。美国、日本采用这一配光方式。

　　② 非对称型配光（ECE 方式）。远光灯丝位于反射镜的焦点处，近光灯丝位于焦点前方且稍高出光学轴线，其下方装有金属配光屏，工作情况如图 6.10 所示。由近光灯丝射向反射镜上部的光线，反射后倾向路面，而配光屏挡住了灯丝射向反射镜下半部的光线，故没有向上反射使对方驾驶员眩目的光线。

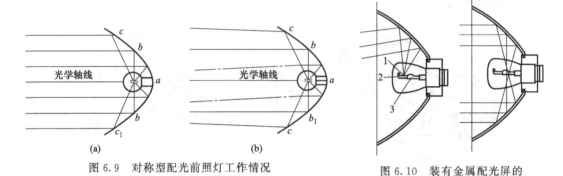

图 6.9　对称型配光前照灯工作情况　　　　图 6.10　装有金属配光屏的
　　　　　　　　　　　　　　　　　　　　　　　　双灯丝工作情况
　　　　　　　　　　　　　　　　　　1—近光灯丝；2—配光屏；3—远光灯丝

　　（4）前照灯的类型

　　前照灯一般根据光学结构的结合形式分为可拆式、半封闭（半可拆）式、封闭式 3 种。

　　① 可拆式大灯。反射镜边缘的牙齿与配光镜组合，再用箍圈和螺钉安装上灯壳，灯泡的拆装需将全部组件拆开后才能进行，其密封性差，反射镜易受外界气候影响而污染变黑，降低照明效果，现已基本淘汰。

　　② 半封闭式大灯。如图 6.11 所示，配光镜是由反射镜周沿的牙齿经橡胶密封圈紧扣成一体，再装于灯壳内，灯泡可从反射镜的后方拆装而无需拆开光学组件，维修方便，密封性较好，使用较普遍。

　　③ 封闭式大灯（真空灯）。其配光镜和反射镜制为一体，灯丝装于其中，形成灯泡，里面充以惰性气体，如图 6.12 所示。灯丝在反射镜的底座上，反射镜的反射面经真空镀铝。封闭式大灯密封性能好，可避免反射镜被污染以及受大气的影响，可延长其使用寿命。缺点是灯丝烧坏后，需要更换整个总成，成本较高。

　　（5）前照灯的控制

　　近年来，出现了多种新型的灯光控制系统，常用的有自动点亮系统、光束调整系统、延时控制等。这些措施有助于保证夜间作业的安全与方便，减轻驾驶员的劳动强度。

① 自动点亮系统。自动点亮系统的控制电路如图 6.13 所示。当前照灯开关位于 AUTO 位置时，由安装在仪表板上部的光传感器检测周围的光线强度，自动控制灯光的点亮，其工作原理是：当车门关闭、点火开关处于 ON 状态时，触发器控制晶体管 VT_1 导通，为灯光自动控制器提供电源。

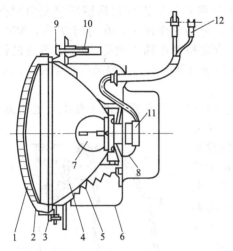

图 6.11 半封闭式前照灯

1—配光镜；2—固定圈；3—调整圈；4—反射镜；
5—拉紧弹簧；6—灯壳；7—灯泡；8—防尘罩；
9—调节螺栓；10—调节螺母；11—胶木插座；
12—接线片

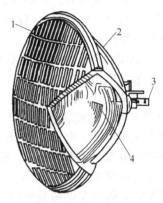

图 6.12 封闭式大灯

1—配光镜；2—反射镜；3—插头；4—灯丝

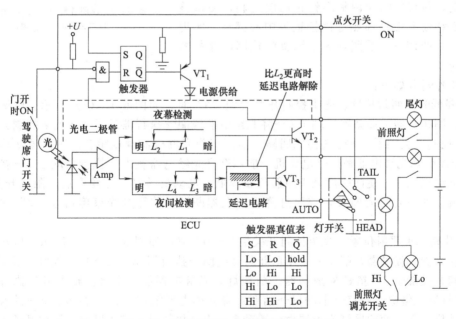

图 6.13 前照灯自动点亮系统的控制电路

a. 周围环境明亮。当周围环境的亮度比夜幕检测电路的熄灯亮度 L_1（约 550lx）及夜间检测电路的熄灯亮度 L_2（约 200lx）更亮时，夜幕检测电路与夜间检测电路都输出低电平，晶体管 VT_2 和 VT_3 截止，所有灯都不工作。

b. 夜幕及夜间。当周围环境的亮度比夜幕检测电路的点灯亮度 L_1（约 1301x）暗时，夜幕检测电路输出高电平，使 VT2 导通，点亮尾灯。当变成更暗的状态，达到夜间点灯电路的点灯亮度 L_3（约 501x）以下时，夜间检测电路输出高电平，此时，延迟电路也输出高电压，使晶体管 VT_3 导通，点亮前照灯。

c. 接通后周围亮度变化。前照灯点亮时，由于路灯等原因使得周围环境变为明亮的情况下，夜间检测电路的输出变为低电平。但在延迟电路的作用下，在时间 T 内，VT_3 仍保持导通状态，故前照灯不熄灭。在周围的亮度比夜幕检测电路的熄灯照度 L_1 更亮的情况下（如白天工程机械从隧道中驶出来），夜幕检测电路输出低电平，则解除延迟电路，尾灯和前照灯都立即熄灭。

d. 自动熄灯。点火开关断开，使发动机停止工作时，触发器 S 端子断电，处于低电平。但是，触发器由 $+U$ 供电，VT_2 仍是导通状态，因为触发器 R 端子上也是低电平，不能改变触发器的输出端 Q 的状态。在此状态下打开车门时，触发器 R 端子上就变成高电平，Q 端子输出就反转成为高电平，向电路供应电源的晶体管 VT_1 截止，VT_2 及 VT_3 也截止，所有灯都熄灭。上述情况，在夜间黑暗的车库等处下车前，因有车灯照亮周围，给下车提供了方便。

② 前照灯光束的调整控制。当车辆的载荷发生变化时，前照灯光束的照射位置也随之发生变化，因而不能相应地照亮前方路面。前照灯光束调整机构如图 6.14 所示。

执行器由电动机和齿轮机构构成，当进行光束轴线调整时，执行器驱动调整螺钉正反向旋转，使调整螺钉左右移动并带动前照灯以枢轴为中心摆动，实现前照灯光束的调整。前照灯光束调整的控制电路如图 6.14 所示。

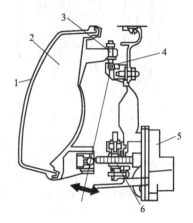

图 6.14　前照灯光束调整控制
1—透镜；2—前照灯部分；3、4—枢轴臂；
5—执行器；6—调整螺钉

其工作过程如下：

a. 降低光束照射位置。光束控制开关拨到"3"时，如图 6.15（a）所示。电流从车头灯光束控制执行器（促动器）端子 6→降光继电器线圈→执行器端子 4→光束控制开关端子 4→光束控制开关端子 6→搭铁构成回路。前照灯降光继电器触点闭合。则电流从执行器端子 6→前照灯降光继电器触点→电动机→前照灯升光继电器触点→执行器端子 5→搭铁构成回路，电动机工作，使前照灯光束照射位置降低。电动机转过一定角度后，限位开关工作，执行器端子 6 与 4 之间断开，前照灯降光继电器断开，前照灯光束停留在"3"的水平位置上。

b. 升高光束照射位置。光束控制开关拨到"0"时，如图 6.15（b）所示。电流从灯光束控制执行器（促动器）端子 6→升光继电器线圈→执行器端子 1→光束控制开关端子 1→光束控制开关端子 6→搭铁构成回路。前照灯升光继电器触点闭合。则电流从执行器端子 6→前照灯升光继电器触点→电动机→前照灯降光继电器触点→执行器端子 5→搭铁构成回路，电动机工作，使前照灯光束照射位置升高。电动机转过一定角度后，限位开关工作，执行器端子 6 与 1 之间断开，前照灯升光继电器断开，前照灯光束停留在"0"的水平位置上。

③ 前照灯延时控制。前照灯延时控制电路可使前照灯在电路被切断后，仍继续照明一段时间后自动熄灭，为驾驶员离开黑暗的停车场所提供照明。美国得克萨斯仪表公司研制的前照灯延时控制电路如图 6.16 所示。

141

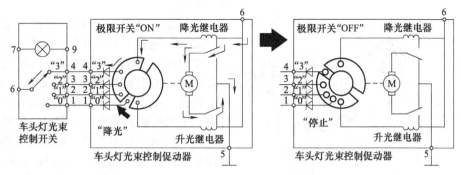

(a) 开关位于"3"时光束水平

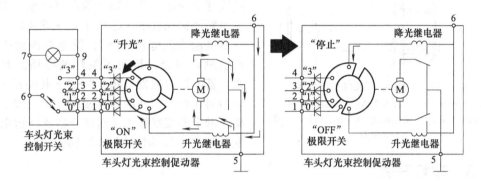

(b) 开关位于"0"时光束水平

图 6.15 前照灯光束调整的控制电路

其工作原理如下：当工程机械停驶、切断点火开关时，晶体管 VT_3 处于截止状态。此时电容 C_1 立即经 R_4、R_3 开始充电；当 C_1 上的电压达到单结晶体管 VU_2 的导通电压时，C_1 则通过其发射极、基极和电阻 R_7 放电；则在 R_7 上产生一个电压脉冲，使晶体管 VT_3 瞬时导通，消除加在晶闸管 VT 上的正向电压，使晶闸管 VT 截止；随后，VT_3 很快恢复截止，晶闸管还来不及导通，前照灯继电器失电而使其触点 K' 打开（如图示位置），将前照灯电路切断，实现自动延时关灯的功能。

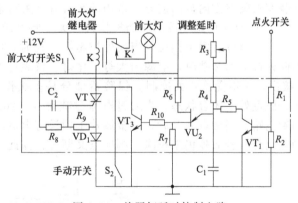

图 6.16 前照灯延时控制电路

6.1.4 灯光保护继电器

东风 EQ1090 系列汽车灯系电路中，采用了灯光保护继电器，如图 6.17 所示。它作用是当前照灯、前小灯、尾灯线路有短路，熔断器自动切断电路时，能自动接通侧灯电路，不致造成汽车灯光全部熄灭而影响安全行驶。

灯光保护继电器由铁芯、线圈、常开触点及外壳组成，继电器接线柱 B 接电流熔断器接线柱 F，接线柱 A 接电流熔断器接线柱 E，接线柱 L 接侧灯。在正常情况下，灯光保护继电器接线柱 A 和接线柱 B 处于同电位，继电器线圈无电流通过，继电器触点处于断开状态，

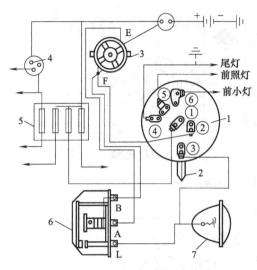

图 6.17　EQ1090 灯光保护继电器

1—灯总开关；2—开关手柄；3—电流熔断器；
4—点火开关；5—熔断器盒；6—灯光保护继电器；
7—前侧灯

侧灯不亮。

当灯总开关开到 1 挡（小灯、尾灯）、2 挡（大灯、尾灯）或 3 挡（大灯、尾灯和侧灯）中的任一挡时，若某挡所连接的线路中任一处搭铁，则电流熔断器因通过大电流断开，则上述大、小、尾灯 3 种车灯将自行熄灭。此时由于电流熔断器的断开，使继电器接线柱 A 电位高，接线柱 B 电位低，电流通过继电器线圈构成回路。其电路是：蓄电池（或发电机）"＋"→电流表→电流熔断器接线柱 E→继电器接线柱 A→继电器线圈→继电器接线柱 B→电流熔断器接线柱 F→灯总开关→搭铁灯→搭铁→蓄电池或发电机 "－"。继电器线圈因通电而使触点闭合，接通了侧灯的电路。其电路是：蓄电池（或发电机）"＋"→电流表→电流熔断器接线柱 E→继电器接线柱 A→继电器支架→继电器接线柱 L→侧灯→搭铁→蓄电池或发电机 "－"，侧灯便自动点亮。

6.1.5　车灯开关

（1）车灯总开关

车灯总开关用于控制除特种信号灯以外的全车照明灯的电源接通和切断以及变换，一般安装在驾驶室方向盘的前方。常用的车灯总开关有推拉式和旋钮式机械开关两种。

① 推拉式灯总开关。两挡推拉式开关主要由开关部分和保险器部分组成，如图 6.18 所示。开关部分有两个挡位，当向外拉至第 1 挡时，电源与小灯、尾灯、仪表灯的电路接通；当向外拉至第 2 挡时，电源与大灯、尾灯、仪表灯的电路接通；制动信号灯经保险器由接柱 5 接出，它不受总开关控制。保险器部分是多次作用式复金属片感温保险器。在正常情况下，触点处于闭合状态；当通过电流过载时（＞20A），复金属片便受热弯曲，使触点分开切断电路；当触点断开后，复金属片上因没有电流流过而逐渐冷却，又恢复到原来状态，使触点闭合；若故障仍未排除，则触点又断开，如此一开一闭起到保护作用。

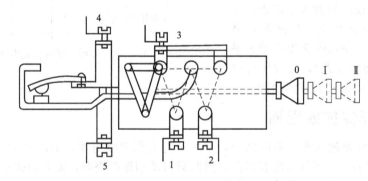

图 6.18　两挡推拉式开关

1—接小灯；2—接前照灯；3—接尾灯、仪表灯及顶灯；4—接火线；5—接制动信号灯开关

② 旋钮式灯总开关。如图 6.19 所示为旋钮式灯总开关，该开关有 6 个接线柱、3 个挡

位。第1挡：小灯、尾灯。第2挡：大灯、尾灯。第3挡：大灯、尾灯和侧灯。

线路接通 开关	电源	小灯	大灯	侧灯	尾灯
	1	6	5	3	4
3	▨		▨	▨	▨
2	▨		▨		▨
1	▨	▨			▨
0					

▨ 电源接通　　□ 电源不通

图 6.19　旋钮式车灯总开关

（2）前照灯变光开关

前照灯变光开关用于及时变换远光和近光，以适应夜间行车的需要。现代机械装备一般采用脚踏变光开关。

① 脚踏变光开关。脚踏变光开关一般都装在驾驶室离合器的旁边，驾驶员用脚踏控制，其结构如图 6.20 所示。踩下踏钮时，推杆将棘轮和与之连在一起的转动接触片转过60°，电源线便接到相应的接线柱上，实现机械装备的远光或近光照明。

② 光电管开关。光电管式变光开关的控制线路如图 6.21 所示，利用光电管的光电效应原理，当工程机械夜间两车相遇时，由对面来车的灯光的照射使光电管控制继电器动作，自动地将远光变为近光；两车相会后，光电管继电器又自动地将近光变换为远光。

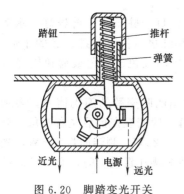

图 6.20　脚踏变光开关

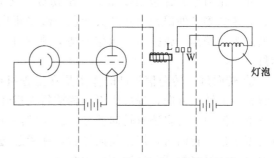

图 6.21　光电管式变光开关控制线路

6.2　信号系统

6.2.1　信号系统的作用和组成

信号系统的作用是通过声、光向其他车辆的驾驶员或行人发出警告，以引起注意，确保车辆行驶和作业安全。

信号装置分为灯光信号装置和声响信号装置两类。灯光信号装置包括转向信号灯、倒车灯、制动信号灯、报警信号灯和示廓灯；声响信号装置包括喇叭、报警蜂鸣器和倒车蜂鸣器等。工程机械信号系统由信号装置、电源和控制电路等组成。信号系统电路如图 6.22 所示。

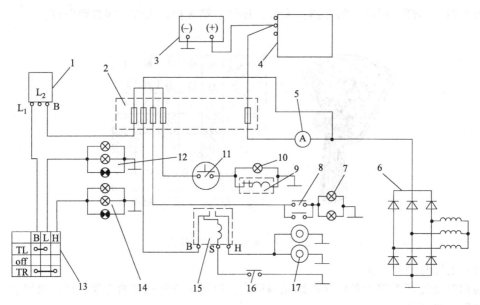

图 6.22　信号系统电路

1—闪光继电器；2—熔断丝盒；3—蓄电池；4—启动机；5—电流表；6—交流发电机；

7—制动灯；8—制动灯开关；9—倒车蜂鸣器；10—倒车灯；11—倒车灯开关；12—左转向信号灯；

13—转向灯开关；14—右转向信号灯；15—喇叭继电器；16—喇叭按钮；17—电磁喇叭

6.2.2　灯光信号装置的类型和应用

（1）外部光信号装置

外部光信号装置包括倒车灯、制动灯、转向信号灯、示位灯、驻车灯、警告灯、示廓灯、后雾灯等。外部光信号灯具光色一般采用白色、橙黄色和红色；执行特殊任务的车辆，如消防车、警车、救护车、抢修车等，则采用具有优先通过权的红色、黄色或蓝色闪光警示灯。

① 转向灯。转向信号灯的作用是在工程机械转弯时，发出明暗交替的闪光信号，表示工程机械的转向方向，提醒周围车辆或行人避让。转向信号灯一般安装在前后左右四角，有些车辆两侧中间也安装有转向信号灯。主转向灯功率一般为 20～25W，侧转向灯为 5W，光色为琥珀色。转向时，灯光呈闪烁状，在紧急遇险状态需其他车辆注意避让时，全部转向灯可通过危险报警灯开关接通同时闪烁。

② 倒车灯。倒车灯的作用是当车辆倒车时，自动发亮，警示后方车辆、行人注意安全。其功率一般为 20～25W，光色为白色，倒车灯光一般为白色，倒车灯兼有照亮车后路面的作用。

③ 制动灯。俗称"刹车灯"，安装在车辆尾部。在踩下制动踏板时，发出较强红光，向车后的车辆和行人提示制动。功率为 20～25W，光色为红色，灯罩显示面积较后示位灯大。

④ 示位灯。又称"示宽灯"、"位置灯"，安装在车辆前面、后面和侧面，夜间行驶接通前照灯时，示位灯发亮，以标志工程机械的形位等，功率一般为 5～20W。前示位灯俗称"小灯"，光色为白色或黄色；后示位灯俗称"尾灯"，光色为红色；侧示位灯光色为琥珀色。

⑤ 警告灯。一般装于车顶部，用来标示工程机械特殊类型，功率一般为 40～45W。消防车、警车用红色，救护车为蓝色，旋转速度为 2～6 次/s；公交车和出租车为白、黄色。

⑥ 驻车灯。装于车头和车尾两侧，要求从车前和车尾 150m 处能确认灯光信号。车前

处光色为白色，车尾处为红色。夜间驻车时，将驻车灯接通标志工程机械形位。

⑦ 示廓灯。俗称"角标灯"，空载车高 3.0m 以上的车辆均应安装示廓灯。在工程机械夜间行驶或作业时，标示工程机械的宽度和高度，以免发生剐蹭事故，安装在工程机械前后的上部边缘。前示廓灯的颜色为白色或橙色，后示廓灯的颜色多为红色。示廓灯功率一般为 5W。

（2）内部光信号装置

内部光信号装置包括门灯、转向指示灯、油压报警灯、充电指示灯等。

① 门灯。装于车门内侧底部，开启车门时，门灯发亮，以告示后来行人、车辆注意避让。功率为 5W，光色为红色。

② 报警及指示灯。常见的有机油压力报警灯、水温过高报警灯、充电指示灯、转向指示灯、远光指示灯等。报警灯一般为红色、黄色，指示灯一般为绿色或蓝色。

6.2.3　转向灯闪光继电器

闪光继电器简称闪光器，串联在转向信号灯和转向指示灯与电源之间的电路中。工程机械转弯、变换车道或路边停车时接通转向开关，通过闪光器使左边或右边的前、后转向信号灯闪烁发光，以提醒周围车辆和行人注意。近年来，有些机械装备在行驶过程中遇到危险或紧急情况时，可将信号系统、转向灯同时发出闪光信号和蜂鸣器响声，以作为危险报警的信号。危险报警信号由危险报警信号开关控制。

转向灯闪光器的闪光频率为 50～110 次/min，一般控制在 60～90 次/min。闪光器的种类很多，大致可分为电热丝式、电容式、翼片式和晶体管式等。闪光器按结构和工作原理可分为电热丝式（俗称电热式）、电容式、翼片式、电子式等多种。闪光器按有无触点分为触点式和无触点式两种。由于触点使用寿命短、故障率高，因此触点式闪光器将趋于淘汰。无触点式闪光器由于性能稳定、价格低廉、工作可靠等优点而广泛应用。

（1）电热丝式闪光器

图 6.23 所示为电热丝式闪光器。在胶木底板上固定着工字形的铁芯 1，其上绕有线圈 2，线圈 2 的一端与固定触点 3 相连，另一端与接线柱 8 相连，镍铬丝 5 具有较大的线胀系数，一端与活动触点 4 相连，另一端固定在调节片 14 的玻璃球上，附加电阻 6 也由镍铬丝制成。不工作时，活动触点 4 在镍铬丝 5 的拉紧下与固定触点 3 分开。

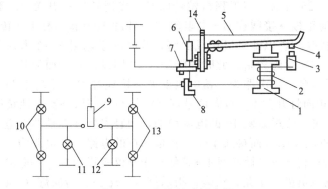

图 6.23　电热丝式闪光器

1—铁芯；2—线圈；3—固定触点；4—活动触点；5—镍铬丝；6—附加电阻；
7、8—接线柱；9—转向开关；10—左（前、后）转向信号灯；11—左转向指示灯；
12—右转向指示灯；13—右（前、后）转向信号灯；14—调节片

当工程机械向右转弯时，接通转向开关 9，电流便从蓄电池"＋"→接线柱 7→活动触

点臂→镍铬丝 5→附加电阻 6→接线柱 8→转向开关 9→右（前、后）转向信号灯 13 和仪表板上的右转向指示灯 12→搭铁→蓄电池"—"，形成回路。此时由于附加电阻 6 和镍铬丝 5 串入电路中，电流较小，故转向信号灯不亮。经过一段较短时间后，镍铬丝受热膨胀而伸长，使触点 3、4 闭合。触点闭合后，电流由蓄电池"＋"→接线柱 7→活动触点臂→触点 4、3→线圈 2→接线柱 8→转向开关 9→右（前、后）转向信号灯 13 和右转向指示灯 12→搭铁→蓄电池"—"，形成回路。此时由于附加电阻 6 和镍铬丝 5 被短路，而线圈 2 中有电流通过产生电磁吸力使触点 3、4 闭合更为紧密，线路中的电阻小、电流大，故转向信号灯发出较亮的光。同时，镍铬丝因被短路逐渐冷却而收缩，又打开触点 3、4，附加电阻 6 又重新串入电路，灯光又变暗。如此反复变化，触点时开时闭，附加电阻交替地被接入和短路，使通过转向信号灯的电流忽大忽小，从而使转向信号灯一明一暗地闪烁，标示车辆行驶的方向。

当转向信号灯闪光频率过高或过低，可用尖嘴钳扳动调节片 14，改变镍铬丝 5 的拉力以及触点间隙来进行调整。如果某个转向灯失灵、灯丝烧断，则流过线圈 2 的电流约减少 1/2，铁芯 1 不能使触点 4、3 闭合，则仪表板指示灯就一直处于暗的状态，以示转向信号灯发生故障，故指示灯具有监控功能。

（2）翼片式闪光器

翼片式闪光器利用电流的热效应，以热胀条的热胀冷缩为动力，使翼片产生突变动作，接通和断开触点，使转向信号灯闪烁。它的特点是结构简单、体积小，根据热膨胀片受热情况不同，分为直热翼片式和旁热翼片式两种。

① 直热翼片式。直热式翼片闪光器的结构和工作原理如图 6.24 所示，主要由翼片、热胀条、动静触点及支架等组成。翼片为弹性钢片，依靠热胀条绷成弓形；热胀条由膨胀系数较大的合金钢带制成；热胀条在冷态时，触点 4、5 闭合。接通转向开关 6，蓄电池即向转向灯供电，电流由蓄电池正极→接线柱 B→支架 1→翼片 2→热胀条 3→动触点 4→静触点 5→支架 8→接线柱 L→转向灯开关 6→转向信号灯和指示灯 7、9→搭铁→蓄电池负极构成回路，转向灯 9 立即发亮。此时热胀条 3 因通过电流而发热伸长，翼片突然绷直，动触点和静触点打开，切断电流，则转向信号灯 9 熄灭。当通过转向信号灯的电流被切断后，热胀条开始冷却收缩，又使翼片突然变成弓形，动触点 4 和静触点 5 再次闭合，接通电路，转向信号灯再次发光。如此反复使转向信号灯一亮一暗地闪烁，以标示工程机械的行驶方向。

② 旁热翼片式。旁热翼片式与直热翼片式闪光器差异在于热胀条上绕有电热丝，其结构和工作原理如图 6.25 所示。当工程机械转向时，接通转向灯开关 9，蓄电池即向转向灯供电，电流由蓄电池正极→接线柱 B→电阻丝 13→线圈 10→接线柱 L→转向灯开关 9→转向信号灯（7 或 8）→搭铁→蓄电池负极构成回路，这时由于电阻丝 13 串入电路，电流小，因而转向信号灯（7 或 8）发光较暗。此时热膨胀片 12 因发热膨胀而伸长，主触点副 1 在弹簧片 11 弹力的作用下闭合，其电路为：蓄电池正极→接线柱 B→弹簧片 11→主触点副 1→线圈 10→接线柱 L→转向灯开关 9→转向信号灯（7 或 8）→搭铁→蓄电池负极。因此，电热丝 13、热胀片 12 被短路，流过线圈 10 的电流增加，副触点臂 3 在铁芯 2 电磁力的作用下，克服弹簧片弹力使触点副 4 闭合而接通了仪表板指示灯的电路，其电路为：蓄电池正极→接线柱 B→铁芯 2→副触点臂 3→副触点副 4→接线柱 P→仪表指示灯（5 或 6）→转向信号灯（7 或 8）→搭铁→蓄电池负极。于是，仪表板指示灯（5 或 6）、转向灯（7 或 8）发光正常而明亮。此后因热胀片 12 被冷却而缩短，主触点副 1、副触点副 4 打开，仪表板指示灯（5 或 6）、转向信号灯（7 或 8）重又处于暗的状态，如此反复变化，使转向信号灯、仪表板指示灯闪烁，标示工程机械的转弯方向。对于旁热翼片式闪光器，若某个转向灯失灵（灯丝烧损），则流过线圈 10 的电流减少 1/2，铁芯 2 将不能使副触点副闭合，则仪表板上的指示灯便始终处于暗淡状态，以表示转向信号灯（电路）发生故障。

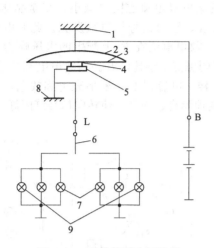

图 6.24　直热式翼片闪光器
1、8—支架；2—翼片；3—热胀条；4—动
触点；5—静触点；6—转向灯开关；7—转
向指示灯；9—转向信号灯

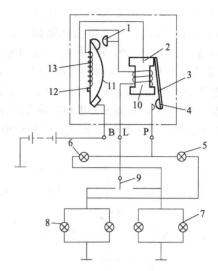

图 6.25　旁热翼片式闪光器
1—主触点副；2—铁芯；3—副触点臂；
4—副触点副；5—静触点；6—仪表板指
示灯；7、8—转向信号灯；9—转向灯开关；
10—线圈；11—弹簧片；12—热胀片；
13—电阻丝

（3）晶体管闪光器

晶体管闪光器结构和线路繁多，主要有全晶体管式无触点闪光器、由晶体管和小型继电器组成的有触点晶体管式闪光器、由集成块和小型继电器组成的有触点集成电路闪光器。

① 全晶体管式（无触点）闪光器。国产 SG131 型全晶体管式（无触点）闪光器的电路如图 6.26 所示。它是利用电容器充放电延时的特性，控制晶体管的导通和截止，以达到闪光的目的。

接通转向开关后，晶体管 VT_1 的基极电流由两路提供，一路经电阻 R_2，另一路经 R_1 和 C，使 VT_1 导通。VT_1 导通时，则 VT_2、VT_3 组成的复合管处于截止状态。由于 VT_1 的导通电流很小，仅 60mA 左右，故转向信号灯暗。同时电源对电容器 C 充电，随着 C 的端电压升高，充电电流减小，VT_1 的基极电流减小，使 VT_1 由导通变为截止。此时 A 点电位升高，当其电位达到 1.4V 时，VT_2、VT_3 导通，则转向信号灯亮。此时电容器 C 经过 R_1、R_2 放电，放电时间为灯亮时间。C 放完电，接着又充电，VT_1 再次导通，使 VT_2、VT_3 截止，转向信号灯又熄灭，C 的充电时间为灯灭的时间。如此反复，使转向信号灯闪烁。改变 R_1、R_2 的电阻值和 C 的大小以及 VT_1 的值，即可改变闪光频率。

② 带继电器的有触点晶体管式闪光器。带继电器的有触点晶体管式闪光器如图 6.27 所示。它由一个晶体管的开关电路和一个继电器所组成。

在工程机械向右转弯时，接通电源开关 SW 和转向开关 K，电流由蓄电池"＋"→电源开关 SW→接线柱 B→电阻 R_1→继电器 J 的常闭触点→接线柱 S→转向开关 K→右转向信号灯→搭铁→蓄电池"－"，右转向信号灯亮。当电流通过 R_1 时，在 R_1 上产生电压降，晶体管 VT 因正向偏压而导通，集电极电流 I 通过继电器 J 的线圈，使继电器常闭触头立即断开，右转向信号灯熄灭。

晶体管 VT 导通的同时，VT 的基极电流向电容器 C 充电。充电电路是：蓄电池"＋"→电源开关 SW→接线柱 B→VT 的发射极 e→VT 的基极 b→电容器 C→电阻 R_3→接线柱 S→转向开关 K→右转向信号灯→搭铁→蓄电池"－"。在充电过程中，电容器两端的电压逐渐增高，充电电流逐渐减小，晶体管 VT 的集电极电流也随之减小，直至晶体管 VT 截止，继电器 J 的线圈断电，常闭触点 J 又重新闭合，转向信号灯再次发亮。此时电容器 C 通过电阻 R_2、继电器的常闭触点 J、电阻 R_3 放电。放电电流在 R_2 上产生的电压降为 VT 提供反向偏压，加速了 VT 的截止，使继电器 J 的常闭触点 J 迅速断开。当放电电流接近零时，R_1 上的电压降又为 VT 提供正向偏压使其导通。这样，电容器 C 不断地充电和放电，晶体管 VT 也就不断地导通与截止，控制继电器的触点反复地闭合、断开，使转向信号灯闪烁。

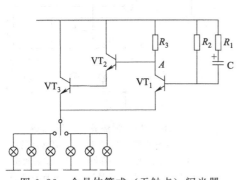

图 6.26　全晶体管式（无触点）闪光器

R_1—4.7Ω；R_2—10Ω；R_3—200kΩ；C—22μF/15V；
VT_1、VT_2—晶体管 3DG12；VT_3—3DD12

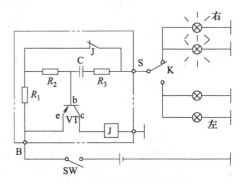

图 6.27　带继电器的有触点晶体管式闪光器

③ 由集成块和小型继电器组成的有触点集成电路闪光器。U243B 是专为制造闪光器而设计制造的，采用双列 8 脚直插塑料封装，标称电压为 12V，工作电压范围为 9～18V，其引脚及电路原理如图 6.28 所示。内部电路由输入检测器 SR、电压检测器 D、振荡器 Z 及功率输出级 SC 四部分组成。其主要功能和特点为：当一个转向灯损坏时闪烁频率加倍，抗瞬时电压冲击为±125V，0.1ms，输出电流可达到 300mA。

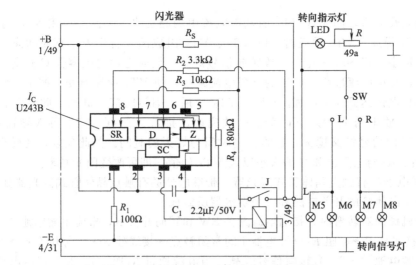

图 6.28　U243B 型集成电路式电子闪光器

SR—输入检测器；D—电压检测器；Z—振荡器；SC—功率输出级；R_S—取样电阻；J—继电器

输入检测器用来检测转向开关是否接通。振荡器由一个电压比较器和外接 R_4 及 C_1 构成。内部电路给比较器的一端提供了一个参考电压，其值的高低由电压检测器控制；比较器

的另一端则由外接 R_4 及 C_1 提供一个变化的电压，从而形成电路的振荡。振荡器工作时，输出级的矩形波便控制继电器线圈的电路，使继电器触点反复开、闭，则转向信号灯及其指示灯便以 80 次/min 的频率闪烁。

若一只转向信号灯烧坏，则流过取样电阻 R_S 的电流减小，其电压降随之减小，经电压检测器识别后便控制振荡器电压比较器的参考电压，从而改变振荡（即闪烁）频率，则转向指示灯的闪烁频率加快一倍，以提示操作人员转向信号灯线路出现故障，需要检修。

6.2.4 制动信号装置

制动信号装置主要包括制动灯开关和制动信号灯。制动灯开关的作用是在机械装备制动停车或减速时，利用制动系压力使触点闭合，接通制动信号灯电路。制动信号灯大多与尾灯合为一体，用双灯丝灯泡或两个单灯丝灯泡制成，功率小的为尾灯，功率大的为制动信号灯。现代机械装备的制动灯开关有顶杆式、气压式、液压式 3 种。

（1）气压式制动灯开关

气压式制动灯开关结构如图 6.29 所示。它装在制动系的输气管上。当踩下制动踏板时，压缩空气进入开关，膜片向上拱曲，动触头将两接线柱接通，制动灯亮。当松开制动踏板时，动触头膜片在弹簧张力作用下回位，制动灯熄灭。

（2）液压式制动灯开关

液压制动灯开关结构如图 6.30 所示。它装在制动总泵的前端。当踩下制动踏板时，制动系中制动液压力增大，膜片拱曲，接触桥 4 接通接线柱 7、9，制动灯亮；当松开制动踏板时，制动液压力降低，接触桥在弹簧 5 的作用下回位，制动灯熄灭。

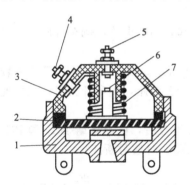 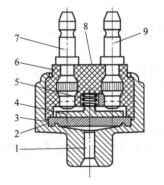 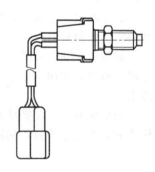

图 6.29 气压式制动信号灯开关
1—壳体；2—橡胶塞；3—胶木盖；
4、5—接线柱；6—钢质触点；7—弹簧

图 6.30 液压式制动信号灯开关
1—管接头；2—膜片；3—壳体；4—接触桥；
5—弹簧；7、9—接线柱；6、8—胶木底座

图 6.31 顶杆式制动灯开关

（3）顶杆式制动灯开关

顶杆式制动灯开关结构如图 6.31 所示。它位于制动踏板臂上或手制动操纵杆支架上，分别由制动踏板或手制动操纵杆操纵。当踩下制动踏板或拉紧手制动操纵杆时，制动开关处于接通状态，制动灯亮；当松开制动踏板或手制动操纵杆时，开关处于断开位置，制动灯熄灭。

6.2.5 倒车信号装置

倒车信号装置主要由倒车灯、倒车灯开关和倒车蜂鸣器组成。倒车时，倒车灯闪烁，倒车蜂鸣器鸣叫，以提醒车后车辆和行人。

（1）开关

倒车灯开关结构如图 6.32 所示。它在工程机械倒车时接通倒车灯电路以及报警器电路，一般安装在变速器盖上的倒挡位置。当工程机械倒车时，驾驶员将变速杆拨在倒挡位置，叉轴上的凹槽对准钢球，钢球向下移动约 1.8mm，膜片和动触点在弹簧张力作用下向下移动，触点闭合，倒车灯亮，报警器响。

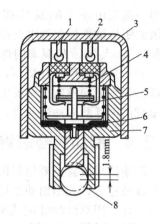

图 6.32　倒车灯开关
1、2—导线；3—保护罩；4—弹簧；
5—触点；6—膜片；7—壳体；
8—钢球

（2）倒车蜂鸣器电路

图 6.33 所示为倒车警报器电路。倒车时，使倒车灯开关闭合，接通电路。电流由蓄电池到倒车开关 2，之后分为两路：一路经倒车灯 3 搭铁，使倒车灯发亮；另一路经蜂鸣器的常闭开关 4 又分成两条支路，一路经喇叭 5 搭铁而发出倒车响声，另一路经励磁线圈。开始通过线圈 L_1 和 L_2 的电流大小相等、方向相反，产生的磁通相抵消，对常闭合开关 4 没有吸力。随着电容 C 的充电，两端电压逐渐增高，使流入线圈 L_2 的电流逐渐减少。当线圈 L_1 比线圈 L_2 的磁通量大到足以吸开常闭触点 4 时，常闭触点 4 打开，切断蜂鸣器电流，响声停止。同时，电容 C 开始放电，放电电流经 L_1 和 L_2 并产生相同方向的磁通，继续吸引触点 4，使之处于分开状态。放电结束时，两个线圈磁力全部消失，常闭触点在自身弹力作用下又重新闭合，蜂鸣器又接通，喇叭发出响声，电容 C 又开始充电。如此反复，触点 4 不断开闭，蜂鸣器不断发出断续的响声。

倒车结束，变速杆被移出倒挡位置，倒车开关 2 自动跳起，切断电路，倒车灯熄灭，蜂鸣器停响，报警结束。

解放 CA1091 采用晶体管倒车蜂鸣器，其电路如图 6.34 所示。发声部分是一只功率较小的电喇叭，控制电路是一个由无稳态电路与反相器组成的开关电路，倒车开关附设在变速器上。

当变速器处于倒挡状态时，倒车开关即闭合。倒车开关闭合后，由晶体管 BG_1 和 BG_2 构成的无稳态电路自行翻转，使开关管 BG_3 按无稳态电路振荡，时通时断。

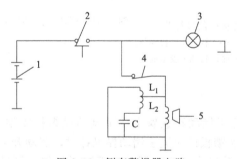

图 6.33　倒车警报器电路
1—蓄电池；2—倒车开关；3—倒车灯；4—触点开关；
5—喇叭；L_1、L_2—励磁线圈；C—电容

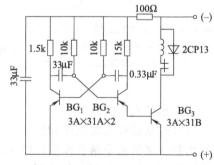

图 6.34　倒车蜂鸣器电路

当 BG_3 导通时，电流从电源"＋"极经 BG_3、蜂鸣器触点（常闭式）、线圈流回电源"－"极。线圈通电后产生磁场，铁芯被磁化，吸动衔铁，带动膜片变形，产生声音。当 BG_3 截止时，线圈断电，磁场消失，铁芯退磁，衔铁与膜片回位，产生第二次声音。如此

周而复始，产生蜂鸣声。由于倒车灯与蜂鸣器并联，当蜂鸣器 BG$_3$ 导通、线圈通电时，倒车灯处于被"短路"状态，灯光变暗；当蜂鸣器截止、线圈断电时，倒车灯承受全部电源电压，电流变大，灯光变强，车灯与蜂鸣器交替通电，产生灯光闪烁和断续的声响信号。

6.3　喇叭

6.3.1　喇叭的分类

为保证行驶安全及作业需要，一般工程机械都装有喇叭，以警示路人及其他车辆避让。

喇叭按发音动力有气喇叭和电喇叭之分，现代工程机械多用振动式电喇叭；按外形有螺旋形、筒形、盆形之分；按音频有高音和低音之分；按接线方式有单线制和双线制之分。

气喇叭是利用气流使金属膜片振动产生音响，外形一般为筒形，多用在具有空气制动装置的重型载重工程机械上。电喇叭是利用电磁力使金属膜片振动产生音响，其声音悦耳，在各种类型的工程机械上广泛应用。

电喇叭按有无触点可分为普通电喇叭和电子电喇叭。普通电喇叭主要是靠触点的闭合和断开，控制电磁线圈激励膜片振动而产生音响的；电子电喇叭中无触点，它是利用晶体管电路激励膜片振动产生音响的。在中小型工程机械上，由于安装的位置限制，多采用螺旋形和盆形电喇叭。盆形电喇叭具有体积小、重量轻、指向好、噪声小等优点。

6.3.2　普通电喇叭的工作原理

（1）筒形、螺旋形电喇叭

筒形、螺旋形电喇叭的结构如图 6.35 所示。它主要由山字形铁芯 5、线圈 11、衔铁 10、振动膜片 3、共鸣板 2、扬声筒 1、触点 16 以及电容器 17 等组成。膜片 3 和共鸣板 2 由中心杆 15 与衔铁 10、调整螺母 13、锁紧螺母 14 连成一体。当按下喇叭按钮 20 时，电流经蓄电池"＋"→接线柱 19（左）→线圈 11→触点 16→接线柱 19（右）→按钮 20→搭铁→蓄电池"－"。当电流通过线圈 11 时，产生电磁吸力，吸下衔铁 10，中心杆上的调整螺母 13 压下活动触点臂，使触点 16 分开而切断电路。此时线圈 11 电流中断，电磁吸力消失，在弹簧片 9 和膜片 3 的弹力作用下，衔铁又返回原位，触点闭合，电路重又接通。此后，上述过程反复进行，膜片不断振动，从而发出一定音调的音波，由扬声筒 1 加强后传出。共鸣板与膜片刚性连接，在振动时发出陪音，使声音更加悦耳。在触点 16 间并联了一个电容器（或消弧电阻），减小了触点火花，保护触点。

（2）盆形电喇叭

盆形电喇叭工作原理与上述相同，其结构特点如图 6.36 所示。

电磁铁采用螺管式结构，铁芯 9 上绕有线圈 2，上、下铁芯间的气隙在线圈 2 中间，所以能产生较大的吸力。它无扬声筒，而是将上铁芯 3、衔铁 6、膜片 4 和共鸣板 5 固装在中心轴上。当按下喇叭按钮时，电喇叭电路通电，电流由蓄电池"＋"→线圈 2→触点 7→喇叭按钮 10→搭铁→蓄电池"－"，形成回路。当电流通过线圈 2 时，产生电磁力，吸引上铁芯 3，带动膜片 4 中心下移，上铁芯 3 与下铁芯 1 相碰，同时带动衔铁 6 运动，压迫触点臂将触点 7 打开，触点 7 打开后线圈 2 电路被切断，磁力消失，上铁芯 3 及膜片 4 又在触点臂和膜片 4 自身弹力的作用下复位，触点 7 又闭合。触电 7 闭合后，线圈 2 又通电产生磁力，吸引上铁芯 3 下移与下铁芯 1 再次相碰，触点 7 再次打开，如此循环，触点以一定的频率打开、闭合，膜片不断振动发出声响，通过共鸣板产生共鸣，从而产生音量适中、和谐悦耳的声音。在触点 7 之间同样也并联了一只电容器（或消弧电阻）以保护触点。

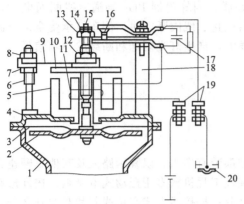

图 6.35　筒形、螺旋形电喇叭

1—扬声筒；2—共鸣板；3—振动膜片；4—底板；5—山
字形铁芯；6—螺栓；7—螺柱；8、12、14—锁紧螺母；
9—弹簧片；10—衔铁；11—线圈；13—音量调整螺母；
15—中心杆；16—触点；17—电容器；18—触点支架；
19—接线柱；20—喇叭按钮

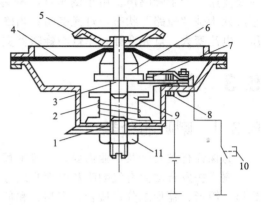

图 6.36　盆形电喇叭

1—下铁芯；2—线圈；3—上铁芯；4—膜片；
5—共鸣板；6—衔铁；7—触点；8—调整螺钉；
9—铁芯；10—按钮；11—锁紧螺母

6.3.3　电子电喇叭

电子电喇叭的结构如图 6.37 所示，其电路原理如图 6.38 所示。

当喇叭电路接通电源后，由于晶体管 VT 加正向偏压而导通，线圈中便有电流通过，产生电磁力，吸引上衔铁，连同绝缘膜片和共鸣板一起动作，当上衔铁与下衔铁接触而直接搭铁时，晶体管 VT 失去偏压而截止，切断线圈中的电流，电磁力消失，膜片与共鸣板在弹力作用下复位，上、下衔铁又恢复为断开状态，晶体管 VT 重又导通，如此周而复始地动作，膜片不断振动便发出响声。

6.3.4　喇叭继电器

工程机械上常装有两个不同音调（高、低音）的喇叭，以得到更加悦耳的声音，其中高音喇叭膜片厚，扬声简短，低音喇叭则相反。有时甚至用三个（高、中、低）不同音调的喇叭。

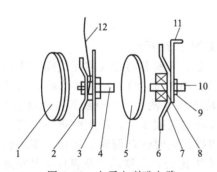

图 6.37　电子电喇叭电路

1—罩盖；2—共鸣板；3—绝缘膜片；4—上衔铁；
5—O 形绝缘垫圈；6—喇叭体；7—线圈；8—下衔铁；
9—锁紧螺母；10—调节螺钉；11—托架；12—导线

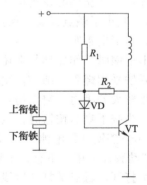

图 6.38　电子电喇叭电路原理

R_1—100Ω；R_2—470Ω；
VD—2CZ；VT—D478B

装用单只喇叭时，喇叭电流是直接由按钮控制的，按钮大多装在转向盘的中心。当工程机械装用双喇叭时，因为消耗电流较大（15～20A），用按钮直接控制时，按钮容易烧坏。为了避免上述缺点，采用喇叭继电器，其构造和接线方法如图 6.39 所示。当按下按钮 3 时，蓄电池电流便流经线圈 2（因线圈电阻很大，所以通过线圈 2 及按钮 3 的电流不大），产生电磁吸力，吸下触点臂 1，因而触点 5 闭合，接通了喇叭电路。因喇叭的大电流不再经过按钮，从而保护了喇叭按钮。松开按钮时，线圈 2 内电流被切断，磁力消失，触点在弹簧力作用下打开，即可切断喇叭电路，使喇叭停止发音。

6.3.5 电喇叭的调整

不同形式的电喇叭，构造不完全相同，因此调整方法也有些差异，但其原理是基本相同的。喇叭的调整主要包括音量和音调的调整。

（1）喇叭音调的调整

减小衔铁与铁芯间的间隙，可以提高音调。为此，可先旋松锁紧螺母 8 和 12（图 6.35），再旋松调整螺母 7，并转动衔铁 10，减小衔铁与铁芯间的间隙；反之增大间隙，则音调降低。衔铁与铁芯的间隙一般为 0.5～1.5mm，间隙太小会发生碰撞，太大则会吸不动衔铁。调整时铁芯要平整，铁芯与衔铁四周的间隙要均匀，否则会产生杂音。

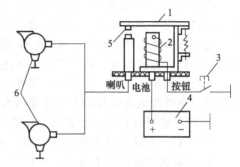

图 6.39 喇叭继电器
1—触点臂；2—线圈；3—按钮；
4—蓄电池；5—触点；6—喇叭

盆形电喇叭的调整方法是先松开锁紧螺母 11，再旋下铁芯，改变其上、下铁芯间的间隙即可调整音调的高、低。

（2）喇叭音量的调整

电喇叭音量的大小与通过喇叭线圈中的电流大小有关。当需增大音量时，可先松开锁紧螺母 14，再旋松调整螺母 13，增大触点的压力。因触点的接触电阻减小，触点闭合的时间增长，通过线圈的电流增大，所以音量也相应增大；反之喇叭音量就减小。额定电压为 12V 时，通过触点的电流一般为 7.5A（双管喇叭为 15A）。

盆形电喇叭音量的调整是通过旋转调整螺钉 8 来改变触点 7 的接触压力，即可改变音量的大小（见图 6.36）。喇叭的固定方法对其发音影响极大。为使喇叭的声音正常，喇叭不能作刚性装接，而应固定在缓冲支架上，即在喇叭与固定支架之间装有片状弹簧或橡皮垫。此外，喇叭触点应保持清洁，其接触面积应不低于 80%，若有严重烧蚀，应及时进行检修。

6.4 照明与信号系统的故障诊断与排除

6.4.1 照明系统常见的故障及诊断排除

工程机械照明系统的故障常常表现为灯不亮、亮度不够等，进行故障诊断时应根据照明电路，首先检查那些极易引起故障的部位和原因，如接地不良、导线连接松动、熔断器烧断等，采用的方法为万用表测量法和试灯法。

（1）前照灯的保养

若发现反射镜上稍有尘污时，可用压缩空气吹干净。若吹不干净时，则应根据镀层的不同，采用不同的方法清除。反射镜为镀铬的，可用柔软棉纱蘸少量酒精，由反射镜的中心向外围呈螺旋形轻轻地仔细擦拭；反射镜为镀银或镀铝的，可用棉花蘸清水轻轻地清洗（不要擦拭），而后用高压空气吹干；有的反射镜其表面已由制造厂预先涂上一层很薄的透明保护膜，清扫时千万不要破坏它；如反射镜经常脏污，则必须更换橡胶密封垫圈。

（2）前照灯的故障排除

前照灯的故障主要有：灯光不亮，灯光发红，大多数原因是由于灯泡损坏、灯丝烧断、电路断路、开关损坏或控制失灵等引起的，而且一切故障均通过灯光反映出来。

① 两个前照灯都不亮。

故障原因：接线松脱、变光开关损坏、灯丝烧断。

检查步骤：首先检查车灯总开关接线柱的线头、变光开关的接线柱以及搭铁线头是否松脱、断路。若有上述故障，可将导线接好。若导线连接良好，可进行下列工作。

用旋具将变光开关的电源接线柱分别和远、近光接线柱短接，若灯亮则是变光开关有故障，检修或更换即可。若灯仍不亮则进行下一步。

检查灯丝是否烧断，若烧断，更换灯泡即可。若发现两只灯泡经常烧断，则除检查灯丝电路外，还要确认发电机输出电压是否符合标准，若发电机电压过高，灯泡极易烧毁。

② 两个前照灯其中一个发红，一般为搭铁不良所致。

③ 只有一个灯的远光或近光不亮，一般为灯丝烧断或接线头松脱所造成。

④ 两侧远光或近光不亮时，可用旋具短接变光开关电源与该光电线接线柱，若灯亮则为变光开关的故障，应检修或更换。若仍不亮，就是变光开关至前照灯之间的线路有断路、线头松脱或灯丝烧毁。

⑤ 接通远光或近光时，熔断器马上烧断或跳起，说明远光或近光电路中有短路或搭铁故障。

⑥ 两侧灯都暗淡时，可能是发电机调节电压偏低，蓄电池亏电所致。

⑦ 两只灯泡经常烧坏时，大多为发电机调节电压过高所致。

6.4.2　信号系统常见的故障及诊断排除

转向灯常见故障有：左右转向灯都不亮、闪烁频率不当、左右转向灯一侧或一只不亮等。

（1）左右转向灯都不灭

① 闪光器不良，可检修或更换闪光器。

② 危险警报开关有故障。

（2）左右转向灯都不亮

① 熔断器熔断，检查确认熔断器熔断后应找出熔断原因，而后更换即可。

② 蓄电池和开关之间有断线、接触不良，应检查各接线柱接线情况，检查导线情况，保证导线连接可靠。

③ 开关不良，可更换转向开关。

④ 闪光器工作不良，应进行调整或更换。更换时应注意闪光器额定电压、功率和接线。

（3）闪烁频率较标准值高

① 灯泡功率不符合规定，应按标准更换灯泡。

② 转向灯接地不良，应检查灯座搭铁情况并使其接地良好。

③ 闪光器不良，应进行调整或更换闪光器。

④ 转向灯灯丝烧断，应更换灯泡。

（4）闪烁频率较标准值低

① 灯泡功率不符合规定，应按标准更换灯泡。

② 电源电压过低，可将蓄电池充足电，适当调高发电机输出电压。

③ 闪光器有故障，可调整或更换闪光器。

（5）左右转向灯闪光频率不一样或其中有一只不工作

① 指示灯或信号灯断线。

② 其中有一个使用了非标准灯泡，应更换成标准灯泡。

③ 灯的接地不良，要检查灯座，接牢搭铁线。

④ 转向信号灯开关和转向信号灯之间有断线、接触不良，可检修线路及搭铁。

（6）转向灯有时工作、有时不工作

① 接线不可靠或搭铁不良、松脱。

② 闪光器不良。

（7）其他用电设备工作时，转向灯亮灭速度特别慢或不工作

① 蓄电池电压亏电严重，应及时给蓄电池补充电。

② 蓄电池到闪光灯电路压降大，即导线截面小，接触不良，可更换导线，检修接触情况。

（8）闪光器的检查

在转向信号电路有故障而不能正常工作时怀疑为闪光器故障，则可进行下列检查。

① 将闪光器接线柱 B 和接线柱 L 短接，如转向灯亮，则说明是闪光器有故障。

② 打开闪光器的盖，观察线圈和附加电阻是否烧坏，若良好则可进行下列检查。

③ 检查触点闭合情况，按下触点，转向灯亮则是触点间隙过大所致，应予调小。

④ 按下触点不亮，可用旋具短接触点，若灯亮则是触点氧化严重，可进行打磨。

以上检查闪光器的方法，仅限于电热丝式、翼片式和电容式，对于晶体管式则不能用短接的方法试验，否则将会损坏闪光器。

6.4.3 电喇叭常见的故障及诊断排除

（1）电喇叭的常见故障与排除

电喇叭的常见故障有喇叭不响、喇叭声音沙哑、喇叭耗电量过大、喇叭触点经常烧坏等。

① 喇叭不响。故障原因：蓄电池充电不足而亏电；电路中熔丝烧断；线路连接松脱或搭铁不良；喇叭继电器故障，如触点不闭合或闭合不良；喇叭本身故障，如线圈烧断、喇叭触点不能闭合或闭合不良，喇叭内部某处搭铁等。

故障诊断方法如图 6.40 所示。

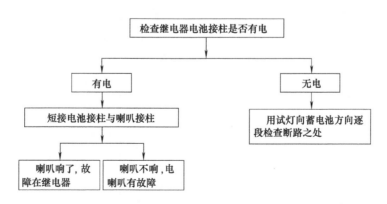

图 6.40 喇叭不响故障诊断方法

② 喇叭声音沙哑。故障原因：蓄电池充电不足；喇叭固定螺钉松动；喇叭触点或继电器触点接触不良；喇叭衔铁气隙调整不当；振动膜、喇叭筒等破裂；喇叭内部弹簧片折

断等。

诊断方法：a. 发动机未启动前，喇叭声音沙哑，但当发动机以中速以上速度运转时，喇叭声音恢复正常，则为蓄电池亏电；若声音仍沙哑，则可能是喇叭或继电器等有问题。b. 用旋具将喇叭继电器的接线柱 B 与 H 短接，若喇叭声音正常，则故障在继电器，应检查继电器触点是否烧蚀或有污物而接触不良；若喇叭声音仍沙哑，则故障在喇叭内部，应拆下仔细检查。

③ 喇叭耗电量过大。按下喇叭按钮，只发出"嗒"的一声或不响，夜间行车按喇叭时，灯光瞬间变暗，放松按钮后，灯光复明；继电器触点经常烧结在一起，导致喇叭长鸣。

故障原因：音量调整螺母或螺钉松动，致使喇叭触点不能分开而一直耗电，且振动膜也不反复振动；喇叭衔铁气隙太小，导致触点不断开；触点间绝缘垫损坏漏电；电容或灭弧电阻短路等。

④ 喇叭触点经常烧坏。故障原因：灭弧电阻或电容器损坏；灭弧电阻阻值过大或电容器容量过小；喇叭触点压力调整过大或工作电流过大。

（2）电喇叭的修理

① 喇叭线圈损坏。喇叭线圈损坏后，可重新进行绕制。绕制时导线直径、匝数及电阻等必须与原线圈一致。

② 喇叭膜片破裂。喇叭膜片破裂时，必须予以更换，双音喇叭中其高音与低音的膜片厚度不同，薄的为低音，厚的为高音。

③ 喇叭筒破裂。喇叭筒破裂应予更换。喇叭筒也有高音和低音之分，高音喇叭筒较低音喇叭筒短，如螺旋形喇叭，其高音喇叭筒为 1.5 圈，低音喇叭筒为 2.5 圈。

④ 灭弧电容或灭弧电阻损坏。灭弧电容损坏后必须予以更换，灭弧电阻损坏可用直径为 0.12mm 的镍铬丝（Ni80Cr20）重新绕制，其阻值应符合规定值。灭弧电阻绕好后，其两接线片必须铆接后再焊锡，电阻与底板一定要绝缘，下端的接线片应离底板 2~3mm，以防短路。

⑤ 触点烧蚀。触点表面严重烧蚀时，应拆下用油石打磨，但触点厚度不得小于 0.3mm，否则应予更换。

第7章
仪表与报警系统

7.1 仪表系统

工程机械上装有各种仪表，能使驾驶员随时了解工程机械的主要部件的工作情况，以及时发现和排除可能出现的故障。这些仪表按其结构原理可分为机械仪表和电子仪表两大类。目前工程机械装用的仪表主要有电流表、电压表、燃油表、水温表、变矩器油温表、发动机机油压力表、变矩器油压表、发动机转速表、气压表以及车速里程表等。这些仪表除应结构简单、工作可靠、耐振、抗冲击性好外，还应准确显示工程机械的常规参数，在电源电压波动时所引起的变化应尽可能小，且不受周围温度变化的影响。同时现代工程机械也安装了报警装置，以保证安全和可靠性，一般由传感器和红色警告灯组成。例如机油压力过低、制动系低压、空气滤清器堵塞等便发出报警信号。工程机械仪表一般采用仪表板总成的形式集中安装在驾驶室方向盘的前方仪表板上，它又有组合式、分装式之分，其中以组合式仪表居多。组合式仪表就是将各种仪表、指示灯、报警灯及仪表照明灯合装在一个表盘内，共用一块表面玻璃密封。它们的安装布局随各制造厂和工程机械形式不同而有所差别。

7.1.1 电流表

电流表串接在发电机和蓄电池之间，主要是用来指示蓄电池的充放电电流值，同时还用以检视电源系统工作是否正常。通常把它做成双向工作方式，表盘的中间刻度为"0"，一边为20A（或30A），另一边为－20A（或－30A）。发电机向蓄电池充电时，指示值为"＋"，蓄电池向用电设备放电时，指示值为"－"。目前电流表有电磁式和动磁式两种。

（1）电磁式电流表

电磁式电流表的结构和线路连接如图7.1所示。底座由黄铜板条制成，固定在绝缘底板上，两端与接线柱相连。在底座的中间夹有永久磁铁，磁铁的内侧还安装有指针转轴，在轴上装有带指针的软钢转子。当没有电流流过电流表时，软钢转子被永久磁铁磁化而相互吸引，使指针停在中间"0"的位置。当铅蓄电池向外供电时，放电电流通过黄铜板条产生的磁场与永久磁铁磁场的合成磁场吸动软钢转子逆时针偏转一个与合成磁场方向一致的角度，则指针就指向标度盘的"－"侧，放电电流越大，合成磁场越强，则软钢转子带着指针向"－"侧偏转角度就越大。当发电机向铅蓄电池充电时，则电流反向流过黄铜板条，合成磁场吸引软钢转子带着指针顺时针方向偏转指向"＋"侧，且充电电流越大，指针偏转越大。

（2）动磁式电流表

动磁式电流表的结构和线路连接见图 7.2，黄铜导电板固定在绝缘底板上，两端与接线柱相连，中间夹有磁轭，与导电板固装在一起的针轴上装有指针与永久磁铁转子。当没有电流通过电流表时，永久磁铁转子使磁轭磁化相互吸引，故指针停在"0"位。当蓄电池向外供电时，放电电流通过导电板产生的磁场，使浮装在导电板中心的永久磁铁转子带动指针向"－"侧偏转，且放电电流越大，偏转角越大。当发电机向蓄电池充电时，充电电流通过导电板产生的磁场则使指针向"＋"侧偏转，显示出充电电流的大小。

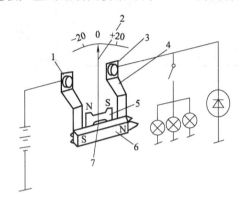

图 7.1　电磁式电流表
1—负极接线柱；2—指针；3—正极接线柱；4—黄铜板条；5—软钢转子；6—永久磁铁；7—转轴

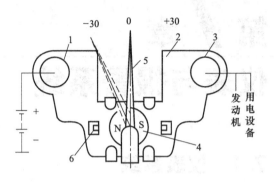

图 7.2　动磁式电流表
1—电流表"－"接线柱；2—黄铜导电板；3—电流表"＋"接线柱；4—永久磁铁转子；5—指针；6—磁轭

7.1.2　燃油表

燃油表是用来指示燃油箱中的存油量，它由装在油箱上的油量传感器和仪表板上的燃油指示表两部分组成。传感器均采用可变电阻式，但指示表有电磁式、动磁式和电热式 3 种。

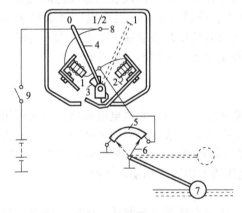

图 7.3　电磁式燃油表
1—左线圈；2—右线圈；3—转子；4—指针；5—可变电阻；6—滑片；7—浮子；8—传感器接线柱；9—点火开关

（1）电磁式燃油表

电磁式燃油表的结构和线路连接如图 7.3 所示。燃油指示表由左右两个线圈（线圈内有铁芯）和中间带指针的转子组成。传感器由可变电阻、滑片和浮子组成。传感器浮子浮在油面上，随油面高低上下浮动，从而使电阻的阻值发生改变。电阻的一端搭铁，另一端接在传感器接线柱上。

当油箱内无油时，浮子下沉，可变电阻与右线圈被短路，无电流通过，左线圈在全部电源电压作用下，通过的电流达最大值，产生最强的磁力，吸引转子，使指针停在最左面的"0"位上。随着油箱中油量的增加，浮子上浮，便带动滑片向左移动，可变电阻部分接入回路中，左线圈中的电流相应减小，产生的电磁力减弱，而右线圈中的电流增加，产生的电磁力增强。转子在合成磁场的作用下向右偏转，从而使指针指示油箱中的燃油量。

当油箱中充满燃油后，浮子上升到最高点，可变电阻全部接入回路。此时左线圈的电流最小，产生的电磁力最弱，而右线圈的电流最大，产生的电磁力最强，转子在合成磁场的作用下向右偏移至最大位置，指针指在"1"的位置上。

装有副油箱时在主、副油箱中各装一个传感器，在传感器与燃油指示表之间装有转换开关，可分别测量主、副油箱的油量。传感器的可变电阻的末端搭铁，可避免滑片6与可变电阻接触不良时产生火花、引起火灾。

（2）电热式燃油表

电热式燃油表的结构和线路连接如图7.4所示，它由双金属片式燃油指示表和可变电阻传感器组成。

当油箱中无油时，传感器的浮子处于最低位置，可变电阻全部接入电路，左电热线圈中电流最小，双金属片几乎不变形，而右电热线圈中电流最大，双金属片变形最大，驱使联动装置带动指针向左偏移指在"0"位上。

当油箱中注满油时，浮子上升到最高位置，传感器电阻被短路，左电热线圈中的电流增至最大值，双金属片变形大，而右电热线圈中的电流下降至最小值，双金属片复原，通过联动装置将指针推到满油标度"1"的位置上。

（3）动磁式燃油表

动磁式燃油表的结构和线路连接如图7.5所示，由三线圈燃油指示表和可变电阻传感器组成。

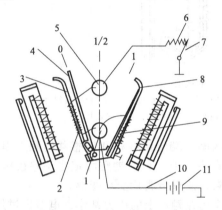 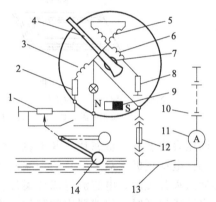

图7.4 电热式燃油表
1—接线柱；2、9—电热线圈；3、8—双金属片；
4—指针；5—传感器接线柱；6—可变电阻；
7—滑片；10—点火开关；11—电池

图7.5 动磁式燃油表
1—传感器可变电阻；2、8—电阻；3、5、6—线圈；
4—指针；7—指针永久磁铁；9—永久磁铁；
10—蓄电池；11—电流表；12—熔断器；
13—点火开关；14—浮子

当油箱中无油时，传感器浮子处于最低位置，将可变电阻短路，流过线圈3中的电流最大，其产生的磁场与线圈5、6产生的磁场的合成磁场吸动指针永久磁铁带动指针指向"0"的位置。当油箱中装满燃油时，接入全部可变电阻，流过线圈3中的电流最小，其产生的磁场与线圈5、6产生的磁场的合成磁场吸动指针永久磁铁带动指针指向"1"的位置。当点火开关断开、燃油表中无电流流过时，在永久磁铁9的作用下，带动指针指向"0"位。

7.1.3 机油压力表

机油压力表是在发动机运转时，用来检测发动机机油压力的大小和发动机润滑系工作是否正常的，它由安装在发动机主油道上或粗滤器壳上的油压传感器和仪表板上的油压指示表组成。常用油压表有电热式压力表、电磁式压力表以及弹簧管式压力表。

（1）电热式机油压力表

电热式机油压力表的结构和线路连接如图7.6所示。油压传感器为圆盘形，内部有感受机油压力的膜片，膜片下方的油腔与润滑系主油道相通。膜片上方顶着弓形弹簧片，弹簧片的一端焊有触点，另一端固定并搭铁。双金属片上绕有电热线圈，线圈的一端焊在双金属片上，另一端接在接触片上。校正电阻与电热线圈并联。

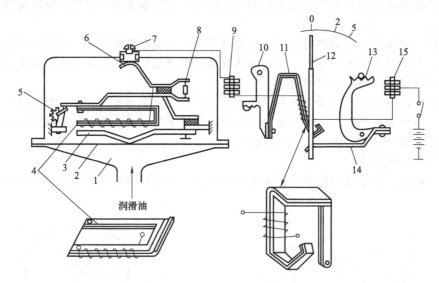

图7.6　双金属片电热式油压表

1—油腔；2—膜片；3—弹簧片；4—双金属片；5—调节齿轮；6—接触片；7、9、14—接线柱；
8—校正电阻；10、13—调节齿扇；11—双金属片；12—指针；15—弹簧片

油压表内装有双金属片，其上绕有电热线圈，线圈一端经接线柱和传感器的触点串联，另一端接电源正极。双金属片的一端制成钩状，钩在指针上，另一端则固定在调整齿扇上。当接通点火开关时，电流流过双金属片上的加热线圈，使双金属片受热变形。

当油压很低时，传感器中的膜片几乎无变形，作用在触点上的压力甚小。电流通过加热线圈不久，温度略有升高，双金属片弯曲使触点分开，电路即被切断，稍后双金属片冷却伸直，触点又闭合。因触点闭合时间短，电路中电流的有效值小，指示表中双金属片受热变形弯曲小，指针向右偏移量小，即指出较低油压。当油压增高时，膜片向上拱曲，使触点压力增大，触点闭合时间延长，电路中电流的有效值增大，指示表中双金属弯曲变形增大，从而指示较高的油压。

（2）电磁式油压表

电磁式油压表的结构和线路连接如图7.7所示，当油压为0时，膜片无变形，可变电阻全部接入电路，左线圈中的电流最大，而右线圈中的电流最小，形成的合成磁场吸动磁铁带动指针指向"0"位。当油压升高时，膜片向上拱曲，可变电阻部分接入电路，流过右线圈的电流增大，而流过左线圈的电流减小，形成的合成磁场使指针向右偏转，指在高油压位置。

（3）弹簧管式油压表

弹簧管式机油压力表的结构和线路连接如图7.8所示，当发动机不工作时，弹簧管内无机油压力，而处于自由状态，指针指在表盘的"0"位上。当压力增高时，弹簧管自由端外移，通过连接板使扇形齿轮驱动固定于指针轴上的小齿轮，带动指针指示出相应的油压值。

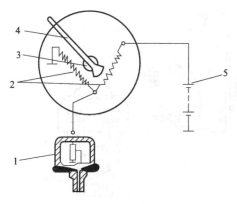

图 7.7　电磁式油压表

1—变电阻式传感器；2—正十字交叉线圈；

3—永久磁铁转子；4—指针；5—蓄电池

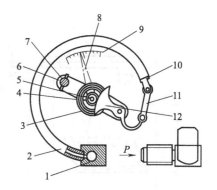

图 7.8　弹簧管式油压表

1—接头；2—弹簧管；3—游丝；4—小齿轮；5—针轴；

6—夹板；7—固定轴；8—指针；9—刻度盘；

10—封口塞；11—连接板；12—扇形齿轮

7.1.4　水温表

水温表（温度表）用以指示发动机冷却水的工作温度，由安装在发动机汽缸体水套上的温度传感器及仪表板上的温度指示表组成。根据水温表和配套传感器的工作原理不同，水温表有电热式水温表（配双金属电热脉冲式传感器）、电磁式水温表（配热敏电阻式传感器）和动磁式水温表（配热敏电阻式传感器）3 种类型。

（1）电热式水温表

配有双金属片式传感器的电热式水温表的结构和线路连接如图 7.9 所示。当发动机冷却水温度低时，传感器铜壳及双金属片周围温度也低，动触点的闭合压力较大，触点闭合时间长，断开时间短；流过指示表电热线圈中的脉冲电流平均值大，指示表双金属片变形大，带动指针偏转较大的角度而指在低温标度值。

当水温升高时，动触点的闭合压力减小，缩短了触点的闭合时间，延长了断开时间，使流过指示表电热线圈的脉冲电流平均值减小，则双金属片变形小，指针偏转角小而指在高温标度值。

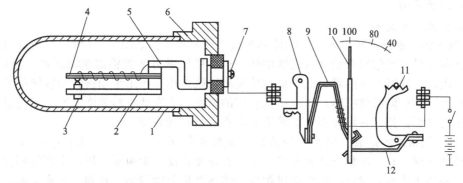

图 7.9　双金属片式电热式水温表

1—水温传感器铜外壳；2—底板支架；3—可调整触点；4—双金属条形片；5—接触片；6—铁壳；

7—接线柱；8、11—调整齿扇；9—双金属片；10—指针；12—弹簧片

配有热敏电阻式水温传感器的双金属片水温表的结构及工作原理如图 7.10 所示。热敏电阻式水温表是利用水温的高低，使热敏电阻的大小作相应变化（温度升高、电阻变小），

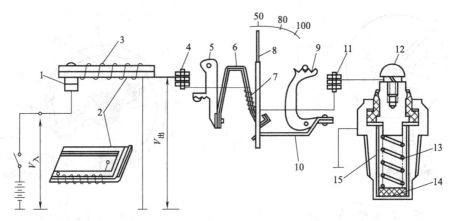

图 7.10　热敏电阻式水温表

1—触点；2—双金属片；3—加热线圈；4、11、12—接线柱；5、9—调节齿轮；6—双金属片；
7—加热线圈；8—指针；10、13—弹簧；14—热敏电阻；15—外壳

直接改变指示表内电热线圈的电流大小，使双金属片变形程度不同，从而带动指针指出相应的温度值。

（2）电磁式水温表

电磁式水温表的结构及工作原理如图 7.11 所示。当冷却水温度升降时，热敏电阻传感器直接控制串、并联线圈中的电流大小，使两个铁芯作用于衔铁上的电磁力发生变化，从而带动指针偏转，指示相应的温度值。

（3）动磁式水温表

动磁式水温表的结构及工作原理如图 7.12 所示。当水温升高或降低时，热敏电阻的电阻减小或增大，从而使流过线圈 3 的电流增大或减小，而线圈 5、6 中的电流不变，线圈 3、5、6 产生的电磁力吸动指针上的永久磁铁，指针指示出相应的温度值。

7.1.5　转速表

工程机械一般都装有发动机转速表，以便检查和调整发动机以及监视发动机的工作情况。发动机转速表有机械式和电子式两种，由于电子式转速表指示平稳、结构简单、安装方便，故被广泛采用。

（1）机械式转速表

① 机械传动磁铁式转速表。机械传动磁铁式转速表结构如图 7.13 所示。当发动机运转时，曲轴驱动机构经软轴带动永久磁铁旋转，永久磁铁磁力线被铝碗切割而产生感应电流。铝碗因有电流而同时产生磁场，此磁场与旋转磁铁磁场相互作用带动指针轴按顺时针方向转动一个角度，游丝同时被扭转，指针指示相应的转速。当发动机转速降低时，旋转永久磁铁转速也随之降低，铝碗磁场减弱，指针即指示相应的较低转速。

② 电动磁铁式转速表。电动磁铁式转速表结构如图 7.14 所示，由传感器和指示器组成。传感器实际上是个小型交流发电机，安装在发动机皮带轮附近，用四个螺钉固定。

当发动机工作时，发动机的传动机构带动传感器扇形轴转动，在轴上的永久磁铁跟随转动，使线圈切割磁力线产生交流电。电压高低随转速的快慢而变化，通过整流器变成直流，再经绕线电阻和炭电阻输入动圈，而动圈所产生的磁场和永久磁场产生的磁场相互作用，使动圈偏转。由于动圈和轴、游丝、配重指针装配成一体，所以动圈转动，指针就作顺时针偏转。发动机转速越快，传感器输出电压越高，动圈电压输入大，作用力大，指针偏转角也大。

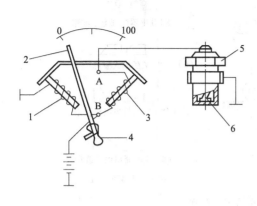

图 7.11 电磁式水温表

1—左线圈；2—指针；3—右线圈；4—软
铁转子；5—传感器；6—热敏电阻

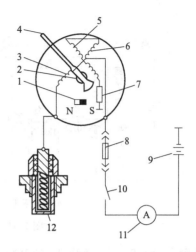

图 7.12 动磁式水温表

1—永久磁铁（使指针回零）；2—指针永久磁铁；
3、5、6—线圈；4—指针；7—电阻；8—熔
断器；9—蓄电池；10—点火开关；
11—电流表；12—热敏电阻传感器

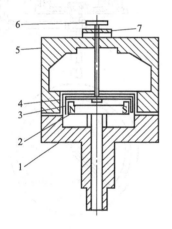

图 7.13 机械传动磁铁式转速表

1—底座；2—磁铁；3—铝碗；4—磁屏；
5—支架；6—指针；7—游丝

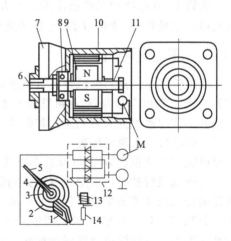

图 7.14 电动磁铁式转速表

1—动圈；2—永久磁铁；3—游丝；4—配重；5—指针；
6—传感器扁形轴；7—外壳；8—线圈固定罩；9—旋
转永久磁铁；10—输出线圈；11—轴承座；12—整
流器；13—电阻（200Ω）；14—电阻（300Ω）

（2）电子式转速表

电子式转速表的基本结构原理如图 7.15 所示，它是利用电容器充放电的脉冲式电子转速表，其转速信号可从分电器触点开闭信号、测量飞轮（或正时齿轮）转速信号或从发电机转速信号获取。当发动机工作时，利用触点不断开闭，其开闭次数与发动机的转速成正比。触点开闭产生的断续电流，经积分电路 $R_1 R_2 C_1$ 整形送至 T_r，从而取得一个具有一定幅值（电流值）和脉冲宽度（时间）的矩形波电流，此电流通过电流表 M。

当触点闭合时，三极管 T_r 无偏压而处于截止状态，电容 C_2 被充电，充电电流由蓄电池正极→电阻 R_3→电容 C_2→二极管 D_2→蓄电池负极。

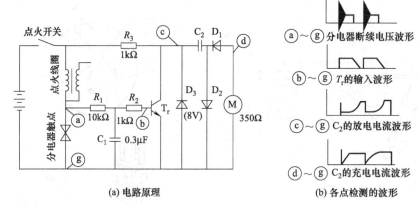

图 7.15　电子转速表结构、原理

　　当触点分开时，三极管 T_r 的基极电位接近电源正极，T_r 由截止转为导通。此时电容器所充满的电荷经电流表 M 放电。放电电流由电容器 C_2→三极管 T_r→电流表 M→二极管 D_1，再回到电容器，从而驱动电流表。触点如此重复开闭，使电流表显示通过电流的平均值。

　　二极管 D_2 在电路中起稳压作用，并为电容 C_2 提供充电电路。二极管 D_1 为电容器 D_2 提供放电电路。

7.1.6　车速里程表

　　车速里程表用来指示机械装备行驶速度和累计所行驶过的里程，它由车速指示表和里程计数器两部分组成，按其工作原理可分为磁感应式和电子式两类。

　　(1) 磁感应式车速里程表

　　磁感应式车速里程表结构和工作原理如图 7.16 所示。当工程机械行驶时，由变速器或分动器输出的转速经蜗轮蜗杆及软轴传至车速里程表的转轴，一方面带动 U 形永久磁铁旋转，在感应罩上产生涡流磁场和转矩，驱使感应罩克服盘形弹簧力作同向偏转，从而带动指针在标度盘上指出相应的车速值，车速越快，永久磁铁旋转越快，感应罩上的涡流转矩越大，指针偏转角大，指示的车速值也越大；反之，则指示车速越小。同时转轴旋转驱动三套蜗轮蜗杆，按一定传动比转动，从而逐级带动计数轮，指示出行驶里程。

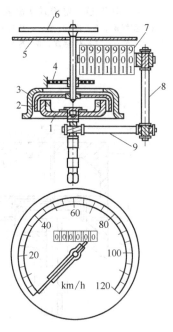

图 7.16　车速里程表

1—U 形永久磁铁；2—感应罩；3—护罩；
4—盘形弹簧；5—标度盘；6—车速表
指针；7—数字轮；8、9—蜗轮蜗杆

　　当工程机械停驶时，永久磁铁以及蜗轮蜗杆均停止转动，感应罩上的涡流转矩消失，在盘形弹簧作用下使指针回到 0 的位置，同时里程表也停止计数。当工程机械继续行驶时，里程表又继续计数。

　　(2) 电子式车速里程表

　　磁电脉冲式电子车速里程表是应用较广的电子式车速里程表，其工作原理是从安装在传动部分的磁感应式速度传感器取得信号传递给控制电路，通过驱动脉冲电动机转换信号，使累计仪运转进行指示，同时通过另外的信号处理部分使车速指示仪表指示出车速。

7.1.7 气压表

气压表用以指示气压制动的储气筒内的压力和制动输出气压。机械装备广泛采用的是双回路制动系统，常采用双针弹簧式气压表。

气压表基本结构如图 7.17 所示。前后腔的压缩空气分别经管道进入气压表的两个弹簧管。两个弹簧管均为弯曲成圆弧形的空心体，其截面为扇圆形，截面的短轴位于空心管弯曲的平面内。弹簧管 3 与左接头相通，弹簧管 3 的封闭端（右端）经连接板 7、扇形齿轮 9 与长径齿轮 11 相连，长径齿轮又与指针轴连为一体。弹簧管 5 与右接头相通，弹簧管 5 的封闭端（右端）经连接板 6、扇形齿轮 8 与空心齿轮 10 相连，空心齿轮 10 又与指针轴连为一体。两个游丝的内端分别与长径齿轮、空心齿轮相连，其外均为固定端。两个扇形齿轮均以各自的销轴为旋转中心，可以左右摆动。

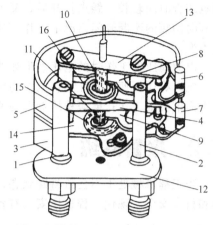

图 7.17 双针双弹簧管式气压表

1—左接头；2—右接头；3、5—弹簧管；4—气管；6、7—连接板；8、9—扇形齿轮；10—空心齿轮；11—长径齿轮；12—底板；13、14—上下夹板；15、16—游丝

双针双弹簧管式气压表实际上是两只平行单弹簧管式气压计，只不过将两者组装为一个仪表总成，两者的工作原理完全相同。当储气筒前、后腔的压缩空气分别经管道、接头进入弹簧管后，由于扁圆形的弹簧管的外圆表面积大于内圆表面积，则产生了压力差，试图使空心管变为圆形截面，短轴伸长，长轴缩短，因而使管臂产生应力，迫使圆弧形的空心管伸直，直至应力与弹簧管的弹力平衡为止。管子伸直使自由端向外位移，管内压力越大，位移量也越大，则弹簧管的自由端通过连接板、扇形齿轮、长径齿轮及空心齿轮分别带动指针轴沿顺时针方向转动，从而测定储气筒前、后腔压缩空气的压力值。

7.1.8 仪表电源稳压器

仪表电源稳压器是使电源电压保持稳定的一种电器。它主要是为了保证工程机械上所有仪表的测量准确性。

电源稳压器的电路原理如图 7.18 所示。当电源电压偏高时，流过电热线圈中的电流增大，只需要较短的时间，双金属片工作臂就上翘将动触点打开，触点分开后又必须经较长的

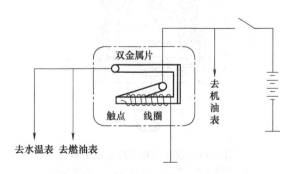

图 7.18 电源稳压器的电路原理

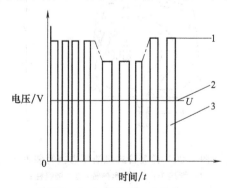

图 7.19 电源稳压器的电压波形

1—电源电压的变动波形；2—经稳压后的脉冲电压平均值；3—稳压器工作时的脉冲电压波形

时间冷却，双金属片工作臂方能复原使触点闭合，则动触点在双金属片的作用下，作闭合时间短而打开时间长的不断开闭工作，将偏高的电源电压适当降低为某一定输出脉冲电压平均值。当电源电压偏低时，则流过电热线圈中的电流减小，双金属片受热慢，变形程度小，使触点闭合时间较长。触点打开后，又需较短的时间冷却即可闭合，则触点处在闭合时间长而打开时间短的不断开闭情况下工作，从而使电源的低电压适当提高到同一输出脉冲电压平均值不变。

电源稳压器工作时的电压波形如图 7.19 所示。

电源稳压器使用时注意：电源稳压器安装时，必须将外壳上的调整螺钉向上，以保证其正常而准确地工作；电源稳压器上的两个接线柱（或焊接片）不得接错。

7.2 报警系统

当工程机械处于不良或特殊状态，为引起驾驶员、操作手的注意，保证机械装备可靠工作和行车安全，现代工程机械安装有各种报警装置，其一般由传感器和报警灯两部分组成。

7.2.1 机油压力报警装置

机油压力报警装置是在润滑系统机油压力降低到允许限度时，红色警告灯亮，以便引起操作手的注意。它由装在主油道上的传感器和装在仪表板上的红色报警灯组成。常见的传感器有弹簧管式和膜片式机油压力报警传感器两种。

（1）弹簧管式机油压力报警装置

弹簧管式机油压力报警装置主要由装在发动机主油道上的弹簧管式传感器和仪表板上的红色报警灯组成。传感器为盒形，内有一管形弹簧；管形弹簧一端经管接头与润滑系主油道相通；另一端则与动触点相接；静触点经接触片与接线柱相连，如图 7.20 所示。

当机油压力低于 $0.05\sim0.09\text{MPa}$（$0.6\sim1.0\text{kgf/cm}^2$）时，管形弹簧变形很小，则触点闭合，电路接通，报警灯发亮，指出主油道机油压力过低；当油压超过 $0.05\sim0.09\text{MPa}$ 时，管形弹簧变形大，使触点打开，电路切断，报警灯熄灭，说明润滑系机油压力正常。

（2）膜片式机油压力报警装置

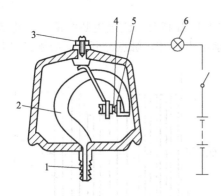

图 7.20　弹簧管式机油压力报警装置

1—管接头；2—管形弹簧；3—接线柱；
4—静触点；5—动触点；6—报警灯

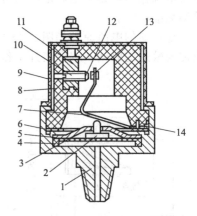

图 7.21　膜片式机油压力报警装置

1—接头；2—顶芯；3—膜片；4—密封垫圈；
5—限制圈；6—垫圈；7—导电片；8—盖体；
9—外套；10—调节螺钉；11—接线柱；
12—静触点；13—动触点；14—螺钉

膜片式机油压力报警装置主要由膜片式油压开关和报警灯组成。油压报警开关基本结构如图 7.21 所示。当机油压力正常时，机油压力推动膜片向上拱曲，触点打开，指示灯不亮。当润滑系油压降到一定值时，膜片在回位弹簧作用下下移，触点闭合，红色指示灯亮，以示警告。

膜片式机油压力报警装置有两种常见的故障，一是报警灯常亮；另一是油压低于规定值，报警灯不亮。

① 报警灯常亮的原因：主要是膜片破裂或膜片中心孔与弹簧座的连接处密封不良，机油渗入膜片上方空间，导致膜片上下两侧油压相等，触点常闭，电路常通，报警灯常亮。也可能是导线搭铁引起。

检查、排除措施：启动发动机，中速运转，拆下报警开关导线，若报警灯亮，说明报警灯至报警开关的导线有搭铁；若报警灯熄灭，说明报警开关损坏，应换新件。

② 报警灯在油压低于规定值时仍不亮的原因：主要是报警开关接触片与外壳接触处油污、烧蚀，导线断路，或报警灯灯泡烧坏。

检查、排除措施：先检查灯泡、熔断器及有关导线，如均正常，再用万用表在无油情况下测试报警开关接线螺钉与外壳间是否导通，若电阻值很大，说明报警开关接触片与外壳接触不良，可用铁丝等物从进油孔撞击几次接触片，挤出污物。若故障仍不能排除，则可换新件。

7.2.2 水温报警装置

水温报警装置基本结构如图 7.22 所示，由传感器和报警灯组成。当温度升高到 95～98℃ 时，双金属片向静触点方向弯曲，使两触点接触，红色报警灯发亮，以引起驾驶员注意。

7.2.3 燃油不足报警装置

燃油不足报警装置如图 7.23 所示，由热敏电阻传感器和报警灯组成。当油箱油量多时，负温度系数的热敏电阻元件被浸没在油中，温度低，阻值增大，电流小，报警灯熄灭。当油量减少到规定值以下时，热敏电阻元件露出油面，散热减慢，阻值减小，电流增大，报警灯发亮，以提醒操作人员及时加注燃油。

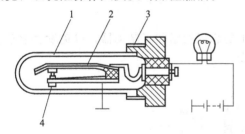

图 7.22 水温报警装置
1—套管；2—双金属片；3—螺纹接头；4—静触点

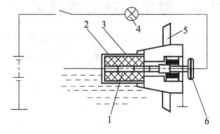

图 7.23 热敏电阻式燃油不足报警装置
1—热敏电阻元件；2—防爆用金属片；3—外壳；
4—报警灯；5—油箱外壳；6—接线柱

7.2.4 制动液面过低报警装置

制动液面过低报警装置结构如图 7.24 所示，由装在储液罐内的传感器和报警灯组成。外壳内装有舌簧开关，舌簧开关的两个接线柱与液面报警灯、电源相接，浮子上固定着永久磁铁。当浮子随着制动液面下降到规定值以下时，永久磁铁的吸力吸动舌簧开关，使之闭合，接通报警灯，发出警报；液面在规定值以上时，浮子上升，吸力不足，舌簧开关在自身弹力的作用下，断开报警灯电路。

7.2.5 制动系统低气压报警装置

在采用气制动的机械装备上，当制动气压降低到某一数值，制动机构就会失灵，就可能酿成大的事故。为此安装低气压报警装置，若制动系统气压过低时，报警灯即发亮，以引起操作者注意。

制动系统低气压报警装置由装在制动系统储气筒上或制动总泵的压缩空气输入管道中的传感器和装在仪表板上的报警灯组成。制动低气压报警开关如图7.25所示。接通电源后，当制动系统储气筒内的气压下降到0.34～0.37MPa（3.5～3.8kgf/cm^2）时，由于作用在气压报警灯开关膜片3上的压力减小，则膜片在复位弹簧的作用下向下移动，使触点4、5闭合，电路接通，低气压报警灯发亮。当储气筒内气压升高到0.4MPa（4.5kgf/cm^2）以上时，由于开关中心膜片受到的推力增大，而使复位弹簧压缩，触点打开，电路被切断，报警灯熄灭。因此仪表板上的低气压报警灯突然亮时，则说明制动系统中气压过低，应予以注意。

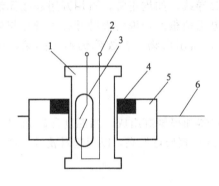

图7.24 制动液面过低报警传感器
1—外壳；2—接线柱；3—舌簧开关；
4—永久磁铁；5—浮子；6—液面

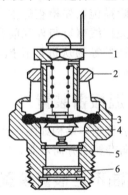

图7.25 低气压报警灯开关
1—调整螺母；2—拧紧螺母；3—膜片；4—活动
触点；5—固定触点；6—过滤器

7.2.6 驻车制动报警装置

驻车制动报警装置用以提醒驾驶员停车时，不要忘记拉紧驻车制动器，以免发生溜车事故。当储气筒气压过低时，不应松开驻车制动起步。

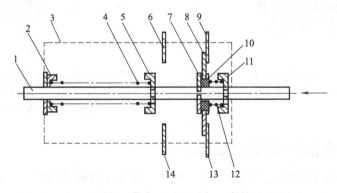

图7.26 驻车制动报警开关
1—顶杆；2、5、11—弹簧座；3—外壳；4—回位弹簧；6、9、13、14—触点；
7—卡环；8—接触盘；10—绝缘套；12—弹簧

驻车制动报警装置由报警灯与报警开关组成。报警灯装于仪表板上，报警开关装在驻车制动操纵杆支架上。CA1091汽车的驻车制动报警开关如图7.26所示。

当拉紧驻车制动器时，驻车制动操纵杆推动报警开关顶杆1沿箭头方向作轴向运动，使接触盘8与触点6、14接触，使报警灯回路被接通，若此时点火开关处于1挡位置，报警灯则亮。

当放松驻车制动操纵杆后，报警开关接触盘在回位弹簧作用下连同顶杆一起回位，触点6与14断路，而触点9与13被接触盘接通，则报警灯熄灭，同时报警蜂鸣器电源电路被接通。若此时气压过低，气压报警开关则处于闭合状态，又接通了蜂鸣器的回路，导致蜂鸣器鸣叫。当气压升高时，气压报警开关断开，切断了蜂鸣器的搭铁回路，蜂鸣器停止鸣叫。

7.3　工程机械传感器

传感器是一种将被检测信息的物理量或化学量转换成电信号而输出的功能器件，传感信息的取得是测试系统的重要环节。传感器由敏感元件、传感元件和基本转换电路组成，如图7.27所示。

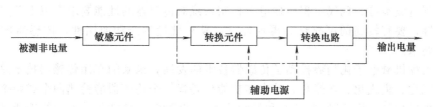

图7.27　传感器组成

传感器按工作原理分有电阻式、电容式、电感式、压电式、光电式、磁电式传感器等类型；按用途分有温度、压力、转速传感器等类型。对于传感器，按照输入的状态，输入可以分成静态量和动态量。

根据在各个值的稳定状态下，输出量和输入量的关系得到传感器的静态特性。通常把传感器的特性分为两种：静态特性和动态特性。静态特性是指输入不随时间而变化的特性，它表示传感器在被测量各个值处于稳定状态下输入输出的关系。动态特性是指输入随时间而变化的特性，它表示传感器对随时间变化的输入量的响应特性。一般来说，传感器的输入和输出关系可用微分方程来描述。理论上，将微分方程中的一阶及以上的微分项取为零时，即可得到静态特性。因此传感器的静特性是其动特性的一个特例。传感器除了描述输入与输出量之间的关系特性外，还有与使用条件、使用环境、使用要求等有关的特性。通常，传感器接收到的信号都有微弱的低频信号，有的时候外界的干扰幅度能够超过被测量的信号，因此消除串入的噪声就成为了一项关键的传感器技术。

（1）传感器的静特性

传感器输入的外部影响因素有冲振、电磁场、线性、滞后、重复性、灵敏度、误差，传感器输出的外部影响因素有温度、供电、各种干扰稳定性、温漂、稳定性（零漂）、分辨力、误差。人们总希望传感器的输入与输出呈唯一的对应关系，而且最好呈线性关系。但一般情况下，输入输出不会完全符合所要求的线性关系，因传感器本身存在着迟滞、蠕变、摩擦等各种因素，以及受外界条件的各种影响。传感器静态特性的主要指标有：线性度、灵敏度、重复性、迟滞、分辨率、漂移、稳定性等。

（2）传感器的动特性

动特性是指传感器对随时间变化的输入量的响应特性。很多传感器要在动态条件下检测，被测量可能以各种形式随时间变化。只要输入量是时间的函数，则其输出量也将是时间的函数，其间关系要用动特性来说明。设计传感器时要根据其动态性能要求与使用条件选择合理的方案和确定合适的参数；使用传感器时要根据其动态特性与使用条件确定合适的使用方法，同时对给定条件下的传感器动态误差作出估计。总之，动特性是传感器性能的一个重要方面，对其进行研究与分析十分必要。总地来说，传感器的动特性取决于传感器本身，另一方面也与被测量的形式有关。

输入量可分为规律性信号和非规律性信号，规律性信号主要有正弦周期输入信号、复杂周期输入信号等；非规律性信号主要有阶跃输入信号、线性输入信号、其他瞬变输入信号。输入量还分为平稳的随机性过程信号和非平稳的随机性过程信号，其中平稳的随机性过程信号又可以分为多态历经过程信号、非多态历经过程信号。

在研究动态特性时，通常只能根据"规律性"的输入来考虑传感器的响应。复杂周期输入信号可以分解为各种谐波，所以可用正弦周期输入信号来代替。其他瞬变输入不及阶跃输入来得严峻，可用阶跃输入代表。因此，"标准"输入只有三种：正弦周期输入、阶跃输入和线性输入。而经常使用的是前两种。

传感器的性能指标包括精度、响应特性、可靠性、耐久性、结构是否紧凑、适应性、输出电平和制造成本等。现代工程机械电子控制系统对传感器的性能要求有以下几点：较好的环境适应性，要有较高的可靠性，再现性好，具有批量生产和通用性，传感器数量不受限制，其他要求。

现代工程机械电子化趋势推动了传感器技术的发展，未来的车用传感器技术总的发展趋势是多功能化、集成化、智能化。其中多功能化是指一个传感器能检测两个或两个以上的特性参数。集成化是利用 IC 制造技术和精细化加工技术制作 IC 式传感器。智能化是指传感器与大规模集成电路结合，带有 MPU，具有智能作用，包括采用总线接口输出，具有线性、温度补偿等特点。工程机械常用传感器按照被测量分类有温度传感器、转速传感器、压力传感器和位置传感器。例如称重传感器主要用于拌和设备的电子秤中，用来称量骨料、粉料及沥青等的重量，它根据工作原理的不同，可分为电阻应变式、压式、电感式、电容式等，其中电阻应变式称重传感器具有体积小、测量精度高、灵敏度高、性能稳定、使用简单等优点，在工程机械中应用最为广泛。

7.3.1 温度传感器

工程机械常用的温度传感器有热电偶、红外测温仪、热敏电阻和双金属片等。在沥青混凝土拌和设备中常用热电偶或红外测温仪来测量热骨料、成品料及沥青的温度；在沥青混凝土摊铺机中常用热电偶来测量熨平板的加热温度。工程机械中广泛利用热敏电阻测量发动机冷却水温度、液压油温度及驾驶室内温度等。

（1）热电偶传感器

热电偶传感器简称热电偶，是目前应用最广泛的一种接触式温度传感器，其在混凝土拌和设备中应用较多。

① 工作原理。热电偶测温基于热电效应——塞贝克（Thomas Seebeck）效应。如图 7.28 所示，将两种不同的导体（或半导体）组成一个闭合回路，当两接点的温度不同时，回路中就会产生电动势，这种现象称为热电效应，该电动势称为热电势。这两种不同的导体或半导体组成的闭合回路称为热电偶。导体 A 和 B 称为热电偶的热电极或热偶丝。热电偶的两个接点中，一个测温时置于被测量对象，

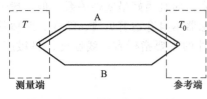

图 7.28　热电偶原理

称为测量端，又称为工作端或热端；另一端为自由端，也叫参考端或冷端。

在热电偶回路中串接一个毫安表。当 $T=T_0$ 时，毫安表不偏转；$T\neq T_0$ 时，热电势产生热电流，毫安表会发生偏转，并且测量端与参考端的温差越大，偏转越大；当 A 与 B 的材料变化时，热电流的大小也会变化；当测量端与参考端的位置相互更换时，热电流的方向也会发生变化。可见，热电偶的热电势与其测量端和参考端的温度有关，与热电极的材料有关，而与热电极的截面、长度和温度分布无关。若 A、B 的材质均匀，热电势的大小仅取决于两端的温度差。

② 热电偶的材料。根据上述热电偶的测温原理，理论上任何两种导体均可配成热电偶，但因实际测温时对测量精度及使用等有一定要求，故对制造热电偶的热电极材料也有一定要求。除满足对温度传感器的一般要求外，还应满足以下要求：在高温下材料要有稳定的物理化学性能，不易氧化和腐蚀变质，热电极间不易互相渗透污染，材料的电阻系数要小，熔点要高，电导率要高和热容量要小等。完全满足上述条件要求的材料很难找到，故一般只根据被测温度的高低，选择适当的热电极材料，主要有：铂铑-铂、镍铬-镍硅、镍铬-考铜、铜-康铜等。

③ 工业热电偶。工业热电偶按照结构形式的不同可分为普通型热电偶、铠装热电偶和薄膜热电偶等。

普通热电偶的结构如图 7.29 所示，其由热电偶、热电极绝缘子、保护套管和接线盒四部分组成。热电偶是测温的敏感元

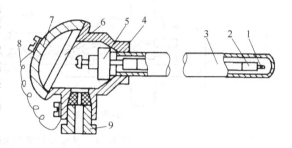

图 7.29　普通热电偶
1—电偶测量端；2—热电极绝缘子；3—保护套管；
4—接线盒；5—接线座；6—密封圈；7—盖；
8—链环；9—出线孔螺母

件，其测量端用两根不同的电热极丝（或电偶丝）焊接而成。热电偶绝缘子的作用是避免两根热电极之间以及和保护套之间的短路，它多由陶瓷材料制成。保护套管用于避免热电偶和被测介质直接接触而受到腐蚀、粘污或机械损伤。当温度低于 1000℃ 时，多用金属保护套管；温度在 1000℃ 以上时，多用陶瓷保护套管。接线盒是将热电偶参考端引出供接线用，同时有密封、保护接线端子等作用。

铠装式热电偶是由热电极、绝缘材料和金属保护套管三者组成的特殊结构热电偶。其可以制得很细、很长，并可以弯曲，因此又称为套管式热电偶或缆式热电偶。铠装热电偶是拉制而成的，管套外径一般为 1～8mm，最细可达到 0.25 mm，内部热电极常为 0.2～0.8mm 或更细，热电极周围用氧化镁或氧化铝填充，并采用密封防潮。

铠装热电偶与普通热电偶相比，具有体积小、精度高、响应速度快、可靠性及强度好、耐振动和冲击、柔软、可绕性好、便于安装等优点，因此广泛应用于工业生产和实验，但在拌和设备中应用很少。

（2）热敏电阻传感器

热敏电阻是用陶瓷半导体材料制成的敏感元件，工作原理是热电阻效应。物质的电阻率随温度变化而变化的物理现象称为热电阻效应。根据热电阻效应制成的传感器叫热电阻传感器，简称热电阻。热电阻按电阻-温度特性不同，可分为金属热电阻（一般称热电阻）和半导体热电阻（一般称热敏电阻）两大类。与金属热电阻相比，热敏电阻的优点有：电阻温度系数大、灵敏度高、热惯性小、体积小、结构简单、反应速度快、使用方便、寿命长、易于实现远距离测量，但它的互换性较差。

按照电阻值随温度变化的特点，热敏电阻可以分为以下 3 类。在工作温度范围内，电阻

值随着温度的升高而增加的热敏电阻，称为正温度系数热敏电阻（KTC）；电阻值随着温度的升高而减小的热敏电阻，称为负温度系数热敏电阻（NTC）；在临界温度时，阻值发生锐减的称为临界温度热敏电阻（CTR）。KTC 和 CTR 热敏电阻随温度变化的特性属巨变型，适合在某一较窄温度范围内作温度控制开关或供检测使用。NTC 热敏电阻随温度变化的特性属缓变型，适合在较宽温度范围内作为温度测量用，是工程机械中主要使用的热敏电阻。

按照氧化物比例的不同及烧结温度的差别，热敏电阻可以分为三类：工作温度在 300℃以下的低温热敏电阻、300～600℃的中低温热敏电阻和工作温度较高的高温热敏电阻。

在工程机械中，热敏电阻广泛用于测量发动机进气温度、冷却水温度、液压油温度及驾驶室内温度等。常用热敏电阻如图 7.30 所示。

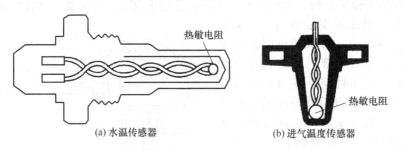

(a) 水温传感器　　　　　　　　(b) 进气温度传感器

图 7.30　热敏电阻式温度传感器结构示意图

（3）双金属片式温度传感器

双金属片式温度传感器的敏感元件就是双金属片，它是由热膨胀系数不同的两种金属板黏合而成。温度较低时，双金属片保持原来的状态。随着温度的升高，双金属片向膨胀系数小的一侧弯曲，推动执行器动作，指示被测体的温度。

7.3.2　转速传感器

转速传感器用以检测旋转体的转速。由于工程机械的行驶速度与驱动轮或其传动机构的转速成正比，测得转速便可知车速，因此转速传感器广泛用来作为车速传感器使用。目前工程机械中常用的转速传感器有变磁阻式转速传感器、光电式转速传感器、霍尔式转速传感器、舌簧开关、接近开关和测速发电机等。

（1）变磁阻式转速传感器

变磁阻式转速传感器的结构原理如图 7.31（a）所示，其主要由感应线圈 1、软磁铁芯 2、永久磁铁 4、外壳 5 等组成。整个传感器固定不动，传感器的感应端正对着齿盘（由导磁性材料制成）的齿顶，并保持一定的径向间隙 δ。

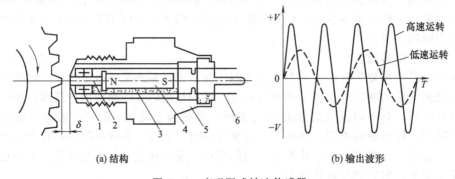

(a) 结构　　　　　　　　　　　　(b) 输出波形

图 7.31　变磁阻式转速传感器

1—感应线圈；2—软磁铁芯；3—连接线；4—永久磁铁；5—外壳；6—接线片

当被测轴转动时，齿盘也随之转动，齿顶与齿谷交替地通过传感器软磁铁芯，空气隙的大小发生周期性变化，使穿过铁芯的磁通也随之发生周期性变化，则在感应线圈中感应出交变电动势，其输出波形如图7.31（b）所示。该交变电动势的频率与铁芯中磁通变化的频率成正比，也就与通过铁芯端面的飞轮齿数成正比，即 $f=\dfrac{nZ}{60}$，其中 n 为齿轮转速，Z 为齿轮齿数。传感器输出信号经过放大、整形后，送到计数器或微机处理器中处理，就可以得出转速。

变磁阻式转速传感器具有结构简单、输出阻抗低、工作可靠、价格便宜等优点，广泛应用于工程机械中。

（2）光电式转速传感器

光电式转速传感器分为直射式和反射式两种。

① 直射式光电转速传感器。直射式光电转速传感器是由装在被测轴（或与被测轴相连接的输入轴）上的开孔圆盘、光源、光电器件组成，如图7.32所示。光源发出的光通过开孔圆盘上的小孔照射到光电器件上。当开孔圆盘随被测轴转动时，由于圆盘上的小孔间距相同，则圆盘每转一周，光电器件输出的电脉冲与圆盘上的小孔数相等，根据测量时间 t 内的脉冲数 N，则可测出转速为：

$$n=\frac{60N}{Zt}$$

式中　Z——圆盘上的小孔数；

　　　n——转速，r/min；

　　　t——测量时间，s。

② 反射式光电转速传感器。反射式光电转速传感器如图7.33所示，它由红外发射管、红外接收管、光学系统等构成。光学系统包括透镜和半透镜。红外发射管由直流电源供电，如能保证所需要的工作电流，发射管就可以发射出不可见的红外光。半透镜使发射出的红外光射向转动的物体，同时使从转动体反射回来的红外光穿过而射向红外接收管。在进行转速测量时，要在被测体上粘贴小块红外反射纸。当被测物体旋转时，反射纸与其一起旋转，红外接收管随感受到的反射光的强弱产生相应变化的电信号，该信号经过处理，可以直接显示出被测转速。

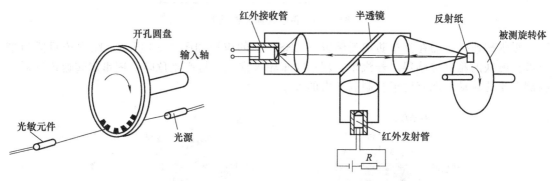

图7.32　直射式光电转速传感器　　　　图7.33　反射式光电转速传感器

（3）霍尔式传感器

霍尔式传感器是一种应用比较广泛的半导体磁电传感器，其工作原理是基于霍尔效应。如图7.34所示，半导体薄片置于磁场中，当它的电流方向与磁场方向不一致时，半导体薄片上平行于电流和磁场方向的两个面之间产生电动势，这种现象称霍尔效应。产生的电动势称霍尔电势，半导体薄片称霍尔元件。

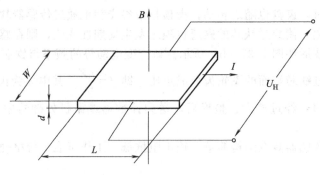

图 7.34　霍尔效应原理

$$U = \frac{KIB}{d}$$

式中，K 为霍尔系数；I 为薄片中通过的电流；B 为外加磁场（洛伦兹力 Lorrentz）的磁感应强度；d 是薄片的厚度。利用这个关系可以使其中两个量不变，将第三个量作为变量，或者固定其中一个量，其余两个量都作为变量。这使得霍尔传感器有许多用途。

在被测转速的转轴上安装一个齿盘，也可选取机械系统中的一个齿轮，将线性霍尔器件及磁路系统靠近齿盘。齿盘的转动使磁路的磁阻随气隙的改变而周期性地变化，霍尔器件输出的微小脉冲信号经隔直、放大、整形后可以确定被测物的转速，如图 7.35 所示。当齿对准霍尔元件时，磁力线集中穿过霍尔元件，可产生较大的霍尔电动势，放大、整形后输出高电平；反之，当齿轮的空挡对准霍尔元件时，输出为低电平。结构特点：耐高温，可靠性高，其输出电压不受转速高低影响，抗干扰能力强，价格昂贵。

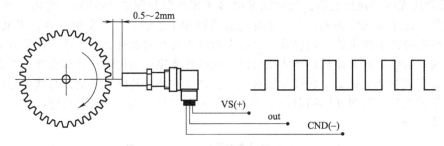

图 7.35　霍尔式速度传感器

霍尔转速传感器在汽车防抱死装置（ABS）中的应用如图 7.36 所示，图中传感器为带有微型磁铁的霍尔传感器。若汽车在刹车时车轮被抱死，将产生危险。用霍尔转速传感器来检测车轮的转动状态有助于控制刹车力的大小。

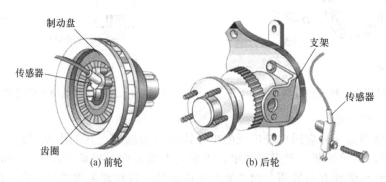

(a) 前轮　　　　　　　　(b) 后轮

图 7.36　安装在车轮上的转速传感器

（4）测速发电机

测速发电机分直流和交流两大类。其基本结构和工作原理与发电机类似，因其感生电动势大小与轴的转速成正比，故通过测量测速发电机的输出电压，便可测得与电枢相连的被测轴的转速。

（5）接近开关

接近开关是一种无触点电子开关。当运动的金属或非金属物体接近开关的感应部分时，接近开关的输出状态（电平）便发生变化。接近开关多用来作行程开关，检测运动物体的位置。例如，在拌和设备中，可用于检测搅拌器料门的状态。此外，也可用于检测旋转体的转速，作为转速传感器或车速传感器使用。在检测转速时，需在被测轴上安装一齿盘，使每当齿盘的一个齿靠近接近开关时，接近开关便输出一脉冲信号，测出脉冲信号的频率可求得转速。

（6）舌簧开关

舌簧开关由一抽出空气或充入惰性气体的密封玻璃管及玻璃管内的两个簧片和触点组成。簧片用导磁性材料制成，每个簧片上各有一触点。触点平时处于打开状态，其数量可以为两个或更多。舌簧开关的用途较广，在工程机械上也经常用于液面高低的测量。

舌簧开关式转速传感器由一个舌簧开关和一个含有 4 对磁极的转子组成，结构如图 7.37 所示。当磁极移近舌簧开关时，舌簧开关的两个簧片便被磁化而相互吸引，则触点闭合，此时电路接通而产生脉冲；当磁极远离时，触点又在两个簧片弹力的作用下打开，使电路断开。这样，转子每转一周，舌簧开关中的触点闭合 8 次，产生 8 个脉冲信号。根据一定时间内舌簧开关通断的次数或输出脉冲的多少，便可以测得转速。

（7）磁性电阻式车速传感器

磁性电阻式车速传感器安装在变速器或分动器上，由输出轴的主动齿轮驱动。该传感器由带内置磁性电阻元件 MRE 的混合集成电路 1C 和多级电磁铁组成，如图 7.38 所示。

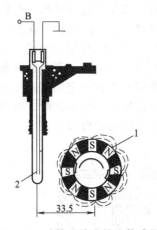

图 7.37 舌簧开关式转速传感器
1—转子；2—舌簧开关

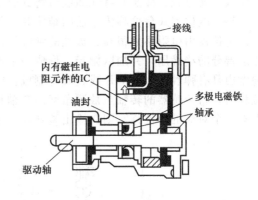

图 7.38 磁性电阻式车速传感器

集成电路上磁性电阻元件的工作原理如图 7.39 所示，当电流方向和磁力线方向平行时，磁性电阻元件上的电阻最大。反之，当电流方向与磁力线方向垂直时，磁性电阻元件上的电阻最小。

一种带有磁性电阻元件的车速传感器电路如图 7.40 所示，该传感器采用一个多极（通常为 20 极或 4 极）磁铁附加在驱动轴上，当传动齿轮带动驱动轴旋转时，磁铁随之旋转而使磁力线发生变化。磁性电阻元件中的电阻值随着磁力线方向的变化而交替变化，电阻的变化导致电桥中输出电压的周期性变化，经过比较器后，产生出每转 20 个或 4 个脉冲信号。

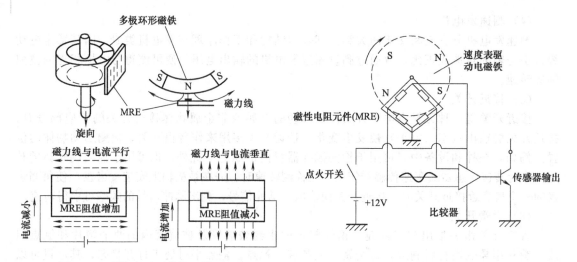

图 7.39　磁性电阻元件的工作原理　　　　图 7.40　带磁性电阻元件的车速传感器电路

7.3.3　角位移传感器

工程机械中最常用的角位移传感器是料位传感器和调平传感器，它们在沥青混合摊铺机、推土机、平地机、水泥混凝土摊铺机等设备的供料电控系统和自动找平电控系统中是必不可少的检测元件。常用的角位移传感器有电位器式、磁敏电阻式、差动变压器式等。

（1）电位器式

电位器式角位移传感器的传感元件为电位器，通过电位器将机械的角位移输入转换为与之成一定函数关系的电阻或电压输出。按照传感器中电位器的结构形式可将其分为绕线式、薄膜式、光电式；按照其特性曲线可将其分为线性电位器式和非线性（函数）电位器式。

绕线电位器式角位移传感器的结构和工作原理如图 7.41 所示，主要由电位器和电刷组成。电位器由电阻系数很高、极细的绝缘导线整齐地绕在一个绝缘骨架上制成，去掉与电刷接触部分的绝缘层，并加以抛光，形成一个电刷可在其上滑动的光滑而平整的接触道。电刷通常由具有弹性的金属薄片或金属丝制成，电刷与电位器间始终有一定的接触压力。检测角位移时，将传感器的转轴与被测角度的转轴相连，被测物体转过一定角度时，电刷在电位器上有一个对应的角位移，则在输出端就有一个与转角成比例的输出电压 U_o。

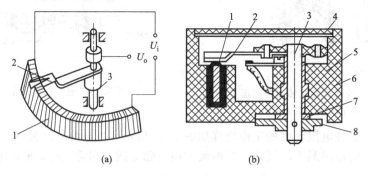

图 7.41　绕线电位器式角位移传感器
1—电阻元件；2—电刷；3—转轴；4—端盖；5—衬套；6—外壳；7—垫片；8—锁止片

绕线电位器式传感器的优点是性能稳定，容易达到较高的线性度和实现各种非线性特性，不足是存在阶梯误差、分辨率低、耐磨性差、寿命较短。非绕线式电位器（薄膜式）在某些方面的性能优于绕线式电位器，因此在很多场合取代了绕线式电位器。

非绕线式电位器式角位移传感器的结构和工作原理如图 7.42 所示，主要由电位器、电刷、导电片、转轴和壳体组成。根据电位器敏感元件的材料和制作工艺的不同，电位器可分为合成膜、金属膜、导电塑料、金属陶瓷等类型。其共同特点是在绝缘基座上制成各种电阻薄膜元件，因此分辨率比绕线式电位器高得多，并且耐磨性好、寿命长，导电塑料电位器的使用寿命可高达上千万次。

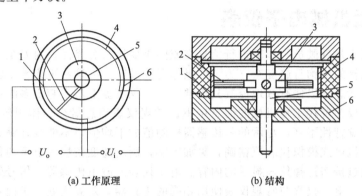

(a) 工作原理　　　　　(b) 结构

图 7.42　非绕线电位器式角位移传感器

1、4—电阻元件；2—电刷；3—固定座；5—转轴；6—端盖

电位器式传感器的优点是结构简单、尺寸小、重量轻、精度高（可达 0.1％或更高）且稳定性好，可以实现线性及任意函数特性；受环境因素（温度、湿度、电磁场干扰等）影响较小；输出信号较大，一般不需放大。但它的主要缺点是存在摩擦和磨损。由于有摩擦，所以要求敏感元件有较大的输出功率，否则会降低传感器的精度；又因为有滑动触点及磨损，使传感器的可靠性和寿命受到影响。另外一个主要缺点是绕线式电位器分辨力较低。

光电式电位器在工程机械中应用较少，它是一种非接触式、非绕线式电位器，其特点是以光束代替了常规的电刷。

（2）磁敏电阻式

磁敏电阻角位移传感器由半导体材料制成。这种材料的电阻值随外加磁场的强弱而变化，这种现象称为磁阻效应。磁敏电阻通常用 InSb 或 InAs 半导体材料制成。

磁敏电阻式角位移传感器的主要元件为磁敏电阻和永久磁铁。磁铁固定在轴上，当检测物体带动传感器轴转动时，改变了磁铁与磁敏电阻间的距离，使通过磁敏电阻的磁通量发生变化，则传感器的输出电阻值或电压便产生相应的变化。

InSb 磁敏电阻的灵敏度较高，在 1 特斯拉（T）磁场中，电阻可增加 10～15 倍，在强磁场范围内，线性较好。但受温度影响较大，一般需采取温度补偿措施。

（3）差动变压器式

差动变压器式角位移传感器是通过将角位移转换成线圈互感的变化而实现角位移测量的。它主要由一个初级线圈、两个次级线圈及铁磁转子组成，如图 7.43 所示为其电路图。初级线圈由交流电源励磁，交流电的频率称为励磁频率或载波频率。两个次级线圈接成差动式，即反向串接，输出电压 ΔU 是两次级线圈感应电压的差值，故称差动变压器。当转子处于如图 7.43 所示的位置时，两个次级线圈的磁阻相等，由于互感作用，两个次级线圈感应的电压大小相等、相位相反，故无输出电压。当转

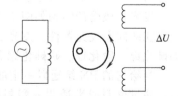

图 7.43　差动变压器式角位移传感器电路图

子向一侧转动时，一个次级线圈的磁阻将减小，使其与初级线圈耦合的互感系数增加，则该次级线圈的感应电压增大。而另一次级线圈的变化情况则与其正好相反，如此传感器便有电压 ΔU 输出。输出电压的大小在一定范围内与转子的角位移呈线性关系。

传感器输出的电压是交流，故不能给出转子的转向。经过放大和相位解调，则可得到正、负极性的直流输出电压，从而给出转子的转向。

7.4 工程机械电子仪表

工程机械仪表是驾驶员与车辆进行信息交流的重要接口和界面，对安全作业起着重要作用。现代工程机械的结构日趋复杂，为了使操作者能及时、准确和更多地了解工程机械各机构和装置的运行状态，以便有效地控制其正常工作，仪表盘上需安装更多的指示仪表及指示灯等，仪表盘已成为现代工程机械的信息中枢。常规仪表信息量少、体积较大、准确率低、可靠性较差、视觉特性不好，显示的是传感器检测值的平均值，不能很好满足工作需求。电子仪表比通常的机械式模拟仪表更精确，更加紧凑，刷新速度较快，显示的是即时值，并能一表多用，可通过按钮选择仪表显示的内容。电子仪表一般由传感器、信号处理电路和显示装置3部分组成。电子仪表与常规仪表使用相同的传感器，差异之处在于信号处理电路和显示装置。有些工程机械电子仪表还具有自诊断功能，每当打开电源开关时，电子仪表板便进行一次自检，也有的仪表板采用诊断仪或通过按钮进行自检。自检时，通常整个仪表板发亮，同时各显示器都发亮。自检完成时，所有仪表均显示出当前的检测值。如有故障，就以警告灯或给出故障码提醒驾驶员。

7.4.1 常用电子显示装置

由于固态显示装置和驱动电路的发展，加上数字电子系统和电子计算机在工程机械中的应用，推动了电子显示装置的发展。电子显示装置的主要优点是能适应微机输出的电子数字信号，信息量大而又显示直观。电子显示装置的特点是：由于没有运动部件，所以反应快，准确度高；由于可以灵活改变显示的大小和形式，可使显示更加清晰；显示装置的位置可有较大的选择余地，可将仪表布置在方便观察的地方；由于显示装置体积缩小，使整个仪表盘较易布置安排。

电子显示装置分为两大类：能自身发光的主动型和只能反射投入的被动型。常用的显示器件有：真空荧光管（VFD）、发光二极管（LED）、液晶显示器件（LCD）、阴极射线管（CRT）、等离子显示器件（PDP）等。一般情况下采用真空荧光管（VFD）、发光二极管（LED）和液晶显示器件（LCD），它们的性能和显示效果都比较好。作为信息终端显示来说，用阴极射线管（CRT）更好，但因其体积太大而较少使用。

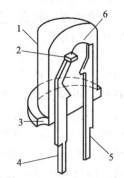

（1）发光二极管（LED）

发光二极管的结构如图 7.44 所示，它是一种把电能转换成光能的固态发光器件。发光二极管一般都是用半导体材料，如砷化镓、磷化镓、磷砷化镓和砷铝化镓等制成。

当给它的 PN 结通以一定的正向电流时，半导体晶片便发光，通过透明或半透明的塑料外壳显示出来。发光的强度与通过管芯的电流成正比。当反向电压加到二极管上，二极管截止，无电流通过，不再发光。发光二极管的种类较多，按

图 7.44 发光二极管的结构
1—塑料外壳；2—二极管芯片；
3—阴极缺口标记；4—阴极端子；
5—阳极端子；6—导线

发光颜色来分，在半导体材料中掺入不同的杂质，可使发光二极管发出不同颜色，通常分为红、绿、黄、橙等不同颜色。外壳起透镜作用，也可利用它来改变发光二极管外形和光的颜色，以适应不同的用途。按外形来分，有圆形、方形、符号形及组合形等。

发光二极管的优点有：结构简单，体积小，可靠性高，寿命长（可达几万小时）；温度变化、冲击和振动不影响其正常工作；工作时只产生非常微小的热量；要求的电压低、电流小，其正向电压降通常小于 2V；发出的光较亮，通常为 $102.78\sim1027.8cd/m^2$，响应时间约 10ms。发光二极管可单独使用，也可用于组成数字、字母或光条图，是应用最广泛的低压显示器件，常用作工程机械仪表板上的指示灯、数字符号段或不太复杂的图符显示。

（2）真空荧光管（VFD）

真空荧光管是一种低压真空管，它是最常用的数字显示器，如图 7.45 所示，其由钨丝、栅极和涂有磷光物质的屏幕构成，它们被封闭在抽真空后充以氩气或氖气的玻璃壳内。负极是一组细钨丝制成的灯丝，钨丝表面涂有一层特殊材料，受热时释放出电子。正极为多个涂有荧光材料的数字板片，栅极夹在正极与负极之间，用于控制电子流。正极接电源正极，每块数字板片接有导线，导线铺设在玻璃板上，导线上覆盖绝缘层，数字板片在绝缘层上面。

VFD 发光原理与晶体三极管载流子运动原理相似，如图 7.46 所示。当其上施加正向电压时，即灯丝与电源负极相接，屏幕与电源正极相接时，电流通过灯丝并将灯丝加热至 600℃左右，从而导致灯丝释放出电子，数字板片会吸引负极灯丝放出的电子。当电子撞击数字板片上的荧光材料时，使数字板发光，通过正面玻璃板的滤色镜显示出数字。因此，若要使某一块板片发光，就需在它上面施加正向电压，否则该板片就不会发光。

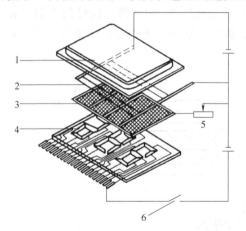

图 7.45 真空荧光管（VFD）结构与连线
1—前玻璃罩；2—灯丝（阴极）；3—栅极；4—笔画小段（阳极）；5—电位器（亮度调节）；6—微机控制电子开关

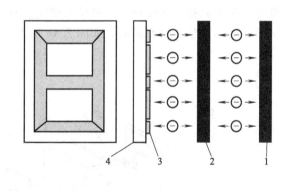

图 7.46 真空荧光管（VFD）发光原理
1—灯丝（阴极）；2—栅极；3—笔画小段（阳极）；4—面板

栅极处于比负极高的正电位。它的每一部分都可等量地吸引负极灯丝放出的电子，确保电子能均匀地撞击正极，使发光均匀。

与其他显示设备相比，真空荧光管具有较高的可靠性和抵抗恶劣环境的能力，且只需要较低的操作电压，真空荧光管色彩鲜艳、可见度高、立体感强。其缺点是：由于是真空管，为保持一定强度，必须采用一定厚度的玻璃外壳，故体积和重量较大；灯丝需要一个单独的电源，而且易于受振动的影响。

（3）液晶显示器件（LCD）

在两层装有镶嵌电极或交叉电极的玻璃板之间夹一层液晶材料，当板上各点施加不同电场时，各相应点上的液晶材料就随外加电场的大小而改变晶体特殊分子结构，从而改变这些

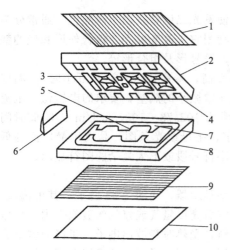

图 7.47　液晶显示器件（LCD）的组成
1—前偏振片；2—前玻璃片；3—笔画电极；
4—接线端；5—背板；6—前端密封件；
7—密封面；8—玻璃背板；9—后
偏振片；10—反射镜

特殊分子光学特性。利用该原理制成的显示器件叫液晶显示器件，其组成如图 7.47 所示。

液晶是有机化合物，由长形杆状分子构成。在一定的温度范围和条件下，它具有普通液体的流动性质，也具有固体的结晶性质。液晶显示器件有两块厚约 1mm 的玻璃基板，后玻璃基板的内面均涂有透明的导电材料作为电极，前玻璃基板内面的图形电极供显示用，两基极间注入一层约 $10\mu m$ 厚的液晶，四周密封，两块玻璃基板的外侧分别贴有偏振片，它们的偏振轴互成 90°夹角。与偏振轴平行的光波可通过偏光板，与偏振轴垂直的光波则不能透过偏光板。当入射光线经过前偏光板时，仅有平行于偏振轴的光线透过，当此入射光经过液晶时，液晶使该入射光线旋转 90°后射向后偏光板，由于后偏光板偏振轴恰好与前偏光板偏振轴垂直，所以该入射光可透过后偏光板并经反射镜反射，顺原路径返回（图 7.47）。此时液晶显示板形成一个背景发亮的整块图形。

当以一定电压对两个透明导体面电极通电时，位于通电电极范围内（即要显示的数字、符号及图形）的液晶分子重新排列，失去使偏振入射光旋转 90°的功能，这样的入射光便不能通过后偏光板，因而也不能经反射镜反射形成反射光。这样，通电部分电极就形成了在发亮背景下的黑色字符或图形，如图 7.48 所示。

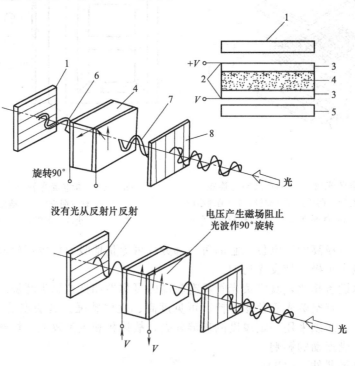

图 7.48　液晶显示器件（LCD）的工作原理
1—反射偏振片；2—透明导板；3—玻璃基片；4—液晶；5—偏振片；
6—反射光；7—旋转 90°后的反射光；8—偏振片轴

液晶显示器的优点有：工作电压低（3V 左右），功耗非常小；显示面积大、示值清晰，通过滤光镜可显示不同颜色；电极图形设计灵活，设计成任意显示图形的工艺都很简单等。因此在工程机械上得到广泛应用。缺点是液晶显示器件为非发光型显示器件，白天靠日光显示，夜间必须使用照明光源，故工程机械通常采用白炽灯作为其背景照明光源。同时液晶显示器件低温条件下灵敏度较低，甚至不能正常工作。工程机械的工作环境变化较大，经常在摄氏零下十几度、几十度的环境下作业。为了克服该缺陷，现在往往在液晶显示器件上附加加热电路，改进了驱动方式，扩大了其在工程机械电子仪表上的应用。

（4）工程机械电子仪表的常见显示方法

发光二极管、液晶显示器件、真空荧光显示器均可用以下显示方法显示信息。

① 字符段显示法。字符段显示法是一种利用七、十四或十六小线段进行数字或字符显示的方法。用发光二极管做成的七段显示器如图 7.49 所示。它由 7 只发光二极管组成，只要控制各二极管（段）的亮、灭，可显示不同的字形，如数字 0～9 和某些英文字母。常用的七段显示器有共阴极连接和共阳极连接两种内部连接方式。前者是将各二极管的阴极连在一起并搭铁，后者则是将各二极管的阳极连在一起。

当用发光二极管进行显示时，用电子电路来控制每段发光二极管，用七只发光二极管组成的数字显示板如图 7.50 所示。当用真空荧光显示器进行显示时，也是每段都有一个独立的控制荧屏，由作用于荧屏的电压来控制每段的照明，方法与发光二极管相似。

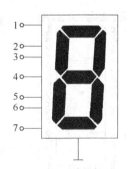

图 7.49　七段发光二极管
显示器 1～7 段号

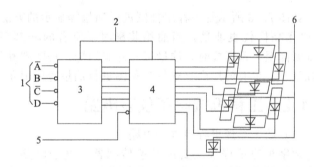

图 7.50　用七只发光二极管组成的数字显示板
1—二-十进制编码输入；2—逻辑电路；3—译码器；
4—恒流源；5—小数点；6—发光二极管电源

② 点阵显示法。点阵是一组成行和成列排列的元件，有 7 行 5 列、9 行 7 列等。点阵元素可为独立发光的二极管或液晶显示，或是真空荧光管显示的独立荧屏。电子电路供电照明各点阵元素，数字 0～9 和字母 A～Z 可由各种元素组合而成。图 7.51 所示为发光二极管组成的 5×7 点阵显示板。

③ 特殊符号显示法。真空荧光管与液晶显示器还可取代数字与字母，显示特殊符号。如图 7.52 所示为电子仪表显示板显示的 ISO（国际标准化组织）符号和电子仪表显示板显示的特殊符号。

④ 图形显示法。图形显示法是以图形方式显示信息，提醒驾驶员注意大灯、小灯与制动灯的故障以及清洗液与油量多少的方法。图形显示警告器上显示出工程机械俯视外观图形。在所需警告显示的部位上均装有发光二极管显示装置，当这个部位上出现故障时，传感器即向电子组件提供信息，控制加在发

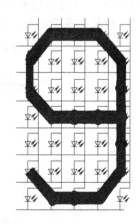

图 7.51　发光二极管组成的
5×7 点阵显示

光二极管上的电压，使发光二极管闪光，以提醒驾驶员注意。

远光	近光	转向	危急	雨刷	清洗
雨刷与清洗	风扇	停车灯	前盖	后盖	阻风
喇叭	油量	水温	电瓶充电	机油	安全带
点烟器	后窗雨刷	后窗清洗	手制动	制动故障	除霜、除雾

图 7.52 电子仪表显示板显示的 ISO 符号和特殊符号

如图 7.53 所示是一种用杆图进行油量等显示的方法。用 32 条亮杆代表油量，当油箱装满时，所有的杆都亮；当油量降至 3 条亮杆时，油量符号开始闪烁，提醒驾驶员该加油了。也有的厂商喜欢用光条图进行油量等的显示。

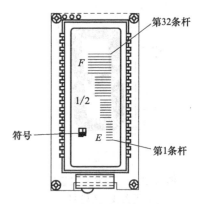

图 7.53 杆图油量等显示法

7.4.2 工程机械电子仪表电路

（1）数字车速里程表电子电路

数字车速里程表主要由车速传感器、电子电路、车速表和里程表四部分组成。电子电路是将工程机械速度传感器送来的具有一定频率的电信号，经整形、触发、输出一个与工程机械行驶速度成正比的电流信号。如图 7.54 所示，该电子电路主要包括稳压电路、单稳态触发电路、恒流源驱动电路、64 分频电路和功率放大电路。

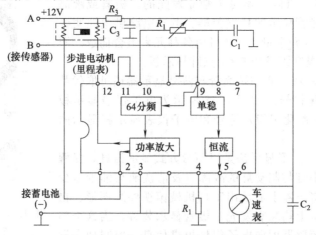

图 7.54 数字车速里程表的电子电路

工程机械车速表实际上是一个电磁式电流表，当工程机械以不同速度行驶时，从电子电路接线端 6 输出的与工程机械行驶速度成正比的电流信号使驱动车速表指针偏转，即可指示相应的工程机械行驶速度。工程机械车速表刻度盘上 50～130km/h 的区域用红色标志，表示经济速度区域。

里程表由一个步进电动机及六位数字的十进位齿轮计数器组成。步进电动机是一种利用电磁铁的作用原理将脉冲信号转换为线位移或角位移的电动机。工程机械速度传感器输出的频率信号，经 64 分频后，再经功率放大器放大到具有足够的功率，驱动步进电动机，带动六位数字的十进位齿轮计数器工作，从而积累行驶的里程。

（2）微机控制的发动机转速表

现在工程机械电子仪表中，多数由微机控制的发动机转速表的系统如图 7.55 所示，以柱状图形来表示发动机转速的大小，同样通过发动机点火系分电器中的断电器触点断开时产生的脉冲信号作为电路触发脉冲信号来测量（脉冲信号的频率正比于发动机的转速），该前沿脉冲信号通过中断口输入微机。脉冲的周期通常采用四个周期的平均值来计算，以减小计算误差。

车速表系统构成如图 7.56 所示。车载微机随时接收车速表传感器送出的电压脉冲信号，并计算在单位时间里车速传感器发出的脉冲信号次数，再根据计时器提供的时间参考值，经计算处理可得到工程机械行驶速度，并通过微机指令让显示器显示出来。无论前进还是倒退，工程机械的速度都能显示出来。驾驶员可用按钮选择速度单位，即显示 km/h（公里/时）或 mile/h（英里/时）。车速信号还可传送到制动防抱死系统（ABS）和巡航控制系统（CCS）的电子控制单元中，用于它们的控制。当车速超过某极限值时，还可向驾驶员发出警报。

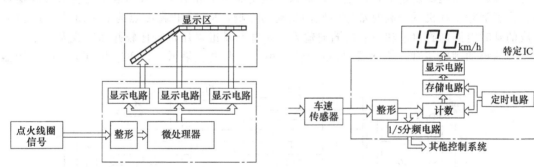

图 7.55　微机控制的发动机转速表的系统　　　　图 7.56　车速表系统构成

（3）电子电压显示电路

实际使用中，往往由于发电机电压失调，导致发生蓄电池过充电和用电器过电压而损坏。电压显示器用于指示工程机械电源的电压，即指示蓄电池充、放电电量的大小以及充、放电的情况，以克服采用电流表或充电指示灯的方法不能比较准确地指示出电源电压的问题。

LM3914 电压显示电路如图 7.57 所示。该显示器主要由 LM3914 集成电路构成柱形/点状带发光二极管的显示电路，其采用 LED_1～LED_{10} 十只发光二极管，电压显示范围是 10.5～15V，每个发光二极管代表 0.5V 的电压升降变化。电路的微调电位器 R_5 将 7.5V 电压加到分压器一侧，电阻 R_7、二极管 VD_2～VD_5 是将各发光二极管的电压控制在 3V 左右，L_1 和 C_2 所构成的低通滤波器，用来防止电压波动干扰，二极管 D_1 用于防止万一电源接反时保护显示器不致损坏。为了提高工程机械电源电压的指示精度，可用两个以上的 LM3914 集成块组成 20 级以上的电压显示器，用以提高工程机械电子仪表板刻度的分辨率。

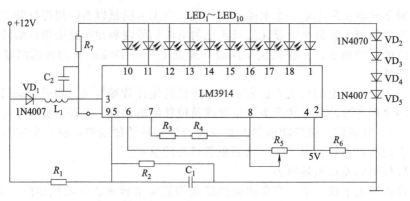

图 7.57　LM3914 电压显示电路

（4）电子燃油表

电子燃油表可以随时测量并显示工程机械油箱内的燃油情况，一般采用柱状或其他图形方式来提醒驾驶员油箱内可用的剩余燃油量。电子燃油表的传感器仍然采用浮子式滑线电阻器结构，由一个随燃油液面高度升降的浮子、一个带有电阻器的机体和一个浮动臂组成。传感器由机体固定在油箱壁上，当浮子随燃油液面的高度升降时，带动浮动臂使接触片在电阻器上滑动，从而使检测回路产生不同的电信号。当在整个电阻外部接上固定电压时，燃油高度就可根据接触片对地的电压变化输出测量值。

图 7.58 所示为一电子燃油表电路。R_x 是浮子式滑线电阻器传感器，两块 LM324 及相应的电路和 $D_1 \sim D_7$ 发光二极管组成显示器件。由 R_{15} 和二极管 VD_8 组成的串联稳压电路，为各运算放大器提供稳定的基准电压，输入集成电路 IC_1 和 IC_2 组成的电压比较器反向输入端，为了消除工程机械行驶时油箱中燃油晃动的影响，R_x 输出端 A 点的电位通过 R_{16} 及 C_{47} 组成的延时电路加到 IC_1 和 IC_2 的同向输入端，并与基准电压进行比较并加以放大。

当油箱加满燃油时，传感器 R_x 的阻值最小，A 点电位最低，由 IC_1 和 IC_2 电压比较器

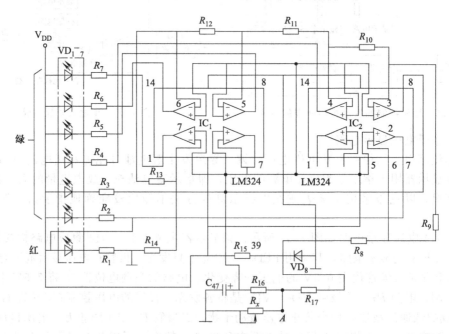

图 7.58　电子燃油表电路

输出为低电平，6 只绿色发光二极管都点亮；而红色发光二极管 D_1 熄灭，表示燃油已满。

当油箱中燃油量不断降低，显示器中绿色发光二极管按 D_7、D_6、D_5、$\cdots$ 次序依次熄灭。油量越少，绿色发光二极管亮的个数越少。

当油箱中燃油量降到下限时，R_x 的阻值最大，A 点电位最高，集成块 IC_2 的第 5 脚电位高于第 6 脚的基准电位，6 只绿色发光二极管全部熄火，红色发光二极管 D_1 点亮，提醒驾驶员及时补充燃油。

图 7.59 所示为微机控制的燃油表系统构成。微机给燃油传感器施加固定的 $+5V$ 电压，燃油传感器输出的电压通过 A/D 转换后送至微机进行处理，控制显示电路以条形图方式显示处理结果。为了在系统第一次通电时加快显示，通常 A/D 转换不到 1s 进行一次。在一般的运行环境下，为防止因工程机械行驶时油箱中燃油晃动对浮

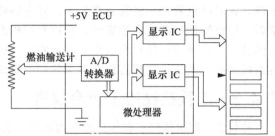

图 7.59 微机控制的燃油表系统

子的影响等因素造成的突然摆动而导致显示不稳定，微处理器将 A/D 转换的结果每隔一定时间平均一次。另外，鉴于仅靠平均办法还不足以使显示完全平稳下来，系统控制显示器只允许在更新数据时每次仅升降一段，并且显示结果经数次确认后才显示出来。微机接收到油量信息时，立即将其转换为操作显示器的电压信号，显示器上有 32 条或 16 条杆，发亮杆愈多，表示油量愈多。发亮杆旁有国际标准油量符号（即 ISO 油量符号），发亮杆分 4 部分，每部分代表 1/4 油位，ISO 符号上下有空（E）与满（F）符号。当油量逐渐减少时，亮杆自上向下逐渐熄灭，当油量减至危险值时，ISO 符号即闪烁，提醒驾驶员补充燃油。

（5）冷却液温度表、机油压力表

为了解和掌握工程机械发动机的工作情况，及时发现和排除可能出现的故障，工程机械上均装有工程机械发动机冷却液温度表和机油（润滑油）压力表。图 7.60 所示的电路具有显示发动机冷却液温度和机油压力两种功能。

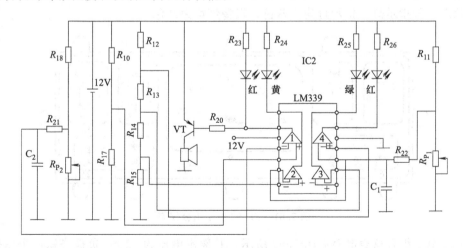

图 7.60 显示发动机冷却液温度和机油压力两种功能电路

它主要由冷却液温度传感器 R_{P_1}（热敏电阻型）、机油压力传感器 R_{P_2}（双金属片电阻型）、LM339 集成电路和红、黄、绿发光二极管显示器等组成。冷却液温度传感器装在发动机水套内，它与电阻 R_{11} 组成冷却液温度测量电路。机油压力传感器装在发动机主油道上，

与电阻 R_{18} 组成机油压力测量电路。

当冷却液温度小于 40℃时，用黄色发光二极管发黄色光显示；当冷却液温度在正常工作温度（约 85℃）时，用绿色发光二极管发绿色光显示；当水温高于 95℃时，发动机有过热危险，以红色发光二极管发光报警，同时经三极管 VT 控制的蜂鸣器也发出报警声响信号。

当机油压力过低（低于 68.6kPa）时，双金属片式机油压力传感器产生的脉冲信号频率最低，此时红色发光二极管发光显示，并由蜂鸣器发出声响报警信号；当发动机机油压力正常时，绿色发光二极管发光显示，表示发动机润滑系统工作正常；在油压过高时，机油压力传感器产生的脉冲信号频率较高，黄色发光二极管发光显示，以引起驾驶员的注意，防止润滑系统故障，尤其是注意防止润滑系各部的垫圈被冲破和润滑装置损坏。

7.4.3　工程机械电子组合仪表

分装式工程机械仪表有各自独立的电路，具有良好的磁屏蔽和热隔离，彼此间影响较小，可维修性较好，但不便采用先进的结构工艺，所有仪表加在一起体积过大，不方便安装。有些工程机械采用组合仪表，其结构紧凑，便于安装和接线，缺点是各仪表间磁效应和热效应彼此影响，易引起附加误差，为此要采取一定的磁屏蔽和热隔离措施，必要时进行补偿。

（1）ED-02 型电子组合仪表

ED-02 电子组合仪表如图 7.61 所示。它的主要功能：车速测量范围为 0～140km/h，仍采用模拟显示；冷却液温度表采用具有正温度系数的 RJ-1 型热敏电阻为传感器，显示器采用发光二极管杆图显示，其中最小刻度 C 为 40℃，最大刻度 H 为 100℃，从 40℃起，冷却液温度每增加 10℃，点亮一个发光二极管；电压表采用发光二极管杆图显示，最小刻度电压为 0V，最大刻度电压为 15V，该表能较好地指示蓄电池的电压情况，包括工程机械启动时的蓄电池电压降、蓄电池充电和放电情况等；燃油表也采用发光二极管杆图显示，刻度为 E、1/2、F，当油箱内的燃油约为油箱的一半时，1/2 指示灯点亮，而加满油时，F 指示段点亮；当有工程机械车门未关好时，相应的车门状态指示灯发光报警；当燃油低于下限时，报警灯点亮；当冷却液温到达上限时，报警灯点亮；当润滑油压力过低时，报警灯点亮；当制动系统出现问题时，报警灯点亮；设置有左右转向、灯光远近、倒车、雾灯、手制动、充电等状态信号指示灯，指示灯均为蓝色，报警灯均为红色。

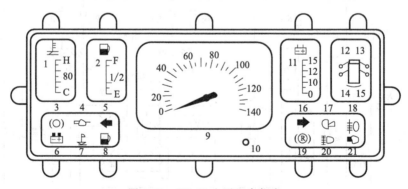

图 7.61　ED-02 电子组合仪表

ED-02 电子组合仪表电路如图 7.62 所示，其额定电压为 12V，负极搭铁，采用插接器连接。

（2）工程机械智能组合仪表

图 7.63 所示为单片机控制的工程机械智能组合仪表基本组成，它由工程机械工况信息采集、单片机控制及信号处理、显示器等系统组成。

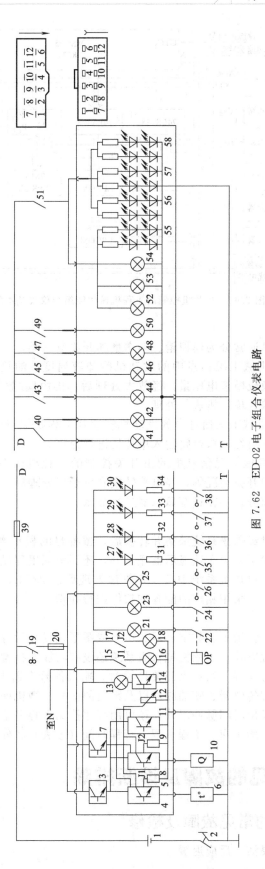

图 7.62　ED-02 电子组合仪表电路

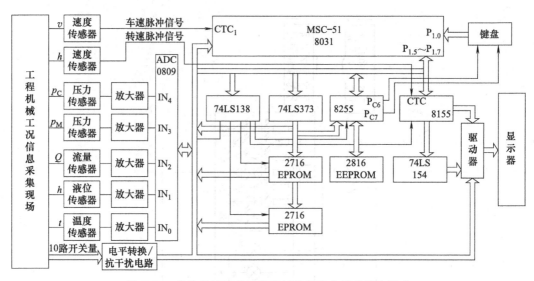

图 7.63　单片机控制的工程机械智能组合仪表基本组成

① 信息采集。

工程机械工况信息通常分为模拟量、频率量和开关量三类。

a. 模拟量。工程机械工况信息中的发动机冷却液温度、油箱燃油量、润滑油压力等，经过各自的传感器转换成模拟电压量，经放大处理后，再由模/数转换器转换成单片能够处理的二进制数字量，输入单片机进行处理。

b. 频率量。工程机械工况信息中的发动机转速和工程机械行驶速度等，经过各自的传感器转换成脉冲信号，再经接口电路输入单片机进行处理。

c. 开关量。工程机械工况信息中的由开关控制的工程机械左转、右转、制动、倒车，各种灯光控制、各车门开关情况等，经电平转换和抗干扰处理后，根据需要，一部分输入单片机进行处理，另一部分直接输送至显示器进行显示。

② 信息处理。

工程机械工况信息经采集系统采集并转换后，按各自的显示要求输入单片机进行处理。如工程机械速度信号除了要由车速显示器显示外，还要根据里程显示的要求处理后输出里程量的显示。车速信息在单片机系统中按一定算法处理后送 2816A 存储器累计并存储。工程机械其他工况信息，都可采用相应的配置和软件进行处理。

③ 信息显示。

信息显示可采用指针指示、数字显示、声光或图形辅助显示等多种显示方式中的一种或几种方式。除显示装置以外，工程机械仪表系统还设有功能选择键盘、微机与工程机械电气系统的接头和显示装置连接。当点火开关接通时，输入信号有蓄电池电压、燃油箱传感器、温度传感器、行驶里程传感器、喷油脉冲以及键盘的信号，微机即按相应工程机械动态方式进行计算与处理，除发出时间脉冲以外，还可用程序按钮选择显示各种信息，如瞬时燃油消耗、平均燃油消耗、平均车速、单程里程、行程时间（秒表）和外界温度等。

7.5　仪表常见的故障及诊断排除

7.5.1　电流表的常见故障及检修

（1）指针转动不灵活，反应迟缓

故障原因：针轴过紧，润滑油变质粘连指针，电流表接线头松动、接触不良等。

检查、排除方法：将电流表拆开，取下表的罩子，将表芯取出，把变质的润滑油清洗干净，待表芯干燥后在轴承处滴少许干净润滑油，装好外壳，进行调整后使用，使其灵活自如。

如因接线接触不良引起故障，应将接触面上的锈斑刮除，拧紧螺母，用平垫片将线头压紧。

（2）指示值不准

故障原因：电流通过时，指示值始终过高，主要是仪表存放或使用时间过长，致使永久磁铁磁性减弱造成。电流通过时，指针偏抖、迟缓或指示过低，主要是电流表指针歪斜、弯曲、针与面板相碰或指针轴与轴承磨损及永久磁铁磁性较强等造成。

检查、排除方法：拆下外壳，检查指针有无偏歪、弯曲，针与面板玻璃有无相碰等，根据情况给予排除。若指示值偏高，电流表的永久磁铁磁性减弱，可用一块磁性较强的永久磁铁与电流表的永久磁铁异性相接，接触或吸引一段时间（3～5s），对其进行磁化即可。如指示值偏低，可用磁性较强的永久磁铁与表的永久磁铁同极性一端相斥一段时间（3～5s），使其磁性减弱即可。

（3）指针不动或无电流通过

故障原因：表芯烧坏，接线螺钉与罩壳或车身搭铁等造成。

检查、排除方法：如因表芯烧坏，则应更换电流表。若因搭铁等原因造成，则消除搭铁故障即可排除。

7.5.2　燃油表的常见故障及检修

（1）电磁式燃油表的故障与排除

① 接通点火开关后，指针不动。

故障原因：一般是燃油表电源线路断路或者燃油表左线圈断路所致。

检查、排除方法：在燃油表电源接线柱上接一试灯搭铁，若试灯亮，则为燃油表左线圈断路；若试灯不亮，则为燃油表电源接线柱至点火开关间导线断路。

② 接通点火开关后，不论存油多少，指针总是在"1"的位置上。

故障原因：燃油表到传感器的导线断路，传感器内部线路断路，传感器搭铁不良等。

检查、排除方法：接通点火开关，拆下传感器接线柱上的导线并搭铁，如指针回"0"，表明传感器内部线路断路或搭铁不良。若仍不回"0"，可在燃油表的传感器接线柱上引线搭铁，如指针回到"0"位，说明燃油表至传感器间导线断路。

③ 接通点火开关，不论存油多少，指针总是指在"0"位置上。

故障原因：传感器的浮子不能浮起或传感器内部搭铁；燃油表两接线柱上导线接反；右线圈断路或搭铁不良。

检查、排除方法：拆下传感器上的导线，若此时指针指向"1"的位置，说明传感器内部有搭铁处或浮筒已损坏。若指针仍指在"0"位上，再拆下燃油表通往传感器接线柱上的导线，此时指针指在"1"的位置上，说明燃油表与传感器间的导线搭铁。若指针仍指在"0"处，从燃油表外壳上引一导线搭铁，若指针在"1"位上，说明右线圈搭铁不良。若指针仍指在"0"位上，则为燃油表的右线圈断路或两接线柱上导线接反。

（2）电热式燃油表常见故障与排除

① 接通点火开关后，不论油箱存油多少，燃油表指针均指向"0"。

故障原因：电源线或电源稳压器损坏，燃油表至传感器导线断路，燃油表损坏，传感器搭铁不良或烧坏。

检查、排除方法：首先用螺丝刀将传感器的接线柱搭铁，若此时燃油表指示"1"，则为传感器故障；再用一根导线将传感器壳体搭铁，如表针走动，则为传感器搭铁不良；如表针不动，则为传感器本身损坏。拆下传感器，测浮筒在各种状态下，传感器接线柱与壳体间的电阻，如不符合要求，则为传感器可变电阻损坏。

若传感器接线柱搭铁时，表针仍不动，将指示表接传感器的导线接线柱搭铁，如表指向"1"，则为燃油表至传感器导线断路。如表针仍不动，则应检查燃油表电源接线柱的电压。如正常，则为燃油表损坏；如不正常，则为电源线路或电源稳压器损坏。

② 接通点火开关后，不论油箱中存油多少，燃油表均指向"1"。

故障原因：燃油表至传感器导线搭铁；传感器内部搭铁。

检查、排除方法：拆下传感器上的连接线，若表针回位，则为传感器损坏；若表针仍指向"1"处，则为燃油表至传感器导线搭铁。

7.5.3　油压表的故障与排除

（1）电热式油压表的故障与排除

① 指针不动。

故障原因：指示表或传感器损坏，连接导线松脱。

检查、排除方法：接通点火开关，启动发动机，将机油压力表传感器接线柱搭铁，这时将出现以下两种情况：

a. 表针移动。说明压力表是好的，故障在传感器或机油油道。此时可拆下传感器，用平头小棍顶住传感器内的膜片，若表针不动，则故障为传感器损坏；若表针移动，则故障在润滑油路。

b. 表针不动。说明故障在压力表或连接导线上。此时可用一根导线将机油压力表的电源接线与机体划火。若无火，则故障为电源连线断路；若有火，则移开该导线，一端搭接传感器的接线柱，另一端与机体划火，如此时表针仍不动，则故障在机油压力表，若表针动，则故障为机油压力表至传感器间连线松脱。

② 接通电源开关，发动机尚未启动，机油压力表指针即开始移动。

故障原因：压力表、传感器或导线有短路。

检查、排除方法：关闭电源，先拆下传感器端导线，再接通点火开关试验。若表针不再移动，说明传感器内部搭铁或短路；若表针仍移动，则应检查机油压力表至传感器间导线有无搭铁之处。

③ 指针指示值不准。

参照检验规范，可在试验台上检查，如无试验台，也可用毫安表、可变电阻器和蓄电池串成检测电路，遵照操作程序，进行检查调试。

（2）电磁式油压表的常见故障及检修

① 指针不动或微动。

故障原因：指示表线圈脱焊或断线，指针变形卡住，指针与刻度盘接触，指示表与传感器间导线接触不良或断线，传感器电阻烧断，滑动接触片与电阻接触不良，波形膜片破损或老化，传感器油孔堵塞，活动结构卡死等。

检查、排除方法：用万用表检查指示表与传感器间导线接触不良或断线，拆下指示表外壳，检查指针有无变形、偏歪，针与刻度盘有无相碰等；用万用表检查传感器导通情况，拆下传感器外壳，检查滑动接触片与电阻接触是否良好、波形膜片是否破损或老化、传感器油孔是否堵塞、活动结构是否卡死等。根据以上检查情况给予排除。

② 接通电源开关，发动机尚未启动，机油压力表指针即开始移动。

故障原因：压力表、传感器或导线有短路。

检查、排除方法：关闭电源，先拆下传感器端导线，再接通点火开关进行试验。若表针不再移动，说明传感器内部搭铁或短路；若表针仍移动，则应检查机油压力表至传感器间导线有无搭铁之处。

7.5.4 水温表的常见故障及检修

（1）水温表总是指在低温处不动

接通点火开关后，表针就偏到另一边（低温处），发动机水温升高后指示针仍不动。

① 先拆下传感器上的连接导线，这时表针若能慢慢回到停止位置，说明传感器内部短路。

② 若指针仍在原来位置不动，则表明电路中有搭铁故障。可拆下指示表通往传感器接线柱上的导线，若指针能回到停止位置，则为指示表到传感器之间的导线搭铁；若仍不能回到停止位置，则为其接线柱或表内部搭铁。

（2）指示表指针指示数值不对

接通点火开关，发动机温度正常，而水温表的指示数值不对。

观察指示值若比实际水温低很多时，则多为传感器电热线圈烧坏短路所致；若观察指示值比实际水温高时，则多为指示表电热线圈烧坏短路所致。

用万用表分别测量指示表及传感器电热线圈阻值，如线圈短路损坏，应更换指示表或传感器，若阻值符合要求，则为水温表本身未调整好而引起偏差，应予重新调整或更换。

（3）水温表指针不动

接通点火开关，拆下传感器接线柱上的导线，并在导线上接一试灯（25W）搭铁。

① 水温表指针摆动，说明水温表良好，为传感器损坏。

② 水温表指针仍不动，用试灯一端搭铁，另一端接水温表电源接线柱。

此时试灯亮，再把试灯一端接在水温表引出接线柱上，另一端仍搭铁。若指针摆动，说明水温表是好的，故障为水温表至传感器之间断路；若表针仍然不动，说明水温表损坏。

此时试灯不亮，故障为水温表至蓄电池间断路。将试灯一端接稳压器电源接线柱，另一端搭铁，若试灯亮，说明稳压器损坏；若试灯不亮，说明稳压器到蓄电池间导线断路或仪表熔断器烧断。

7.5.5 转速表故障与检修

（1）机械传动磁铁式转速表故障与检修

机械传动磁铁式转速表故障与检修见表7.1。

表7.1 机械传动磁铁式转速表常见故障与检修

故障现象	故障原因	
指针不动	软轴未连接或断轴	连接好或更换断轴
	指针转动部分卡死	检查调整指针,使其能自由活动
	永久磁铁完全失磁	用充磁机充磁
指示值有误差	永久磁铁磁性减弱,示值低	用充磁机充磁
	游丝调整不当	示值偏大,将游丝调紧,反之调松
	指针与刻度面微碰	重新调整

（2）电动磁铁式转速表故障与检修

电动磁铁式转速表故障与检修见表7.2。

工程机械电气控制系统

表 7.2 电动磁铁式转速表常见故障与检修

故障现象	故障原因	检修方法
指针不动	传感器线圈线或引线脱落	焊接脱线或重绕线圈
	永久磁铁无磁	充磁
	连接线不通	用万用表检测,如无电压,说明线路故障
	整流二极管损坏	万用表测试,更换二极管
	绕线电阻、磁电阻烧断	更换电阻
	动圈烧断	万用表测试,重绕
	指针转动部分卡住	检查并调整
指针跳动	传感器发电不稳,传动部位松动	修复传动部分,使指针间隙在 0.05～0.10mm,如损坏应更换
	整流器二极管损坏	用万用表检测,如损坏应更换
	指针轴承松动	调整轴承间隙
	轴尖磨损	研磨,磨损严重的应更换

7.5.6 车速里程表的故障与检修

（1）车速里程表的故障与排除。

车速里程表的常见故障、产生原因及排除方法见表 7.3。

表 7.3 车速里程表的常见故障、产生原因及排除方法

故障现象	产生原因	排除方法
车速表和里程表指针均不动	主轴减速机构中的蜗杆或蜗轮损坏,使软轴不转	更换零件
	软轴或软管断裂	更换
	主轴处缺油或氧化而卡住不动	清除污物,加润滑油
	表损坏	更换
	转轴的方孔或软轴的方轴被磨圆	更换转轴或软轴
	软轴与转轴或主轴连接处松脱	连接牢靠
车速表和里程表指示失准	永久磁铁的磁性急减或消失	充磁
	游丝折断或弹性急减	更换
	里程表的蜗轮蜗杆磨损	更换
车速表指针跳动、不准而里程表正常	指针轴磨损或已断	更换
	指针轴转轴的轴向间隙过大	调整
	感应罩与磁铁相碰	检修
	游丝失效或调整不当	更换游丝或重调
	软轴与转轴或变速器、分动器的输出端的结合处时接时脱	重装或更换
	软轴的安装状态不合要求,某处弯曲急剧	改变安装或更换
工作时发出异响	软轴过于弯曲、扭曲	更换软轴
	软轴与转轴、变速器或分动器输入端润滑不良	加润滑油
	各级蜗轮蜗杆润滑不良	加润滑油
	磁钢与感应罩相碰	检修
车速表工作正常而里程表工作不良	减速蜗轮蜗杆啮合不良	更换
	计数轮运转不良	更换
里程表走而车速表不走	感应罩或指针卡住	检修
	磁铁失效	充磁

（2）车速里程表的检修

① 使用车速里程表检测仪在车上检查车速表指示误差、针摆和异常噪声，检查里程表是否工作正常。

② 对比法检验，用可调速的电动机同时驱动标准表和被检表，在改变电动机转速的情况下，观察两表的指示值，其值应基本相同。

若经过检测、检验，不符合要求的车速表，对于磁感应式，可拆开表壳，拨动盘形弹簧下面的调整柄校准或更换新表；对于电子式车速表，则需更换传感器、控制电路或车速表。

第**8**章
辅助电气设备

8.1 空调系统

8.1.1 空调系统组成与类型

工程机械车辆的空调系统主要用于调节驾驶室或车厢内空气的温度、相对湿度、清洁度、气流速度和方向等，使驾驶室或车厢内的空气处于比较理想的状态，提高舒适性，从而提高工作效率和机械的安全性。

（1）空调系统的组成

空调系统主要包括制冷系统、暖风系统、通风换气系统和控制系统等。不同地区的车辆为了适应热带或寒带的特点，只设有制冷系统或采暖通风系统，以简化结构，降低成本。

制冷系统用于夏季对驾驶室内的空气进行冷却降温与除湿；暖风系统用于冬季对驾驶室内的空气进行加热以便取暖、除霜；通风换气系统的作用是对驾驶室内进行强制性换气，保证车内空气对流，保持空气新鲜、清洁；控制系统是通过控制驾驶室内的空气流速、方向和温度达到舒适操作的目的，完善空调的各项功能。

（2）空调系统的类型

根据空调压缩机形式分为独立式和非独立式空调。独立式空调用一台专用空调发动机来驱动空调压缩机，制冷量大，工作稳定；非独立式空调则由本车发动机驱动制冷压缩机，使制冷性能受发动机工况的影响。

根据空调功能分为单一功能型和冷暖一体型两种。单一功能型是将制冷、采暖、通风等各自独立安装，独立操作；冷暖一体型是制冷、采暖、通风等共用一台鼓风机，共用一套送风口，用同一控制板控制冷风、暖风和通风。

8.1.2 空调暖风系统

暖风系统的作用是向车内供热和除霜。根据供热热源的不同可以分为非独立式和独立式两种。

工程机械因驾驶室较小而多采用非独立式采暖装置（也称作余热水暖式）。它是利用发动机工作时从缸体出来的冷却水（80～95℃）的余热为热暖。冷却水通过一个热交换器和离心风机组成的暖风机，空气流经过暖风机时被加热，使周围环境温度上升。这种装置的结构简单、成本低、不耗能，但制热量较小，采暖量受到发动机运转工况的影响。余热水暖式暖风系统的工作原理如图8.1所示。

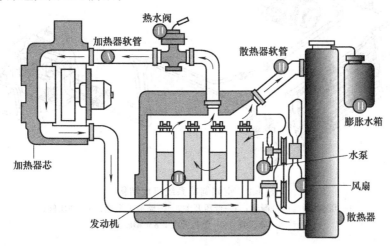

图 8.1 余热水暖式暖风系统的工作原理

独立式采暖装置（即独立热源式采暖装置）是在底盘上另装一个采暖器，由它向车厢内供热。独立式采暖装置的采暖器有直接式和间接式两种。直接式采暖器是在燃料燃烧后，由换热器直接加热来自车厢内的空气，然后由风机和地板通道将暖风均匀地送回车内，该形式结构简单，价格低，但密封不好，会使燃气进入车内造成污染。间接式采暖器是在燃料燃烧后加热水，把热水进至换热器中，加热车厢内的空气。空气循环也是靠风机来实现的。这种形式的结构较复杂，价格高，但能保证车内空气清新。独立式采暖装置制热量较大，不受发动机转速工况的影响，一般适用于大中型客车，工程机械上很少采用。

现代工程机械空调已发展成为冷暖一体化装置，即不仅是制冷或制热，而是全年性的空气调节，包括制冷、制热和送温风的调节。而送温风就是通过冷热风的混合，可人为设定冷热风比例，通过调节风门满足舒适性的要求和去除霜雾的功能。

车用空调系统的采暖装置比较简单，下面主要介绍制冷系统。

8.1.3 空调制冷系统

（1）空调制冷系统的组成

车用空调制冷系统一般采用以 R134a（早期采用氟利昂 R12）为制冷剂的蒸气压缩式封闭循环系统。该制冷系统主要由压缩机、冷凝器、储液干燥器（或集液器）、膨胀阀（或膨胀管）、蒸发器等部件和控制部分等组成，循环部分各部件由耐压金属管或耐压耐氟橡胶软管依次连接而成。空调制冷系统的组成如图8.2所示。

（2）制冷原理

在制冷过程中，为了实现制冷效果，必须采用一种可使周围气温下降的物质，该物质称制冷剂。若在一定温度下降低压力，液态制冷剂就会蒸发成气体，在此汽化过程中需要从周围的空气中吸取一定的热量，使周围的气温下降而实现制冷效果。提高气态制冷剂的压强可以使制冷剂的冷凝点升高，使其更加容易转化为液体而放出热量。为了实现持续制冷，必须形成一定的循环。制冷循环过程如图8.3所示，它包括以下4个变化过程。

① 压缩过程。发动机经皮带轮传动带动压缩机旋转，将蒸发器中的低温（5℃）低压（约为0.15MPa）的气态制冷剂吸入压缩机，并将其压缩为高温（70～90℃）高压（1.3～1.5MPa）的气体排出，然后经高压管路送入冷凝器冷却降温。

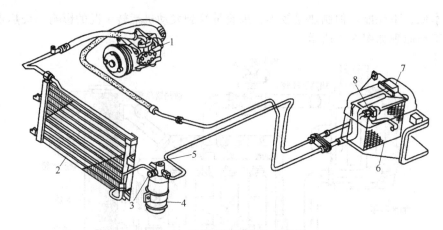

图 8.2　空调制冷系统组成结构

1—压缩机；2—冷凝器；3—低压开关；4—储液干燥罐；5—高压阀；
6—蒸发器；7—热控开关；8—膨胀阀

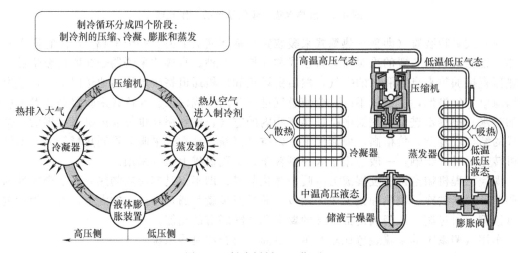

图 8.3　制冷剂循环工作原理

② 冷凝过程。进入冷凝器的高温、高压制冷剂气体受到冷凝器冷却及风扇的强制冷却，释放部分热量，当高温高压制冷剂气体温度下降为 50℃ 左右，压力仍为 1.3～1.5MPa 时，便冷凝为中温高压液体，然后经高压管路送入储液干燥器。

③ 膨胀过程。冷凝为中温高压制冷剂的液体进入储液干燥器，除去水分和杂质后，经高压液管送至膨胀阀。由于膨胀阀的节流作用，使得中温高压的液态制冷剂经膨胀阀喷入蒸发器后，迅速膨胀为低温（-5℃）低压（0.15MPa）的雾状液态制冷剂。

④ 蒸发过程。进入蒸发器的低温低压雾状液态制冷剂，通过蒸发器不断吸收热量而迅速沸腾汽化为低温（5℃）低压（0.15MPa）的气态制冷剂。当鼓风机将附近空气吹过蒸发器表面时，空气被冷却为凉气送进车厢，使周围温度降低。如果压缩机不停地运转，蒸发器出口的气态制冷剂再次被吸入压缩机，参与下一轮循环，制冷剂被重复利用，上述过程将连续不断地循环，蒸发器周围将始终保持较低的温度。

（3）制冷剂

制冷剂是空调制冷系统的一个重要组成部分，它是制冷循环当中传热的载体，通过状态变化吸收和放出热量，这就要求制冷剂在常温下很容易汽化，加压后很容易液化，同时在状态变化时要尽可能多地吸收或放出热量（较大的汽化或液化潜热）。同时，制冷剂还应具备一些性质：不易燃易爆；无毒；无腐蚀性；对环境无害；与冷冻机油接触时，具有化学、物理稳定性。

制冷剂的英文名称为 Refrigerant，所以常用其第一个字母 R 来代表制冷剂，后面表示制冷剂名称，如 R12、R22、R134a 等。

早期常用的制冷剂是 R12（又称为氟利昂），它各方面的性能都很好，但也有致命的缺点：泄漏时不易被发现，泄漏的 R12 释放到大气中，能与臭氧（O_3）发生化学反应，破坏大气中的臭氧层，使太阳的紫外线直接照射到地球，对植物和动物造成伤害；R12 与水作用会引起对金属的腐蚀；R12 蒸气与明火接触会产生剧毒的光气，刺激人的呼吸系统和眼睛。我国目前已停止生产用 R12 作为制冷剂的空调系统。

目前广泛采用 R134a（CF_3CH_2F）来替代 R12。目前测定它对臭氧层的破坏系数几乎为零，地球温暖化系数也极低，并且它与 R12 相比，其凝固温度、临界状态、汽化潜热以及导热性能等方面也十分相似。由于 R134a 与 R12 具有不同的物理特征和化学性质，两者不能混装或互换，像冷冻机油、干燥剂、橡胶管道、密封元件等也都要进一步改良。R134a 在大气压力下的沸腾点为 $-26.9℃$，在 98kPa 的压力下沸腾点为 $-10.6℃$（图 8.4）。在常温常压的情况下，若将其释放，R134a 便会立即吸收热量开始沸腾并转化为气体，对 R134a 加压后，它亦很容易转化为液体。R134a 的特性见图 8.5，在该曲线上方为气态，下方为液态，如果要使 R134a 从气态转变为液态，可以降低温度，也可提高压力，反之亦然。

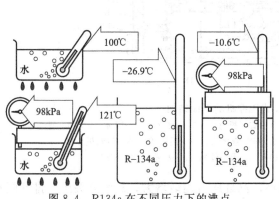

图 8.4　R134a 在不同压力下的沸点

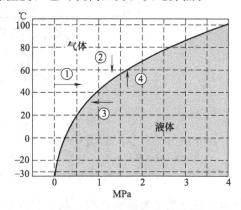

图 8.5　R134a 温度-压力曲线

（4）压缩机

压缩机是空调制冷系统的核心部件，其作用是为空调制冷系统的制冷剂提供循环动力，保证制冷剂在冷却循环中进行循环，它提高了气态制冷剂的压力和温度，以便于气态制冷剂在冷凝器中凝结成液态，对外放出热量。车用空调压缩机主要采用容积型压缩机，就是制冷蒸汽的压力提高是靠原有的容积被强制压缩，使单位容积内气体分子数目增加来实现的。现代空调压缩机有数百种型号和结构，比较常用的有斜盘式压缩机、摇板式压缩机、旋叶式压缩机、涡旋式压缩机和曲柄轴连杆式压缩机等。此外，压缩机还可分为定排量和变排量两种形式，变排量压缩机可根据空调系统的制冷负荷自动改变排量，使空调系统运行更加经济。

① 旋转斜盘式压缩机。旋转斜盘式压缩机的立体结构如图 8.6 所示，剖面结构如图 8.7 所示，主要由主轴、斜盘、双头活塞、前阀板、后阀板、前缸盖、后缸盖及缸体等组成。斜盘通过半圆键与主轴连接，并且两者保持固定的倾斜角。双头活塞通过滑靴、钢球与斜盘配合，活塞两头分别位于同一轴线的前、后缸体中。汽缸轴线与主轴轴线平行，六缸机圆周上的各汽缸互成 $120°$ 夹角，十缸机的各汽缸互成 $72°$ 夹角均匀地分布。前、后缸盖与缸体之间有前、后阀板，其上有与汽缸数目相等的进、排气阀，它们均由进、排气弹簧阀片控制。缸

体中设有通气道，使前、后缸盖的进、排气室分别与进、排气管相通。主轴的凸出部分安装电磁离合器，用来驱动主轴旋转。

旋转斜盘式压缩机的主轴旋转时，斜盘通过滑靴、钢球使活塞作往复运动，双头活塞中一端为压缩冲程时，另一端则为吸气冲程。

旋转斜盘式压缩机工作原理如图8.8所示。活塞右移时，如图8.8（a）

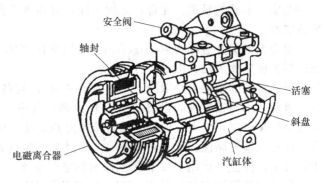

图 8.6 旋转斜盘式压缩机的立体结构

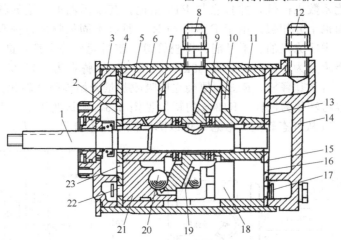

图 8.7 旋转斜盘式压缩机的剖面结构

1—主轴；2、13、16、23—进气阀孔；3—前缸盖；4—前阀板总成；5—前缸体；6—壳体；7、10—通气道；
8—进气管接头；9—斜盘；11—后缸体；12—排气管接头；14—后缸盖；15—后阀板总成；
17、22—排气阀；18、21—活塞（18、21为一体）；19—滑靴；20—钢球

所示，右边汽缸为压缩冲程，其容积逐渐减小，汽缸压力逐渐增大，进气阀关闭、排气阀打开，高压制冷剂气体被压出，经排气室、通气道、排气管接头、高压管路进入冷凝器；左边汽缸为吸气冲程，其容积逐渐增大而形成负压，进气阀开启、排气阀关闭，低压制冷剂气体吸入汽缸。反之，活塞左移时，如图8.8（b）所示，右边汽缸容积开始增大而形成负压，则进气阀开启、排气阀关闭，处于吸气状态，为保证充足的进气量，进气阀为较软的舌簧片；左边汽缸容积减小，为保证气体具有一定压力，排气阀片弹力较大，仅在一定的汽缸压力时排气阀方能开启。图8.8（c）为左边汽缸压力达到一定数值后排气阀打开的状态，排气阀的后面装有限位板，避免阀片开启太大而损坏。

旋转斜盘式压缩机具有效率高、结构紧凑、性能可靠、传动力矩平稳、振动噪声小、制冷容量大等特点。

② 旋叶式压缩机。旋叶式压缩机的结构如图8.9所示。主要由电磁离合器1、转子7、限位板8、排气阀9、叶片10、汽缸11和机壳14等组成。

旋叶式压缩机有圆形汽缸式（2或4片叶片）和椭圆形汽缸式（4或5片叶片）两种形式。下面以4叶片圆形汽缸式为例说明压缩机工作原理，如图8.10所示。压缩机主轴旋转时，带动开有滑槽的转子旋转，叶片在滑槽中滑动。转子在汽缸中偏心安装，转动时，离心力和油压作用使叶片向外滑出、压靠在汽缸壁上，将内腔分成四个气室。气室空间变大则产

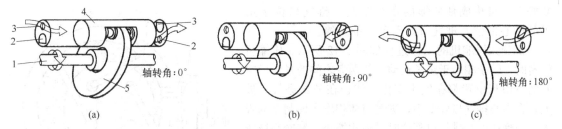

图 8.8 旋转斜盘式压缩机的工作原理
1—主轴；2—排气阀；3—吸气阀；4—活塞；5—斜盘

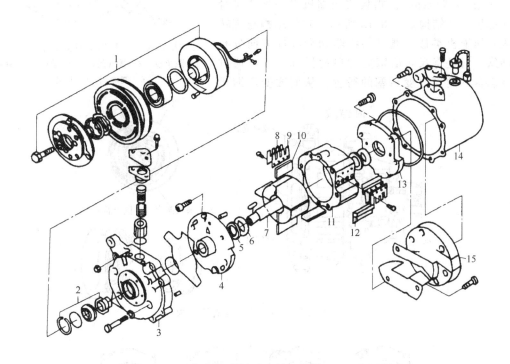

图 8.9 旋叶式压缩机结构
1—电磁离合器；2、12—密封元件；3—汽缸盖；4—前盖板；5、6—止推轴承；7—转子总成；
8—限位板；9—排气阀；10—叶片；11—汽缸；13—后盖板；14—机壳；15—分离区

生负压，吸入制冷剂气体（吸气口不设吸气阀）；气室空间变小则制冷剂气体压力升高，经排气阀排出。

叶片的向外甩出是靠转子转动时离心力和叶片背后油压的作用，其油压的形成是在润滑系的帮助下实现的。旋叶式压缩机通常是采用喷油润滑方式，冷冻机油集于压缩机后箱底部，转子旋转时，此处受压缩机排气压力的作用（属高压侧），利用压力差使油进入通往叶片背后空间的管道（属低压侧），油将叶片压出。与此同时，油液流入前、后盖板的间隙中进行润滑和密封，流进主轴承、油封中进行冷却、润滑和密封。润滑、冷却后的机油由于处于低压侧，所以与制冷剂气体混合进入汽缸、压缩后排出。经安装在压缩机后箱内的油气分离器分离出的油液和制冷剂气体，分别进入压缩机后箱和冷凝器。冷冻机油将如此循环使用。

旋叶式压缩机的旋转部分转动惯量小，工作转速高，无噪声，振动小；尺寸小，重量轻；与同排量的旋转斜盘式压缩机相比，制冷效率高。

③ 涡旋式压缩机。涡旋式压缩机的结构如图 8.11 所示，涡旋定子和涡旋转子是其关键部件。定子安装在机体上，转子通过轴承装在轴上，转子与轴有一定的偏心。定子与转子安

装好后，可构成月牙形的密封空间，排气口位于定子的中心部位，进气口处于定子的边缘。

涡旋式压缩机的工作过程如图 8.12 所示。压缩机旋转时，转子相对于定子运动，使两者之间的月牙形空间的体积和位置都在发生变化，体积在外部进气口处大，在中心排气口处变小，进气口体积增大使制冷剂吸入。当到达中心排气口部位时，体积缩小，制冷剂被压缩排出。

④ 摇板式压缩机。摇板式压缩机是一种变排量的压缩机，其结构如图 8.13 所示，它的结构与旋转斜盘式压缩机类似，通过斜盘驱动沿圆周方向分布的活塞，只是将双向活塞变为单向活塞，并可通过改变斜盘的角度改变活塞的行程，从而改变压缩机

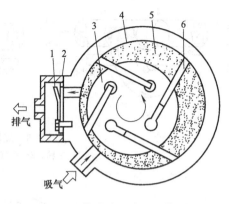

图 8.10　旋叶式压缩机工作原理

1—限位板；2—排气阀；3—转子；4—汽缸；
5—制冷剂；6—叶片

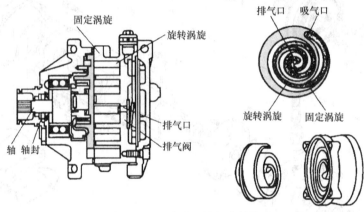

图 8.11　涡旋式压缩机的结构

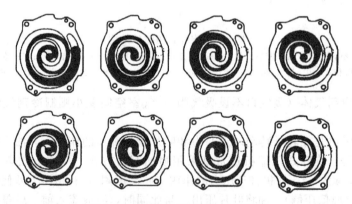

图 8.12　涡旋式压缩机的工作过程

的排量。压缩机旋转时，压缩机轴驱动与其连接的凸缘盘，凸缘盘上的导向销钉再带动斜盘转动，斜盘最后驱动活塞往复运动。

压缩制冷的工作过程此处不再重复，以下主要介绍变排量的原理，如图 8.14 所示。这种压缩机可以根据制冷负荷的大小改变排量，制冷负荷减小时，可以使斜盘的角度减小，减小活塞的行程，使排量降低；负荷增大时则相反。下面以负荷减小为例来说明压缩机排量如何减小，制冷负荷的减小会使压缩机低压腔压力降低，低压腔压力降低可使波纹管膨胀而打

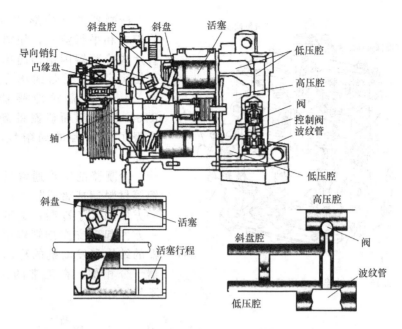

图 8.13 摇板式压缩机的结构

开控制阀，高压腔的制冷剂便会通过控制阀进入斜盘腔，使斜盘腔的压力升高。斜盘右侧的压力低于左侧压力，斜盘向右移动，使活塞行程减小。

⑤ 曲轴连杆式压缩机。曲轴连杆式压缩机体积较大，结构与发动机相似，由曲轴连杆

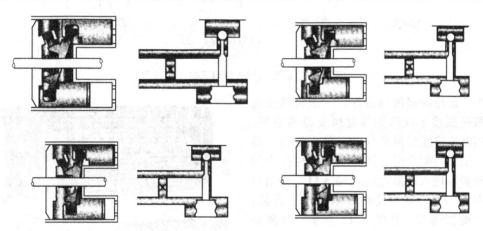

图 8.14 摇板式压缩机变排量的工作过程

驱动活塞往复运动，一般采用双缸结构，每缸上方装有进排气阀片，压缩机的具体结构见图 8.15。

曲轴连杆式压缩机的工作过程如图 8.16 所示，整个工作过程包括吸气、压缩和排气三个过程。活塞下行时，进气阀打开，制冷剂进入汽缸；活塞上行时，连杆压缩制冷剂，当达到一定压力时，打开排气阀，排出制冷剂。

（5）冷凝器

冷凝器是一种热交换器，它将压缩机排出的高温、高压气态制冷剂，转变为中温高压液态制冷剂输入储液干燥管，并将制冷剂从蒸发器吸收的能量和压缩机做功的能量散发到室外的空气中。

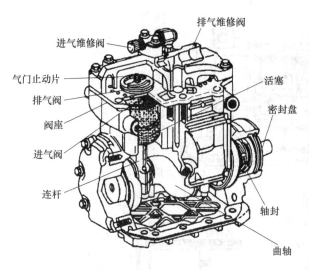

进气维修阀
排气维修阀
气门止动片
活塞
排气阀
阀座
密封盘
进气阀
连杆
轴封
曲轴

图 8.15　曲轴连杆式压缩机的结构

冷凝器按结构形式分为管片式、管带式和平行流式，如图 8.17 所示。管片式冷凝器因结构简单、加工方便而使用广泛；管带式比管片式传热效率高；平行流式冷凝器是为适应 R134a 制冷剂而研制的新型冷凝器，克服了前两者的局限性，传热效率更高。

冷凝器的结构通常是用钢、铜或铝等材料制成带有翅片的排管，翅片一方面加大了冷凝器的散热面积，另一方面起到支撑排管作用。整个冷凝器的结构和发动机的冷却系统的散热器十分相似。在正常的使用情况下，不易损坏。

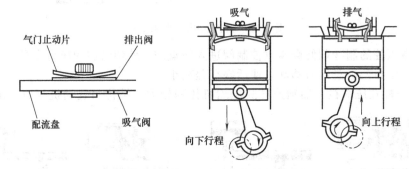

气门止动片
排出阀
配流盘
吸气阀
吸气
排气
向下行程
向上行程

图 8.16　曲轴连杆式压缩机的工作过程

为保证冷凝器散热良好，一般将其安装在水箱前面或车身两侧等通风良好的位置，并且用高速冷凝器风扇扇动空气以提高散热效果。安装冷凝器时，注意从压缩机排出的制冷剂必须进入冷凝器的上端入口，而出口必须在下方，否则会使制冷系统压力升高，导致冷凝器爆裂，如图 8.18 所示。冷凝器比较容易被脏污覆盖，而引起排管和翅片腐蚀，影响其散热，应经常清洗。

（6）膨胀阀和膨胀管

① 膨胀阀。膨胀阀安装在蒸发器的入口处，其作用是：节流降压，即将高压液态制冷剂经过膨胀阀的节流，使其急剧膨胀降压降湿成为雾状向蒸发器内喷射；调节制冷剂

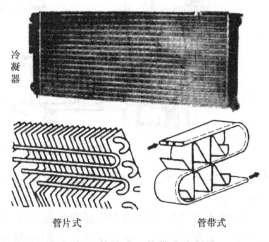

冷凝器

管片式
管带式

图 8.17　管片式、管带式冷凝器

流量，即根据制冷负荷的大小自动调节制冷剂的流量，达到控制车内温度的目的。

膨胀阀可分为外平衡式膨胀阀、内平衡式膨胀阀和 H 型膨胀阀三种。

a. 外平衡式膨胀阀。外平衡式膨胀阀如图 8.19 所示。膨胀阀的入口连接储液干燥器，出口接蒸发器。膨胀阀的上部有一个膜片，膜片上方通过一条细管接一个感温包。感温包安

装在蒸发器出口的管路上，内部充满制
冷剂气体，蒸发器出口处的温度发生变
化时，感温包内气体体积也会发生变
化，进而导致压力变化，这个压力变化
就作用在膜片的上方。膜片下方的腔室
还有一根平衡管通蒸发器出口，蒸发器
出口的制冷剂压力通过这根平衡管作用
在膜片的下方。膨胀阀的中部有一个阀
门，阀门控制制冷剂的流量，阀门的下
方有一个调整弹簧，弹簧的弹力试图使

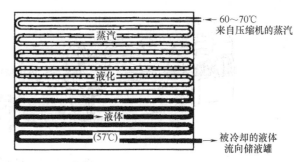

图 8.18　冷凝器的工作情况

阀门关闭，弹簧的弹力通过阀门上方的杆作用在膜片的下方。可见膜片受到三个力的作用，
一个是感温包中制冷剂气体向下的压力，另一个是弹簧向上的推力，还有一个是蒸发器出口
制冷剂向上的支撑力，阀的开度由这三个力共同决定。

当制冷负荷变化时，膨胀阀可根据制冷负荷的变化自动调节制冷剂的流量，确保蒸发器
出口处的制冷剂全部转化为气体并有一定的过热度。当制冷负荷减小时，蒸发器出口处的温
度就会降低，感温包的温度也会降低，其中的制冷剂气体就会收缩，使膨胀阀膜片上方的压
力减小，阀门就会在弹簧和膜片下方气体压力的作用下向上移动，减小阀门的开度，进而减
小制冷剂的流量。反之，制冷负荷加大时，阀门的开度会增大，制冷剂的流量增加。当制冷
负荷与制冷剂的流量相适应时，阀门的开度保持不变，维持一定的制冷强度。

　　b. 内平衡式膨胀阀。其结构与外平衡式膨胀阀的结构大同小异，见图 8.20。差异之处
在于，内平衡式膨胀阀没有平衡管，膜片下方的气体压力直接来自于蒸发器的入口。内平衡

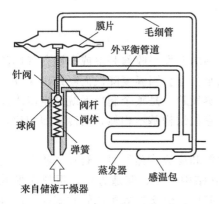

图 8.19　外平衡式膨胀阀

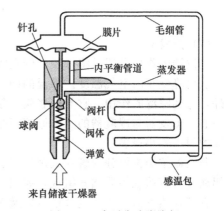

图 8.20　内平衡式膨胀阀

式膨胀阀的工作过程与外平衡式膨胀阀的工作过程完全相同。

　　c. H 型膨胀阀。采用内、外平衡式膨胀阀的制冷系统，其蒸发器的出口和入口不在一
起，因此需要在出口处安装感温包和平衡管路，结构比较复杂。H 型膨胀阀没有感温包和
平衡管路，直接与蒸发器进、出口相接；蒸发器出口的制冷剂直接通过阀体内腔作为感受信
号，感受系统的灵敏度高。

　　H 型膨胀阀结构如图 8.21 所示，它也有一个膜片，膜片的左方有一个热敏杆，热敏杆
的周围是蒸发器出口处的制冷剂，制冷剂温度的变化（制冷负荷变化）可通过热敏杆使膜片
右方气体的压力发生变化，使阀门的开度变化，调节制冷剂的流量以适应制冷负荷的变化。
H 型膨胀阀结构简单、工作可靠，应用越来越广。

　　② 膨胀管。膨胀管与膨胀阀的作用基本相同，只是取消了调节制冷剂流量的功能，其

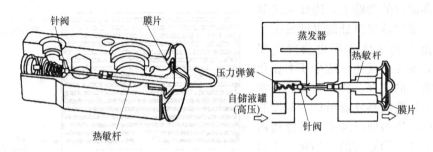

图 8.21　H 型膨胀阀

结构见图 8.22。膨胀管的节流孔径是固定的，入口和出口都有滤网。由于节流管没有运动部件，具有结构简单、成本低、可靠性高、节能等特点。

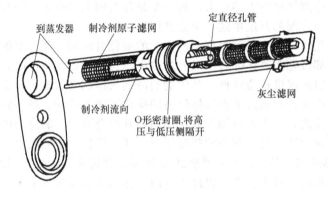

图 8.22　膨胀管

（7）蒸发器

蒸发器的作用是通过将低压、低温雾状液态制冷剂的蒸发吸收驾驶室或车厢内气体的热量，从而降低车内空气温度。降温的同时，空气中的水分也会因温度降低而凝结出来并排出车外，起到除湿的作用。它与膨胀阀、鼓风机等组成蒸发箱，是整个制冷系统产生制冷作用的中心。蒸发器与冷凝器的工作原理都是热交换器，它们结构基本相似，与冷凝器相比，蒸发器的耐压要小得多。

蒸发器按结构可分为管片式蒸发器、管带式蒸发器和层叠式蒸发器。管片式蒸发器由套有铝翅片的铜质或铝质圆管组成，如图 8.23 所示，它结构简单、制造方便，但热交换效率低；管带式蒸发器由双面复合铝材以及多孔扁管材料制成，热交换效率比管片式高；层叠式蒸发器由夹带散热铝带的两片铝板叠加而成，其结构紧凑、热交换效率更高，采用 R134a 制冷剂的空调普遍采用这种类型的蒸发器。

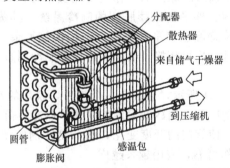

图 8.23　管片式蒸发器

蒸发器不是易损件，但易发生"冰堵"现象，即制冷系统内残留过多水分，制冷剂循环时，水分被冻结在温度很低的毛细管出口处，逐渐形成"冰塞"，使制冷剂不能循环流动，故应注意维护制冷系统。

（8）储液干燥器和集液器

① 储液干燥器。储液干燥器用于膨胀阀式的制冷循环系统，安装在冷凝器出口和膨胀阀之间。储液干燥器的结构如图8.24所示，主要由壳体、滤网、干燥剂、入口、出口、低压开关、高压阀和目镜等组成。

储液干燥器的主要作用：

a. 干燥制冷剂中的水分。如果制冷剂中有水分，制冷剂由膨胀阀喷入蒸发器时压力与温度降低，可能造成水分在系统中结冰，阻止制冷剂的循环，造成冰堵故障。R134a制冷剂使用沸石作为干燥剂，R12制冷剂使用硅胶作为干燥剂，因此使用R134a制冷剂的制冷系统的储液干燥器不能与使用R12的储液干燥器互换。

b. 存储制冷剂。当制冷装置中制冷剂数量随热负荷而变化时，随时向制冷装置的循环系统提供所需要的制冷剂，同时补充循环系统的微量渗漏。

c. 过滤制冷剂中的杂质。由于膨胀阀口很小，若制冷剂中有杂质，可能造成系统堵塞，使系统不能制冷。

d. 检查制冷剂的数量。在储液干燥器上有一个玻璃目镜，可观察压缩机工作时制冷剂的流动情况，依此判断制冷剂的数量。

e. 过低压自动停机。当高压侧压力过低时，储液干燥罐上的低压开关自动断开，切断压缩机的供电电路，中止压缩机的工作。

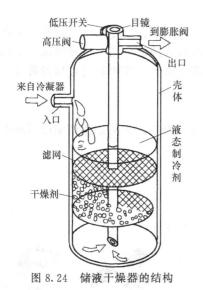

图8.24 储液干燥器的结构

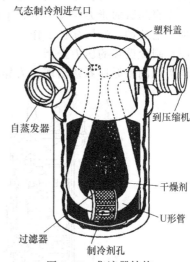

图8.25 集液器结构

f. 高压保护作用。储液干燥器设有高压阀，高压侧制冷剂压力、温度过高时容易引起爆炸，这时高压阀的易熔片会自动熔化，释放出部分高压制冷剂，使系统重要部件不被破坏。

储液干燥器的干燥剂失效，滤网或过滤器堵塞，一般无法维修，只能更换整个储液干燥器，而且只要空调系统中的主要部件（如冷凝器、蒸发器等）更换或维修，就必须更换储液干燥器。

② 集液器。集液器用于膨胀管式的制冷系统中，安装在蒸发器出口和压缩机进口之间。因为膨胀管无法调节制冷剂的流量，所以蒸发器出来的制冷剂不一定全部是气体，可能有部

分液体。为防止压缩机损坏，在蒸发器出口处安装一个集液器，一方面将制冷剂进行气液分离，另一方面起到与储液干燥器相同的作用，其结构如图 8.25 所示。制冷剂进入集液器后，液体部分沉在集液器底部，气体部分从上面的管路出去进入压缩机。

（9）冷冻机油

冷冻机油的作用是对压缩机进行润滑、冷却、密封和消除噪声。冷冻机油的选择和合理的冲灌量都是很重要的。压缩机的运动部件在运转过程中必须对运动零件进行润滑以免磨损，冷冻机油就用于润滑这些部件及整个系统密封件和垫圈。在空调制冷系统工作的过程中会有少量的机油被制冷剂带到系统中循环，这样会有利于膨胀阀处于良好的工作条件。

国产冷冻机油按其 50℃时运动黏度分为 13、18、25、30、40 五个牌号。选用何种等级和型号的冷冻机油取决于压缩机制造商的规定和系统内制冷剂的类型。在更换机油的同时还应更换储液干燥器或集液器。因制冷剂泄漏而造成冷冻机油的损耗可采用一次性灌装有压机油来补充。

8.1.4　空调控制系统

空调控制系统的功能是保证空调制冷系统正常运转，也要保证空调系统工作时发动机正常运转。空调控制系统主要是通过控制压缩机电磁离合器的接合与分离实现温度控制与系统保护，通过对鼓风机的转速控制调节制冷负荷。

（1）电磁离合器

电磁离合器安装在压缩机驱动轴前端，它的作用是通过电磁线圈的通断电控制发动机与压缩机之间的动力传递。电磁离合器的结构见图 8.26，由电磁线圈、皮带轮、压盘、轴承等元件组成。电磁线圈固定在压缩机前端的皮带轮的凹槽内部。压盘通过弹簧与压盘毂相连，压盘轮毂与压缩机输入轴通过平键相连。

电磁离合器的工作原理是在电磁线圈不通电时，在弹簧张力的作用下，压盘与压缩机皮带轮之间保留一定的空隙，皮带轮通过轴承空转。当电磁线圈通电时，电磁线圈产生的强大吸引力克服弹簧的张力，将压盘紧紧地吸合在皮带轮的端面上，皮带轮通过压盘带动压缩机输入轴一起转动，使压缩机工作。

（2）制冷循环的压力控制

若空调制冷循环系统出现压力异常，就会造成系统的损坏。为防止空调制冷循环系统出

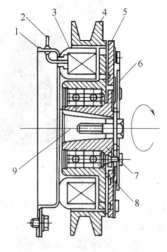

图 8.26　电磁离合器的结构

1—前端盖；2—电磁线圈引线；3—电磁线圈；4—皮带轮；
5—压盘；6—片簧；7—压盘轮毂；8—轴承；9—压缩机轴

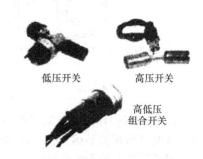

低压开关　　　高压开关

高低压
组合开关

图 8.27　压力开关

现压力异常，通常在系统的高压管路中安装压力开关。压力开关有高压开关、低压开关和高低压组合开关三种，如图 8.27 所示。压力开关的安装位置和控制电路如图 8.28 所示。

高压开关用于检测制冷剂的最高工作压力。当压力约为 1.6MPa 时，接通冷凝器风扇高速挡，加强冷却强度，降低压力；当压力高于额定最高安全值 3.2MPa 时，高压开关立即切断电磁离合器电路，使压缩机停止运转。低压开关也称制冷剂泄漏检测开关，用于限制系统高压的最低值。当制冷剂严重泄漏或某种原因导致系统高压压力低于额定最低值 0.2MPa 时，低压开关立即切断电磁离合器电路，使压缩机停止运转。高低压组合开关将高压开关和低压开关制成一体，具有高压开关和低压开关的双重功能。

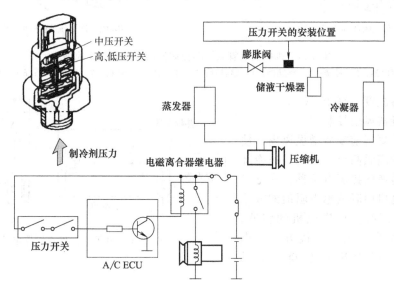

图 8.28　压力开关的安装位置和控制电路

（3）蒸发器的温度控制器

蒸发器温度控制是防止由蒸发器结霜致使制冷效果大幅度降低。温度控制器根据蒸发器表面温度的高低接通或断开电磁离合器的电路，控制压缩机的开停，使蒸发器表面温度保持在 1～4℃，以便充分发挥蒸发器的最大冷却能力。温度控制器主要有机械波纹管式和电子式两种类型。

① 机械波纹管式温度控制器。机械波纹管式温度控制器主要由波纹管、感温毛细管、触点、弹簧、调整螺钉等组成。感温毛细管内充有感温物质（制冷剂或 CO_2）。感温毛细管一般放在蒸发器冷风出口，用于感测蒸发器温度。

机械波纹管式温度控制器的电路和工作原理如图 8.29 所示。它是利用波纹管的伸长或缩短来接通或断开触点以切断制冷装置压缩机的动力源。蒸发器温度升高时，毛细管中的感温物质膨胀，对应的波纹管伸长并压缩弹簧，待蒸发器冷风出口温度达到设定值时，触点闭合，电磁离合器线圈通电，压缩机旋转，制冷装置循环制冷。若车内温度降到设定的温度以下，波纹管缩短，弹簧帮助复位，使触点脱开，电磁离合器线圈断电，压缩机停止工作。

② 电子式温度控制器。电子式温度控制器电路如图 8.30 所示，它一般采用负温度系数的热敏电阻作为感温元件，将其安装在蒸发器的表面以检测蒸发器表面温度。当蒸发器表面温度低于某一设定值（1℃）时，热敏电阻的阻值变化转换为电压变化，给空调 ECU 输入低温信号，空调 ECU 控制继电器切断电磁离合器电路，使压缩机工作，使蒸发器温度不低于1℃。当蒸发器表面温度高于某一设定值（4℃）时，热敏电阻的阻值变化转换为电压变化，给空调 ECU 输入高温信号，空调 ECU 控制继电器接通电磁离合器电路，使压缩机运

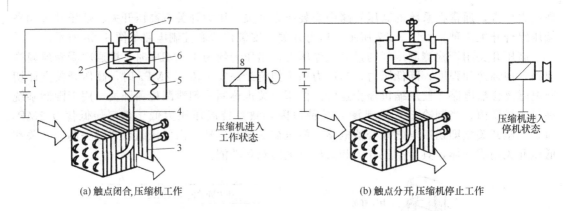

图 8.29　机械波纹管式温度控制器的电路和工作原理

1—蓄电池；2—弹簧；3—蒸发器；4—感温管；5—波纹管；6—触点；7—调节螺钉；8—压缩机

转，使蒸发器温度不高于 4℃。

（4）冷凝器风扇控制

一般在冷凝器前或后增设风扇，使压缩机排出的高温高压制冷剂快速冷却液化。风扇转速的控制有两种：一是经改变与风扇电机串联的电阻阻值的方法（单个电机）来改变风扇电机的转速；二是经改变两个风扇的连接方式（串联、并联）来改变风扇电机的转速，见图 8.31。

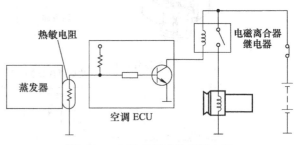

图 8.30　电子式温度控制器电路

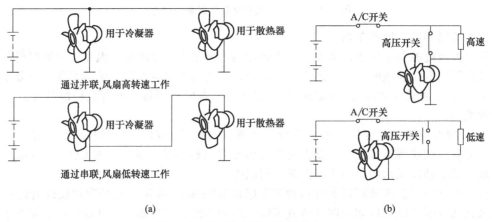

图 8.31　风扇电机的两种控制方式

（5）鼓风机控制

鼓风机的作用是强迫空气通过蒸发器以提高热交换效率。鼓风机工作时，电机驱动一个笼式风扇，推动空气流过蒸发器，如图 8.32 所示。目前车用空调均通过外接鼓风机电阻或功率晶体管的方式来进行电机调速。

① 外接鼓风机电阻控制方式。鼓风机电阻串接在鼓风机开关与鼓风机电机之间，其电压降被用于改变电机的端电压，控制电机转速和调节空气流量。当马达运转时，变阻器会变热，需要冷却，因此，被安装在鼓风机马达前、蒸发箱内使之通风良好，如图 8.33 所示。

② 外接功率晶体管控制方式。这种控制方式，利用了晶体管的放大特性。空调控制器

通过改变晶体管基极电流的大小使鼓风机在不同转速下工作，如图 8.34 所示。

③ 晶体管与鼓风机电阻组合方式。鼓风机控制开关有自动挡和不同转速的选择模式，如图 8.35 所示。当鼓风机转速控制开关处于自动挡时，鼓风机的转速由空调电脑控制；当人为操纵开关选择不同转速后，便自动取消空调电脑的控制功能。

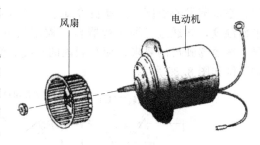

图 8.32 笼式鼓风机

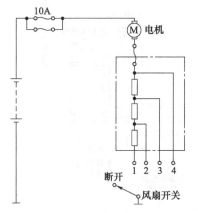

图 8.33 外接鼓风机电阻控制电路

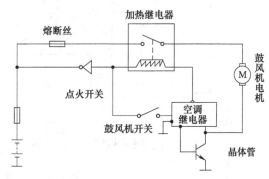

图 8.34 晶体管控制方式

（6）发动机的怠速提升控制

对于非独立的车用空调系统，压缩机工作时要消耗一定的发动机功率。当发动机转速较低时（低速行驶或处于怠速运转状态时），发动机的输出功率较小，此时若打开空调制冷系统，则会加大发动机的负荷，可能会造成发动机的过热或停机，此时空调系统也因压缩机转速低而制冷量不足。为避免该情况发生，空调的控制系统采用了怠速提升装置，如图 8.36 所示。

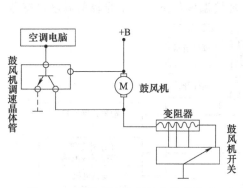

图 8.35 晶体管与电阻组合控制方式

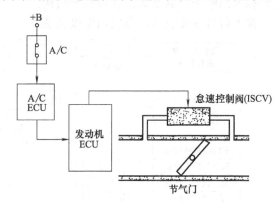

图 8.36 发动机的怠速提升控制

接通空调制冷开关（A/C）后，发动机的控制单元（ECU）就可以接收到空调开启的信号，控制单元就会控制怠速控制阀将怠速旁通气道的通路增大，使进气量增加，提高怠速。若是节气门直动式怠速控制机构，控制单元就会控制电机开大节气门，提高怠速。

8.1.5 自动空调控制系统

自动空调系统是指根据设置在车内外的各种温度传感器（车内温度、大气温度、日照强度、空调蒸发器温度、发动机冷却水温度等）的输入信号，由电子控制电路中的微电脑计算平衡温度，并通过各种执行器自动控制鼓风机转速、出风温度、送风方式及压缩机工作状况，按照驾驶员的要求，使车厢内的温度、湿度等小气候保持在最适当或最佳状态。自动空调系统如图 8.37 所示。

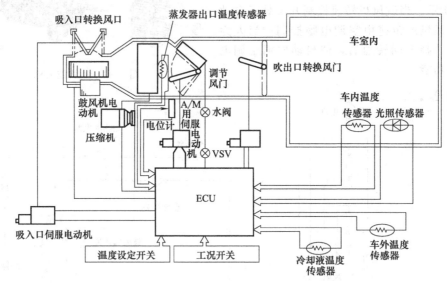

图 8.37　自动空调系统

（1）自动空调控制系统的组成

自动空调主要包括冷气、热风、送风、操作和控制等部分。其中冷气系统中有压缩机、冷凝器、蒸发器；热风系统有加热器、水阀等；送风系统有鼓风机、风道、吸入与吹出风门；操作系统有温度设定与选择开关；控制系统有传感器、ECU、各种转换阀门、执行元件等。自动空调控制系统的组成见图 8.38，它主要包括三个部分：各种输入信号电路、微电脑构成的电子控制系统、各种执行机构。

输入信号主要包括：车室内温度传感器、车外环境温度传感器、阳光辐射温度传感器等

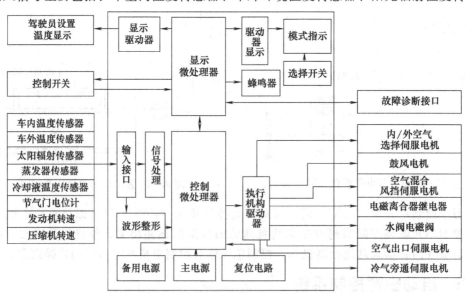

图 8.38　自动空调控制系统的组成

各种传感器传来的信号；驾驶员设定的温度信号、选择功能信号；由电位计检测出空气混合风门的位置信号。输出信号有三种：为驱动各种风门，必须向真空开关阀（VSV）和复式真空阀（DVV）或伺服电机输送的信号；为了调节风量，必须向风机输送的调节电压信号；向压缩机输送的开停信号。

（2）自动空调控制系统的主要部件

① 传感器。

a. 驾驶室内温度传感器。驾驶室内温度传感器一般安装在仪表板下端，它是具有负温度系数的热敏电阻，其结构见图8.39，安装位置见图8.40。该传感器可检测驾驶室空气的温度，并将温度信号输入ECU。吸入驾驶室内空气时，利用暖风装置的气流与专用抽气机。当驾驶室内温度发生变化时，热敏电阻的阻值发生改变，从而向空调ECU传送驾驶室内温度信号。

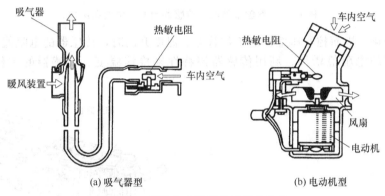

图8.39　驾驶室内温度传感器的结构

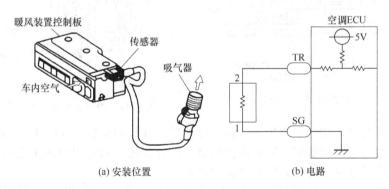

图8.40　驾驶室内温度传感器的安装位置和电路

b. 驾驶室外温度传感器。驾驶室外温度传感器及其安装位置见图8.41，它采用热敏电阻检测驾驶室外空气温度，并将温度信号输入ECU。

c. 空调器温度开关。空调器温度开关的结构见图8.42，它由热敏电阻、簧片开关和永久磁铁等组成。利用热敏电阻超过设定值后磁通量急速降低的特性，控制簧片开关闭合与断开的转换，主要用于使用温度检测开关的可变容量压缩机系统。它根据驾驶室冷气的状况控制压缩机是否工作以提高压缩机的工作效率。

d. 冷却液温度传感器。冷却液温度传感器直接安装在加热器芯底部的水道上，如图8.43所示，用于检测冷却液温度。产生的冷却液温度信号输送给空调ECU，对低温时鼓风机的转速进行控制。

e. 蒸发器出口温度传感器。蒸发器出口温度传感器安装在蒸发器片上，用于检测蒸发

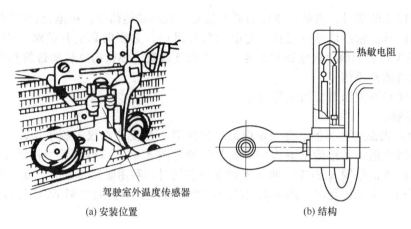

(a) 安装位置　　　　　　　　　　　　　(b) 结构

图 8.41　驾驶室外温度传感器的安装位置和结构

器表面温度变化，进而控制压缩机的工作状态。温度升高时，传感器的电阻值减少；温度降低时，传感器的电阻值增加。利用传感器该特性来检测温度。传感器的工作环境温度为 $-20 \sim 60 ℃$。

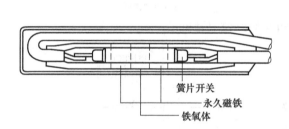

图 8.42　空调器温度开关的结构

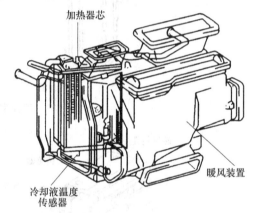

图 8.43　冷却液温度传感器的安装位置

蒸发器出口温度传感器主要用于空调温度控制，其电路见图 8.44。ECU 对温度检测用热敏电阻的信号与温度调整用控制电位器的信号进行比较，确定对电磁离合器供电或断电。此外，还利用热敏电阻的信号，控制蒸发器避免结冰。

f. 日光传感器。日光传感器将日光照射量变化转换为电流变化，并将此信号输入空调 ECU，则 ECU 根据此信号调整车用鼓风机吹出的风量与温度。日光传感器的结构及特性见图 8.45，主要由壳体、滤光片及光电二极管组成，经光电二极管可检测出日光照射量的变化。光电二极管对日照变化反应敏感，而自身不受温度的影响，它把日照变化转换成电流，根据电流的大小即可确定准确的日照量。日光传感器安装在驾驶室仪表板上方容易接受日光照射的位置处，并能通过抽气机从该处吸入空气。

g. 静电式制冷剂流量传感器。静电式制冷剂流量传感器用于检测制冷剂流量，其结构原理见图 8.46。传感器内部有多个电极，当通过传感器的制冷剂流量发生变化时，则电极间的静电电容量发生变化，以此可检测出制冷剂流量。

如图 8.47 所示，制冷剂流量传感器连接在储液干燥器和膨胀阀之间。通过传感器的电极检测出制冷剂流量的变化，并以频率信号输入到空调 ECU，此信号判断制冷剂量是否正常。出现异常时，利用监控显示系统进行报警。

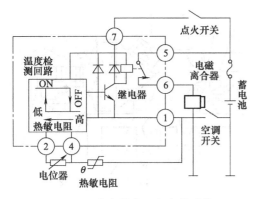

图 8.44 蒸发器出口温度传感器

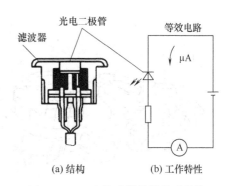

图 8.45 日光传感器的结构及特性

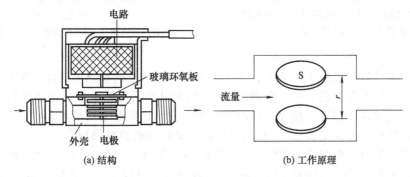

图 8.46 静电式制冷剂流量传感器

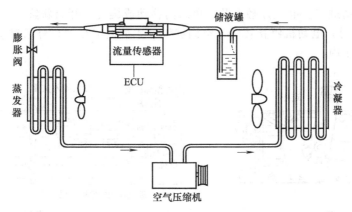

图 8.47 制冷剂流量传感器的安装位置

h. 压缩机锁止传感器。压缩机锁止传感器是一种电磁式传感器,安装在压缩机内,用于检测压缩机转速。压缩机每转一转,该传感器线圈产生四个脉冲信号输送到空调 ECU。

② 空调 ECU。根据各种传感器输入的信号和设定温度,空调 ECU 通过空气混合风门改变冷热风的比例,进而控制空气流的温度;当车内温度达到设定值时,空调 ECU 停止驱动伺服电动机,并把此位置存入记忆;空调 ECU 还通过风门控制气流流向;通过进气风门控制进气来自车内还是来自车外。此外空调 ECU 还具有故障自诊断功能。

③ 执行元件。执行元件主要包括控制伺服电动机、鼓风机电动机及压缩机电磁离合器等。伺服电动机的安装位置如图 8.48 所示,各种风门的位置如图 8.49 所示。

a. 进风控制伺服电动机。进风控制伺服电动机控制进风方式,其结构见图 8.50 (a)。

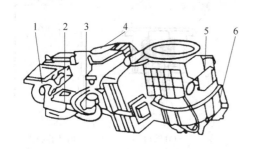

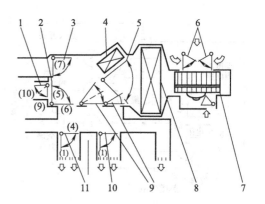

图 8.48　伺服电动机的安装位置

1—送风方式控制伺服电动机；2—最冷控制伺服电动机；
3—空气混合伺服电动机；4—加热器；5—进风控制伺
服电动机；6—鼓风机及制冷装置

图 8.49　风门位置

1—除霜封口风门；2—风口风门；3—暖风风门；
4—加热器芯；5—空气混合风门；6—进风风门；
7—鼓风机电动机；8—蒸发器；9—最冷控制风门；
10—中央风口风门；11—后风口风门

电动机的转子经连杆与进风风门相连，当操作者使用进风方式控制键选择"车外新鲜空气导入"或"车内空气循环"模式时，空调 ECU 控制进风控制伺服电动机带动连杆顺时针或逆时针旋转，带动进风风门打开或关闭以改变进风方式。该伺服电动机内装有一个电位计，电位计随电动机转动，并向空调 ECU 反馈电动机活动触点的位置情况。

进风控制伺服电动机与空调 ECU 的连接电路见图 8.50（b）。按下"车外新鲜空气导入"键时，电流路径为：经空调 ECU 端子 5→伺服电动机端子 4→触点 B→活动触点→触点 A→电动机→伺服电动机端子 5→空调 ECU 端子 6→空调 ECU 端子 9→搭铁。此时伺服电动机转动，带动活动触点、电位计触点及透风风门移动或旋转，开启新鲜空气通道。当活动触点与触点 A 脱开时，电动机停止转动，空调进气方式被设定在"车外新鲜空气导入"状态，车外空气被吸入车内。

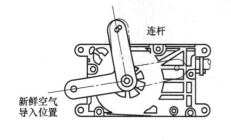

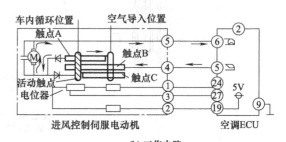

（a）结构　　　　　　　　　　　　　（b）工作电路

图 8.50　进风控制伺服电动机

当按下"车内空气循环"键时，电流路径为：空调 ECU 端子 6→伺服电动机端子 5→电动机→触点 C→活动触点→触点 B→伺服电动机端子 4→空调 ECU 端子 5→空调 ECU 端子 9→搭铁。则电动机带动活动触点、电位计触点及进风风门向反方向移动或旋转，新鲜空气入口关闭，同时打开车内空气循环通道，使车内空气循环流动。

当按下"自动控制"键时，空调 ECU 首先计算出所需的出风温度，并根据计算结果自动改变进风控制伺服电动机的转动方向，从而实现进风方式的自动调节。

b. 空气混合伺服电动机。空气混合伺服电动机连杆转动位置及电动机内部电路见图 8.51，进行温度控制时，空调 ECU 首先根据驾驶员设置的温度及各传感器送入的信号，计算出所需要的出风温度并控制空气混合伺服电动机连杆顺时针或逆时针转动，调整空气混合风门的开启角度，从而改变冷、暖空气混合比例，调节出风温度与计算值相符。电动机内电位计的作用是向空调ECU输送空气混合风门的位置信号。

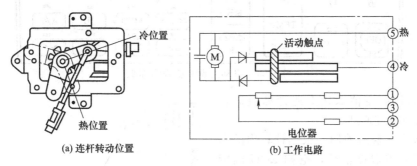

图8.51　空气混合伺服电动机

c. 送风方式控制伺服电动机。送风方式控制伺服电动机连杆的位置及电动机内部电路见图8.52，当按下操纵面板上某个送风方式键时，空调ECU将电动机上的相应端子搭铁，而电动机内的驱动电路由此将电动机连杆转动，将送风控制风门转到相应的位置上，打开某个送风通道。当按下"自动控制"键时，空调ECU根据计算结果，自动改变送风方式。

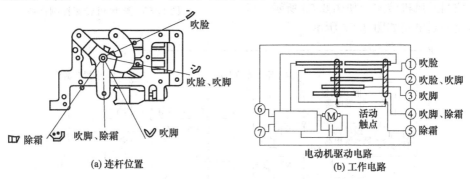

图8.52　送风方式控制伺服电动机

d. 最冷控制伺服电动机。最冷控制伺服电动机的风门位置及内部电路见图8.53，该电动机的风门具有全开、半开和全闭3个位置。当空调ECU使某个位置的端子搭铁时，电动机驱动电路使电动机旋转，带动最冷控制风门位于相应位置。

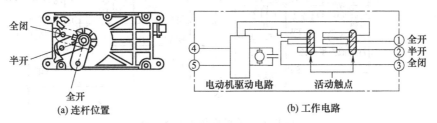

图8.53　最冷控制伺服电动机

（3）自动空调控制功能

自动空调系统控制功能包括温度控制、鼓风机转速控制、进气控制、气流方式控制和压缩机控制，其操纵面板如图8.54所示。

① 计算所需送风温度。空调ECU根据设定的温度及各种传感器输入的信号，向伺服电动机等执行元件发出控制信号，实现各种控制功能。当驾驶员将温度设置在最冷或最热时，

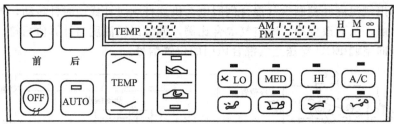

图 8.54　自动空调系统操纵面板

空调 ECU 将用固定值取代上述计算值进行控制，以加快响应速度。

②驾驶室内温度控制。根据计算出的送风温度及蒸发器温度信号，空调 ECU 确定是否向空气混合伺服电动机通电，控制空气混合风门的位置，实现驾驶室内温度控制。

③鼓风机转速控制。AUTO 开关位于暖风装置控制板上，按下 AUTO 开关，空调 ECU 根据 TAO（必要的出气温度）的电流强度控制鼓风机转速，如图 8.55 所示，鼓风机转速控制电路如图 8.56 所示。

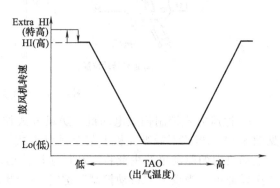

图 8.55　鼓风机转速控制曲线

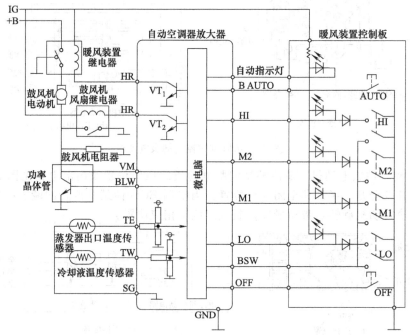

图 8.56　鼓风机转速控制电路

a. 低速控制。按下 AUTO 开关，空调 ECU 接通 VT_1，启动暖风装置继电器，电流路径：蓄电池→暖风装置继电器→鼓风机电动机→鼓风机电阻器→搭铁，鼓风机低速运转，同时 AUTO 和 LO（低速）指示灯亮。

b. 中速控制。按下 AUTO 开关，空调 ECU 接通 VT_1，启动暖风装置继电器。空调 ECU 将鼓风机驱动信号（从 TAO 值计算得出）经 BLW 端子输出到功率晶体管，电流路径：蓄电池→暖风装置继电器→鼓风机电动机→功率晶体管和鼓风机电阻器→搭铁，鼓风机转速以对应于鼓风机驱动信号的转速运转，同时 AUTO 指示灯亮，LO（低速）、M1（中₁）、M2（中₂）和 HI（高）指示灯根据情况点亮。

c. 特高速控制。按下 AUTO 开关，空调 ECU 接通 VT_1 和 VT_2，启动暖风装置继电器和鼓风机继电器，电流路径：蓄电池→暖风装置继电器→鼓风机电动机→鼓风机风扇继电器→搭铁，鼓风机以特高速运转，同时 AUTO 和 HI（高速）指示灯亮。若水温传感器检测到水温低于 40℃时，空调 ECU 控制鼓风机停止运转。

④ 进风方式控制。当按下某个进风方式键时，空调 ECU 控制进风控制伺服电动机转动，将进风风门固定在"驾驶室外新鲜空气导入"或"驾驶室内空气循环"位置上。当按下"自动控制"键时，空调 ECU 根据计算值，在上述两种方式之间交替自动改变进风方式。

⑤ 送风方式控制。接通 AUTO 开关，空调 ECU 根据 TAO 值（图8.57）自动控制送风方式，如图8.58 所示。

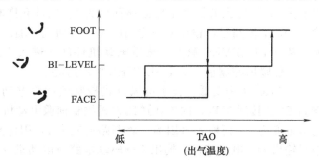

图 8.57 送风位置与温度关系曲线

a. TAO 由低变高。位于送风方式控制的伺服电动机内的移动触点在 FACE 位置，空调

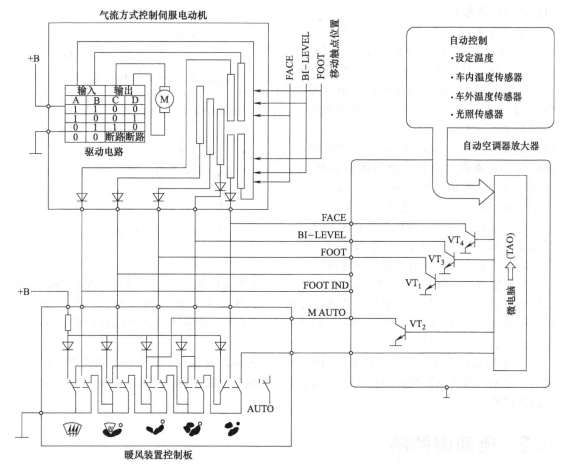

图 8.58 送风方式控制电路

FCU 接通 VT_1，内置在送风方式控制伺服电动机中的驱动电路的输入 B 因为搭铁电路的形成变为 0，而输入 A 因为电路断路而变为 1，因此允许驱动电路中 1 传送至输出 D，0 传送至输出 C，电流路径：输出 D→驱动电路→电动机→输出 C，从而启动电动机，电动机使移动触点离开 FOOT 触点，电动机再停转，进入 FOOT 方式。同时空调 ECU 接通 VT_2，使暖风控制板上的 FOOT 指示灯亮。

b. TAO 由高变中。位于送风方式控制的伺服电动机内的移动触点在 FOOT 位置，空调 ECU 接通 VT_3，内置在送风方式控制伺服电动机中的驱动电路的输入 A 因为搭铁电路的形成变为 0，而输入 B 因为电路断路而变为 1，因此允许驱动电路中 1 传送至输出 C，0 传送至输出 D，电流路径：输出 C→驱动电路→电动机→输出 D，从而启动电动机，电动机使移动触点离开 BI-LEVEL 触点，然后电动机停转，进入 BI-LEVEL 方式。同时空调 ECU 接通 VT_3，使暖风控制板上的 BI-LEVEL 指示灯亮。

c. TAO 由中变低。位于送风方式控制的伺服电动机内的移动触点在 BI-LEVEL 位置，空调 ECU 接通 VT_4，内置在送风方式控制伺服电动机中的驱动电路的输入 A 因为搭铁电路的形成变为 0，而输入 B 因为电路断路而变为 1，因此允许驱动电路中 1 传送至输出 C，0 传送至输出 D，电流路径：输出 C→驱动电路→电动机→输出 D，从而启动电动机，电动机使移动触点离开 FACE 触点，然后电动机停转，进入 FACE 方式。同时空调 ECU 接通 VT_4，使暖风控制板上的 FACE 指示灯亮。

当按下某个送风方式控制键时，空调 ECU 控制送风方式伺服电动机动作，将送风方式固定在相应状态上。

⑥ 压缩机工作控制。同时按下空调"A/C"键和"鼓风机"键，或按下"自动控制"键，空调 ECU 使电磁离合器接合，压缩机开始工作。压缩机控制电路见图 8.59，空调 ECU 的 MGC 端首先向发动机 ECU 发出压缩机工作信号，发动机 ECU 的 A/CMG 端随即搭铁，使磁吸继电器吸合，电流流入磁吸，使压缩机运转。与此同时，电流也加到空调 ECU 的 A/C 一端，向空调 ECU 反馈磁吸工作信号。

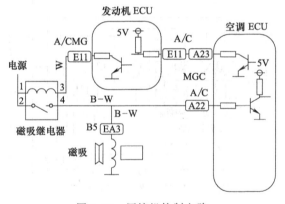

图 8.59　压缩机控制电路

进行自动控制时，若环境温度或蒸发器温度降到一定值以下，空调 ECU 将控制压缩机间歇工作，即磁吸交替导通与断开，以节省能源。

空调装置工作时，空调 ECU 同时从发动机点火器及压缩机锁止传感器采集发动机转速与压缩机转速信号，并进行比较。若两种转速信号的偏差率连续 3s 超过 80%，ECU 则判定压缩机锁死，同时与电磁离合器脱开，防止空调装置进一步损坏；并使操纵面板上的 A/C 指示灯闪烁，以提示驾驶员。

⑦ 故障自诊断功能。当空调 ECU 检测到某些传感器或执行元件控制电路故障时，其故障自诊断系统将故障以代码的形式存储起来，检修时只要按下操纵面板上的指定键，即可读取故障代码。

8.2　电动雨刮器

为保证机械装备在雨天、雪天和雾天有良好的视线，保证机械装备的行车安全，在机械装备的挡风玻璃上都安装有电动雨刮器。雨刮器普遍具有两种速度且能间歇工作，雨刮器中的雨刮片一般均为铰接式，以很好地适应挡风玻璃的外形及不同运行条件。

电动雨刮器的一般结构如图 8.60 所示，主要包括电动机、减速机构、自动复位装置、雨刮器开关和联动机构及刮片等部分。电动机 5 是其驱动部分，它通过蜗轮蜗杆机构 4 驱动摇臂 6 转动，从而带动拉杆 7 作往复运动，最终使雨刮片 1 左右摆动。

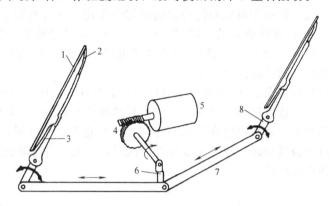

图 8.60　电动雨刮器的结构

1—雨刮片；2—刮片托；3—刮片臂；4—蜗轮蜗杆；5—电动机；6—摇臂；7—拉杆；8—摆杆

8.2.1　永磁电动机

永磁电动机的结构如图 8.61 所示，主要由磁场、电枢、电刷等组成。磁场由铁氧体永久磁铁产生，工作时磁场的强弱不能改变，通常采用三电刷式电动机，利用 3 个电刷正负电刷之间串联的电枢线圈个数实现变速，从而使雨刮器工作时有高速和低速两挡。永磁电动机具有结构简单、重量轻、体积小、噪声低、转矩大、省电及可靠性强等优点。其工作原理如图 8.62 所示。当开关置于Ⅰ挡时，雨刮电机停止工作；当将开关置于Ⅱ挡时，电流流经 A、B 两电刷，雨刮慢速摆动（约 50 次/min）；当将开关置于Ⅲ挡时，电流流经 A、C 电刷，此时由于串联的有效绕组减少，电阻减小，电流增大，加快了雨刮摆动速度（约 70 次/min）。

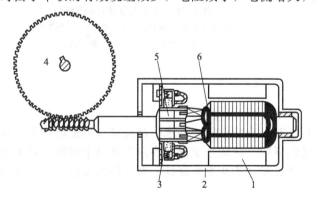

图 8.61　永磁电动机的结构

1—永久磁铁；2—电动机壳；3—电刷；4—蜗轮；
5—换向器；6—电枢及线圈

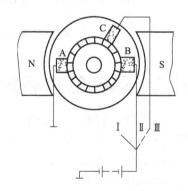

图 8.62　双速电动机的工作原理

8.2.2　雨刮器自动复位装置

雨刮器停止工作时，刮片应正好停在挡风玻璃的下缘，避免影响驾驶员视线，故雨刮器中都设有自动复位装置（即复位开关）。铜环式自动复位装置见图 8.63。当雨刮开关关掉时（置于Ⅲ挡时），如果刮片不在挡风玻璃下缘位置，铜环的缺口就不在 3 个触点的位置，电枢线圈实际并没有断电，而是经蓄电池正极→触点 6→铜环 2→触点 7→Ⅲ→B_2→电枢绕组→B_1→搭铁，继续维持低速摆动状态。直到铜环缺口转到触点处时（图示位置），由于触点 6 与 7 之间无铜环连接，才能真正断开电枢线圈，电机停转，刮片正好处于挡风玻璃下边缘。

　　尽管有了这种开关，但由于电枢和传动机构的惯性作用，刮片有时也会转过停止位置。为克服这种缺点，图 8.64 中的铜环的内圆向内凸起一块，在到达停止位置前，它将接通触点 7 与 8，使电刷 B_2 经Ⅲ、触点 7、铜环、触点 8 等也接地，B_1 与 B_2 被短路，可在停止位置到来之前预先减小惯性，防止超过停止位置。

　　凸轮式自动复位装置如图 8.64 所示。当驾驶者在刮片处于任何其他位置断开开关 5 时，由于复位开关 4 仍闭合，故能连续给电动机供电。直到刮片到达停止位置时，凸轮 3 才顶开复位开关，使电动机断电，刮片就停在下缘不再摆动。为克服靠惯性转过停止位置的问题，将开关 6 与开关 5 设计成联动的，在开关 5 打开的同时，开关 6 将电动机正极接地，从而使电枢线圈短路，起到制动作用。

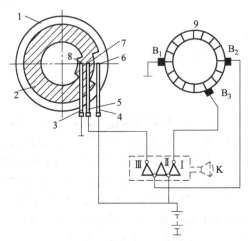

图 8.63　铜环式自动复位装置

1—蜗轮；2—铜环；3、4、5—触点臂；

6、7、8—触点；9换向器

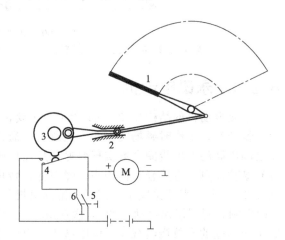

图 8.64　凸轮式自动复位装置

1—雨刮片应停止的位置；2—滑块；3—停转轮；

4—复位开关；5、6—联动控制开关

8.3　风窗除霜装置

　　当天气比较寒冷，在雨、雪或雾天行车时，车内空气中的水分会凝结在风窗玻璃的表面形成一层霜，甚至结冰，这会影响驾驶员的视线。为防止水蒸气在风窗玻璃上凝结，对于前面和侧面风窗玻璃，可通过风道吹热风加热玻璃，防止水分凝结；对于后风窗玻璃，可采用除霜热线加热玻璃。

　　除霜热线是将电热线（镍铬丝）一条一条地粘在后风窗玻璃的内表面，两端相接成并联电路，当需要时，接通电路，即可加热玻璃，从而除去或防止玻璃表面结霜。通常有手动和自动两种方式控制除霜热线。自动式除霜器通常由开关、自动除霜传感器、自动除霜控制器、除霜热线等组成，如图 8.65 所示。

　　当开关置于"自动"位置时，后风窗玻璃下面安装有一个传感器，用以检测玻璃是否结霜。若霜层凝结到一定厚度，传感器电阻值减小到某一标定值以下时，控制器即可使继电器

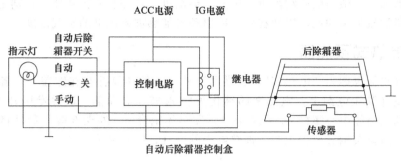

图 8.65 后风窗自动除霜器

电流经控制电路搭铁，使继电器触点闭合，则电流经继电器触点到除霜热线构成回路，并另外经分路到仪表板上的指示灯使指示灯点亮，指示除霜器正在进行除霜。当霜渐渐减少至消失后，传感器电阻增大，控制器便切断继电器的搭铁电路，电流不再供给除霜热线和除霜指示灯，使除霜停止，指示灯熄灭。当开关置于"手动"位置时，继电器线圈可以由开关手动搭铁，继电器触点闭合，除霜热线和指示灯通电工作。当开关置于"关"位置时，控制电路不动作，除霜器及指示灯不工作。

8.4 风窗清洗装置

工程机械在灰尘较多的环境下行驶、作业时，灰尘会飘落在风窗玻璃上影响驾驶员的视线。为保持风窗玻璃清洁，在许多雨刮系统中增设风窗清洗装置，需要时可向风窗玻璃表面喷洒专用清洗液或水，在雨刮片的配合下，保持风窗玻璃表面清洁。风窗清洗装置主要由储液罐、清洗泵、输液管、喷嘴、清洗开关等组成，如图 8.66 所示。

储液罐由塑料制成，在里面盛有由水、酒精或洗涤剂等配制的清洗液。有的储液罐上还安装有液面传感器，以便检测清洗液的多少。清洗泵也称为喷水电动机，由永磁电动机和液压泵组成，主要负责将清洗液加压并通过输液管和喷嘴喷洒到风窗玻璃表面。

工作时，接通清洗开关，清洗电动机就带动液压泵旋转，将清洗液加压并

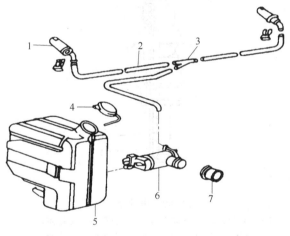

图 8.66 风窗清洗装置
1—喷嘴；2—输液管；3—接头；4—箱盖；5—储液罐；
6—清洗泵；7—衬垫

通过输液管和喷嘴喷洒到风窗玻璃表面。有的工程机械还在接通清洗开关的同时使雨刮器低速运行，以提高清洗质量。

8.5 柴油机辅助启动装置

由于柴油机采取的是压缩后自燃着火的方式，当进入冬季后，因进气温度低，压缩后不能达到自燃温度，再者机油黏度增大使启动阻力矩变大，以及蓄电池端电压下降和燃油蒸发

雾化不好等原因，使柴油机启动困难。因此，柴油机一般都装有预热器，特别是在北方寒冷地区使用的柴油机更是如此，以便在冬季冷启动时加热进入汽缸的空气温度。

8.5.1 电热式预热器

电热式预热器也称为"电热塞"，它借助于外壳上的螺纹拧装在缸盖上，各缸电热塞的中心杆用导线并联于电源上。电热塞的结构见图 8.67，启动前，通过专用开关接通电源，通电时其内部电路经中心螺杆 6、电阻丝 1、发热体钢套 2、外壳 3 等，最后搭铁。由于有电流通过，电阻丝及钢套变得炽热，加热缸内的空气，顺利完成启动。

8.5.2 热胀式电火焰预热器

热胀式电火焰预热器的结构见图 8.68，其空心阀体 2 是用线胀系数较大的金属材料制成的，有一个专用小油箱通过油管及油管接头 3 供给预热器燃油，该种燃油一般为汽油。油管另一头靠螺纹与阀芯 5 装配在一起，平时阀芯顶端将小油孔堵住。启动前，打开预热开关，绕在阀体外的电热丝 1 通电，阀体 2 受热伸长带动阀芯 5 下移，阀芯上端便让开进油孔，燃油靠自重从阀体下端汽化喷出，遇到炽热的电热丝 1 后形成火焰，加热进入汽缸的空气。

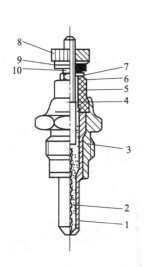

图 8.67　电热塞
1—电阻丝；2—发热体钢套；3—外壳；4—绝缘体；
5—胶合剂；6—中心螺杆；7—固定螺母；8—压线
螺母；9—垫圈；10—弹簧垫圈

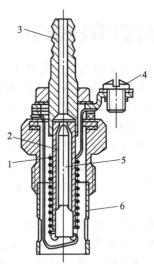

图 8.68　热胀式电火焰预热器
1—电热丝；2—阀体；3—油管接头；
4—接线螺钉；5—阀芯；6—稳焰罩

8.5.3 电磁式火焰预热器

电磁式火焰预热器装于柴油机的进气歧管处，其结构如图 8.69 所示。平时不工作时，弹簧 9 将阀门 8 紧压在阀座孔上，将油孔 11 堵住。接通启动预热开关，电源同时向磁铁线圈 2 及电热丝 14 供电，铁芯的电磁力吸引动铁 3 向下顶开阀门 8，燃油即从阀门经油孔流到炽热的电热丝 14 上被点燃，火焰从稳焰罩 13 喷出，加热进气歧管中的冷空气。

8.5.4 电网式预热器

电网式预热器是一种比较新式的预热装置，如图 8.70 所示，它是将电热丝 3 绕成网状固定在一个片形外框 1 内，然后装入进气歧管的管口处。冷启动时，给电预热网通电使它发热，即可加热吸进汽缸中的空气。

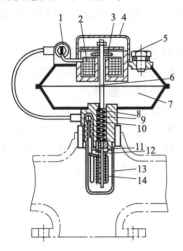
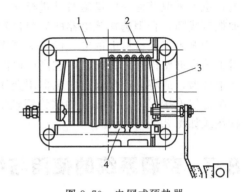

图 8.69 电磁式火焰预热器

图 8.70 电网式预热器

1—接线柱；2—线圈；3—动铁；4—盖；5—加油口螺塞；6—阀杆；
7—储油箱；8—阀门；9—弹簧；10—预热器外壳；11—油孔；
12—油管；13—稳焰罩；14—电热丝

1—外框；2—弹簧；3—电热丝；4—绝缘垫

8.6 电气设备的防干扰系统

工程机械电气设备的防干扰有两层含义：一是指外部电器对工程机械电器的干扰或机械装备电器之间的相互干扰；二是指工程机械电气设备所产生的电磁波对外部电器的干扰。

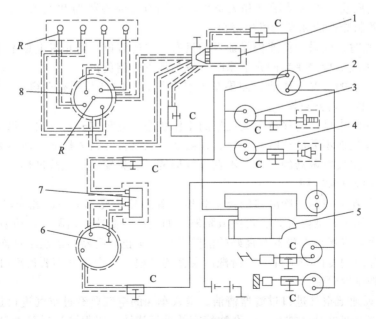

图 8.71 防干扰系统

1—点火线圈；2—点火开关；3—水温表；4—油压表；5—启动机；6—交流发电机；
7—调节器；8—分电器；R—串联的阻尼电阻；C—并联的电容器

工程机械电磁波干扰源主要是点火系，由于断电器、配电器、火花塞及调节器等处都存在着一定的间隙，因而在正常工作有电流流过时，就会冒火花从而产生电磁波。闭合回路中由于电流的剧变产生电磁振荡，也会发射出电磁波。启动机、仪表、电喇叭等其他电气设备也会产生不大的电磁波。

对工程机械上某些怕干扰的电器，如计算机控制系统等，可采用单独的供电系统给其供电，也可采取其他一些措施对其进行防干扰保护，比如在电源上加滤波器、在收音机天线上加扼制线圈，合理选择该电器的安装位置及对其加装金属屏蔽等。

为避免工程机械上的电气设备对周围环境产生电磁波干扰，必须在产生干扰电磁波的电器上采取抑制措施。为此，可在高压电路中串入阻尼电阻，也可在产生火花的间隙处加装并联电容器，或将易产生火花的电器用金属壳、金属网或金属管遮蔽起来，还可采用感抗型高压阻尼线连接（将0.01mm的铁铬铝丝绕在多股尼龙丝线芯上制成）。常见的工程机械防干扰系统如图8.71所示。

8.7　空调系统的使用与维护

（1）空调系统正确使用

为了保证空调系统具有良好的技术状况和工作可靠性，节约能源，发挥空调的最大效率，延长使用寿命，使用时应注意以下几点。

① 在使用前先了解空调操作板上各推杆和按钮的作用。

② 使用空调时应先启动发动机，待发动机稳定运转后，打开鼓风机至某一挡位，然后再按下空调开关A/C以启动空调压缩机。调整送风温度和选择送风口，空调即可以正常工作。在空调工作时，若温度推杆处于最大冷却位置，要尽量使鼓风机工作在高速挡，以免蒸发器过冷而结冰。

③ 车辆不工作时，不要长时间使用空调制冷装置，以免耗尽蓄电池的电能并防止废气被吸入车内，造成发动机启动困难和人员中毒；同时避免冷凝器和发动机因散热不良而过热，影响空调的制冷性能和发动机的寿命。

④ 低速行驶时，应采用低速挡保证发动机有一定的转速，防止发电量不足和冷气不足。

⑤ 夏日停车应尽量避免在阳光下暴晒，以免加重空调负担。

⑥ 在太阳照射的情况下作业，如果车内温度很高，应打开所有车窗，车内热空气排出后，立即关上车窗，再开空调。

⑦ 空调使用结束后，为保持空调良好的工作状态，应每周开动一次，每次开动数分钟。

⑧ 在只需换气而不需冷气时，如春、秋两季，只需打开鼓风机开关而不要启动压缩机。

⑨ 原来没有安装空调器的车辆，不宜自行加装，以免发动机超载过热。

（2）空调系统日常维护

① 保持冷凝器的清洁。冷凝器的清洁程度与其换热状况相关，因此应经常检查冷凝器表面有无污物、泥土，散热片是否弯曲或阻塞。如发现冷凝器表面脏污，应及时用压缩空气或清水清洗干净，以保持冷凝器有良好的散热条件，防止冷凝器因散热不良而造成冷凝压力和温度过高而导致制冷能力下降。在清洗冷凝器的过程中，应注意不要把冷凝器的散热片碰倒，更不能损伤制冷管道。

② 保持送风通道空气进口过滤器清洁。送入车厢的空气要经过空气进口过滤器的过滤，因此应经常检查过滤器是否被灰尘、杂物堵塞并进行清洁，以保证进风量充足，防止蒸发器芯子空气通道阻塞，影响送风量。

③ 定期检查制冷压缩机驱动皮带的使用情况和松紧程度。如皮带松弛应及时张紧，如

发现皮带裂口或损坏应采用车用空调专用皮带进行更换。需注意的是，新装冷气皮带在使用36～48h后会有所伸长，应重新张紧。

④ 在春秋或冬季不使用冷气的季节里，定期启动空调压缩机，每次5～10min。还应注意，此项保养需在环境温度高于4℃时进行。

⑤ 定期通过装在储液干燥器顶或冷凝器后高压管路上的目镜观察是否缺少制冷剂。

⑥ 检查连接导线、插头是否有松动和损坏现象。

经常检查制冷系统各管路接头和连接部位、螺栓、螺钉是否有松动现象，是否有与周围机件相磨碰的现象，胶管是否老化，隔震胶垫是否脱落或损坏。

⑦ 注意空调运行中有无不正常的噪声、异响、振动和异常气味，如有，应立即停止使用，并送专业修理部门检查、修理。

（3）对制冷剂泄漏的检查

对制冷剂泄漏的检查，常用的方法有以下3种。

① 肥皂液检漏法。制冷装置工作时，用毛刷将肥皂液涂于待检查部位，如果有气泡出现则说明该处有泄漏。这种方法简单易行，没有危害。

② 卤素灯检漏法。该方法主要用于检查制冷剂为氟利昂（R12）的制冷装置。卤素灯是一种丙烷火焰检漏仪，其吸气管吸入泄漏的制冷剂使火焰的颜色发生变化；泄漏量少时火焰呈绿色；泄漏量较多时呈浅蓝色；泄漏量很多时火焰呈紫色。该检查必须在制冷装置内有压力的情况下进行，而且检查场所应通风良好。

③ 电子检漏仪检漏法。电子检漏仪检漏法的原理是当给阳（白金）、阴两极板施加电压并对阳极板加热时，阳极的阳离子便通过两极之间的介质射向阴极而形成电流。当两极板之间的介质是空气时，阳离子流较弱，电流值较小；当两极板之间的介质是制冷剂蒸气时阳离子流增强、电流值增大。电子检漏仪包括探头、电源和电流表，其中电流表串联在电源电路中。探头探测到的制冷剂泄漏量越大，电流表的读数也越大。

（4）空调系统常规检查

在对空调系统进行常规检查时，要将车辆停放在通风良好的场地上，使发动机转速维持在2000r/min左右，鼓风机转速调至最高挡，使车内空气处于循环状态，进行下列检查。

① 用手触摸制冷管路感受表面温度。当用手触摸制冷管路时，低压管路温度较低，高压管路温度较高。

② 用眼观察制冷系统渗漏部位。制冷系统中的所有连接部位或冷凝器表面一旦发现油渍，说明此处有制冷剂泄漏。也可用较浓的肥皂水抹在冷凝器表面或连接部位，观察是否有气泡出现。

③ 从安装在储液器顶部的目镜观察工况。清晰、无气泡，如出风口是冷的，说明制冷系统工作正常；如出风口不冷，说明制冷剂已严重泄漏；如出风口冷气不足，关掉压缩机1min后仍有气泡慢慢流动，或在停止压缩机后的一瞬间就清晰、无气泡，说明制冷剂太多。偶尔出现气泡，如膨胀阀结霜，说明有水分；如膨胀阀没有结霜，则有可能是制冷剂缺少或有空气。观察窗口玻璃上有油纹，出口风不冷，说明制冷系统中完全没有制冷剂。出现泡沫浑浊，可能是制冷系统中的冷冻油太多。

8.8 空调系统的常见故障诊断与排除

（1）空调故障诊断的常用方法

空调故障诊断是通过看（察看系统各设备的表面现象）、听（听机器运转声音）、摸（用手触摸设备各部位的温度）、测（利用压力表、温度计、万用表、检测仪检测有关参数）等手段来进行的。同时还应仔细向驾驶员询问故障情况，判断是操作不当，还是设备本身造成的故障。若属前者，则应向驾驶员详细介绍正确的操作方法；若属后者，就应按上述四个方面进行综合分析，找出故障所在。查出故障原因，然后再进行修理。看、听、摸、测的具体应用如下：

① 看现象。用眼睛来观察整个空调系统，如图 8.72 所示。首先，察看干燥过滤器目镜中制冷剂流动状况，若流动的制冷剂中央有气泡，则表明系统内制冷剂不足，应补充至适量。若制冷剂呈透明，则表示制冷剂加注过量，应缓慢放出部分制冷剂。若流动的制冷剂呈雾状，且水分指示器呈淡红色，则说明制冷剂中含水率偏高。其次，察看系统中各部件与管路连接是否可靠密封，是否有微量的泄漏。如果有泄漏，在制冷剂泄漏的过程中常夹有冷冻油一起泄出，则在泄漏处有潮湿痕迹，并依稀可见黏附上的一些灰尘。此时应将该处连接螺母拧紧，或重做管路喇叭口并加装密封橡胶圈，以杜绝慢性泄漏，防止系统内制冷剂的减少；最后，察看冷凝器是否被杂物封住，散热翅片是否倾倒变形。

② 听响声。用耳朵聆听运转中的空调系统有无异常声音。首先，听压缩机电磁离合器有无发出刺耳噪声。若有噪声，则主要由于电磁离合器磁力线圈老化，通电后所产生的电磁力不足或离合器片磨损引起其间隙过大，造成离合器打滑而发出尖叫声。其次，听压缩机在运转中是否有液击声。如果有液击声，则主要由于系统内制冷剂过多或膨胀阀开度过大，导致制冷剂在未被

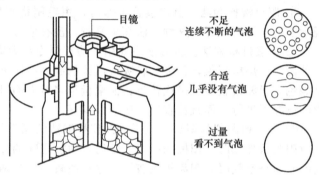

图 8.72　制冷剂的目测

完全汽化的情况下吸入压缩机。此现象对压缩机的危害很大，有可能损坏压缩机内部零件，应缓慢释放制冷剂至适量或调整膨胀阀开度，及时加以排除。

③ 摸温度。在无温度计的情况下，可用手触摸空调系统各部件及连接管路的表面。触摸高压回路（压缩机出口→冷凝器→储液器→膨胀阀进口），应呈较热状态，若在某一部位特别热或进出口之间有明显温差，则说明此处有堵塞。触摸低压回路（膨胀阀出口→蒸发器→压缩机进口）应较冷。若压缩机高、低压侧无明显温差，则说明系统存在泄漏或制冷剂不足的问题。

④ 测数据。通过看、听、摸这些过程，只能发现不正常的现象，但要作最后的结论，还要借助于有关仪表来进行测试，在掌握第一手资料的基础上，对各种现象做认真分析，才能找出故障所在，然后予以排除。

a. 用检漏仪检漏。用检漏仪检查整个系统各接头处是否泄漏。

b. 用万用表检查。用万用表可以检查出空调电路故障，判断出电路是断路还是短路。

c. 用温度计检查。用温度计可以判断出蒸发器、冷凝器、储液器的故障。正常工作时，蒸发器表面温度在不结霜的前提下越低越好；冷凝器入口管温度为 70～90℃，出口管温度为 50～65℃；储液器温度应为 50℃左右，若储液筒上下温度不一致，说明储液器有堵塞。

d. 用压力表检查。将歧管压力计的高、低压表分别接在压缩机的排气、吸气口的维修阀上，在空气温度为 30～35℃、发动机转速为 2000r/min 时检查。将风机风速调至高挡，温度调至最低挡，其正常状况是高压端压力应为 1.421～1.470MPa，低压端压力应为 0.147～0.196MPa，若不在此范围，就说明系统有故障。

（2）空调系统常见故障的诊断与排除

空调系统常见故障一般为电气故障、机械故障、制冷剂和冷冻润滑油引起的故障。表现主要为系统不制冷、制冷不足或产生异响等。发现异常后，应先安装好各种计量表，根据各计量表的情况再结合外部的检查，诊断故障原因。可以根据表8.1所列的各种故障现象、产生原因及诊断排除方法予以排除或修理。

表 8.1　空调系统的故障诊断与排除

故障现象	产生原因	排除方法
系统不制冷	驱动皮带松弛或皮带断裂	拉紧皮带或更换皮带
	压缩机不工作,皮带在皮带轮上打滑,或者离合器接合后皮带轮不转	拆下压缩机,修理或更换
	压缩机阀门不工作,在发动机不同转速下,高、低压表读数仅有轻微变动	修理或更换压缩机阀门
	膨胀阀不能关闭,低压表读数太高,蒸发器流液	更换膨胀阀
	熔断丝熔断,接线脱开或断线,开关或鼓风机的电动机不工作	更换熔断线导线,修理开关或鼓风机的电动机
	制冷剂管道破裂或泄漏,高、低压表读数为零	换管道,进行系统探漏,修理或更换储液干燥器
	储液干燥器或膨胀阀中的细网堵死,软管或管道堵死,通常在限制点起霜	修理或更换储液干燥器
冷气量不足	压缩机离合器打滑	拆下离合器总成,修理或更换
	出风通道通气不足	清洗或更换空气滤清器,清除通道中的阻碍物,排顺绕住的空气管
	鼓风机的电动机运转不顺畅	更换电动机
	外面空气管道开着	关闭通道
	冷凝器周围的空气流通不够,高压表读数过高	清洁发动机散热器和冷凝器,安装强力风扇、风扇挡板,或重新摆好散热器和冷凝器的位置
	蒸发器被灰尘等异物堵住	清洁蒸发器管道和散热片
	蒸发器控制阀损坏或调节不当,低压表读数太高	按需要更换或调节阀门
	制冷剂不足,观察玻璃处有气泡,高压表读数太低	向系统充液,直至气泡消失、压力表读数稳定为止
	膨胀阀工作不正常,高、低压表读数过高或过低	清洗细网或更换膨胀阀
	储液干燥器细网堵住,高、低压表读数过高或过低	清除系统,更换储液干燥器
	系统有水汽,高压侧压力过高	清除系统,更换储液干燥器
	系统有空气,高压值过高,观察玻璃处有气泡或呈云雾状	清除,抽气和加液
	辅助阀定位不对	转动阀至逆时针方向的最大位置
系统极端制冷	压缩机离合器打滑	拆下压缩机,修理或更换
	电路开关损坏,鼓风机的电动机开关损坏	更换损坏部件
	压缩机离合器线圈松脱或接触不良	拆下修理或更换
	系统中有水汽,引起部件间断结冰	更换膨胀阀或储液干燥器
	热控制失灵,低压表读数偏低或过高	更换热控制
	蒸发器控制阀粘住	清洗系统并抽气,更换储液干燥器,使全控制阀复位,向系统加液
系统太冷	热控制不当	更换热控制
	空气分配不好	调节控制表板的拉杆
空调系统噪声大	皮带松动或过度磨损	拉紧皮带或更换皮带
	压缩机零件磨损或安装托架松动	拆卸压缩机,修理或更换,拧紧托架
	压缩机油面太低	加油
	离合器打滑或发出噪声	拆下离合器更换或维修
	鼓风机的电动机松动或磨损	拧紧电动机的安装连接件,拆下电动机修理或更换
	系统中制冷剂过量,工作发出噪声,高、低压表读数过高,观察玻璃处有气泡	排放过剩的制冷剂,直到压力表读数降到标准值,且气泡消失
	系统中制冷剂不足,使膨胀阀发出噪声,观察玻璃有气泡及雾状,低压表读数过低	找出系统漏气点,清除系统并修理,抽空系统并更换储液干燥器,向系统加液
	系统中有水汽,引起膨胀阀发出噪声	清除系统,抽气,更换储液干燥器,加液
	高压辅助阀关闭,引起压缩机颤动,高压表读数过高	立即打开阀门

续表

故障现象	产生原因	排除方法
不供暖或暖气不足	加热器芯内部堵塞 加热器芯表面气流受阻 加热器芯管内部有空气 温度门位置不正确 温度门真空驱动器损坏 鼓风机损坏 鼓风机继电器、调温电阻损坏 热水开关损坏 发动机的节温器损坏	冲洗或根据需要更换芯子 用空气吹通加热管芯表面 排出管内空气 调整拉线 修理或更换 修理或更换 修理或更换 修理或更换 修理或更换
鼓风机不转	熔断丝熔断或开关接触不良 鼓风机电机损坏 风扇调速电阻损坏	检查熔断丝和开关,用细砂纸轻擦开关触点 修理或更换 更换
漏水	软管老化、接头不牢 热水开关关不死	更换水管、接牢接头 修复热水开关
过热	调温风门调节不当 发动机节温器损坏 风扇调速电阻损坏	重调 修理或更换 更换
操纵吃力或不灵	操纵机构卡死,风门粘紧 所用真空驱动器失灵	调整或修理 更换
加热器芯有异味	加热器进水接头漏水 加热器漏水	拧紧 更换
启动机不工作	蓄电池亏电	充电或更换电瓶
	端子接触不良	清理或更换
	启动开关坏了	更换
	启动继电器坏了	更换
	启动控制器失灵	更换
	导线失效	修理或更换
	蓄电池继电器失灵	更换
	熔断丝烧了	更换
蓄电池不充电	接头松动或腐蚀	拧紧或变换
	电力不足	更换
	发电机皮带松或损坏	调整
	发电机失灵	修理或更换
蓄电池输出电压低	蓄电池内部短路	更换
	导线短路	修理
发动机速度不受控制	速度控制旋钮故障	更换
	节流控制器故障	更换
	速度控制马达故障	修理或更换
	熔断丝故障	更换
	导线损坏	修理
	连接故障	修理
动力模式选择不工作	熔断丝烧断	更换
	动力模式开关失灵	修理
	连接失灵	修理
	导线损坏	修理
	EPOS-V 控制器故障	修理
工作模式选择不工作	熔断丝烧断	更换
	工作模式选择开关故障	更换
	连接失灵	更换或修理
	导线损坏	修理
	EPOS-V 控制器故障	修理或更换

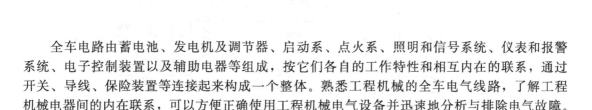

第9章
全车电路总线

全车电路由蓄电池、发电机及调节器、启动系、点火系、照明和信号系统、仪表和报警系统、电子控制装置以及辅助电器等组成，按它们各自的工作特性和相互内在的联系，通过开关、导线、保险装置等连接起来构成一个整体。熟悉工程机械的全车电气线路，了解工程机械电器间的内在联系，可以方便正确使用工程机械电气设备并迅速地分析与排除电气故障。前面已经介绍了电源和用电设备，下面简要介绍导线、开关和保险等常用低压电器元件。

9.1 常用低压电器元件

9.1.1 单片机及可编程序控制器

（1）单片机

单片微型计算机（SCM，single-chip microcomputer）简称单片机，是将 CPU、RAM、ROM、定时/计数、多功能 I/O（并行、串行、A/O）、通信控制器，甚至图形控制器、高级语言、操作系统等都集成在一块大规模集成电路芯片上。单片机高度集成化，具有体积小、功能强、可靠性高、功耗小、价格低廉、易于掌握、应用灵活等多种优点，广泛应用于仪器仪表、家用电器、医用设备、航空航天、专用设备的智能化管理及过程控制等领域。单片机在汽车电子中的应用非常广泛，汽车上一般配备 40 多部单片机，例如汽车中的发动机控制器、基于 CAN 总线的汽车发动机智能电子控制器、GPS 导航系统、ABS 防抱死系统、制动系统等。

单片机在国际上多称为微控制器（micro controller），并以此名称与微处理器相区别，成为不同的两大类别。近年来（1987 年以后），单片机又被一些大的半导体器件公司称为嵌入式控制器（embedded controller）。单片机具有一般微型计算机的基本功能，并将存储器（包括 SRAM、PROM、EPROM、EEPROM）集成在片内。此外，为增强实时控制能力，绝大多数单片机芯片还集成有定时器/计数器、串行通信控制器，部分单片机还集成有 A/D、D/A 转换器和 PWM 功能。单片机的设计要充分考虑到控制的需要，它独有的硬件结构、指令系统和多种 I/O 功能，提供了有效的控制手段，这是微控制器（micro conholler）名称的由来。当代单片机系统已经不再只在裸机环境下开发和使用，大量专用的嵌入式操作系统被广泛应用在全系列的单片机上。而作为掌上电脑和手机核心处理的高端单片机甚至可以直接使用专用的 Windows 和 Linux 操作系统。

（2）可编程序控制器

可编程序控制器（programmable logic controller）是一种专用于工业控制的计算机，其硬件结构基本上与微型计算机相同，PLC 的硬件主要由中央处理器（CPU）、存储器、输入单元、输出单元、通信接口、扩展接口、电源等组成，如图 9.1 所示。可编程序逻辑控制器产生于 1969 年，最初只具备逻辑控制、定时、计数等功能，主要是用来取代继电接触器控制。目前的可编程序控制器（programmable controller）是 1980 年以来，美、日、德等国由先前的可编程序逻辑控制器 PLC 进一步发展而来。PLC 以顺序控制为其特长，可以取代继电器控制装置完成程序控制；能进行 PID 回路调节，实现闭环的位置控制和速度控制；也能构成高速数据采集与处理的监控系统；为适应复杂的控制任务且节省资源，可采用单级网络或多级分布式控制系统。

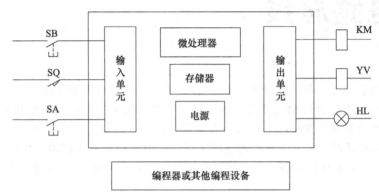

图 9.1　PLC 的硬件组成

PLC 吸取了微电子技术和计算机技术的最新成果，发展十分迅速，以其卓越的技术指标及恶劣环境的强大适应能力，迅速渗透到工业控制的各领域，受到工业界的普遍重视。PLC 主要特点有：模块化结构，体积小；控制程序可变，具有很好的柔性和适应性；编程直观、简单；具有高度可靠性，适用于工业环境；接口功能强。

9.1.2　开关装置

工程机械的所有用电设备的接通和停止，都必须经过开关控制，要求开关坚固耐用、安全可靠、操作方便、性能稳定。

（1）控制按钮

按钮开关是一种广泛应用的主令电器，用以短时接通或断开小电流的控制电路。按钮开关一般由按钮帽、复位弹簧、触头元件和外壳等组成。按钮开关的结构示意图见图 9.2。按下按钮帽 1，常开触点 4 闭合，常闭触点 3 断开，同时控制了两条电路。松开按钮帽，则在弹簧 2 的作用下使触点恢复原位。图 9.3 为按钮开关的图形符号和文字符号。

控制按钮主要用于短时间操纵接触器、继电器或电气联锁线路，以实现对各种运动的控制。按钮开关可制成单式，也可在一个按钮盒内安装两个以上的按钮元件，在线路中起不同的作用。最常见的是由两个按钮元件组成"启动"、"停止"的双联按钮，以及由三个按钮元件组成的"正转"、"反转"、"停止"的三联按钮，即复合按钮。通常在按钮上做出不同的标志或涂以不同的颜色，便于各个按钮作用的识别，避免误操作。一般以红色表示停止，绿色或黑色表示启动。此外还有紧急式按钮（装有突出的蘑菇形钮帽），常作为"急停"按钮。

（2）行程开关

行程开关又称作限位开关，它是利用机械运动部件的碰撞来控制触点动作的切换电路的

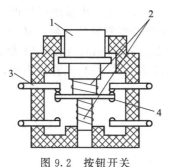

图 9.2 按钮开关
1—按钮帽；2—复位弹簧；3—常闭触点；4—常开触点

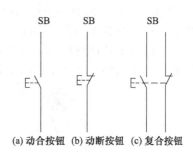

图 9.3 按钮开关的图形符号和文字符号

小电流开关电器，可实现行程控制及极限位置的保护。主要用于检测机械运行状态，限制机械的运动或实现安全保护电气联锁和程序控制。行程开关按其结构可分为直动式（按钮式）、滚轮式和微动式三种。

① 直动式行程开关。直动式行程开关如图 9.4 所示，这种行程开关的动作情况与按钮开关一样，即当撞块压下推杆时，其常闭触点打开，而常开触点闭合；当撞块离开推杆时，触点在弹簧力作用下恢复原状。这种行程开关的结构简单、价格便宜。它不适用于移动速度低于 0.4m/min 的场合，因为它的触点的通断速度与撞块的移动速度有关，当撞块移动速度较慢时，触点断开也缓慢，电弧容易使触点烧损。

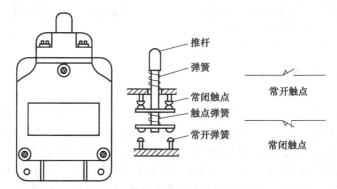

图 9.4 直动式行程开关

② 滚轮式行程开关。滚轮式行程开关可分为单滚轮自动复位与双滚轮非自动复位的形式，其中单轮自动复位行程开关的结构原理如图 9.5 所示。

当撞块自右向左推动滚轮时，上转臂 2 以中间支点为中心向左转动，由盘形弹簧 3 带动下转臂 4 向右转动，则滑轮 5 向右滚动，此时弹簧 7 被压缩而储存能量。当下转臂 4 转过中点并推开压板 8 时，横板 6 在压缩弹簧 7 的作用下，迅速作顺时针转动，从而使常闭触点 10 迅速断开，而常开触点 11 迅速闭合。当撞块离开滚轮后，恢复弹簧 9 将使触点恢复原状。

双轮非自动复位的行程开关，其外形是在 U 形的传动摆杆上装有两个滚轮，内部结构与单轮自动复位的相似，但没有恢复弹簧 9。当撞块推动其中的一个滚轮时，传动摆杆转过一定的角度，使触点动作。当撞块离开滚轮后，摆杆并不自动复位，直到撞块在返回行程中再推动另一滚轮时，摆杆才回到原始位置，使触点复位。在某些情况下，可使控制线路简化。根据需要，开关的这种"记忆"作用行程开关的两个滚轮可布置在同一平面内或分别布置在两个平行的平面内。

滚轮式行程开关触点的通断速度不受运动部件速度的影响，动作快，但其结构复杂、价格比按钮式行程开关要高。

③ 微动开关。微动开关的结构如图 9.6（双断点）所示，它是由撞块压动推杆，使片状弹簧变形，从而使触点动作；当撞块离开推杆后，片状弹簧恢复原状，触点复位。微动开关的特点是：推杆的动作行程小，显得灵敏，LX-5 型为 0.3～0.7mm，LXW-11 型为 1.2mm；外形尺寸小，重量轻，触点工作电压为 380V，工作电流为 3A；推杆动作压力小，只需50～

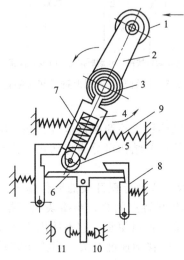

图 9.5 单滚轮式行程开关

1—滚轮；2—上转臂；3—盘形弹簧；4—下转臂；

5—滑轮；6—横板；7—压缩弹簧；8—压板；

9—弹簧；10—常闭触点；11—常开触点

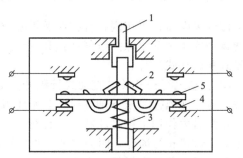

图 9.6 LXW-11 型微动开关原理

1—推杆；2—弯形片状弹簧；3—压缩弹簧；

4—常闭触点；5—常开触点

70N 就能使其动作；微动开关的缺点是不耐用。

（3）接触器

接触器是用来频繁接通和切断电动机或其他负载主电路的一种自动切换电器，通常分为交流接触器与直流接触器。交流接触器的主触点控制交流电路，直流接触器的主触点控制直流电路。接触器的基本参数有主触点的额定电流、主触点允许切断电流、触点数、线圈电压、操作频率、机械寿命和电寿命等。接触器不仅控制容量大，适用于频繁操作和远距离控制，而且工作可靠、寿命长，是继电器-接触器控制系统中重要的元件之一。

直流接触器是用来控制照明、信号等全车大部分电气设备的控制装置，继电器标称电压有 12V 和 24V 两种。只要点火开关处于关断位置（0 挡）时，上述电路均被切断。图 9.7所示为解放 CA1091 型汽车使用的直流接触器。直流接触器实际上就是一个承载能力较大的触点式继电器，其由一对常开触点 K 与线圈 W 及铁芯、支架等构成。其接线柱 SW 连接点火开关，接线柱 B 经电流表连接蓄电池，接线柱 L 连接有关电气设备。

当点火开关处于Ⅰ或Ⅲ挡时，接触器线圈通电，产生磁场，其铁芯被磁化，使触点 K闭合，接通了前照灯等用电设备的电源电路。当点火开关处于 0 挡时，接触器线圈电路被切断，铁芯电磁力消失，其触点打开，切断了有关用电设备的电源电路。

（4）继电器

继电器可以实现自动接通或切断一对或多对触点，完成用小电流控制大电流，可以减小控制开关的电流负荷，保护电路中的控制开关。它与接触器不同，主要用于反映控制信号，其触点通常接在控制电路中。继电器的工作电压分为 12V 和 24V 两种，两者不能通用。继电器的类型很多，按反映信号的不同，可分为电压、电流、功率、时间、热继电器和压力继电器等；按动作原理的不同，可分为电磁式、感应式、电动式、电子式继电器和热继电器等。工程机械上常用的继电器有：进气预热继电器、空调继电器、喇叭继电器、雾灯继电

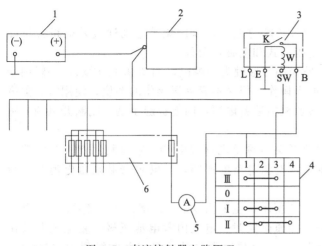

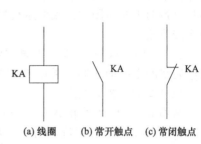

图 9.7 直流接触器电路原理
1—蓄电池；2—启动机；3—直流接触器；4—点火开关；
5—电流表；6—熔断丝盒

图 9.8 中间继电器的图形
符号和文字符号

（a）线圈　　（b）常开触点　　（c）常闭触点

器、中间继电器、风窗刮水器/清洗器继电器、危险报警与转向闪光继电器等。

① 中间接触器。中间继电器本质上是电压继电器，但具有触头多（多至 6 对或更多）、触头能承受的电流较大（额定电流 5～10A）、动作灵敏（动作时间小于 0.05s）等特点。中间继电器的主要用途是进行电路的逻辑控制或实现触点转换与扩展，因而触点对数比较多。中间继电器的图形符号和文字符号如图 9.8 所示。

② 时间继电器。时间继电器是一种在电路中起着控制动作时间的继电器。当它的敏感元件获得信号后经过一段时间，其执行元件才会动作并输出信号。时间继电器按其动作原理与构造不同，可分为电磁式空气阻尼式、电动式和晶体管式等类型。晶体管时间继电器也称为半导体式时间继电器，它具有延时范围广、体积小、重量轻、延时精度高、寿命长、工作稳定可靠、调节和安装维修方便、触点输出容量大、耐冲击和耐震动等优点，因此目前应用最广泛。

JSJ 型晶体管时间继电器的电路原理如图 9.9 所示。当变压器原边通电时，正、负半波分别由两个副边通过继电器 K 的动断触点以及电阻 R、R_1、R_2 向电容 C 充电。刚开始时，VT_1 导通，VT_2 截止，继电器 K 的线圈没有电流通过，触点不动作。经过一定时间，A 点电位升高，当高于 B 点的电位时，VD_3 导通，从而使 VT_1 截止，VT_2 导通，并通过 R_5 产生正反馈，使 VT_1 加速截止，VT_2 迅速导通，则 VT_2 集电极电流通过继电器 K 的线圈，使输出触点动作，同时其动断触点断开充电回路，动合触点接通放电回路，做好下一次充电的准备。电源断开后，继电器即可释放。改变 RC 电路参数，就可以得到不同的延时时间。

时间继电器的图形符号和文字符号如图 9.10 所示。

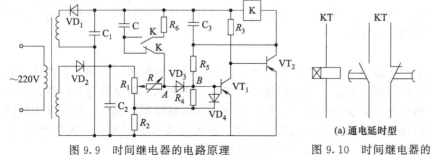

图 9.9 时间继电器的电路原理

（a）通电延时型　　（b）断电延时型

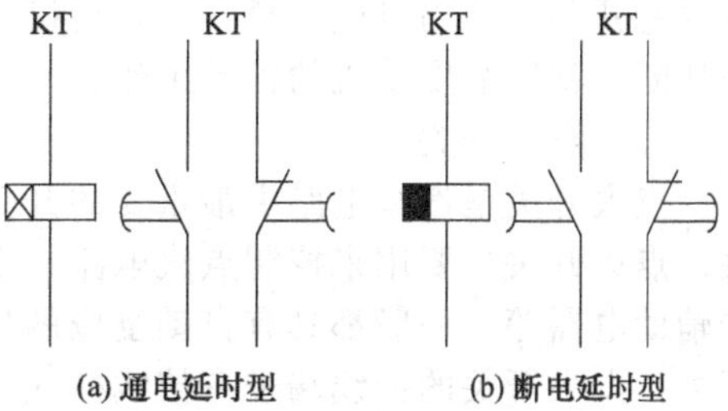

图 9.10 时间继电器的图形符号和文字符号

（5）电源总开关

电源总开关的作用是在工程机械停驶时切断总电源，以避免蓄电池通过外电路自行漏电，确保电路系统的安全。常用的有手动闸刀式和电磁式两种。

① 闸刀式电源总开关。它由手柄、外壳和刀形触头等组成，如图 9.11 所示，一般用于蓄电池搭铁线的控制。它安装在驾驶员便于操作、但又不容易误操作的部位，使用时只需将操作手柄向下按至图中虚线所示位置，接通机械装备电源，向上扳起手柄，则断开电源（图中实线位置）。

② 电磁式电源总开关。电磁式电源总开关也称蓄电池继电器，它是利用点火开关控制其电磁线圈电路的通断，再由电磁线圈控制电源电路的通断，其既可安装在蓄电池的火线上，也可安装在搭铁线上。

常用的 TKL-20 型电源总开关如图 9.12 所示，主要由铁芯 2、钢柱 1、接触桥 6、触点 3、4 和线圈 9、10 等组成。当点火开关 8 接通电路时，电流由蓄电池正极→蓄电池开关接线柱 B→熔断器→点火开关 8→线圈 9→触点 4→搭铁→蓄电池负极（此时线圈 10 被触点 4 短路）。由于线圈 9 的电阻很小（4.5Ω），电流较大，产生很强的电磁吸力，吸动钢柱 1，使接触桥 6 压缩弹簧 7 向下移动，接触桥 6 便与静触点 3 接触，接通主电路。同时，与接触桥固定为一体的触动器 5 将触点 4 断开，则电流便经过线圈 9、10（70.5Ω）回到蓄电池。此时电路中增加了 70.5Ω 的电阻，使电流显著下降。由于线圈 10 的匝数较多，因而电磁吸力仍能保证接触桥与静触点接触良好，所有用电设备均能投入工作。

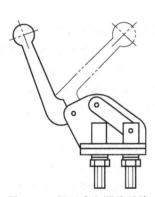

图 9.11　闸刀式电源总开关

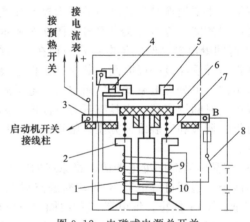

图 9.12　电磁式电源总开关

1—钢柱；2—铁芯；3—静触点；4—触点；5—触动器；
6—接触桥；7—弹簧；8—点火开关；9、10—线圈

当将点火开关断开时，线圈 9 和 10 中的电流被切断，弹簧 7 便推开接触桥，使之与静触点脱离，切断了主电路，使蓄电池和所有用电设备断开。

该电源总开关若用在以柴油发动机为动力源的工程机械上，可以用电源钥匙开关来控制电源总开关。使用时应注意，在发动机正常运转后，不可将钥匙开关断开，否则蓄电池电路被切断，将影响发动机的正常工作。

（6）点火开关

点火开关是汽车电路中最重要的开关，是各条电路分支的控制枢纽，是多挡多接线柱开关。点火开关主要用来控制点火电路、发电机磁场电路、仪表电路、启动继电器电路以及一些辅助电器等，一般都具有自动复位的启动挡位并配有钥匙以备停车时锁住，故也称为钥匙开关。点火开关的接线端子有接线柱式和插片式两种。点火开关有的安装在仪表板台板上，如图 9.13 所示；有的安装在转向柱管上，以便停车时锁止方向盘。

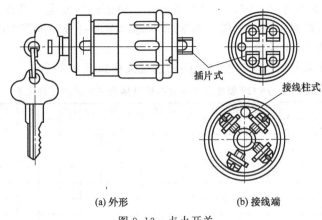

(a) 外形   (b) 接线端

图 9.13 点火开关

常用的点火开关是四接线柱式，表 9.1 为四接线柱式的点火开关的接线柱连接和工作挡位关系。1 号接线柱为电源火线，2 号接线柱接点火系，3 号接线柱接辅助电器，4 号接线柱接启动电路。点火开关 0 挡是断开位置，接线柱 1 和其他接线柱断开；Ⅰ挡是发动机正常工作位置，接线柱 1 和接线柱 2、3 接通，为点火线路、发电机励磁电路、仪表电路、辅助电器等提供电源；Ⅱ挡是启动位置，接线柱 1 和接线柱 2、4 接通，为点火电路、发电机励磁电路、仪表电路、启动电路等提供电源，切断与启动无关的辅助电器电路，改善启动性能，该挡位具有自动复位功能；Ⅲ挡是辅助电器位置，接线柱 1 和接线柱 3 接通，只为辅助电器等提供电源。

表 9.1 点火开关挡位和接线柱之间的连接关系

通断 接线柱 挡位	1 BAT	2 IG	3 Acc	4 ST
Ⅲ	√		√	
0	√			
Ⅰ	√	√	√	
Ⅱ	√	√		√

（7）组合开关

多功能组合开关将照明（前照灯、变光）开关、信号（转向、危险警告、超车）开关、

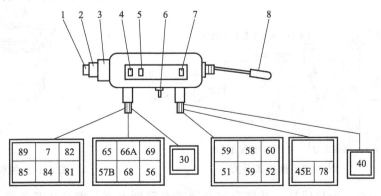

图 9.14 JK320 型组合开关

1—风窗洗涤器按钮；2—刮雨器开关；3—车灯开关；4—前侧灯开关；
5—后照灯开关；6—喇叭开关；7—暖风开关；8—转向变光开关

刮水器/清洗器开关等组合为一体，可以方便操作，保证运行安全，组合开关常安装在方向盘下的转向柱上，其操纵手柄上一般标有表示用途的图形符号。国产 JK320 型组合开关的外形和接线标号如图 9.14 所示。

JK320 型组合开关各挡位及接线柱之间的连接关系如表 9.2 所示。

表 9.2　JK320 型组合开关各挡位及接线柱之间的连接关系

触点代号			50	51	52	58	60	59	30	56	18	N1	65	66A	57B	69	45E	78	89	7	85	84	82	81	40
额定电流/A			—	10	10	—	20	20	—	10										5	10	10	10	10	1
开关挡位	转向	左	√	√																					
		中	√																						
		右	√	√																					
	超车	左	√	√																					
		右	√		√																				
	变光	超车				√	√																		
		近光				√	√																		
		远光				√		√																	
	灯光	断							√																
		Ⅰ							√	√															
		Ⅱ							√	√	○	○													
	前侧灯	断											√												
		通											√	√											
	尾灯	断													√										
		通													√	√									
	暖风	断															√								
		通															√	√							
	雨刮	断																			√			√	
		间歇																		○	○	√		√	
		低速																				√		√	
		断																				√	√		
	洗涤	断																				√			
		通																	√			√			
	喇叭																								√

注：表中"√"与"√"相通，"○"与"○"相通。

（8）灯光开关

灯光开关用来控制照明电路，常用的有推拉式和翘板式两种结构形式，分别如图 9.15 和图 9.16 所示。

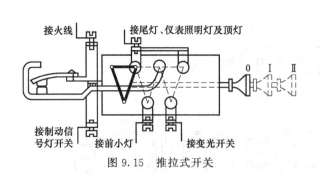

图 9.15　推拉式开关

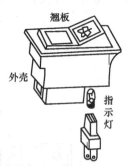

图 9.16　翘板式开关

推拉式开关有 5 个接线柱，并装有双金属式电路断电器。推拉式开关位于"0"挡时，各灯线路均未接通，因而各灯均不亮；拉到"Ⅰ"挡时，小灯和后灯、仪表灯亮；全拉出到"Ⅱ"挡时小灯灭，前照灯亮，其他灯光仍亮。制动信号灯不受开关的控制，只要踏下制动踏板，制动信号灯立即发亮。

翘板式开关常用作前照灯开关、顶灯开关、危险信号灯开关等，一般带有指示板照明灯，指示板上标有表示用途的图形符号。

（9）前照灯变光开关

前照灯变光开关是用来变换前照灯远光和近光的，多为机械式开关。常用的有推拉式、脚踏式和板柄旋转式，其中推拉式和脚踏式灯光开关结构简图如图 9.17 所示。

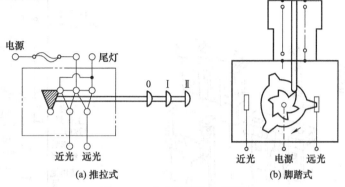

图 9.17　变光开关结构简图

（10）制动信号灯开关

制动信号灯开关有气压式或液压式两种。气压式制动信号灯开关如图 9.18 所示。当踏下制动踏板时，压缩空气进入开关，膜片拱曲，触点与接线柱接触，使接线柱之间接通，制动信号灯发光；当松开制动踏板时，在弹簧的作用下使电路断开，制动信号灯熄灭。

液压式制动信号灯开关如图 9.19 所示，其工作原理与气压式基本相同，不同之处是靠制动系统的油液压力变化而接通或切断制动灯电路。

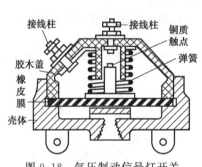

图 9.18　气压制动信号灯开关

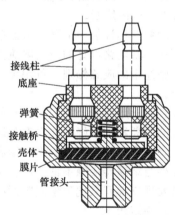

图 9.19　液压式制动信号灯开关

9.1.3　电路保护装置

电路保护装置（俗称保险器）串联在电源与用电设备之间，用电设备或线路发生短路或过载时切断电源电路，避免电源、用电设备和线路损坏，并把故障限制在最小范围内。工程机械上常用的保护装置有熔断器、易熔线、双金属电路断电器 3 种。

（1）熔断器

熔断器也称保险丝，在电路中起保护作用。熔断器在电路中电流过载 1 倍的情况下，可在数秒内熔断，熔丝自身发热而熔断，切断电路，防止烧坏电路连接导线和用电设备，并把故障限制在最小范围内。熔断器的主要元件是熔丝（片），其材料是锌、锡、铅、铜等金属的合金，常见熔断器按外形可分为熔片式、熔管式、绝缘式、缠丝式、插片式等，如图9.20所示。通常情况下，为便于检查和更换熔断器，机械装备上常将各电路的熔断器集中安装在一起，形成熔断器盒，并在熔断器盒盖上注明各熔断器的名称、额定容量和位置，同时用不同的颜色来区别熔断器的容量。ZL50C装载机熔断丝盒如图9.21所示。熔断丝只能起一次作用，熔断后必须予以更换。

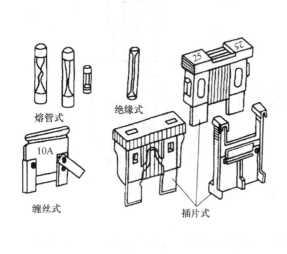

图9.20 常见熔断器

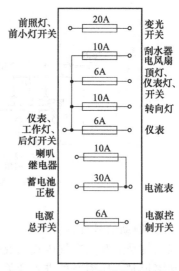

图9.21 ZL50C装载机熔断丝盒

环境温度在18～32℃时，当电流为额定电流的1.1倍时，熔断器不熔断；达到1.35倍时，熔丝在60s内熔断；达到1.5倍时，20A以内的熔丝，在15s以内熔断，30A以内的熔丝，在30s以内熔断。

保险装置标称值＝电路的电流值/0.8

例如，某电路设计的最大电流为12A，应选用15A的保险。

行驶途中的应急修理，可用细导线代替熔断器。一旦到达目的地或有新熔断器时，应及时换上。

注：更换熔断器，一定要用与原规定相同的熔断器；当增加用电设备时，不要随意改用容量大的熔断器，最好另外再安装熔断器；熔断器熔断，必须真正找到故障原因，彻底排除隐患；熔断器支架与熔断器接触不良会产生电压降和发热现象。若发现支架有氧化现象或脏污必须及时清理。

（2）易熔线

易熔线是一种截面一定、能长时间通过较大电流的合金导线，如图9.22所示。它用于保护电源电路和大电流电路，如充电电路、预热加热器电路、灯光电路及辅助电气设备电路等。当电流超过易熔线额定电流数倍时，易熔线首先熔断，以确保线路或用电设备免遭损坏。易熔线绝缘护套有棕、绿、红、黑等不同颜色，以表示其不同规格，允许

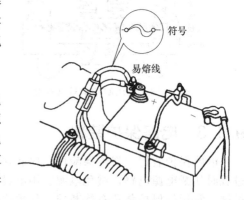

图9.22 易熔线实物与连接位置

连续通过的电流为10～40A不等，对应5s内熔断时的电流为100～300A不等，如表9.3所示。使用易熔线时，绝对不允许换用比规定容量大的易熔线；易熔线熔断，可能是主要电路

发生短路，因此需要仔细检查，彻底排除隐患；不能和其他导线绞合在一起。

表 9.3　易熔线的规格

色别	截面积/mm²	连续通电电流/A	5s 熔断电流/A	构成
棕	0.3	13	约 150	φ0.32×5 股
绿	0.5	20	约 200	φ0.32×7 股
红	0.85	25	约 250	φ0.32×11 股
黑	1.25	33	约 300	φ0.5×7 股

（3）双金属电路断电器

断路器在电路中用于防止有害的过载（额外的电流）。断路器是机械装置，它利用两种不同金属（双金属）的热效应断开电路。双金属片用两片线胀系数不同的金属材料制成。当负载电流超过限定值时双金属片受热变形，使触点分开，切断电路，阻止电流通过。双金属电路断电器按其能否自动复位分为一次作用式和多次作用式两种。

一次作用式双金属电路断电器结构如图 9.23 所示，当负载电流超过限定值时，双金属片受热变形向上弯曲，使双金属片和触点分开，切断电路。由于双金属片有一定弹力，在切断电路温度降低后，双金属片不能自动复位。若要重新接通电路，须按一下按钮，使双金属片受压复位，双金属片才能将触点接通。负载电流的限定值可以通过旋转调节螺钉进行调整。

常见的多次作用式电路断电器，其结构如图 9.24 所示。当电路过载或短路时，双金属片受热膨胀并弯曲，使触点分开而切断电路。触点断开后，双金属片上无电流通过，温度降低到一定值后触点又重闭合。因此，当电路中过载、短路或搭铁的故障尚未排除时，电路断电器自动使电路时而接通、时而切断，起到保护作用。部分推拉式照明总开关、雨刮器和车窗升降电动机电路就采用双金属电路断电器。

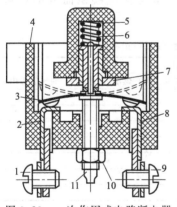

图 9.23　一次作用式电路断电器

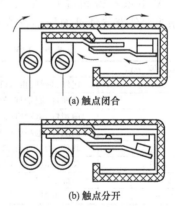

(a) 触点闭合

(b) 触点分开

图 9.24　多次作用式电路断电器

前照灯电路是应用电路断路器代替保险的一个极好的例证。前照灯电路中任何地方发生短路或接地都会引起额外的电流，并会因此断开电路。在夜晚突然失去前照灯往往会产生灾难性的后果，但电路断路器在断开电路后又会迅速闭合电路，从而既避免电路过热，又可至少保持部分前照灯能够工作。

9.1.4　中央接线盒

随着电气设备逐渐增多，各种继电器和熔断器也越来越多，许多工程机械将各种继电器和熔断器等集中安装在一块或几块配电板上。配电板正面装有继电器和熔断器的插头，背面是接线插座，这种配电板及其盖子常称为中央集电盒。

9.1.5 电线与线束

工程机械电气设备的连接导线一般由铜质多股软线外包绝缘层构成,有低压导线和高压导线两种。高压导线主要是指点火系统次级电路中连接点火线圈、配电器和火花塞之间的导线,其他元件之间的连接导线为低压导线。高压导线与低压导线均采用铜质多芯软线外包绝缘层。

(1) 低压导线

低压导线的截面积有多种规格,可以充分发挥连接导线的作用,降低成本。根据用电设备的负载电流大小选择导线的截面积,表 9.4 所示为各种铜芯导线标称截面积的允许载流量。导线截面积主要根据其工作电流选择,但为了保证一些电流很小的电器的导线具有一定的机械强度,其截面积不得小于 $0.5mm^2$。所谓标称截面积,是指经过换算而统一规定的线芯截面积,不是实际线芯的几何面积,也不是各股线芯几何面积之和。

表 9.4 低压导线标称截面积允许负载电流值

导线截面/mm^2	1.0	1.5	2.5	3.0	4.0	6.0	10	13
允许截流/A	11	14	20	22	25	35	50	60

低压导线选用的一般原则为:长时间工作的电气设备可选用实际载流量 60% 的导线;短时间工作的用电设备可选用实际载流量 60%~100% 之间的导线。同时,还应考虑电路中的电压降和导线发热等情况,以免影响用电设备的电气性能和超过导线的允许温度。

连接蓄电池与启动机的导线不以工作电流大小来选定,而受工作时的电压降限制。一般要求在线路上每 100A 电流所产生的电压降不超过 0.1~0.5V,以免温升过快。因此,启动电缆和蓄电池搭铁电缆的导线截面积都选择得较大,其线路电压降对 12V 电系不得超过 0.2V (24V 电系不得超过 0.4V)。蓄电池的搭铁线一般是铜丝编织而成的扁形软铜线。12V 电系主要线路导线截面积推荐值见表 9.5。

表 9.5 12V 电系主要线路导线标称截面积推荐值

标称截面积/mm^2	用 途
0.5	尾灯、顶灯、指示灯、仪表灯、牌照灯、刮水器、时钟、燃油表、水温表、油压表等电路
0.8	转向灯、制动灯、停车灯、断电器等电路
1.0	前照灯、电喇叭(3A 以下)电路
1.5	前照灯、电喇叭(3A 以上)电路
1.5~4.0	其他 5A 以上电路
4~6	柴油车电热塞电路
6~25	电源电路
16~95	启动电路

(2) 高压导线

高压导线在点火系中承担高压电 (一般在 15kV 以上) 输送任务,工作电压高、工作电流较小,因此高压导线的线芯截面很小、耐压性能好、绝缘层很厚,约 $1.5mm^2$,多采用橡胶绝缘并加有浸漆棉质编包。按线芯不同,高压导线分为铜芯线和阻尼线两种,高压阻尼线能较好地抑制火花塞产生的电磁波干扰,目前使用广泛。

不同车型采用的阻尼高压线的阻值不相同,在检修或更换高压线时要注意测量。

(3) 导线的颜色与标注

为了便于安装、维修,导线绝缘层采用不同颜色加以区分。导线的颜色多用英文字母表示 (国产的也有用汉字表示):若导线为单色时,用一个字母;若另有辅色,则用两个字母表示,其中前一个字母表示主色,后一个字母表示辅色。

单色导线颜色的代号见表9.6。

表9.6 导线颜色的字母标记

导线颜色	黑	白	红	绿	黄	棕	蓝	灰	紫	橙
代号	B	W	R	G	Y	Br	BL	Gr	V	O

双色导线颜色的代号见表9.7，其主色所占比例大些，与辅色比例一般为（3∶1）～（5∶1）。

表9.7 低压导线的主色、代号和用途

序号	用电系统名称	电线主色	代号
1	电气装置接地线	黑	B
2	点火、启动系统	白	W
3	电源系统	红	R
4	灯光信号系统（包括转向指示灯）	绿	G
5	防空灯系统及车身内部照明系统	黄	Y
6	仪表及报警指示系统和喇叭系统	棕	Br
7	前照灯、雾灯等外部灯光照明系统	蓝	Bl
8	各种辅助电动机及电气操纵系统	紫	V
9	收放机、电子钟、点烟器等辅助装置系统	紫	V
10	其他	橙	O

有些电路图中，低压导线上标注的符号由两部分组成：第一部分是数字，表示导线的截面积（mm^2）；第二部分是英文字母，表示导线的主色和辅助色（即呈轴向条纹状或螺旋状的颜色）。如1.5RB表示截面积为$1.5mm^2$、带有黑色条纹的红色低压导线。

（4）线束

为使线路规整，安装方便、牢固及保护导线的绝缘，在布置和连接导线时，除高压线、蓄电池电缆和启动机电缆外，将同区域的不同规格的走向相同的导线，用棉纱或薄聚氯乙烯带缠绕包扎成束，称作线束（图9.25）。有的还套上胶管或波纹管，为方便维修，线束两端通常用插接件连接。插接件由插头与插座两部分组成，有片式和针式之分。线束主要由电线、聚氯乙烯塑料带、波纹管及插接件组成。

线束的包扎方法常用电缆半叠包扎法，涂绝缘漆，烘干，以增加电缆的强度和绝缘性能。新型线束，用局部塑料包扎后放入侧切口的塑料波纹管内，使其强度更高，保护性能更好，查找线路故障方便。同一种车型的线束在制造厂里按车型设计制造好后，用卡簧或绊钉固定在车上的既定位置，其抽头恰好在各电气设备接线柱附近位置，安装时按线号装在其对应的接线柱上。各种车型的线束各不相同，同一车型线束按发动机、底盘和车身分多个线束。

波纹管在线束包扎中一般占到60%左右，甚至更多。主要的特点就是耐磨性较好，在高温区耐高温性、阻燃性、耐热性都很好。波纹管的耐温在-40～150℃。它的材质一般分

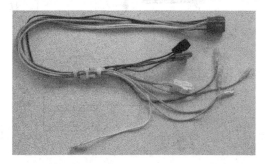 

图9.25 线束

PP 和 PA2 种。PA 材质在阻燃、耐磨方面优于 PP 材质；但 PP 材质在抗弯曲疲劳性方面强于 PA 材质。

PVC 管的功用和波纹管差不多。PVC 管柔软性和抗弯曲变形性较好，而且 PVC 管一般为闭口，所以 PVC 管主要用于线束拐弯的分支处，以便使导线圆滑过渡。PVC 管的耐热温度不高，一般在 80℃以下。

胶带在线束中起到捆扎、耐磨、绝缘、阻燃、降噪、作标记等作用，在包扎材料中一般占到 30％左右。线束用胶带一般分 PVC 胶带、起绒布胶带和布基胶带 3 种。PVC 胶带耐磨性、阻燃性较好；耐温在 80℃左右，降噪性不好，价格较便宜。绒布胶带和布基胶带材料为 PET。绒布胶带的包扎性和降噪性最好，耐温在 105℃左右；布基胶带的耐磨性最好，耐温最高 150℃左右。绒布胶带和布基胶带共有的缺点是阻燃性不好，价格昂贵。

线束安装时应注意：线束应按规定位置、走向敷设，并在适当位置用卡簧、绊钉或专用线卡固定牢固，以免松动磨坏；安装时线束不能拉得太紧，尤其是在拐弯处更要注意，在绕过锐角或穿过孔、洞时，应用专用橡胶或套管保护，否则线束容易磨坏造成短路、断路等故障，严重时烧毁线束引起火灾；各接头必须连接牢固，接触良好。

9.1.6　插接器

插接器又叫连接器，现代汽车上使用很普遍。为了提高接线速度，减少接线错误，越来越多的低压线路采用插接器。插接器包括插头和插座，用于线束与线束或导线与导线间的相互连接。按使用场合的实际需要，其形状不同、脚数多少不等。为防止插接器在汽车行驶中脱开，所有的插接器均采用了闭锁装置。

在拆卸插接器时双手要捏紧插头或插座，并使锁止片张开后再将插头和插座分开。切不可直接拉导线，以免造成插头或插座内导线断路或接触不良，如图 9.26 所示。有些插接器用钢丝扣锁止，取下钢丝扣后才能将插接器拔开。

插接器端子有故障时，可用小一字旋具或专用工具将端子和导线从插接器中取出，如图 9.27 所示。插接器接合时，应将其导向槽重叠在一起，使插头与插孔对准且稍用力插入。插接器的导向槽，是指插接器连接时，为了使其正确连接而设置的凹凸轨。一对插头、插座由于导向槽的作用一般不可能插错，非成对的插头与插座因其脚数及外形不同，因此也不可能插错。插头与插座所对应导线的粗细、颜色、符号一般来说也完全对应，安装时应注意观察。在检查线路的电压或导通情况时，不必脱开插接器，只需用万用表两探针插入插接器尾部的线孔内进行测量即可。

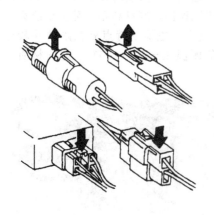

图 9.26　拆卸插接器的方法

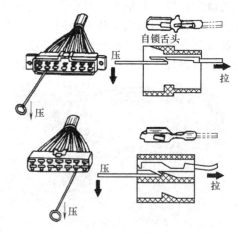

图 9.27　取出插接器端子的方法

9.2 电气设备的布线原则

工程机械各种电气装置繁多，电路密集、纵横交错，尤其是现代工程机械电气设备的数量日趋增多，电路复杂程度差异甚大，但整体上，各种车型的总线路存在着诸多共同点。

① 单线制，即所有电气设备的正极均用导线连接，该导线通常称为"火线"，而负极则与车身金属相连，称为"搭铁"。个别电气设备为保证工作可靠，采用双线连接方式，如发电机与调节器之间的连接。

② 为保证所有电气设备能正常工作，它们之间均为并联连接。开关、熔断器均串联在电源和相应的用电设备之间，电气仪表与其传感器之间串联。

③ 电流表串联在充电电路中，全车线路以电流表为界，电流表至铅蓄电池的线路称表前线路，电流表至调节器的线路称表后线路。

④ 电源开关是线路的总枢纽，电源开关的一端和电源（铅蓄电池、交流发电机和调节器）相连，另一端分别接启动开关和用电设备。

⑤ 铅蓄电池与交流发电机采用并联，铅蓄电池与交流发电机的极性必须一致。

⑥ 工程机械采用蓄电池和发电机双电源供电，电流表接在两电源之间，蓄电池正极接电流表"－"端，交流发电机"电枢"接线柱和电流表"＋"极连接。

⑦ 当交流发电机正常工作时，用电设备由交流发电机供电，并经电流表向蓄电池充电；当交流发电机电压不足或不工作时，用电设备由铅蓄电池供电。由于电流表接于两电源之间，它能测量蓄电池充、放电电流的大小，当充电时，指针摆向"＋"，放电时摆向"－"。全车采用直流供电。

⑧ 用电量大的用电设备，如启动机、喇叭等，其用电电流不经过电流表，接在蓄电池和电流表之间的电路上。其余需要通过电流表的用电设备皆通过点火开关或电源开关与电源并联，接在电流表"＋"极。

⑨ 导线有颜色和编号。

工程机械电路接线规律：采用单线制、用电设备并联、负极搭铁、线路有颜色和编号，并以点火开关为中心将全车电路分成几条主干线，即：蓄电池火线、附件火线、钥匙开关火线。

a. 蓄电池火线（B线）：从蓄电池正极引出直通熔断器盒，也有蓄电池火线接到启动机火线接线柱，再从那里引出较细的火线。

b. 点火仪表指示灯线（IG线）：点火开关在ON（工作）和ST（启动）挡才供电的电源线。用来控制点火、励磁、仪表、指示灯、信号、电子控制系等发动机工作时的电路。

c. 附件电源线（Acc线）：用于发动机不工作时接入电器，如收放机、点烟器等。

d. 启动控制线（ST线）：用于对启动机的控制电路进行控制并提供电源。大功率启动机启动时电流很大，容易烧蚀点火开关的触点，必须另设启动机继电器。

e. 搭铁线（接地线）：以元件和机体（车架）金属作为一根公共导线、机体与电器相接部位称为搭铁或接地。

9.3 电路图的表达形式

工程机械电路总线主要包括基本车辆电气系统和具有特殊功能的电控系统两大部分。基本车辆电气系统包括充电系、启动系、照明及仪表、辅助装置等，汽油机增加了一套点火系；电子控制系统如电子油门控制系统、自动调平电控系统等。工程机械电路总线图就是将机械的电路总线（不同用途的用电器通过开关、导线、熔断器以及电子控制装置与电源连接起来所构成的电气系统）用图形表达的一种方式，简称电路图。

对于同一辆工程机械，其整车电路可以有多种表达形式，比如：布线图（又称电气线路图）、电路原理图、线束图等。通常情况下，工程机械车辆具体采用何种形式的电路图，大多从实用出发，也因习惯而异。最先绘制出某款型车辆电路图的是生产厂家的设计人员，除了将各种电器安置在工程机械的适当部位，标定它的主要性能参数外，还要设计全车布线及线束总成，选定电线的长度、截面积、颜色和各种插接器，编制线束的制造工艺流程。因此，以表现电线分布为主的布线图往往成为最详实可靠的电路图。

由于文字、技术标准等差异，各公路工程机械生产厂家在电路图的绘制、符号标注等方面不尽相同。因此，了解各种电路图的特点和阅读方法非常重要。

9.3.1 电路图的类型

工程机械电路图主要有线路图、原理图和线束图 3 种。

（1）线路图

线路图是将所有电气设备按在机械装备上的实际位置，用相应外形简图或原理简图画出来，并用线条一一连接起来。线路图是按照电器在车身上的大致位置来进行布线，其特点是：电器的实际位置及外形与图中所示方位基本一致，且较为直观，全车的电器（即电气设备）数量明显且准确，电线的走向清楚，有始有终，便于循线跟踪地查找导线的分支和节点，便于故障排除。它按线束编制将电线分配到各条线束中去与各个插接件的位置严格对

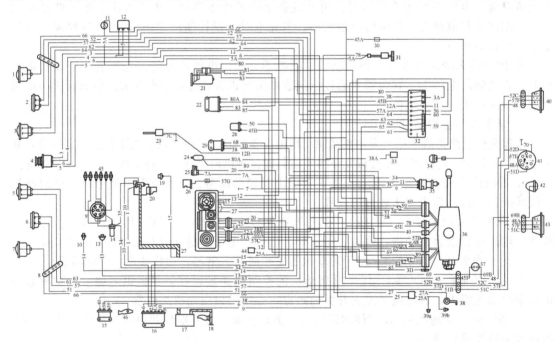

图 9.28 东风 EQ1090 汽车线路图

1、7—前侧灯；2、6—前小灯；3、5—前照灯；4—交流发电机；8—五接头接线板；9—分电器；10—低油压报警器；11—工作灯插座；12—交流发电机调节器；13—油压表传感器；14—点火线圈；15—喇叭继电器；16—组合启动继电器；17—蓄电池；18—电源总开关；19—温度表传感器；20—启动机；21—雨刮电动机；22—间歇雨刮继电器；23—化油器电磁阀；24—洗涤器电动机；25—空气滤清器报警开关；26—发动机罩下灯；27—仪表盘；28—闪光器；29—灯光继电器；30—接线管；31—暖风电动机；32—10 挡熔断器盒；33—收放机；34—顶灯；35—点火开关；36—K320 组合开关；37—制动灯开关；38—燃油表传感器；39—低气压报警传感器；40、43—组合后灯；41—挂车插座；42—后照灯；44—低气压蜂鸣器；45—火花塞；46—电喇叭

号。在各开关附近用表格法表示了开关的接线柱与挡位控制关系，表示了熔断器与电线的连接关系，标明了电线的颜色与截面积。线路图的不足之处有：图上电线纵横交错，印制版面小则不易分辨，版面过大则印刷装订受限制；读图、画图费时费力，图的可读性较差，电路分析过程相对较为复杂，不易抓住电路重点、难点；不易表达电路内部结构与工作原理。图9.28 所示是东风 EQ1090 汽车的线路图。

（2）电路原理图

电路原理图是按规定的图形符号，将仪表及各种电气设备，按电路原理，由上到下合理地连接起来，然后再进行横向排列形成的电路图。电路原理图可以是子系统的电路原理图，也可以是整车电路原理图简图，电器则用简明图形符号表示，可以根据实际需要来进行绘制或展示。这种画法对线路图作了高度简化，图面清晰，电路简单明了、通俗易懂，电路连接控制关系清楚，因此对分析系统的工作原理、进行故障诊断非常有利。解放 CA4158K2R5型长头柴油牵引车电路原理图如图 9.29 所示。

电路原理图可分为整车原理图和局部电路原理图，可以根据需要来绘制或展示。

① 整车电路原理图。为了生产与教学的需要，常需要尽快找到某条电路的始末，以便确定故障路线。分析故障原因时，不能孤立地仅局限于某一部分，而要将这一部分电路在整车电路中的位置及与相关电路的联系都表达出来。

整车电路原理图的优点是：a. 对全车电路有完整的概念，它既是一幅完整的全车电路图，又是一幅互相联系的局部电路图，其重点难点突出、繁简适当。b. 在该图上建立起电位高、低的概念：正极"＋"电位最高，用最上面的那条线表示；其负极"－"接地（俗称搭铁），电位最低，可用图中的最下面一条线表示。电流的方向基本都是由上而下，路径是：电源正极"＋"→开关→用电器→搭铁→电源负极"－"。c. 电路原理图是从左到右排列，尽最大可能减少电线的曲折与交叉，布局合理，图面简洁、清晰，图形符号考虑到元器件的外形与内部结构，便于读者联想、分析，易读、易画。一般按电源、启动、点火、仪表和指示灯、照明和信号、雨刮器和洗涤器等顺序编排。有些线路较复杂的电气设备的线路，图上采用断线代号法解决，采用断线代号法时，断线代号一定是成对出现。d. 各局部电路（或称子系统）相互并联且关系清楚，发电机与蓄电池间、各个子系统之间的连接点尽量保持原位，熔断器、开关及仪表等的接法基本上与原图吻合。

② 局部电路原理图。为便于弄懂某个局部电路的工作原理，从整车电路图中抽出某个需要研究的局部电路，可以参照其他详实的资料，必要时根据实地测绘、检查和试验记录，将重点部位进行放大、绘制进行说明。这种电路图的用电器少、幅面小，简单明了，易读易绘，但是只能了解电路的局部。

（3）线路图

线束图是指能反映线束走向和有关导线颜色、接线柱编号等内容的线路图。在这种画成树枝样的图上，着重标明各导线的序号和连接的电气设备名称及接线柱的名称、各插接器（连接器）插头和插座的序号等。线路图是人们在工程机械上能够实际接触到的电路图，它常用于生产厂的总装线和修理厂的连接、检修与配线。这种图一般不详细描绘线束内部的导线走向和原理，只将露在线束外面的线头与插接器详细编号或用字母标记。它是一种突出装配记号的电路表现形式，非常便于安装、配线、检测与维修。如果再将此图各线端都用序号、颜色准确无误地标注出来，并与电路原理图和布线图结合起来使用，则会起到更大的作用且能收到更好的效果。安装操作人员，只要将导线或插接器按图上标明的序号，连接到相应的电器接线柱或插接器上，便完成了全车线路的装接，这种图给安装和维修带来了极大的方便。解放 CA4158K2R5 型长头柴油牵引车线束布局图如图 9.30 所示，限于篇幅，在此不再详述其线束表。

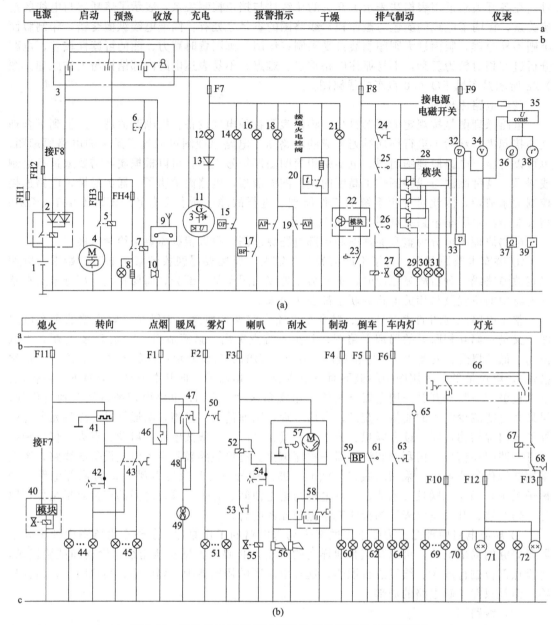

图 9.29　解放 CA4158K2R5 型长头柴油牵引车电路原理图

1—蓄电池；2—电源电磁开关；3—启动钥匙开关；4—启动机；5—启动继电器；6—预热按钮；7—预热继电器；8—预热电阻及指示灯；9—收放机；10—扬声器；11—交流发电机；12—充电指示灯；13—二极管；14—油压报警指示灯；15—油压报警开关；16—驻车制动指示灯；17—驻车制动开关；18—气压报警指示灯；19—气压报警开关；20—空气干燥器；21—水位报警指示灯；22—冷却液位控制器；23—水位报警开关；24—排气制动开关；25—排气制动门开关；26—排气制动离合开关；27—排气制动电磁阀及指示灯；28—车辆限速控制器；29—20km/h 时速指示灯；30—40km/h 时速指示灯；31—60km/h 时速指示灯；32—车速里程传感器；33、34—电压表；35—降压电阻及稳压器；36—燃油表；37—燃油水温表传感器；38、39—水温表；40—熄火电控阀；41—闪光灯；42—转向灯开关；43—危险报警开关；44—左前后转向灯及指示灯；45—右前后转向灯及指示灯；46—点烟器；47—暖风开关；48—暖风电阻；49—暖风电动机；50—雾灯开关；51—前后雾灯；52—喇叭继电器；53—喇叭变换开关；55—气喇叭电磁阀；56—电喇叭；57—刮水开关；59—制动灯开关；60—制动灯；61—倒车灯开关；62—倒车灯及倒车蜂鸣器；63—车内灯开关；64—车内灯及后照灯；65—工作照插座；66—灯光开关；67—前照灯继电器；68—变光开关；69—前后小灯及照明灯；70—远光指示灯；71—左前照灯；72—右前照灯；

F1～F14—熔断器；FH1～FH4—大容量熔断器

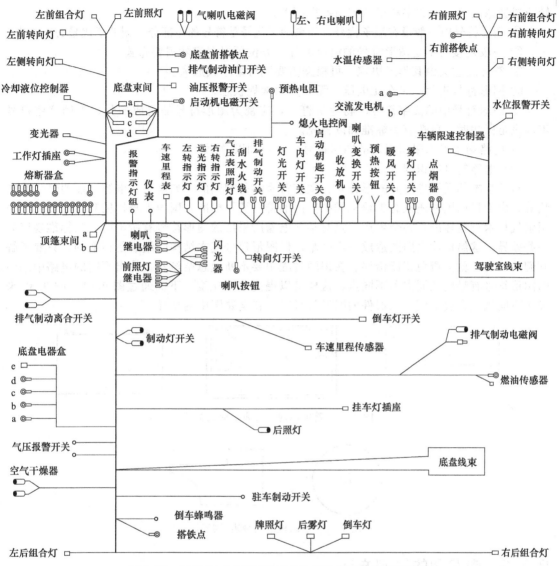

图 9.30 解放 CA4158K2R5 型长头柴油牵引车线束布局图

9.3.2 电路符号使用与识读

电路图是利用图形符号和文字符号,表示电路构成、连接关系和工作原理,而不考虑其实际安装位置的一种简图。为了使电路图具有通用性,方便技术交流,构成电路图的图形符号和文字符号,不是随意的,它需要遵循一些标准规定。要看懂电路图,必须了解图形符号和文字符号的含义、标注原则和使用方法。

各种电气元件(或部件)的主要表示方法有:用国家标准符号表示、用厂方规定的符号表示和用各种电器的简易外形图表示。

(1) 图形符号的使用原则

① 首先选用优选形。

② 在满足条件的情况下,首先采用最简单的形式,但图形符号必须完整。

③ 在同一份电路图中同一图形符号采用同一种形式。

④ 符号方位不是固定的,在不改变符号意义的前提下,符号可根据图面布置的需要旋

转或成镜像放置，但文字和指示方向不得倒置。

⑤ 图形符号中一般没有端子代号，如果端子代号是符号的一部分，则端子代号必须画出。

⑥ 一般连接线不是图形符号的组成部分，方位可根据实际需要布置。

⑦ 符号的意义由其形式决定，可根据需要进行缩小或放大。

⑧ 图形符号表示的是在无电压、无外力的常规状态。

⑨ 图形符号中的文字符号、物理量符号，应视为图形符号的组成部分。当用这些符号不能满足标注时，可按有关标准加以补充。

⑩ 电路图中若未采用规定的图形符号，必须加以说明。

（2）电路符号的识读

对于基本的元器件，其图形符号、文字符号都是相同的，如电阻、电容、照明灯、蓄电池等。由于目前国内还没有工程机械电气图形符号统一标准，国内工程机械制造企业大都采用电气技术行业标准，各个生产厂家对某些电器所采用的图形符号有所不同，与标准规定有一些差异，这给识读电路图造成一定困难，但图形符号基本结构的组成是相似的，只要了解它们的区别，就能避免识读错误。在识图过程中要不断地总结经验，找出不同的电路中采用的图形符号有哪些相同点和不同点，这样可以提高读图速度。下面通过图 9.31、图 9.32 来说明不同机型在表示同一元器件的图形符号时，在电路图中的差异。

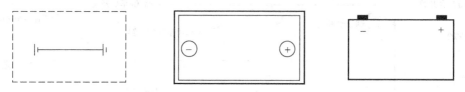

图 9.31　蓄电池的三种表示形式符号

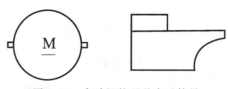

图 9.32　启动机的两种表示符号

9.3.3　电路图的绘制方法

在电气系统中，有大量的元器件的驱动部分和被驱动部分采用机械连接，如继电器、按钮开关、光电耦合器等都属于这一类。其表示方法有 3 种：集中表示法、半集中表示法和分开表示法，不管采用何种表示方法，所给出的信息量都是相等的，在同一张图纸上可以根据需要使用一种或同时使用几种表示方法。

（1）集中表示法

集中表示法是把元器件各组成部分的图形符号绘制在一起，其特点是易于寻找项目的各个部分，元器件整体印象完整，但仅适用于较为简单的电路。图 9.33 所示为集中表示法示例。

（2）半集中表示法

半集中表示法是把一个元器件某些组成部分（不是全部）的图形符号在图上分开布置，它们之间的关系用机械连接线表示的方法，机械连接线用虚线表示，可以是直线，也可以折弯、分支和交叉。它的特点是可减少电路连接线的往返和交叉，使图面清晰，便于识读，但会出现穿越图面的机械连接线，故适用于一般电路；相对复杂电路，由于穿越图面的机械连接线过多，不采用这种方法。图 9.34 所示为半集中表示法示例。

（3）分开表示法

分开表示法是把一个元器件的各组成部分的图形符号在图上分开布置，它们之间各部分的关系用项目代号表示的方法。分开表示法既减少了电路连接线的往返和交叉，又不会出现穿越图面的机械连接线，所以在实际中得到广泛应用。但为了寻找被分开的各部分，需要采用插图或表格等检索手段。图9.35所示为分开表示法示例。

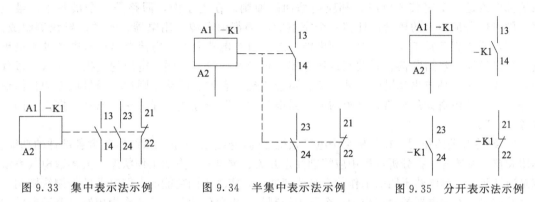

图9.33 集中表示法示例　　图9.34 半集中表示法示例　　图9.35 分开表示法示例

（4）电路与导线的排列

电路的安排要求有清楚、一目了然的图示效果，各个电路的排列必须优先采用从左到右、从上到下的原则，尽可能用直线、无交叉点、不改变方向的标记方式。可以垂直地布置，或者水平地布置，如图9.36所示。

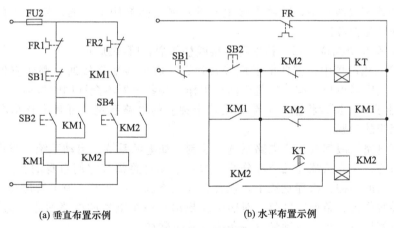

(a) 垂直布置示例　　　　　(b) 水平布置示例

图9.36 电路与导线的排列示例

9.3.4 电路图的识读方法

要识读全车电路，首先应识读工程机械的电路原理图。识读电路原理图必须熟悉电气设备的图形符号，弄清电气设备和控制电路的工作原理（即电流走向随着工作状态的变化等）及有关电路所需通过的控制开关、熔断器、插接器等。然后根据线路图分清电气设备和它们在工程机械上的实际位置，根据线束图和系统电路图辨别出电气元件各接线柱的作用和线束接线柱的来龙去脉。由于各厂家工程机械电路图的绘制方法、符号标注、文字标注、技术标准的不同，电路图的画法有很大差异，这就给读图带来许多麻烦。因此，掌握电路图识读的基本方法显得十分重要。

① 认真阅读图注。认真阅读图注，了解电路图的名称、技术规范，明确图形符号的含

义，建立元器件和图形符号间一一对应的关系，这样才能快速准确地识图。

② 了解电路图的一般规律。标准画法的电路图，开关的触点位于零位或静态，即开关处于断开状态或继电器线圈处于不通电状态。工程机械电路是单线制、负极搭铁，各电器相互并联，继电器和开关串联在电路中。大部分用电设备都经过熔断器，受熔断器的保护。

③ 掌握回路的原则。一般来讲，各电气系统的电源和电源总开关是公共的，任何一个系统都应该是一个完整的电路，都应遵循回路原则。在电学中，回路是一个最基本、最重要，同时也是最简单的概念，任何一个完整的电路都由电源、用电器、开关、导线等组成。一个用电器要想正常工作，总要得到电能。对于直流电路而言，电流总是要从电源的正极出发，通过导线，经熔断器、开关到达用电器，再经过导线回到同一电源的负极，在这一过程中，只要有一个环节出现错误，此电路就不会正确、有效。回路原则在工程机械上的具体形式是：对于负极搭铁的电路，电流的回路是电源"＋"→导线→开关→用电器→搭铁→同一电源"－"。

④ 熟悉开关的作用。在分析某个电气系统之前，要清楚该电气系统所包含各部件的功能、作用和技术参数等。在分析过程中应特别注意开关、继电器触点的工作状态，大多数电气系统都是通过开关、继电器不同的工作状态来改变回路，实现不同功能的。继电器的控制线圈由一个开关控制，而继电器的触点作为一个开关控制另一电路的通断。开关作为控制电路通断的关键，电路中主要的开关往往汇集许多导线，在查线和改画原理图时，要加以注意。

a. 蓄电池（或发电机）的电流是通过什么路径到达这个开关的，中间是否经过别的开关和熔断器，这个开关是手动控制还是电子控制。

b. 这个开关控制哪些用电器，每个被控电器的作用是什么。

c. 开关的许多接线柱中，哪些是接电源的；哪些是接用电器的。接线柱旁是否有接线符号，这些符号是否常见。

d. 开关共有几个挡位，每一挡中哪些接线柱接通，哪些断开。

e. 在被控的用电器中，哪些电器应经常接通，哪些应短暂接通，哪些应先接通，哪些应后接通，哪些应当单独工作，哪些应同时工作，哪些电器不允许同时接通。

⑤ 按功能及工作原理将整车电路分成若干独立的电路系统，可解决整车电路庞大复杂和分析起来困难的问题。

现在整车电路一般都按各个电路系统来绘制，如电源系统、启动系统、点火系统、照明系统、信号系统、仪表系统等几个部分等，这些单元电路都有它们自身的特点，抓住特点，把各个单元电路的结构、原理吃透了，理解整车电路也就容易了。为了清楚起见，可用彩色铅笔按所标导线颜色逐条加以区分，对照图注找出每一个电器的电流通路。为了防止遗漏，应当找出一条就记录一条，直到最后一条线，其步骤如下：

a. 找到电源系统，如图 9.37 所示。

• 首先找（电源）蓄电池与启动机之间的连接（包括蓄电池总开关）。

• 查到发电机、调节器、蓄电池这条充电主回路：发电机"＋"→电流表→熔断丝→蓄电池"＋"→搭铁→发电机"－"。充电电路是全车电路的主干，它确立了两个直流电源之间的关系。若在另一张纸上记录改画，可将火线与搭铁分为上下两条线，以便接出其他并联支路。查出励磁电路：交流发电机的励磁电路常由点火开关或磁场继电器控制通断，其电流回路为：蓄电池"＋"→熔断丝（30A）→电流表→点火开关→熔断丝（5A）→励磁线圈→电压调节器→搭铁→蓄电池"－"。

b. 查出启动机电磁开关的控制线路。

c. 查出点火系统，如图 9.38 所示（仅适用于汽油发动机系统）。蓄电池点火系统的低压电路由电源、点火开关、点火线圈、断电器等串联而成。

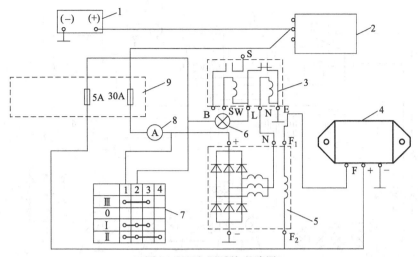

图9.37　电源系统电路图

1—蓄电池；2—启动机；3—组合继电器；4—晶体管调节器；5—硅整流发电机；

6—充电指示灯；7—点火开关；8—电流表；9—熔断丝盒

d. 查出照明系统，如图9.39所示。先找到车灯总开关，按接线符号分别找到电源正极连线、大灯远近光、变光器、小灯、仪表灯与后灯、顶灯及其他灯。一般接线规律是小灯与大灯不同时亮，远光与近光不同时亮，仪表灯、小灯、牌照灯等在夜间工作时常亮。

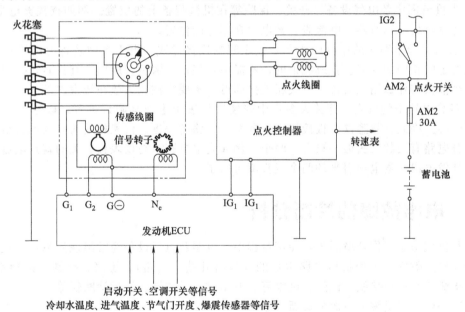

图9.38　点火系统

e. 查出信号系统。一般工程机械都具有转向信号灯、制动信号灯、倒车灯和喇叭等。

f. 查找出仪表系统。仪表系统都受点火开关（或电源总开关）控制。电热或电磁式仪表，表头与传感器串联。

g. 查出辅助电器。

⑥ 根据全车电路图查找实际线路的方法。

工程机械的实际线路是根据其全车电路图配置的，但电路图不同于安装图，两者之间在具体位置上是有所不同的，查找实际线路时可按以下步骤进行。

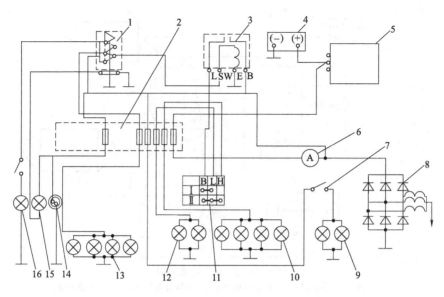

图 9.39 照明系统电路

1—车灯开关；2—熔断丝盒；3—灯光继电器；4—蓄电池；5—启动机；6—电流表；
7—雾灯开关；8—硅整流发电机；9—雾灯；10—前照灯远光灯；11—变光开关；
12—前照灯近光灯；13—仪表灯；14—工作灯插座；15—顶灯；16—发动机罩下灯

a. 先搞清图中各电气设备、开关、保险等在机械装备上的位置。例如查找充电电路时，应先搞清发电机、调节器、电流表、蓄电池在车上的位置。

b. 查清各分电路中的用电设备和开关之间的连接导线。由于机械装备上的连接导线大多数是将走向相同的导线包扎成线束的，不能一根根地看清楚，所以在查找时，只要分清线束的各个抽头与什么用电设备、开关相连接即可，不要将注意力放在线束内部。

c. 各分电路中的仪表、开关大多集中安装在仪表板上或其附近位置，以形成全车电路的控制中心。因此，熟悉仪表板接线是掌握全车电路的关键。仪表板处的接线抽头很多，但与某一分电路有关的抽头最多只有一两个，例如充电电路，与仪表板有关的就是电流表，只要弄清从发电机、蓄电池引来的两个线头就可以了。

9.4 电路故障的诊断分析

工程机械由于工作环境恶劣，使用过程中，电路及电气设备经常出现故障，严重影响施工安全及作业效率。工程机械电路常见的故障有开路（断路）、短路、搭铁、接触不良等。常用的检测工具有跨接线、试灯、试电笔、万用表、示波器、故障诊断仪等。

（1）一般工程机械电路故障诊断的程序

① 验证用户反映的故障。验证用户反映的情况，可以将有问题的或有故障的电路中各个装置都通电试一试，查看用户反映的情况是否属实，同时注意观察通电后的种种现象。在动手拆卸或测试之前，应尽量缩小故障产生的范围。

② 分析电路原理图。弄清故障电路的工作原理，对故障电路相关的电路也应加以检查。每个电路图上都给出了共用一个保险、一个搭铁点和一个开关的相关电路的名称。对于在第一步程序中漏检的相关电路要试一下，若相关电路工作正常，说明共用部分没问题，故障原因仅限于有故障的这一电路中。如果几条电路同时出故障，原因多半出在保险或搭铁线。

③ 重点检查问题集中的电路或部件。对重点电路或部件进行认真测试，验证第二步所

做出的推断。一般是按先易后难的次序来对有问题的电路或部件进行测试，并逐个排查。

④ 进一步进行诊断与检修。常用的方法有：直观检查保险法、刮火法、试灯法、短路法、替代法、模拟法等。

⑤ 验证电路是否恢复正常。在对电路进行一次系统检查后，查看问题是否已经解决。如果故障出在电源上，对各熔断器（保险丝）、电路断路器，甚至易熔线都要进行全面检查。

（2）电路常见故障诊断与检修注意事项

维修工程机械电气系统的原则之一是不要随意更换电线或电器，这种操作有可能损坏工程机械或因短路、过载而引起火灾。同时还应注意以下各项：

① 拆卸和安装元件时，应切断电源。

② 不要粗暴地对待电器，也不能随意乱扔。无论好坏器件，都应轻拿轻放。

③ 更换烧坏的保险时，应使用相同规格的保险。使用比规定容量大的保险会导致电器损坏或产生火灾。

④ 拆卸蓄电池时，总是最先拆下负极电缆；装上蓄电池时，总是最后连接负极电缆。

拆下或装上蓄电池电缆时，应确保点火开关或其他开关都已断开，否则会导致半导体元器件的损坏。

⑤ 不允许使用欧姆表或万用表的 R×100 以下低阻欧姆挡测小功率晶体三极管，以免电流过大损坏三极管。更换三极管时，应首先接入基极，拆卸时，则应最后拆卸基极。对于金属氧化物半导体管（MOS），则应防止静电击穿，焊接时，应从电源上拔下烙铁插头。

⑥ 靠近振动部件（如发动机）的线束部分应用卡子固定，将松弛部分拉紧，防止由于振动造成线束与其他部件接触。

⑦ 与尖锐边缘摩擦的线束部分应用胶带缠起来，以免损坏。安装固定零件时，应确保线束不要被夹住或被破坏。安装时，应确保接插头接插牢固。

⑧ 进行保养时，若温度超过 80℃（如进行焊接时）应先拆下对温度敏感的零件（ECU）。

9.5　全车电路实例分析

9.5.1　汽车总线路

下面以部队装备最多的解放 CA1091 型汽车为例，分析其全车电路。CA1091 型汽车全车电路包括电源系电路、启动系电路、点火系电路、照明系电路、信号系电路、仪表及报警装置电路、辅助电器装置电路等子系统电路。

（1）电源系电路

解放 CA1091 型汽车电源系电路如图 9.40 所示，其中图 9.40（a）是装用晶体管调节器时的电路，图 9.40（b）为装用 FT111 型调节器时发电机与调节器的连接关系。该车电源系电路的特点是：用发电机中性点电压控制充电指示灯，充电指示灯熄灭时，表示发电机正常工作并向蓄电池充电；蓄电池放电和被充电电流大小由电流表指示，采用 30A 快速熔断器来保护发电机和充电线路；发电机磁场电流由点火开关控制，停车时，不允许长时间接通点火开关，夜间停车维修时，需用车上照明设备时应将点火开关开至Ⅲ挡；发电机磁场为外搭铁，接线时应正确连接各导线。

（2）启动系电路

解放 CA1091 型汽车启动系电路如图 9.41 所示，该车由点火开关控制启动机复合继电器，再由启动机复合继电器控制启动机电磁开关电路。当发动机启动后，由于启动机复合继

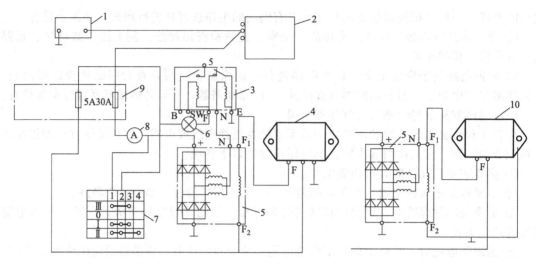

(a) 装用晶体管调节器　　　　　　**(b) 装用FT111型调节器时发电机与调节器的连接**

图 9.40　CA1091 型汽车的电源系电路

1—蓄电池；2—启动机；3—组合继电器；4—晶体管调节器；5—硅整流发电机；6—充电指示灯；
7—点火开关；8—电流表；9—熔断器盒；10—FT111 型调节器

电器的作用，自动切断了蓄电池与启动机间的电路，可防止启动时没有及时松开点火开关或启动后误接通启动电路造成启动机的损坏，保护了启动机。

（3）点火系电路

解放 CA1091 型汽车点火系电路如图 9.42 所示。该电路由低压电路和高压电路组成。CA1091 型汽车在传统的基础上，加装了爆震限制器（部分车辆上选用），该电路的特点是：装用爆震限制器后，断电器触点电流减小、触点不易烧蚀，并在一定范围内可自动调整点火提前角；采用突出型火花塞，具有较好的热特性，采用高压阻尼线，能较好地抑制点火系对无线电的干扰；若爆震限制器发生故障或不选用该装置时，可将其改接为传统的点火系电路。

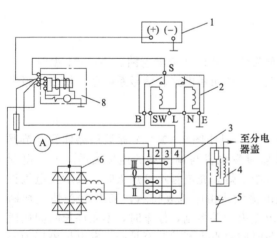

图 9.41　解放 CA1091 型汽车的启动系电路

1—蓄电池；2—组合继电器；3—点火
开关；4—点火线圈及附加电阻；5—断电器触点；6—硅整流
发电机；7—电流表；8—启动机

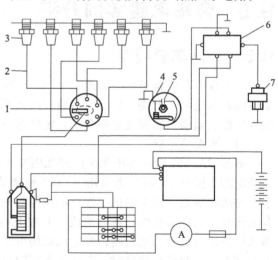

图 9.42　解放 CA1091 型汽车点火系
（带爆震限制器）的电路

1—配电器；2—高压导线；3—火花塞；4—断电器；
5—电容器；6—爆震限制器；7—爆震传感器

（4）照明系电路

解放 CA1091 型汽车照明系电路如图 9.43 所示。该电路前照灯采用四灯制非对称配光形式，其车灯开关控制前照灯、示宽灯、仪表灯和顶灯。前照灯电路设有灯光继电器，若该继电器损坏，不能直接用车灯开关控制前照灯，否则会因其触点承载能力太小而烧坏开关，前照灯的远、近光的变换通过变光开关实现。

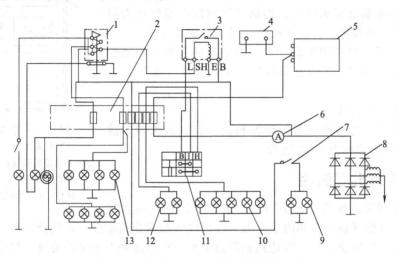

图 9.43　解放 CA1091 型汽车照明系电路

1—车灯开关；2—熔断丝盒；3—灯光继电器；4—蓄电池；5—启动机；6—电流表；7—雾灯开关；8—硅整流发电机；9—雾灯；10—前照灯远光灯；11—变光开关；12—前照灯近光灯；13—示宽灯

（5）信号系电路

解放 CA1091 型汽车的信号系电路如图 9.44 所示。转向灯开关通过闪光继电器控制左、右转向灯。用喇叭按钮通过喇叭继电器控制电喇叭，倒车灯开关在变速器倒挡轴上。

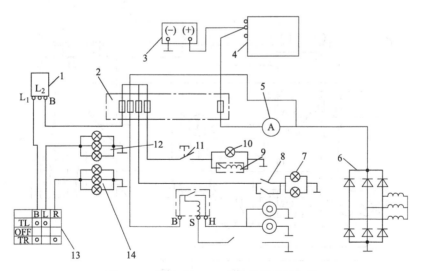

图 9.44　解放 CA1091 型汽车信号系电路

1—闪光继电器；2—熔断丝盒；3—蓄电池；4—启动机；5—电流表；6—发电机；7—制动灯；8—制动开关；9—倒车蜂鸣器；10—倒车灯；11—倒车开关；12—左转向信号灯；13—转向灯开关；14—右转向信号灯

（6）仪表和报警系电路

CA1091 型汽车的仪表和报警系电路如图 9.45、图 9.46 所示。该电路的特点是：

① 水温表和燃油表由仪表电源稳压器供电，电源稳压器的作用是当电源电压波动时起稳压作用，以保证水温表和燃油表的读数准确。

② 停车灯开关装在驻车制动器制动操纵杆支架上，由驻车制动操纵杆控制。当处于制动位置时，驻车制动指示灯亮。

③ 放松驻车制动操纵杆时，如储气筒内压缩空气压力过低，蜂鸣器电路被接通，警告驾驶员此时不得起步行驶。

④ 所有报警信号灯集中设在仪表板总成的左侧，以便驾驶员工作时随时观察，各报警信号灯的位置及符号如图 9.46 所示。

（7）辅助电器电路

不同车型配置的辅助电器的种类和数量差别较大，解放 CA1091 暖风机电路如图 9.47 所示。

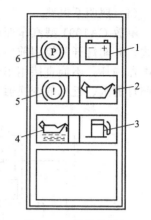

图 9.45　报警信号灯

1—电源指示灯；2—油压警报灯；3—燃油量警报灯；4—机油滤清器堵塞警报灯；5—气压警报灯；6—驻车制动指示灯

9.5.2　压路机总线路

压实机械利用机械自重、振动或冲击等方法对被压实材料重复加载，克服其黏聚力和内摩擦力，排出气体和多余的水分，迫使材料颗粒之间产生位移，相互楔紧，增加密实度，以达到必需的强度、稳定性和平整度的要求，保证运行机械的正常运行和道路的使用寿命。虽然现代沥青混合料摊铺机具有振动、振捣等初压实功能，但其密实度等必须利用压路机进行碾压，才能达到规定的工程设计技术要求。成形路面的质量（如密实度、平整度等）除与采用的压实工艺有关外，还取决于振动压路机的技术性能——起振、停振性能，速度控制性能，振幅振频调节性能等。继静力式压路机之后，振动压路机越来越多地应用在各种工程建设的施工中，尤其是双钢轮振动压路机可称为是碾压沥青混合

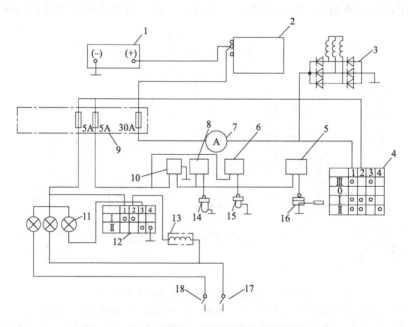

图 9.46　解放 CA1091 型汽车仪表和报警系电路

1—蓄电池；2—启动机；3—发电机；4—点火开关；5—燃油表；6—机油压力表；7—电流表；8—水温表；9—熔断丝盒；10—仪表用稳压器；11—驻车制动指示灯；12—停车开关；13—报警蜂鸣器；14—水温传感器；15—油压传感器；16—燃油传感器；17—气压警报开关；18—油压警报开关

料摊铺层的主要设备，它与静力式钢轮压路机相比，在电控系统方面有了很大程度的改进和发展，例如三一公司的YZC12型振动压路机和美国INGERSOLLRAND公司生产的DD110型振动压路机的电气系统。以下主要介绍ZC12型振动压路机电气系统。

（1）YZC12型振动压路机电气系统工作原理

三一公司的YZC12型振动压路机的电气系统如图9.48所示。该系统由基本车辆电系电路、行驶驱动控制电路、振动控制电路、辅助电气设备控制电路等组成。

① 基本车辆电系。基本车辆电系包括发动机启动与充电系统、发动机工作监控系统、喇叭、仪表、工作灯、制动和紧急停车等。

启动系统与充电系统（系统电源为24V）主要包括蓄电池G1、启动开关S2、启动机M1、启动预热控制装置P1、预热指示灯E、预热电阻R_1、预热熔断器F3（50A）、整体式硅整流发电机G2等。

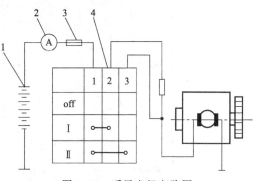

图9.47 暖风电机电路图
1—蓄电池；2—电流表；3—熔断丝；4—暖风开关

发动机工作监控系统由工作累时计P2（指示灯E1、继电器线圈K1）、燃油量指示表P4、转速表P5、机油压力表P6、机油压力开关RT3、机油压力指示灯E2、机油压力报警喇叭B2（机油压力过低时，灯亮与报警通过D1同时实现）、冷却液指示与报警E3、B2（通过D2同时实现）、水温表P1及指示灯E4、报警B2、油路阻塞压力开关LX3及指示灯E6、零位自动闭锁系统（开关K1、继电器K2及开关K2，延时继电器线圈KT及开关KT，零位启动指示灯E5），防止发动机启动时振动泵参与工作。

照明系统由驾驶室工作顶灯H5，前后工作灯H1和H2、H3和H4及指示灯开关S10、S11，停车和转向示警灯H6、H7、H8、H9，左右选择开关S14，频率控制器K8组成。

制动指示灯E7和继电器K3，在一般制动时，指示灯E7亮，同时继电器线圈K3断电，其常开触点K3打开，Y4断电，在一般制动情况下，行驶泵斜盘角控制电磁阀Y4使变量泵斜盘角为零，实施液压系统闭锁制动。紧急制动系统由电磁阀Y4、V5，紧急停车开关S4，指示灯E7，延时继电器KT，延时继电器常开触点开关KT组成。紧急制动时，电磁阀Y4、Y5均断电，此时液压系统闭锁，同时前后轮制动油缸释放压力油，制动系统在弹簧作用下产生制动，指示灯亮，延时几秒钟后，振动系统电磁阀Y8或Y9自动断电，停止工作。

② 行驶驱动控制电路。行驶高低速控制由继电器常开触点K3、电磁阀Y3组成。电磁阀Y3是两个双位置变量马达的位置控制开关，Y3断电时，行驶驱动变量马达在低速（大排量）、大转矩工况下工作，此时手控变量泵调节压路机的行驶速度为0～7km/h；Y3通电时，行驶马达在高速（小排量）、小转矩工况下工作，此时手控变量泵调节压路机的行驶速度为0～13.5km/h，保证了压路机在不同工况下以最佳的速度进行压实作业，以较快的速度行驶。

③ 振动时的控制电路。振动方式可以选择前轮振动、后轮振动和前后轮同时振动的方式。由选择开关S5实现，Y6、Y7为对应的前后振动轮驱动马达控制电磁阀。振动频率的选择可以是自动的，也可以是手动的。高频、低频的控制由选择开关S8，电磁阀Y8、Y9，指示灯E8、E9组成。Y8电磁阀控制振动泵在大排量位置，即高频小振幅工况下工作；Y9电磁阀控制振动泵在小排量位置，即低频大振幅工况下工作，这样可以有效地压实不同种类及厚度的铺料层。

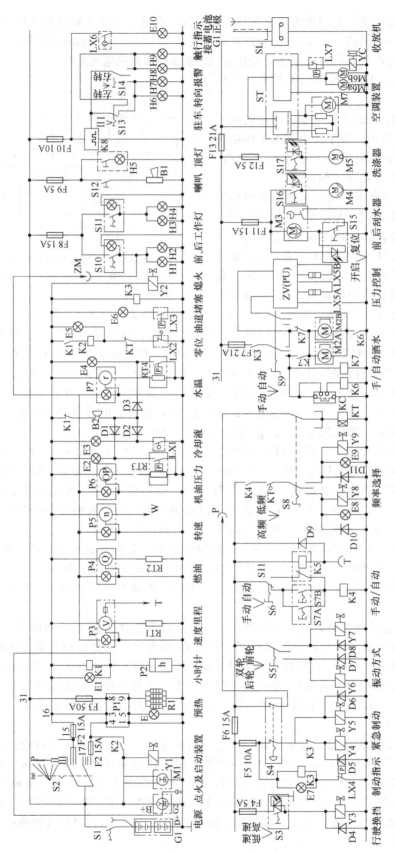

图 9.48　YZC12 型振动压路机的电气系统图

④ 辅助设备控制电路。

a. 手动/自动洒水控制。手动/自动洒水控制器由选择开关 S9，继电器 K6、K7，常开触点 K6、K7，常闭触点 K7，驱动水泵电机 M2A、M2B，以及洒水智能控制器 ZV 等组成。洒水系统还包括水泵，三级过滤器，前后水箱、水管、接头等。前后车架各有一个水箱。

驾驶员在驾驶室内能方便地进行洒水操作。洒水系统有压力喷水和重力洒水两套装置，保证在任何情况下都能够为钢轮洒水。智能控制器是一个由微处理器（CPU）控制并编有专用控制程序的高科技电子产品，能够实现自动压力喷水。

b. 刮水器与洗涤器、收放机。前后刮水器由微型直流驱动电机 M3、M4，开关 S15、S16 组成。洗涤器由喷水电机 M5、控制开关 S17 组成。收放机电源由蓄电池直接供给，电压为 24V。

c. 蟹行指示、空调装置。蟹行指示 E10 用作手动控制压路机进行蟹行作业时的指示。空调系统包括制冷和采暖两部分。其中制冷系统里，M6a、M6b 为蒸发器风机，采用的是轴流式双轮直流（24V）风机，其作用是强制驾驶室里的空气进行循环。M7 为冷凝器风机，其作用是增强冷凝器的散热能力，保证冷凝器的工作质量。YC 为压缩机，它是空调系统的核心部分，保证制冷剂正常的工作循环。LX7 为压力开关（P），当系统出现冰堵或杂物堵塞，使压缩机高压出口的压力高于 3.1MPa，或当系统出现泄漏导致系统压力低于 0.23MPa 时，切断压缩机电路，使压缩机无法工作，从而起到保护作用。

（2）振动压路机主要电系的故障诊断和排除

振动压路机基本电系常出现的故障和排除方法，可参见前面内容；振动压路机其他主要电系常见故障的诊断和排除方法见表 9.8。

表 9.8　振动压路机其他主要电系常见故障的诊断和排除方法

行驶电气系统	行驶系统只有低速挡	先检查熔断器 F4 是否烧断，再检查开关 S3 是否能闭合；如正常，进一步检查电磁阀 Y3 是否有电，有电时，进一步检查电磁阀是否有短路、断路、搭铁等故障。若一切正常，应查相关的液压系统
振动电气系统	前后轮均无振动	先检查 F16 是否烧断，再在手动方式下检查继电器 K4、KT 是否能闭合，若正常，继续检查 Y8、Y9 是否有电或是否出现断路、短路、搭铁故障。若一切正常，应检查相关的液压系统
	只有高频或低频振动	先检查高、低频选择开关是否正常，再检查 Y8、Y9 电磁阀是否短路、断路或搭铁。若正常，应检查相关的液压系统
	只有前轮或后轮振动	检查开关 S5 及相应的电磁阀 Y6、Y7 是否有电，或出现短路、断路、搭铁故障。如正常，应检查相关的液压系统
空调系统	制冷系统异响	应检查传动皮带是否过松；风机风扇是否有杂物，电机是否过分磨损；电磁离合器是否打滑；压缩机内部是否润滑不良等
	系统不制冷	先检查熔断器 F13 最否烧断，再检查风机是否运转，电磁离合器是否工作正常，制冷剂的量是否过多或过少，最后检查控制开关、压力开关、怠速控制器是否有故障
	系统制冷不足	如果风量不足，应检查风机及其控制电路；如果风量正常，应先检查制冷剂的量，再检查离合器是否打滑，皮带是否过松，压缩机内部是否窜气，使压缩机效率低下等

9.5.3　装载机总线路

（1）ZL50C 装载机电气系统介绍

ZL50C 装载机电气设备总线路包括充电系统、启动系统、照明及信号系统、仪表系统和辅助电气装置。全车电器线路为并联单线制、负极搭铁，电气系统工作电压均为 24V，如图 9.49 所示。

① 充电系统。

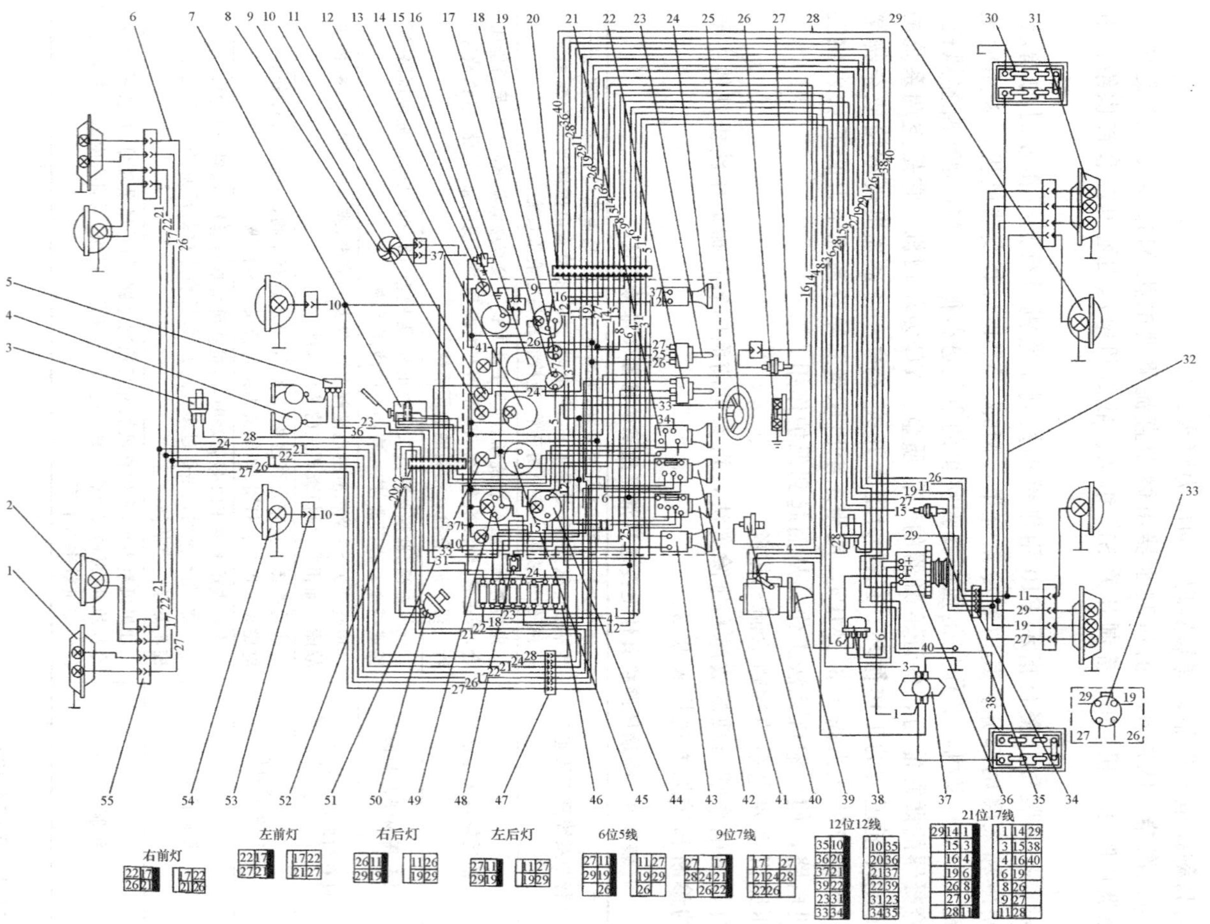

图 9.49　ZL50C 装载机电气线路图

1—前小灯；2—前大灯；3—制动开关；4—双音电喇叭；5—喇叭继电器；6—前灯线束电路总成；7—电动刮水器总成；8—电风扇；9—制动指示灯；10—低压警报指示灯；11—双线插接器；12—前后制动气压表；13—仪表灯；14—小时计；15—低压警报开关；16—变速器油压表；17—电锁；18—启动按钮；19—变矩器油温表；20—二十一线插接器；21—刮水器开关；22—顶灯、仪表灯开关；23—转向开关；24—电风扇开关；25—喇叭按钮；26—顶灯；27—变矩器油温传感器；28—主线束电路总成；29—后大灯；30—蓄电池；31—后尾灯；32—后灯线束电路总成；33—挂车插座总成；34—六线插接器；35—发动机水温传感器；36—发电机；37—电源总开关；38—调节器；39—启动电机；40—机油压力感应塞；41—前小灯、前大灯开关；42—仪表开关、工作灯、后大灯开关；43—电源控制开关；44—电流表；45—发动机油压表；46—八挡熔断丝盒；47—九线插接器；48—闪光器；49—发动机水温表；50—变光开关；51—转向指示灯（左、右）；52—十二线插接器；53—单线插接器；54—工作灯；55—四线插接器

a. 用两个 6-Q-195 型 12V 蓄电池串联而成 24V，由电源总开关 37（蓄电池继电器）控制蓄电池的充、放电电路的通断，而电源总开关又受电源控制开关 43 的控制，停车时可防止蓄电池漏电。

b. 发电机 36 采用带中性点的六管硅整流发电机，调节器 38 为带磁场继电器的 FT221 型组合调节器。停车后，若电源电路忘记切断，调节器也能及时切断蓄电池与发电机励磁绕组间的电路，以免蓄电池过量放电，烧坏励磁绕组。

c. 仪表盘上的小时计 14 是由发电机内的转速传感器控制，用来记录发动机的工作时间。

d. 电流表 44 与蓄电池串联，显示蓄电池充、放电电流的大小；电源电路中的 30A 熔断器为快速熔断片。

② 启动系。ZL50C 装载机启动系电路由电钥匙 17 和启动按钮 18 直接控制，无启动继电器。启动机 39 采用 QD274 型电磁操纵强制啮合直流串励式电动机。

③ 照明及信号系。

a. 各灯具并联连接。

b. 前照灯 2 为两灯制双丝灯泡，远、近光靠变光开关 50 来变换。前小灯 1、尾灯 31 以及前照灯都由前小灯、前照灯专用开关 41 的不同挡位控制工作。

c. 两个工作灯 54 和两个后大灯 29 都由仪表开关、工作灯、后大灯开关 42 的不同挡位控制工作。

d. 闪光器 48 串联在转向灯电路中。

e. 制动灯 9 由制动灯开关 3 控制，低气压报警由开关 15 控制。

f. 顶灯 26 和仪表灯 13 由其开关 22 单独控制。

④ 仪表系统。ZL50C 装载机仪表系的仪表有电流表 44、发动机水温表 49、变速器油压表 16、变矩器油温表 19、发动机油压表 45、双针式气压表 12 和小时计 14 等。其传感器串联在对应仪表的搭铁电路中，各表的正常指示值如表 9.9 所示。

表 9.9 ZLSOC 装载机各仪表正常指示值

仪表	正常指示值	量程	仪表	正常指示值	量程
电流表		±50A	变矩器油压表	1.4～1.6MPa	0～3.2MPa
发动机水温表	67～90℃	50～135℃	发动机油压表	0.2～0.4MPa	0～0.6MPa
变矩器油温表	50～120℃	50～135℃	双针式气压表	0.6～0.8MPa	0～1.0MPa

⑤ 辅助电器。

ZL50C 装载机辅助电器主要包括单刮水片电动刮水器、电风扇、电喇叭和保险装置等。

a. 电动刮水器 7 由电动刮水器开关 21 控制，有慢、快两个挡位，具有自动复位功能。

b. 电风扇 8 由电风扇开关 24 单独控制。

c. 双音电喇叭 4 由喇叭继电器 5 和喇叭按钮 25 控制。

d. 总线路的熔断器集中布置在熔断丝盒 46 内，便于检修和更换。

(2) ZL50C 装载机主要电系常见故障的诊断和排除

ZL50C 装载机主要电系常见故障的诊断和排除方法见表 9.10。

表 9.10 ZL50C 装载机主要电系常见故障的诊断和排除方法

系统	故障现象	原因及排除方法
充电系统	不充电	先检查熔断器是否烧断，充电电路连接是否良好；再检查电源开关 37 和电源控制开关 43 是否工作良好；最后检查发电机 36 和组合调节器 38 工作是否正常
	充电电流过大	充电电流过大主要是由于调节器调压值过高或失效造成，应检修调节器
	充电电流过小	先检查调节器的调压值是否过低，触点烧蚀是否严重；再检查各连接导线是否接触良好、电源总开关触点是否严重烧蚀；最后检查发电机内部是否出现接触不良、局部短路、断路、个别二极管断路故障

续表

系统	故障现象	原因及排除方法
充电系统	充电电流不稳	先检查各连接导线是否松动;再检查调节器工作是否稳定;最后检查发电机内部是否出现局部断路故障
启动系统	启动机不转	先检查蓄电池是否严重亏电,电缆连接是否牢靠;再检查直流电机是否能转,电磁开关是否正常工作;最后检查电锁和启动按钮是否工作正常
启动系统	启动机运转无力	先检查蓄电池是否亏电,电缆接头是否接触不良;再检查直流电机内部是否存在局部断路、短路,换向器脏污、烧蚀等故障;最后检查电磁开关接触盘是否过度烧蚀
启动系统	启动机空转	先检查单向离合器是否打滑,拨叉是否脱出;再检查驱动齿轮与飞轮齿圈是否过度磨损;最后检查主电路接通是否过早
照明系统	所有灯都不亮	先检查相关保险是否烧断;再检查相应开关工作是否正常
照明系统	个别灯不亮	先检查灯泡是否烧坏;再检查相应连接导线是否断开
仪表系统	整个仪表均不正常	先检查保险是否烧断;再检查公共火线是否断开
仪表系统	个别仪表不正常	先检查该仪表与传感器的连接导线是否接触良好;再检查该仪表配套的传感器是否失效;最后检查该仪表表头内部是否出现故障

9.5.4 挖掘机总线路

液压挖掘机也是工程机械中常用的设备。随着对挖掘机在工作效率、节能、操作轻便、安全舒适、可靠耐用等各方面性能要求的提高,单凭液压控制技术本身的改进提高已显得力不从心,不能满足要求。机电一体化技术在挖掘机上的应用,使挖掘机的各种性能有了质的飞跃。国外在机电一体化应用方面的研究起步较早,20世纪70年代机电一体化技术便开始应用到挖掘机中。进入20世纪80年代后,以微电子技术为核心的高新技术的兴起,使国外挖掘机的设计、制造技术得到了迅速发展,目前以微机或微处理器为核心的电子控制系统在液压挖掘机中应用相当普及,并已成为现代高性能液压挖掘机不可缺少的组成部分。

（1）监控系统

监控系统用来对液压挖掘机各种工作状态进行监视。每当监测到异常情况时,监控系统会发出报警信号,并显示故障部位,提示操作者及时检查、修理。特别是有些监控系统,会在重大故障发生之前报警,以便及时采取措施避免重大事故的出现,减少维修时间,降低维修费用,延长设备使用寿命。

1978年,美国卡特彼勒公司就研制出了液压挖掘机的电子监控系统,该公司60%以上的产品装有该监控系统。在近年来开发的E系列产品上采用的监控系统,具有三级报警功能。一级报警时,面板上相应部位的发光二极管闪烁;二级报警时,面板上的主故障灯也同时闪烁;三级报警时,蜂鸣器也鸣叫报警,要求司机立即停车检查。

德国O&K公司研发的BORD电子监控系统,可检测液压挖掘机作业与维修的所有重要参数。该系统用微处理器检查液压挖掘机作业的各种数据,对液压挖掘机进行快速监测,并可评估和显示所计算的数据。由此,可判断发出故障的趋势,在重大事故发生前发出报警信号。

大宇重工生产的液压挖掘机也配有电子监控系统,下面以其DH280型液压挖掘机为例,介绍该电子监控系统的电路和原理。

DH280型液压挖掘机的电子监控系统电路如图9.50所示。该系统由仪表盘、仪表、报警灯、蜂鸣器、控制器及传感器等组成。$L_1 \sim L_6$（四个备用）为指示灯,用来指示某些开关状态和报警。仪表盘上还装有发动机转速表、冷却水温度表、燃油表、电压表及工作小时计五种仪表。启动发动机时,首先用钥匙将启动开关置于"ON"或"预热"位置。此时,仪表盘的端子8通过控制器的端子12接地,仪表上的所有报警指示灯（L1～L16）及发光二极管同时发光,蜂鸣器也同时鸣叫。3s后,报警指示灯熄灭,蜂鸣器停止鸣笛。此后,

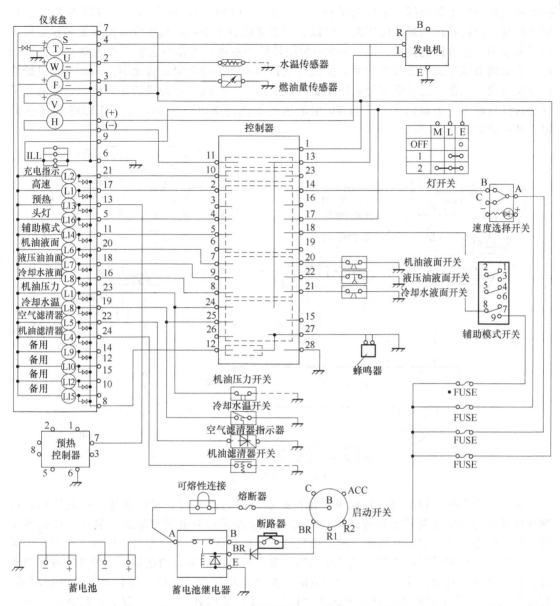

图9.50 DH280型挖掘机的电子监控系统电路

控制系统通过传感器检查各种液体的液面高度,包括发动机油底壳机油液面、液压油油箱内液压油液面、冷却水箱内冷却水液面等。若某种液体的液面低于规定值,则相应报警指示灯重新发光。为避免误报警,进行检查时液压挖掘机应停在水平地面上。蜂鸣器停止发声后,充电指示灯和机油压力指示灯发光属于正常现象。

发动机启动后,充电指示灯和机油压力指示灯都应熄灭,否则说明发电机充电系统有故障或机油压力过低。若机油压力过低,蜂鸣器也同时报警时,应立即停车检查发动机润滑系统。发动机工作过程中,若空气滤清器和机油滤清器堵塞,仪表盘上的相应报警指示灯将发光,直到堵塞情况排除为止。当发动机过热,冷却水温度超过103℃,报警灯和蜂鸣器将同时报警。

(2)功率优化系统

液压挖掘机能量的总利用率仅为20%左右,巨大的能量损失使节能技术成为衡量液压挖掘机先进性的重要指标。采用电子功率优化系统（EPOS），对发动机和液压泵系统进行综合控制，使两者达到最佳的匹配，可以达到明显的节能效果，为此许多世界著名挖掘机生产厂家采用了这种控制技术。EPOS是一种闭环控制系统，工作中它能根据发动机负荷的变化，自动调节液压泵所吸收的功率，使发动机转速始终保持在额定转速附近，即发动机始终以全功率投入工作。这样既充分利用了发动机的功率，提高了挖掘机的作业效率，又防止了发动机过载熄火。下面以大宇DH280型液压挖掘机的EPOS为例，说明EPOS的工作原理，其组成如图9.51所示。

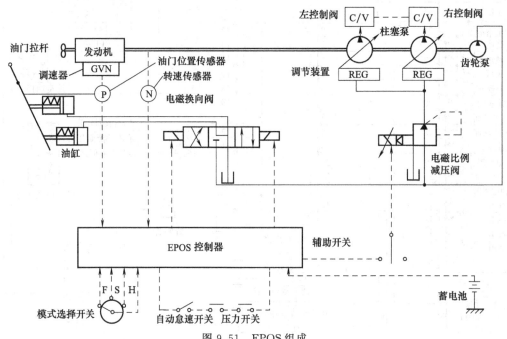

图 9.51　EPOS组成

该系统由EPOS控制器、发动机转速传感器、发动机油门位置传感器、电磁比例减压阀和柱塞泵斜盘角度调节装置等组成。发动机转速传感器为电磁感应式，装在飞轮壳的上方，用来检测发动机的实际转速。油门位置传感器由行程开关和微动开关组成。行程开关装在驾驶室内，与油门拉杆相连；微动开关装在发动机高压油泵、调速器上，两开关并联以提高工作可靠性。发动机油门处于最大位置时，两开关均闭合，并将信号传给EPOS控制器。若将图9.52中所示的模式选择开关选在"H"位置，油门处于最大位置时，与其相关的行程开关和微动开关均闭合，蓄电池的电压经这两开关输到EPOS的8脚，在该信号控制下，EPOS控制器不断通过转速传感器检测发动机的实际转速。测得的发动机实际转速与存储在控制器内的额定转速值进行比较，若实际转速低于额定转速，则控制器增大驱动电磁比例减压阀的电流，增大其输出压力，则柱塞泵斜盘角度调节装置减小斜盘角度，降低泵的排量。上述过程重复进行，直至实测发动机转速与设定的额定转速相符为止。若实际转速高于额定转速，则控制器减小电磁比例减压阀的驱动电流，进而增大泵的排量，最终使发动机也工作在额定转速附近。在EPOS控制之下，这种检测、比较、调节的过程不断进行，直到发动机的转速稳定在额定转速附近为止。

（3）工作模式控制系统

液压挖掘机配备工作模式控制系统，可以使操作者根据作业工况的不同，选择适合的作业模式，使发动机输出最合理的动力。大宇挖掘机有三种作业模式可供选择，模式的选择通过一模式选择开关实现（图9.52）。

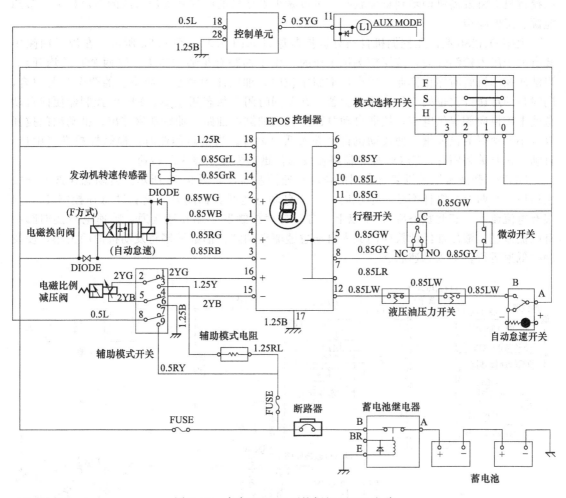

图 9.52 大宇 DH280 型挖掘机 EPOS 电路

① H 模式。当液压挖掘机处于重负荷工况时，选择该模式。此时，发动机油门处于最大位置，发动机以全功率投入工作。这时，在 EPOS 控制下，电磁比例减压阀的电流会在一定范围内变化，以保证发动机转速稳定在额定转速附近。对于 DH220LC、DH280 及生产序号为 1～360 的 DH320 型液压挖掘机，电磁比例减压阀的电流范围为 0～470mA；生产序号为 361 及以后的 DH320 型液压挖掘机，该电流的范围为 0～600mA。

② S 模式。该模式为标准作业模式。当选择该种模式工作时，EPOS 控制器为电磁比例减压阀提供的驱动电流不再变化，而是恒定的 470mA（DH220LC、DH280 型）。对于 DH320 型，则不再提供驱动电流。液压泵输入功率的总和约为发动机最大功率的 85%。对于 DH220LC、DH280 型液压挖掘机，即使选择了 H 模式，若发动机油门不在供油最大位置，则控制器自动使液压挖掘机工作于 S 模式，且转速传感器测得的实际转速值不起作用。

③ F 模式。F 模式为液压挖掘机轻载工作模式。这时液压泵输入总功率约为发动机最大功率的 60%，适合于液压挖掘机的平整作业。在该模式下，EPOS 控制器向电磁换向阀提供电流，换向阀换向后，使安装在发动机高压油泵处的小驱动油缸的油路接通，则活塞杆伸出，关小发动机油门，使发动机转速降至 1450r/min 左右。

（4）自动怠速装置

当液压挖掘机暂时停止作业时，操作者要将操纵杆推回到中位。装有自动怠速装置的液压挖掘机会将发动机调整到怠速状态，可以减少发动机的磨损和液压系统的空流损失，节约能源、降低噪声。

大宇 DH280 型液压挖掘机自动怠速控制原理如图 9.51、图 9.52 所示。在液压回路中装有两个压力检测开关，液压挖掘机工作时，由于油路有足够的压力，这两个开关均开启。当液压挖掘机暂时停止作业、操纵杆推回中位时，油路压力减小，油路上的两个开关闭合，同时自动怠速开关也处于闭合状态。若三开关同时闭合状态超过 4s，EPOS 控制器便向自动怠速电磁换向阀提供电流，接通自动怠速小驱动油缸的油路，油缸活塞伸出，推动油门拉杆以减小发动机的供油量，使发动机自动进入低速运转。当重新作业时，操纵杆被推离中位，自动怠速开关将断开，EPOS 控制器将使发动机迅速恢复到原来的转速。

DH320 型液压挖掘机装有专门的自动怠速控制器，如图 9.53 所示。自动怠速选择开关接通后，当两个操纵杆都处于中位时，三个自动怠速开关都闭合，则自动怠速控制器 3、4 端有电流流入。若此状态维持 4s 以上，自动怠速控制器 1 端和地接通，减速电磁换向阀中有电流流过，液压油经此换向阀流入自动怠速驱动油缸，油缸活塞将发动机油门关小，使发动机低速运行，进入怠速状态。

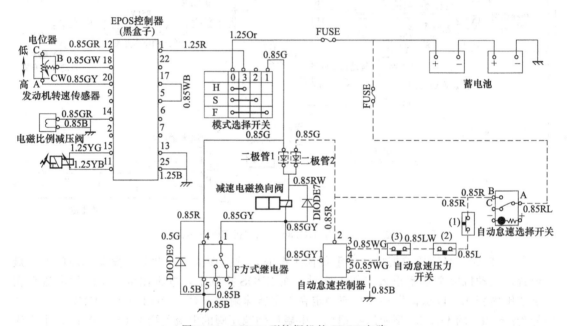

图 9.53　DH320 型挖掘机的 EPOS 电路

（5）电子油门控制系统

有些液压挖掘机采用电子油门控制系统，下面以日本小松 PC200-5 型液压挖掘机为例介绍该系统的组成、电路和工作原理。

电子油门控制系统由油门控制器、调速器电机、燃油控制盘、监控仪表盘、蓄电池继电器等组成。图 9.54 和图 9.55 所示为该系统的组成和电路。该系统可实现三个功能，即发动机转速控制、自动升温控制和发动机停车控制。

① 发动机转速控制。发动机的转速可由燃油控制盘来选定。燃油控制盘实际上是一个电位器的滑动触头，电位器的电源由油门控制器的 7 和 18 脚提供，如图 9.55 所示。旋转燃油控制盘至不同位置，则电位器输出电压不同。油门控制器中的微电脑根据该电压值，便可计算出所选定的发动机转速。燃油控制盘的位置与电位器输出电压的关系如图 9.56 所示。

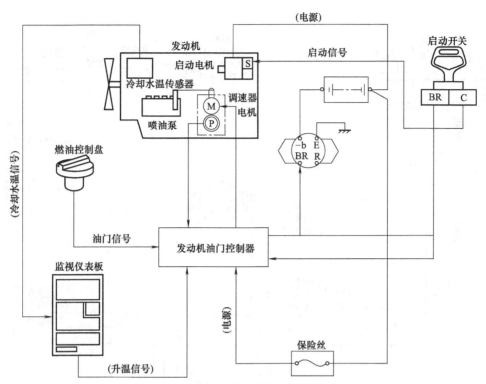

图 9.54　电子油门控制系统组成

在负荷一定的情况下，发动机的转速与喷油泵的循环供油量，即供油拉杆的位置有关。供油拉杆由调速电动机（步进电机）通过连杆机构驱动。电动机轴转到不同位置时，便对应不同的供油量。为了检测电动机轴的实际位置，电动机又通过齿轮传动带动一个电位器。该电位器输出电压与电动机轴转过的角度成正比，油门控制器可根据这个电压值确定电动机轴的转角即油门拉杆的位置。此控制过程是，油门控制器依燃油控制盘带动的电位器输出电压的大小，驱动调速器电动机，使其正或反转，直到电动机轴转角电位器反馈回的电压，与燃油控制盘电位器输出电压相等为止。

② 自动升温控制。发动机启动后，监控仪表盘中的微电脑就通过温度传感器不断检测冷却水的温度。若燃油控制盘选定的发动机转速低于1200r/min，冷却水温度低于30℃，则仪表盘微电脑向油门控制器微电脑发出"升温"信号。据此信号，油门控制器微电脑便驱动调速器电动机，使发动机转速升到1200r/min，缩短发动机的暖机时间。若冷却水温度超过30℃或燃油控制盘处于满量程70%以上、发动机高速运转超过3s或升温时间超过10s，三者之一得到满足，则取消自动升温功能。

③ 发动机停车控制。发动机的"BR"端与油门控制器的2脚相连，用来检测启动开关的位置。当启动开关转至"切断"位置，油门控制器2脚检测到无电压信号时就判断出启动开关处于"切断"位置，并输出电流使蓄电池继电器触点保持闭合，以保持主电路继续接通。同时，控制器驱动调速电机，将供油泵的供油拉杆拉向停止供油位置，从而使发动机熄火。供油拉杆处于"停油"位置之后，控制器延时2.5s，然后使蓄电池继电器触点断开，切断主电路。其时间关系如图9.57所示。

（6）挖掘机电气系统的故障排除

挖掘机有时出现的电气故障可能由多种原因引起，一般可参照表9.11进行判断。如果找不到故障，请与附近的维修中心联系，不要自己随便调整、拆卸和维修电气元件。

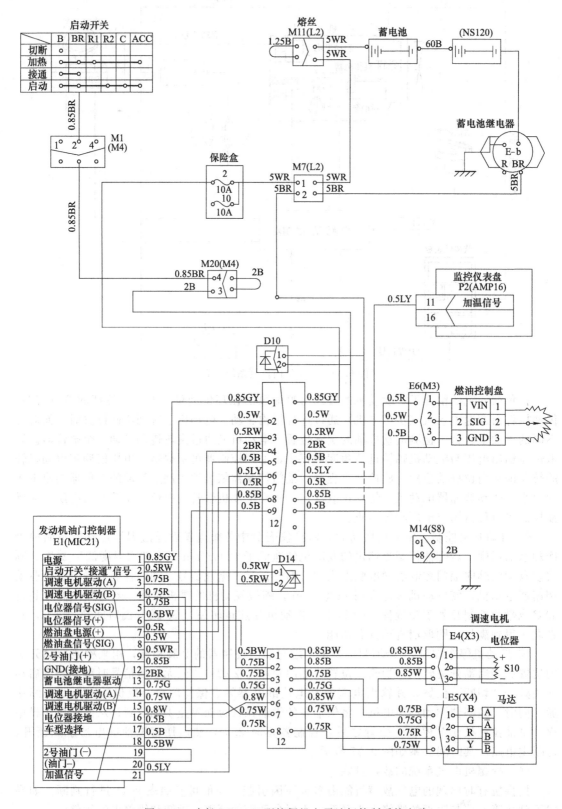

图 9.55　小松 PC200-5 型挖掘机电子油门控制系统电路

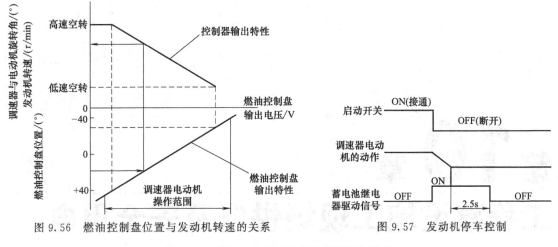

图 9.56　燃油控制盘位置与发动机转速的关系　　　　图 9.57　发动机停车控制

表 9.11　挖掘机常见电气故障的原因与排除

故障现象	故障原因	排除方法
启动机不工作	蓄电池亏电	充电或更换电瓶
	端子接触不良	清理或更换
	启动开关坏了	更换
	启动继电器坏了	更换
	启动控制器失灵	更换
	导线失效	修理或更换
	蓄电池继电器失灵	更换
	熔断丝烧了	更换
蓄电池不充电	接头松动或腐蚀	拧紧或变换
	电力不足	更换
	发电机皮带松或损坏	调整
	发电机失灵	修理或更换
蓄电池输出电压低	蓄电池内部短路	更换
	导线短路	修理
发动机速度不受控制	速度控制旋钮故障	更换
	节流控制器故障	更换
	速度控制马达故障	修理或更换
	熔断丝故障	更换
	导线损坏	修理
	连接故障	修理
动力模式选择不工作	熔断丝烧断	更换
	动力模式开关失灵	修理
	连接失灵	修理
	导线损坏	修理
	EPOS-V 控制器故障	修理
工作模式选择不工作	熔断丝烧断	更换
	工作模式选择开关故障	更换
	连接失灵	更换或修理
	导线损坏	修理
	EPOS-V 控制器故障	修理或更换

第**10**章
工程建设施工现场供电及安全用电

施工现场离不开用电，工程设备、施工机具、现场照明、电气安装等，都需要电能的支持。正是电能的普遍应用，推动了现代建筑施工，适应了现代建筑施工技术进步、生产效率，以及管理文明的要求。随着建设工程项目的科技含量和智能化的加强，施工机械化和自动化程度的不断提高，用电场所更加广泛。但施工现场由于用电设备种类多、电容量大、工作环境不固定、露天作业、临时使用的特点，在电气线路的敷设、电器元件、电缆的选配及电路的设置等方面容易存在短期行为，但施工用电过程中，当对它的设置和使用不规范时，也会带来极其严重的危害和灾难。特别是触电和电火能在一瞬间危及人的生命，造成巨大的财产损失。因此，在建筑施工中，要特别关注与施工现场特点相适应的用电安全问题。

10.1 电网供电

10.1.1 配电基本过程

发电厂发电机输出的 6.3kV 或 10.5kV 或 13.8kV 的电压，必须经过传输、配电后才能为施工现场的用电设备所利用。电能输送和配电的基本过程如图 10.1 所示。

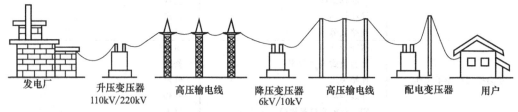

| 发电厂 | 升压变压器 110kV/220kV | 高压输电线 | 降压变压器 6kV/10kV | 高压输电线 | 配电变压器 | 用户 |

图 10.1 电网供电的输电、配电过程

为降低电能的传输损耗，要经过升压变压器升压后再向远处输电，随后又要经过配电变压器再将电压降低至 220V/380V 以供负载使用。工程建设施工现场用电要考虑，从 6kV 或 10kV 电源接入高压电，再经配电变压器将电压降低到 220V/380V，然后向施工现场内的工程建设机械及照明设备供电。其中比较主要的是配电变压器型号的选择和安装位置的确定。

10.1.2 配电变压器

（1）作用及工作原理

配电变压器的作用是将较高的电网电压降到 220V/380V，引入配电室后再分配到各用电设备（图 10.2），其接线原理见图 10.3。

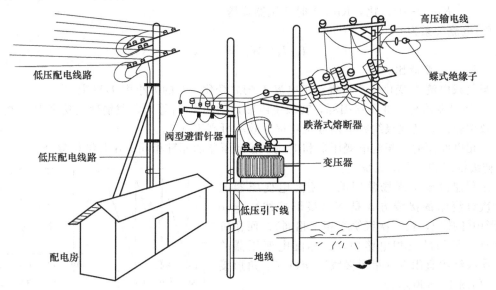

图 10.2 配电变压器与高压输电线、低压输电线的连接

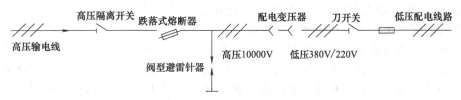

图 10.3 配电变压器接线原理

配电变压器是由绕组和铁芯两个基本部分构成，如图 10.4 所示，与电源连接的绕组称为初级绕组 W_1，与用电设备（负载）连接的绕组称为次级绕组 W_2。

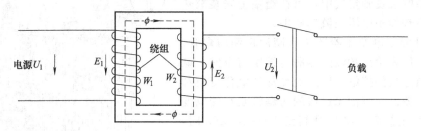

图 10.4 配电变压器工作原理

从电源输入的交流电流 I_1 流过初级绕组 W_1 时产生了磁通 ϕ，通过次级绕组 W_2 时，就在次级绕组内产生了感应电动势 E_2，其值为

$$E_2 = 4.44 f W_2 \phi_m$$

式中　f——电源频率；

　　　ϕ_m——最大磁通量。

此时次级线组 W_2 相当于一个"电源"。初、次级绕组没有电的联系，但电能以磁通为媒介从初级绕组 W_1 输送到次级绕组 W_2。初、次级绕组各量间的基本关系是：

① 电压关系为

$$U_1/U_2 = W_1/W_2 = K_U$$

式中 U_1、U_2——初级、次级电压；

　　　W_1、W_2——初级、次级线圈匝数；

　　　K_U——变压比，$K_U>1$ 时变压器降压。

② 电流关系为

$$I_1/I_2=W_2/W_1=K_I$$

式中 K_I——变流比。

当负载电流 I_2 变化时，初级绕组电流 I_1 随之变化，I_1 的大小由 I_2 决定。

③ 如果忽略配电变压器损耗，初级绕组输送的功率 P_1 等于负载消耗的功率 P_2。配电变压器效率较高，其次级绕组输出额定功率时效率可高于 90%。

三相电路用的三相配电变压器和上述单相变压器的原理相同，仅是结构复杂一些，即有 3 个初级绕组和 3 个次级绕组。

工程建设施工现场常用的三相配电变压器的初、次级绕组的接线方式是 Y（星形接线），yno（星形中性接地，初、次级绕组相位相同）；而在负载严重不平衡的三相电路中，三相配电变压器的初、次级绕组宜用 Y（星形接线），d11（三角形接线），如图 10.5 所示。

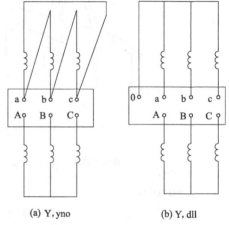

(a) Y,yno　　　　(b) Y,d11

图 10.5　三相配电变压器连接方式

（2）结构与性能

配电变压器结构见图 10.6，由铁芯、绕组、高低压接线套管、散热装置和温度计等组成。

散热是配电变压器设计、制造和使用的一个重要问题，常用散热方式有自冷和油冷两种。自冷式配电变压器依靠空气的自然对流和本身的辐射来散热，散热效果较差，只适用于小型配电变压器。大容量的配电变压器均采用油冷式散热方式，即把配电变压器的铁芯和绕组全部浸没在变压器油内，使热量通过箱壁散发到空气中，可在箱壁上安装散热管来加大冷却面积以增强散热效果。

大容量的配电变压器还装有储油柜和防爆管。储油柜可以用来给冷却油的热胀冷缩留有空间，减少冷却油与空气的接触，以避免冷却油氧化变质和绝缘性能变差。当与油箱连通的防爆管是在配电变压器内部发生故障、油压升高到 $50\sim100\text{kPa}$ 时，安全膜爆破，冷却油喷出，则可避免油箱破裂以减轻事故危害。

配电变压器型号由两部分组成，前部分为字母，表示变压器的类型、结构特点、运行方式及用途等。后部分为数字，其中分母表示高压供电的电压等级（kV），分子表示额定容量（V·A）。例如，SLI-80/10 表示三相油浸冷却式铝线变压器，额定容量为 80kV·A，高压绕组的电压等级是 10kV。

配电变压器的主要技术性能指标有：

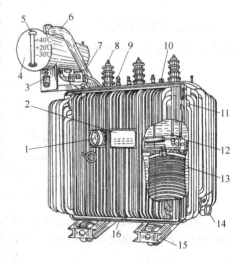

图 10.6　油浸式配电变压器

1—温度计；2—铭牌；3—呼吸器；4—储油柜；5—油标；6—防爆管；7—继电器；8—高压套管；9—低压套管；10—分解开关；11—油箱；12—铁芯；13—线圈；14—放油阀；15—小车；16—接地端子

① 初级绕组的额定电压 U_{1e}，指规定加在初级绕组上的最高电压值（在三相配电变压器中指线电压）。

② 次级供给的额定电压 U_{2e}，在初级电压等于初级额定电压 U_{1e} 且在配电变压器空载时，次级绕组两端的电压值（在三相配电变压器中指线电压）。

③ 初、次级绕组的额定电流 I_{1e}、I_{2e}，指允许长期通过初、次级绕组的最大电流值（在三相配电变压器中指线电流），它们是根据配电变压器长期工作时允许温升规定的。

④ 额定容量 S_e，是指配电变压器工作在额定工况时的视在功率。

对于单相变压器：$S_e = U_{2e} I_{2e}/1000$（kV·A）

对于三相配电变压器：$S_e = \sqrt{3} U_{2e} I_{2e}/1000$（kV·A）

⑤ 额定温升 T_e，指配电变压器允许达到的最高工作温度与环境温度之差（绕组额定温升为650℃），配电变压器温升过高时将会使其绝缘损坏。

⑥ 负载系数 β_0，配电变压器的实际负载与额定负载之比值。$\beta_0 = 0.5$ 时配电变压器的损耗最小，温升最低；$\beta_0 = 0.3$ 时配电变压器的损耗与满载时的相等，β_0 值继续下降时损耗又将急剧增加。

使用配电变压器时，通常应使负载系数为 $\beta_0 = 0.75 \sim 0.90$，此时既能控制配电变压器的温升，又能充分利用配电变压器。

（3）配电变压器安装位置的确定

除正确选择配电变压器的型号、容量，还应按下列原则综合考虑后确定其最佳安装位置。

① 尽量使配电变压器处于各用电设备（负载）的中心。

② 尽量靠近电网的高压电线杆，使高压进线方便。

③ 地势较高而干燥，且道路通畅，便于运输与安装。

④ 远离交通要道和人畜活动场所，并辅以警示标牌，以保证用电安全。

10.2 施工现场用电原则

建筑施工现场临时用电工程专用的电源中性点直接接地的220V/380V三相四线制低压电力系统，可以归纳为以下几个主要原则。

（1）施工现场一条电路原则

施工现场临时用电必须统一进行组织设计，有统一的临时用电施工方案，一个取电来源，一个临时用电施工、安装、维修、管理队伍。严禁私拉乱接线路，多头取电；严禁施工机械设备和照明各自独立取自不同的用电来源。

项目经理作为施工现场安全生产的第一责任人；配备的电气技术人员要经过安全用电基本知识培训，了解所用设备性能，具有上岗资格；要建立完整的临时用电安全技术资料，建立定期检查制度，做好电气设备日常维护、电阻测试、电工维修记录。临时用电工程施工完毕，要做全面的检查验收。

施工现场出现的主要问题是，没有临时用电施工组织设计，或虽然有临时用电施工组织设计但编制手续不全，内容空泛，照抄照搬规范，与现场实际脱节，不能指导施工，缺少用电维修、检查制度，凭空填写用电检测资料，电工缺乏配电知识等。

（2）三级配电原则

三级配电指施工现场从电源进线开始至用电设备之间，经过三级配电装置配送电力，即由总配电箱（一级箱）或配电室的配电柜开始，依次经由分配电箱（二级箱）、开关箱（三级箱）到用电设备，形成完整的三级用（配）电系统。这样配电层次清楚，便于管理和查找故障。三级配电示意图如图 10.7 所示。

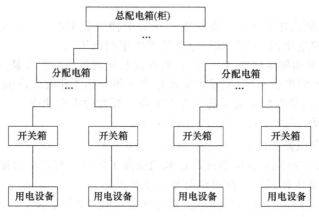

图 10.7　三级配电示意图

为保证三级配电系统运行的安全、可靠和有效，设置系统时应遵守四个规则，即分级分路规则、动照分设规则、压缩空间距离规则、环境安全规则。

分级分路规则包括：a. 从一级总配电箱（配电柜）向二级分配电箱配电可以分路。即一个总配电箱（配电柜）可以分若干分路向若干分配电箱配电；每一分路也可分支支接若干分配电箱。b. 从二级分配电箱向三级开关箱配电同样也可以分路。即一个分配电箱也可以分若干分路向若干开关箱配电，而其每一分路也可以支接或链接若干开关箱。c. 从三级开关箱向用电设备配电必须实行"一机一闸"制，不存在分路问题。即每一个开关箱只能连接控制一台与其相关的用电设备（含插座），包括一组不超过 30A 负荷的照明器，或每一台用电设备必须有其独立专用的开关箱。按照分级分路规则的要求，在三级配电系统中，任何用电设备均不得超级配电，即其电源线不得直接连接于分配电箱或总配电箱，任何配电装置不得挂接其他临时用电设备。否则，三级配电系统的结构形式和分级分路规则将被破坏。三级配电箱的配置示意图见图 10.8。

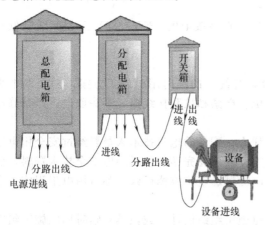

图 10.8　三级配电箱的配置示意图

动照分设规则主要包括：a. 动力配电箱与照明配电箱应分别设置，若动力与照明合置于同一配电箱内共箱配电，则动力与照明应分路配电。此处的配电箱包括总配电箱和分配电箱（下同）。b. 动力开关箱与照明开关箱必须分箱设置，不存在共箱分路设置问题。

压缩空间距离规则是指除总配电箱、配电室（配电柜）外，分配电箱与开关箱之间，应尽量缩短开关箱与用电设备之间的空间间距。压缩配电间距规则主要包括：分配电箱应设在用电设备或负荷相对集中的场所；分配电箱距离开关箱不得大于 30m；开关箱与其供电的固定式用电设备的水平距离不宜超过 3m。

环境安全规则是指配电系统对其设置和运行环境安全因素的要求。环境保持干燥、通风、常温，能避开外物撞击、强烈振动、液体浸溅和热源烘烤，周围无易燃易爆物及腐蚀介质，周围无灌木和杂草，周围不堆放器材、杂物。配电箱和开关箱必须用铁板或者优质绝缘材料制作，并且安装端正、牢固，下底与地面的垂直距离 $1.3m<H<1.5m$；移动式分配电箱和开关箱应装设在坚固的支架上，下底与地面的垂直距离 $0.6m<H<1.5m$。在施工现场，经常发现用电系统没有经过严密的设计，配电箱与开关箱距离过远，电箱四周物品杂乱，地面高低不平，通行道路积水、泥泞，钢筋、木材、钢管等建筑材料随意堆放，操作人员无法顺利接近电箱。有的企业为了防止因为施工环境小造成碰撞电箱的触电事故的发生，就在电箱四周焊制钢筋防护网，其用意虽好，但人员进入狭窄的防护网内操作非常不方便，发生触电事故不能及时、迅速地拉闸断电，严重违反了用电安全技术规范。

（3）TN-S接零保护原则

TN-S系统就是工作零线 N 与保护零线 PE 严格分开设置的接零保护系统，其中 T 表示电源中性点直接接地，N 表示电气设备外露可导电部分通过零线接地，S 表示工作零线（N线）与保护零线（PE 线）分开的系统，其接线示意图如图 10.9 所示。在建筑工地必须采用 TN-S 方式供电系统。TN-S 接零保护系统的特点：①正常运行时，系统专用保护线上没有电流，只是工作零线上有不平衡电流。PE 线对地没有电压，故电气设备金属外壳接零保护是接在专用的保护线 PE 上，既安全又可靠。②工作零线只用作单相或三相四线制用电设备。③干线上使用漏电保护器时，工作零线不得重复接地，而 PE 线有重复接地，但不经过漏电保护器，故 TN-S 系统供电干线上也可以安装漏电保护器。④专用保护 PE 线不许断线，也不得进入漏电保护器。⑤采用 TN-S 接零保护系统安全可靠，适用于工业与民用建筑低压供电系统。

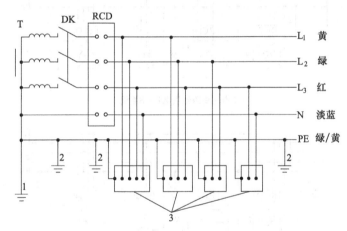

图 10.9　TN-S接零保护系统示意图

1—工作接地；2—PE 线重复接地；3—电气设备金属外壳（正常不带电的外露可导电部分）；

L_1、L_2、L_3—相线；N—工作零线；PE—保护零线；DK—总电源隔离开关；

RCD—总漏电保护器（兼有短路、过载、漏电保护功能的漏电断路器）；T—变压器

（4）采用两级漏电保护原则

两级漏电保护包括两个内容，即：一是设置两级漏电保护系统，二是专用保护零线 PE 的实施，这就形成了两道防线以防触电。

① 两级漏电保护是指施工现场所有用电设备，除作保护接零外，必须在设备负荷线的首端处设置漏电保护装置，所有开关箱中必须装设漏电保护器。即临时用电应在总配电箱和开关箱中分别设置漏电保护器，形成用电线路的两级漏电保护。漏电保护器要装设在配电箱电源隔离开关的负荷侧和开关箱电源隔离开关的负荷侧。总配电箱的保护区域较大，停电后的影响范围也大，主要是提供间接保护和防止漏电火灾，其漏电动作电流和动作要大于后面的保护。因此，总配电箱和开关箱中两级漏电保护器的额定电流动作和额定漏电动作时间应

作合理配合，使之符合分级分段漏电保护的原则。

② 在施工现场用电工程中，采用 TN-S 系统，是在工作零线（N）以外又增加了一条保护零线（PE），是十分必要的。当三相火线用电量不均匀时，工作零线 N 就容易带电，那么随着 PE 线在施工现场的敷设和漏电保护器的使用，就形成一个覆盖整个施工现场防止人身（间接接触）触电的安全保护系统。

③ 漏电保护器的选择应符合 GB 6829—1995《漏电电流动作保护器（剩余电流动作保护器）》的要求。开关箱内的漏电保护器动作电流应不大于 30mA，额定漏电动作时间应不小于 0.1s。对搁置已久重新使用和连续使用一个月的漏电保护器，应认真检查其特性，发现问题及时修理或更换。漏电保护器极数和线数必须与负荷的相数和线数保持一致。漏电保护器的电源进线类别（相线或零线）必须与其进线端标记一一对应，不允许交叉混接，更不允许将 PE 线当 N 线接入漏电保护器。漏电保护器在结构选型时，宜选用无辅助电源型（电磁式）产品，或选用辅助电源故障时能自动断开的辅助电源型（电子式）产品。若选用辅助电源故障时不能断开的辅助电源型（电子式）产品，应同时设置缺相保护。漏电保护器必须与用电工程合理的接地系统配合使用，才能形成完备、可靠的防触电保护系统。漏电保护器使用接线方法示意图如图 10.10 所示。

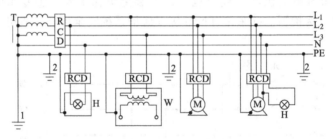

(a) 专用变压器供电 TN-S 系统

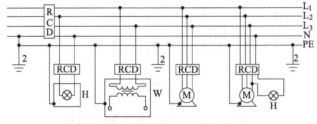

(b) 三相四线制供电局部 TN-S 系统

图 10.10　漏电保护器使用接线方法示意图（三相 220V/380V 接零保护系统）

L_1、L_2、L_3—相线；N—工作零线；PE—保护零线；DK—总电源隔离开关；
RCD—总漏电保护器；H—照明灯；W—电焊机；M—电动机

（5）电气装置的四个装设原则

每台用电设备必须设置各自专用的开关箱，开关箱内要设置专用的隔离开关和漏电保护器。不得同一个开关箱、同一个开关电器直接控制两台以上用电设备。开关箱内必须装设漏电保护器。这就是规范要求中"一机、一箱、一闸、一漏"的四个装设原则。开关电器必须能在任何情况下都可以使用电设备实行电源隔离，其额定值要与控制用电的额定值相适应。开关箱内不得放置任何杂物，不得挂接其他临时用电设备，进线口和出线口必须设在箱体的下底部，严禁设在箱体的上顶面、侧面、后面或箱门处。移动式电箱的进、出线必须采用橡皮绝缘电缆。施工现场停止作业 1h 以上时，要将开关箱断电上锁。

（6）用五芯电缆原则

施工现场专用的中性点直接接地的电力系统中，必须实行 TN-S 三相五线制供电系统。电缆的型号和规格要采用五芯电缆，为正确区分电缆导线中的相线、相序、零线、保护零线，防止发生误操作事故，导线的颜色要使用不同的安全色。L_1（A）、L_2（B）、L_3（C）相序的颜色分别为黄、绿、红色；工作零线 N 为淡蓝色；保护零线 PE 为绿/黄双色线，在任何情况下都不准使用绿/黄双色线做负荷线。

10.3　施工现场临时用电的基本保护系统

施工现场的用电系统都属于电源中性点直接接地的 380V/220V 三相四线制低压电力系统。为保证在用电过程中，系统能够安全可靠地运行，并对系统本身在运行过程中可能出现的诸如接地、短路、过载、漏电等故障进行自我保护，在系统结构配置中必须设置一些与保护要求相适应的子系统，即接地保护系统、过载与短路保护系统、漏电保护系统，它们的组合就是用电系统的基本保护系统。

10.3.1　接地保护系统

（1）接地保护系统的基本分类

在电源中性点直接接地的低压电力保护系统中，电气设备的接地保护系统分为 TT 系统、TN 系统和 IT 系统三大类，TN 系统又分为 TN-C 系统、TN-S 系统、TN-C-S 系统，而施工现场的保护系统为 TN-S 系统。

（2）TN-S 系统的确定

① 在施工现场用电工程专用的电源中性点直接接地的 380V/220V 三相四线制低压电力系统中，必须采用 TN-S 接零保护系统，严禁采用 TN-C 接零保护系统。

② 当施工现场与外电线路共用同一供电系统时，电气设备的接地、接零保护应与原系统保持一致。不得一部分设备作保护接零，另一部分设备作保护接地。即一般不允许同时采用 TN 系统和 TT 系统的混合运行形式，否则当接地的设备相线碰连金属外壳时，该设备和零线包括所有接零设备将带有危险电压，这两个电压都可能给人以致命的电击。而且，由于故障电流是不太大的接地电流，一般的过电流保护不能实现快速断开，危险状态将长时间存在。因此，这种混合运行方式是不允许的。

（3）TN-S 接零保护系统对 PE 线的设置与要求

① PE 线的引出位置。对专用变压器供电时的 TN-S 接零保护系统，PE 线必须由工作接地线、配电室、配电柜、电源侧零线处或总漏电保护器电源侧零线处引出。

② PE 线的绝缘色。为了明显区分 PE 线、N 线以及相线，按照国际统一标准，PE 线一律采用绿、黄双色绝缘线。

③ PE 线与 N 线的应用区别。PE 线是保护零线，只用于连接电气设备外露可导电部分，其在正常工作情况下无电流通过，且与大地等电位；N 线是工作零线，作为电源线用于连接单相设备或三相四线设备，在正常工作情况下会有电流通过，被视作带电部分，且对地呈现电压。因此，PE 线与 N 线不得混用和彼此代用。

④ PE 线与 N 线的连接关系。经过总漏电保护器后 PE 线与 N 线即分开，此后不能再作电气连接。

⑤ PE 线的重复接地。PE 线的重复接地不应少于三处，应分别设置于供配电系统的首端、中间、末端处，每处重复接地电阻（指工频接地的电阻值）不大于 10Ω。重复接地必须与 PE 线相连接，严禁与 N 线相连接，否则 N 线中的电流将会分流经大地和电源中性点工

作接地处形成回路，使 PE 线对地电位升高而带电。PE 线重复接地可以降低 PE 线的接地电阻，并防止 PE 线断线而导致接地保护失效。

施工现场的用电系统中，作为电源的电力变压器和发电机中性点直接接地的工作接地电阻值，在一般情况下都不大于 4Ω。变压器容量≥100kV·A 时，接地电阻 4Ω；变压器容量＜100kV·A时，接地电阻为 10Ω。

10.3.2　过载与短路保护系统

过载是指用电系统线路或设备中的电流在运行过程中超过设计规定限值的状态。短路是指用电系统线路或设备在运行过程中负载阻抗突然消失，而线路或设备中的电流迅速达到某种极限值的状态。过载或短路都是一种非正常的运行状态或者故障，它不仅危害了用电系统本身，对人身和财产也具有极大的潜在危害。

（1）过载与短路故障的危害

① 过载的危害。根据电流的热效应与电流的平方成正比的关系可知，当配电线路或用电设备过载时，线路或设备的发热量就要增加，温度随之也要升高。当温度超过了其绝缘允许温升时，绝缘就要被烧毁，甚至被点燃并引发短路、火灾和触电伤害。有时即使过载不多，也会由于长时间过热，加速绝缘老化，而增加了线路或设备漏电，失去正常运行功能，并有导致短路和人体触电的潜在危险。

② 短路的危险。短路是一种极限过载状态，当配电线路或用电设备发生短路时，由于瞬间绝缘和负荷阻抗消失，电流剧增，因而常常伴随着因绝缘和空气被击穿而引发的弧光放电和因剧烈电流热效应引发的气体剧烈膨胀的爆裂声。在这种情况下，不仅短路点周围的人体会受到触电的、弧光的、灼热的、机械的伤害，也很易点燃邻近的易燃易爆物，引发电器火灾。若不及时消除短路现象，会使其危害范围迅速扩大。

（2）过载与短路保护系统设置的要点

① 采用三级过载与短路保护系统。采用三级过载与短路保护系统是指在施工现场基本配电系统三级配电装置的总配电箱、配电柜、分配电箱、开关箱中，均应设置熔断器或断路器。其中断路器允许用兼有漏电保护功能的漏电断路器取代。

② 多回路配电装置的总路和分路中均应设置熔断器或断路器。即在总配电箱（配电柜）分配箱的总路和分路中都要设置熔断器或断路器。

10.3.3　漏电保护系统

漏电不仅对用电系统本身的安全运行具有很大的危害，尤其是对人身和财产具有更大的潜在危害。漏电是指电气系统的不同带电体之间及带电体与正常不带电的外露可导电部分之间，由于绝缘损坏而出现的传导性泄漏电流的一种非正常现象或故障。

（1）漏电对用电系统的危害

该危害主要表现为使系统运行过程中电压、电流不稳定、电能损耗增加，严重时导致系统局部或全部停电。

（2）漏电对人身的危害

该危害主要表现为三个方面：①当用电系统的设备或线路发生漏电时，使电气设备外露可导电部分不同程度地带了电，使正常不带电部分变为带电部分，同时呈现出对地电压。若地面上的人体无意中接触到这些部分，就会受到触电的伤害，这种触电称为间接接触触电。②人们无法预知电气设备或线路漏电的时间和位置及漏电程度，即漏电对人体造成触电伤害具有很难预测的潜在危险。③电气设备的外露可导电部分在正常情况下不带电，因此人们在心理上、精神上就很自然地失去因接触它而意外发生触电伤害的警觉。可见，这种间接接触触电，从某种意义上说比人体直接接触到在正常情况下就带电的带电体所造成的直接接触触电的危险性和危害性更大。

（3）漏电对财产的危害

该危害主要表现在漏电引致电火并烧毁财产。电气设备或线路漏电往往伴随着电火花或电弧的产生，容易点燃周围的易燃易爆物引致火灾，会给财产造成损失，有时对火灾场所的人员也会造成巨大的伤害。

（4）漏电保护系统设置要点

采用两级漏电保护系统，前面已经提过，不再赘述。

10.4　施工现场用电组织设计

施工现场用电设备在5台及以上或设备总容量在50kW及以上者，均要编制施工用电组织设计。编制施工用电组织设计的目的是指导建造适用于施工现场特点和用电特性的用电工程，指导所建用电工程的正确使用。施工现场临时用电组织设计主要内容如下。

10.4.1　现场勘测

了解建筑施工现场状况、周围环境设施及电源供给情况等。如现场附近的各种建筑物、地下各种管道及电缆线路、当地的地质及气候情况，施工现场临时用电工程资料及技术条件。

10.4.2　确定走线位置与走向

现场勘测资料是确定电源进线、变压器或变电所、配电装置、用电设备位置及线路走向的依据。

（1）电源最佳位置的选择

电源变压器的位置关系着供电的安全、可靠，节约电器材料等，一般应考虑以下因素：电源变压器的位置应尽量靠近高压线路，不得让高压线穿过施工现场；尽量靠近负荷中心。临时供电也可凭经验沿高压线路附近选择即可，尽量避开危险地方，如有化学污染、开山放炮、可能有流砂或泥石流等处；当变压器低压为380V/220V时，其供电半径一般不大于700m，否则供电线路的电压损失将过大（一般电压损失率不大于5%）；应选择变压器安装和运输方便的地方，同时应避开污源的下风侧和易积水场所的正下方；进出线要求方便，周围环境灰尘少、潮气少、振动少、无腐蚀介质、无易燃易爆物。

（2）配电箱位置的选择

建筑施工现场是分级配电。总配电箱一般应尽可能设置在用电负荷中心的地方，分配电箱应设置在用电设备或负荷相对集中的地方；同时要考虑分配电箱与开关的距离不得超过30m。开关箱和它所控制的固定电气设备相距不得超过3m，在配电箱或开关箱的周围应有足够两人同时工作的空间和通道。

施工现场条件复杂，配电箱的位置一定要选择在干燥通风、不容易受到碰撞及不受雷、雨、冰、雪影响的地方，还要避开烟气、蒸汽、瓦斯气体、化学腐蚀、热源烘烤、强烈振动和液体浸溅、雨水冲刷及积水的场所，否则应作防护处理。

（3）配电线路的选择（包括架空和电缆线路）

① 对于架空线路，供电架空干线应尽量设在道路的一侧，既便于安装路灯，又不影响道路上施工车辆的穿行。线路应尽量平坦、取直，以减少转角杆和节约导线。电杆的位置勿与地下电缆、煤气管道、上下水管等发生矛盾，同时应避开有爆炸物、易燃物或可燃液气体

建筑物，应避开易被车辆碰撞、雨水冲刷的地方。

② 对于电缆线路，条件允许时，路径应最短，以便节省材料减少投资，应避免电缆受到机械外力、化学腐蚀、电流、振动及受热等损害，避开建筑工程、上下水管及其他管线工程需要挖掘的地方。

（4）选择用电设备位置

其具体位置要根据现场施工的布局及土建设计统筹考虑。

10.4.3 负荷的计算

负荷是电力负荷的简称，是指电气设备（如变压器、发电机、配电装置、配电线路、用电设备等）中的电流和功率。它是在配电系统设计中选择电器、导线、电缆以及供电变压器和发电机的重要依据。

（1）计算负荷

施工用电负荷计算时，首先要解决的问题就是用户要用多少电。由于供电线路中的用电设备不会全部同时使用，且不一定都是满载工作，因此整个线路中的最大负荷总是比其所有用电设备额定容量的总和要小一些，这就引入了一个"计算负荷"来衡量总负荷。计算负荷就是按发热条件来选择供电系统中电气设备的一个假定负荷，它所产生的热效应和实际变动负荷所产生的最大热效应相等。

（2）计算负荷的确定

负荷计算的方法有需要系数法、利用系数法和二项系数法等，可根据具体的情况选择计算负荷的方法。需要系数法是指将设备总容量乘以一个需要系数得到计算负荷的方法。利用系数法是以平均负荷为基础，利用概率论分析出最大负荷与平均负荷的关系。二项系数法是考虑用电设备数量和大容量设备对计算负荷影响的经验公式计算法。

（3）根据工作制计算电气"设备容量"

主要包括长期连续运行方式的用电设备容量、反复短时运行方式用电设备容量（如电焊机及电焊装置、起重运输设备）、各种照明设备容量、不对称单相负载设备容量等多种情况下的设备容量计算。

（4）选择变压器

施工现场电力变压器的选择主要是指为施工现场用电提供电力的变压器的形式和容量的选择。首先考虑变压器一次侧高压绕组的电压等级应和当地高压电源一致，然后通过对施工现场的用电量进行计算，确定变压器的容量。变压器容量大小有一定的规格，故只能按厂家生产的规格套用，即比计算负荷稍大的规格。

10.4.4 配电系统的设计

（1）配电线路选择

施工现场的配电线路，按其敷设方式和场所不同，主要有架空线路、电缆线路、室内配线三种。

配电线路的结构形式有放射式、树干式、链式、环形四种，如图10.11所示。放射式线路是指一独立负荷或一集中负荷均由一单独的配电线路供电。树干式配线是指一些独立负荷或一些集中负荷按它所在的位置依次连接到某一条配电干线上。链式配线是一种类似树干式的配电线路，但各负荷与干线之间不是独立支线，而是关联链接。环形配线是指若干变压器低压侧通过联络线和开关接成环状配电线路。

对于施工现场用电工程，选择配线形式时要考虑以下原则：

① 采用架空线路时，由总配电箱至分配电箱宜采用放射-树干式配线，由分配电箱至开

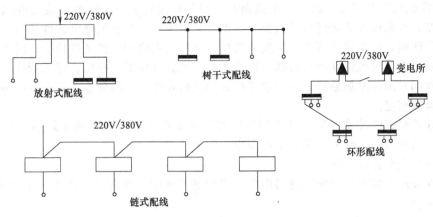

图 10.11 配电线路的形式

关箱也宜采用放射-树干式配线，或放射-链式配线。

② 采用电缆线路时，由总配电箱至分配电箱宜采用放射式配线，由分配电箱至开关箱也宜采用放射式配线，或放射-链式配线。

③ 采用架空-电缆混合线路时，可综合运用上述①、②所确定的原则。

④ 采用多台专用变压器供电，规模较大，且属于重要工程的施工现场，可考虑采用环形配线形式。

（2）配电线的选择

配电线的选择主要是根据敷设方式、环境条件选择导线及电缆的种类及其截面，其选择依据是现场状况的要求及线路负荷计算的电流，如施工现场架空线路应选择绝缘导线，直埋电缆线路应选择铠装电缆，架空电缆宜选用无铠装护套电缆，具有腐蚀介质及易燃易爆的场所，必须选择具有其防护性能的导线或电缆。根据现场配电系统的要求，架空或电缆均采用五线制，除三条相线外，必须有工作零线 N 和保护零线 PE，其截面应为相线截面的 50%，单相线路相线与零线截面相同。

（3）导线截面（含电缆）选择

① 导线截面的选择原则。

a. 按发热条件来选择，即按导线长时间允许通过最大正常工作电流选择。

负荷电流通过导线时，由于导线具有一定的电阻，因此会产生功率损耗，使导线发热，致使温度升高。当温度升高时，会使导线的绝缘损坏，甚至断线。为保证安全用电，所有线路的导线截面都必须满足发热条件。根据计算得到的供电线路电流，查表得出导线标称截面。

b. 按允许电压损失选择。

当电流通过导线时，由于线路中存在着电阻、电感，必将引起电压下降，即电压损失。为了使线路末端电气设备正常运行，必须满足电压损失的要求。当给定了负载的电工率、送电距离、允许电压损失时，可通过计算求得配电导线截面积。

c. 按机械强度要求来选择。

导线在敷设时和敷设后所受的拉力，与线路的敷设方式及使用环境有关。导线本身的重力以及风雨冰雪等的外加压力，使电线内部都产生一定的应力，导线过细就容易断裂。为了保障供电安全、可靠，导线都必须满足机械强度的要求。

d. 按经济电流密度来选择。

经济电流密度是根据线路投资和年运行费用综合测算的，它一般用于高压线路。

② 导线截面选择方法。选择导线截面时，对于电流较大、送电距离较短的线路，如低压动力线路，可先按发热条件选择截面，再用允许电压损失和机械强度条件校验；对于送电距离较长的线路，可先按允许电压损失来选择，然后按发热和机械条件校验；对于较小电流的线路，则可先按机械强度条件选择，再按发热和允许电压损失校验。综上所述，导线截面的选择必须同时满足发热条件、允许电压损失和机械强度条件的要求，对高压线路则还应考虑其经济电流密度。

通过导线截面的计算，将其结果用国际符号在平面图中标出各条干线的编号、导线型号、导线根数及截面，各配电箱的位置和主要照明设备位置。

（4）对配电装置的要求

施工现场配电装置是指施工现场用电工程配电系统中设置的总配电箱（配电柜）、分配电箱和开关箱。

① 配电装置的箱体材料。通常配电箱、开关箱的箱体应采用铁板制作，亦可采用优质绝缘板制作，但不可采用木板制作。铁板厚度应为 1.5～2.0mm，其中配电箱箱体铁板厚度不小于 1.5mm，开关箱箱体铁板厚度不小于 1.2mm。

② 配置电器安装板。配电箱、开关箱内配置的电器安装板应符合配电箱、开关箱对箱体材料的要求，用于安装所配置的电器和接地端子板。不允许不配置电器安装板，而将所配置的电器、接线端子板等直接装置在箱体上。配电箱、开关箱内电器安装尺寸选择值如表10.1 所示。

表 10.1 配电箱、开关箱内电器安装尺寸选择值

间 距 名 称	最小净距/mm
并列电器(含单极熔断器)间	30
电器进、出线瓷管(塑胶管)孔与电器边沿间	15A,30 20～30A,50 60A 及以上,80
上、下排电器进出线瓷管(塑胶管)孔间	25
电器进、出线瓷管(塑胶管)孔至板边	40
电器至板边	40

③ 加装 N、PE 接线端子板，主要是为配电箱、开关箱进出线中 N 线和 PE 线分别提供一个集中连接端子板，以防止 N 线与 PE 线混接、混用。

④ 箱体外形具有防雨、防雪、防雾、防尘结构，以适应户外环境要求。

⑤ 箱体应设门并配锁，以适应户外环境和用电管理要求。

金属箱体示意图如图 10.12 所示，金属箱体、金属电器安装板以及电器正常不带电的金属底座、外壳等必须通过 PE 线端子板与 PE 线做电气连接，金属门与金属箱体必须通过采用编织软铜线做电气连接。

（5）电器配置与接线

在现场用电工程配电系统中，配电装置的电器配置与接线为与基本供配电系统和基本保护系统相适应，必须具备以下三种基本功能：电源隔离功能；正常接通与分断电路功能；过载、短路、漏电保护功能（对于分配电箱，漏电保护功能可不要求）。

① 总配电箱的电器配置。

a. 当总路设置总漏电保护器时，还应装设总隔离开关、分路隔离开关以及总断路器、分路断路器或总熔断器、分路熔断器。当所设总漏电保护器同时具备短路、过载、漏电保护功能时，可不设总断路器或总熔断器。

b. 当各分路设置分路漏电保护器时，还应装设总隔离开关、分路隔离开头以及总断路器、分断路器或总熔断器、分路熔断器。当分路所设漏电保护器同时具备短路、过载、漏电保护功能时，可不设分路断路器或分路熔断器。

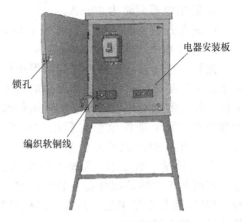

图 10.12　金属箱体示意图

c. 隔离开关应设置于电源进线端，应采用具有可见分断点并能同时断开电源所有极或彼此靠近的单极隔离电器，不可采用不具有可见分断点的电器。

d. 熔断器应选定具有可靠灭弧分断功能的产品。

e. 总开关电器的额定值、动作整定值应与分路开关电器的额定值、动作整定值相适应。配电箱、开关箱内的连接线必须用铜芯绝缘导线。导线绝缘的颜色按规定要求配置并排列整齐；导线分支接头不得采用螺栓压接，应采用焊接并作绝缘包扎，不得有外露带电部分。

② 分配电箱的电器配置。采用两级漏电保护的配电系统中，分配电箱中不要求设置漏电保护器，此时分配电箱的电器配置应符合以下原则：

a. 总路设置总隔离开关以及总断路器或总熔断器。

b. 分路设置分路隔离开关以及分路断路器或分路熔断器。

c. 隔离开关设置于电源进线端。

根据这些原则，分配电箱应装设两类电器，即隔离电器和短路与过载保护电器，其配置次序依次是隔离电器、短路与过载保护电器，不可颠倒。

③ 开关箱的电器配置。开关箱的电器配置与接线要适应于用电设备负荷类别。

④ 断路器的选择。短路器选择的大小直接影响供电系统及电气设备的安全运行和使用，所以要正确选择短路器整定值。

a. 额定电流不应低于线路的计算电流，额定电压不应低于线路的额定电压。

b. 长延时脱扣器的整定电流应等于或不大于线路的计算电流，同时应不大于线路导体长期允许电流的 0.8～1 倍。

c. 瞬时及短延时脱扣器的整定电流应不低于线路尖峰电流的 1.35 倍。当动作时间高于 0.2s 时，则整定电流为线路尖峰电流的 1.35 倍；当动作时间小于 0.2s 时，则整定电流为线路尖峰电流的 1.7～2.0 倍；考虑电动机时，则应该用电动机启动电流替换线路尖峰电流，来计算瞬时及短延时脱扣器的整定电流。

⑤ 熔断器的选择。

a. 对冲击电流很小的负载，如照明线路，熔体的额定电流为线路的实际工作电流的 1.1～1.5 倍。

b. 对启动电流很大的负载，熔体的额定电流为线路的实际工作电流的 1.5～2.5 倍。

c. 对多台电动机的供电线路，熔体的额定电流包括两部分之和：最大电动机的额定电流的 1.5～2.5 倍与除最大电动机以外的其他电动机额定电流的和。

⑥ 漏电保护器的选择。

a. 手握式用电设备为 15mA。

b. 环境恶劣或潮湿场所用电设备为 6～10mA。

c. 医疗电气设备为 6mA。

d. 建筑工地用电设备为 15～30mA。

e. 家用电器回路为 30mA。

f. 成套开关柜、分配电盘等为 100mA 以上。

g. 防止电气火灾的为 300mA。

此外在选择时，还要考虑到被保护线路和设备正常的泄漏电流，如果额定漏电动作电流小于正常泄漏电流，或者正常泄漏电流大于额定漏电动作电流的一半，则供电回路无法正常工作。额定漏电动作电流大于正常运行时的泄漏电流的 3 倍时才能符合要求。上下级漏电保护器的额定漏电动作电流与漏电时间均应做到协调配合，额定漏电动作电流级差通常为1.2～2.5 倍，时间级差为 0.1～0.2s。

⑦ 对接地装置要求。接地装置是构成施工现场用电基本保护系统的一个主要组成部分，是现场用电工程的基础性安全装置。在现场用电过程中，电力变压器二次侧中性点要直接接地，PE 线要作重复接地，高大建筑机械和高架金属设施要做防雷接地，以及产生静电的设备要做防静电接地。

10.4.5 设计防雷装置

雷电是一种破坏力、危害性极大的自然现象，虽不可能消除它，但却可以消除其危害。即可通过设置一种装置，人为控制和限制雷电发生的位置，并使其不致危害到需要保护的人、设备或设施，该装置称作防雷装置或避雷装置。

（1）防雷部位的确定

现场需要考虑防直击雷的部位主要是塔式起重机、物料提升机、外用电梯等高大机械设备以及钢脚手架、在建工程金属结构等高架设施。防感应雷的部位就是设置在现场变电所的进、出线处。对于防直击雷，不是上述所有设备都必须设置防雷装置，而是首先应考虑邻近建筑物或设施是否有防直击雷装置。若周围有防直击雷装置，就要弄清楚它们是处在其保护范围以内，还是在其保护范围以外。若现场的起重机、物料提升机、外用电梯等机械设备，以及钢脚手架和在建工程的金属结构等，在相邻建筑物、构筑物等设施的防雷装置保护范围以外，则应安装防雷装置。

（2）防雷装置的设置

① 防直击雷装置的设置。防直击雷装置由接闪器（避雷针、避雷线、避雷带）、防雷引下线和防雷接地体组成。对于施工现场高大建筑机械和高架金属设施来说，接闪器（避雷针）应设置于其最顶端，对于塔式起重机，由于其臂长，而且使用中有回转运动，故在任何情况下均应设置防直击雷装置，其塔顶和臂架远端可作为接闪器，不需另装避雷针；其机体可作为防雷引下线，但应保证电气连接；其防雷接地体可与 PE 线重复接地的接地体共用。

② 防感应雷装置的设置。施工现场设置低压配电室、但不设置专用变电所时，若电线路为架空线，应将其架空进、出处绝缘子铁脚与配电室接地装置相连接，作防雷接地，以防止雷电波侵入；若配电线路为埋地电缆，且线路较短，为防止雷电波从其与架空线的连接处侵入，在电缆两端来回反射叠加成过电压波，并进入配电室，需在电缆两端装设阀型避雷器。

设有专用变压器时，应在其三相进、出线处各装一组阀型避雷器。

10.4.6 确定防护措施

施工现场在电气领域里的防护主要是指对外电线路和电气设备、易燃易爆、腐蚀介质、机械损伤、电磁感应、静电等危险环境因素的防护。

（1）对外电防护

对外电防护是指对施工现场外界高、低压电力线路的防护，对于施工现场外电防护这种特殊的直接接触防护来说，主要应是绝缘、屏护、安全距离，因而结合现场实际，确立外电防护三项基本措施，即保证安全操作距离，架设安全防护设施，无防护措施时禁止强行施工。

① 保证安全操作距离。

a. 在建工程不得在外电架空线路正下方施工、搭设作业棚、建造生活设施或堆放构件、架具、材料及其他杂物等。

b. 在建工程的周边与外电架空线路的边线之间应保持最小安全操作距离。

c. 施工现场的机动车道与外电架空线路交叉时，线路最低点与路面的垂直距离应符合规范要求。

d. 起重机严禁越过无防护设施的外电架空线路。

e. 施工现场开挖沟槽边缘与外电埋地电缆沟槽边缘之间的距离不得小于 0.5m。

f. 在外电架空线路附近开挖沟槽时，必须会同有关部门采取加固措施，防止外电架空线路电杆倾倒。

② 架设安全防护设施。架设安全防护设施是一种绝缘隔离防护措施，适宜通过采用木、竹或其他绝缘材料增设屏障、遮栏、围栏、保护网等与外电线路实现强制性绝缘隔离，并在隔离处悬挂醒目的警告标志牌。

③ 无任何防护措施时不得强行施工。对外电线路无法架设防护设施的施工现场，若想继续施工，唯一的办法就是与有关部门协商，使外电线路停电或迁移或改变在建工程的位置。

（2）对易燃易爆物及腐蚀介质防护

① 易燃易爆物防护。对易燃易爆物的防护，可归纳为两点原则性防护措施：

a. 电气设备现场周围应无易燃易爆物、因电火花或电弧可能点燃或引起爆炸的物品。

b. 电气设备对其周围易燃易爆物，应采取阻断、阻燃、隔离，即设置阻燃隔离板或采用防爆电器。

② 腐蚀介质防护。对腐蚀介质的防护，可归纳为两点原则性防护措施：

a. 电气设备周围应无污源和腐蚀介质，如酸、碱、盐等。

b. 电气设备对其周围污源和腐蚀介质应采取阻断隔离，或采取具有防护结构、适应防护等级的电气设备。

（3）对机械损伤防护

机械损伤防护主要是指对用电工程的配电装置、配电线路、用电设备遭受机械损伤的防护。主要防护措施如下：

① 电气设备的设置位置应能避开各种施工落物的物体打击或设置防护棚。

② 用电设备负载线不应拖地放置。

③ 塔式起重机回转跨越现场露天配电线路上方应有防护隔离设施。

④ 电焊机二次线应避免在钢筋网面上拖拉与踩踏。

⑤ 加工废料和施工材料堆放场所要远离电气设备和线路，不得有任何接触。

⑥ 穿越道路的线路应采用架空或者穿管保护，严禁直铺地面。

（4）对电磁感应及静电防护

① 电磁感应防护。为避免强电磁波辐射在塔式起重机吊钩或吊绳上产生对地危险电压，可采取如下措施：

a. 地面操作者应穿绝缘胶鞋，戴橡胶绝缘手套。

b. 吊钩用绝缘胶皮包裹或吊钩与钩绳之间用绝缘材料隔离。

c. 挂装吊物时，将吊钩挂接临时接地线。

② 静电防护。为消除静电对人体的危害，通常将能产生静电的设备接地，使静电被中和接地部位与大地保持等电位。

10.4.7 安全用电措施和电气防火措施

安全用电措施和电气防火措施是指为正确使用现场用电工程，并保证其安全运行，防止各种触电事故和电气火灾事故而制定的技术和管理性的规定。

（1）安全用电措施

应从技术和组织措施两个方面考虑来编制安全用电措施，且要符合施工现场的实际。

① 安全用电技术措施。

a. 所有进场的变、配电装置，配电导线、电缆，用电设备，必须预先经过检验、测试合格后方可使用。不得采用残缺、破损等不合格产品。

b. 用电系统所有电气设备外露可导电部分均必须与 PE 线作可靠电气连接。

c. 用电系统接地装置的设置和接地电阻值，必须符合规定。

d. 用电系统必须按规定设置短路、过载、漏电保护。

e. 配电装置必须装设端正、牢固，不得拖地放置；周围不得有杂物、杂草；进线端必须作固定连接，不得用插座、插头作活动连接；进出线上严禁搭、挂、压其他物体。

f. 配电线路不得明设于地面，严禁行人踩踏和车辆碾压，线缆接头必须连接牢固，并作防水绝缘包扎，严禁裸露带电线头，严禁徒手触摸和在钢筋、地面上拖拉带电线路。

g. 用电设备严禁溅水和浸水，已经溅水或浸水的用电设备必须停电处理，未断电时，严禁徒手触摸和打捞。

h. 用电设备移位时，必须首先将其电源隔离开关分闸断电，严禁带电搬运；搬运时严禁拖拉其负荷线。

i. 照明灯具的形式和电源电压必须符合关于使用场所环境条件的相关要求，严禁将 220V 碘钨灯作行灯使用。

j. 停电作业必须采取以下措施：

· 需要停电作业的设备或线路必须在其前一级配电装置中将相应电源隔离开关分闸断电，并悬挂醒目的停电标志牌，必要时还可加挂接地线。

· 停、送电指令必须由同一人下达。

· 送电前必须先行拆除加挂的接地线。

· 停、送电操作必须由两人进行，一人操作，一人监护，并应穿戴绝缘防护用品。

· 使用电工绝缘工具。

② 安全用电组织措施要点。

a. 建立用电组织设计和安全用电技术措施的编制、审查、批准制度及相应的档案，以保障用电工程的安全可靠度。

b. 建立技术交底制度及相应档案，通过技术交底提高各类人员安全用电意识和水平。

c. 建立安全检测制度。主要是检测接地电阻、电气设备绝缘电阻和漏电保护器额定漏电动作参数，并建立相应的档案。

d. 建立电气巡检、维修、拆除制度。对巡检、维修、拆除工作要记录时间、地点、内容、技术措施、处理结果、相关人员（工作人员及验收人员或认可人员）等，并建立相应的档案。

e. 建立安全教育培训制度，教育培训要记录时间、地点、人员、内容、效果等。通过教育培训提高各类相关人员安全用电基础素质。

f. 建立安全检查评估制度。通过定期检查发现和处理隐患，对安全用电状况作出量化科学评估，并建立相应的档案。

g. 建立安全用电责任制，对用电工程各部位的操作、监护、检查、维修、迁移、拆除等分层次落实到人，并辅以必要的奖惩措施。

h. 建立安全用电管理责任制，将安全用电管理纳入各级相关领导和管理者的职责中，以全面提高安全用电的组织管理水平。

（2）电气防火措施

编制电气防火措施也要从技术和组织措施两个方面考虑，且也要符合施工现场实际。

① 电气防火技术措施要点。

a. 合理配置用电系统的短路、过载、漏电保护电器。

b. 确保 PE 线连接点的电气连接可靠。

c. 不在电气设备周围使用火源，特别在变压器、发电机等场所严禁烟火。

d. 在电气设备和线路周围不堆放并清除易燃易爆物和腐蚀介质或作阻燃隔离防护。

e. 在电气设备相对集中场所，如变电所、配电室、发电机等场所配置可扑灭电气火灾的灭火器材。

f. 按规定设置防雷装置。

② 电气防火组织措施要点。

a. 建立易燃易爆物和腐蚀介质管理制度。

b. 建立电气防火责任制，加强电气防火重点烟火管制，并设置严禁烟火标志。

c. 建立电气防火教育制度，定期进行电气防火知识宣传教育，提高各类人员电气防火意识和电气防火知识水平。

d. 建立电气火警预报制度，做到防患于未然。

e. 建立电气防火检查制度，发现问题，及时处理，不留任何隐患。

f. 建立电气防火领导体系及电气防火队伍，学会和掌握扑灭电气火灾的组织和方法。

g. 电气防火措施可与一般防火措施一并编制。

10.5　建筑机械和手持式电动工具用电

10.5.1　起重机械用电

塔式起重机的电气设备应符合现行国家标准 GB 5144《塔式起重机安全规程》中的要求。塔式起重机应按本规范要求做重复接地和防雷接地。轨道式塔式起重机接地装置的设置应符合以下要求：轨道两端各设一组接地装置；轨道的接头处作电气连接，两条轨道端部做环形电气连接。较长轨道每隔不大于 30m 加一组接地装置。塔式起重机与外电线路的安全距离应符合本规范要求。轨道式塔式起重机的电缆不得拖地行走。需要夜间工作的塔式起重机，应设置正对工作面的投光灯。塔身高于 30m 的塔式起重机，应在塔顶和臂架端部设红色信号灯。在强电磁波源附近工作的塔式起重机，操作人员应戴绝缘手套和穿绝缘鞋，并应在吊钩与机体间采取绝缘隔离措施，或在吊钩吊装地面物体时，在吊钩上挂接临时接地装置。外用电梯梯笼内、外均应安装紧急停止开关。外用电梯和物料提升机的上、下极限位置应设置限位开关。外用电梯和物料提升机在每日工作前必须对行程开关、限位开关、紧急停止开关、驱动机构和制动器等进行空载检查，正常后方可使用。检查时必须有防坠落措施。

10.5.2　桩工机械用电

潜水式钻孔机电机的密封性能应符合现行国家标准 GB 4208《外壳防护等级（IP 代码）》中的 IP68 级的规定。潜水电机的负荷线应采用防水橡皮护套铜芯软电缆，长度不应小于 1.5m，且不得承受外力。潜水式钻孔机开关箱中的漏电保护器必须符合对潮湿场所选用漏电保护器的要求。

10.5.3　夯土机械用电

夯土机械开关箱中的漏电保护器必须符合对潮湿场所选用漏电保护器的要求。夯土机械 PE 线的连接点不得少于 2 处。夯土机械的负荷线应采用耐气候型橡皮护套铜芯软电缆。使用夯土机械必须按规定穿戴绝缘用品，使用过程中应有专人调整电缆，电缆长度不应大于 50m。电缆严禁缠绕、扭结和被夯土机械跨越。多台夯土机械并列工作时，其间距不得小于 5m；前后工作时，其间距不得小于 10m。夯土机械的操作扶手必须绝缘。

10.5.4　焊接机械用电

电焊机械应放置在防雨、干燥和通风良好的地方。焊接现场不得有易燃、易爆物品。交流弧焊机变压器的一次侧电源线长度不应大于 5m，其电源进线处必须设置防护罩。发电机式直流电焊机的换向器应经常检查和维护，应消除可能产生的异常电火花。电焊机械开关箱中漏电保护器必须符合本规范的要求。交流电焊机械应配装防二次侧触电保护器。电焊机械的二次线应采用防水橡皮护套铜芯软电缆，电缆长度不应大于 30m，不得采用金属构件或结构钢筋代替二次线的地线。使用电焊机械焊接时必须穿戴防护用品，严禁露天冒雨从事电焊作业。

10.5.5　手持式电动工具用电

空气湿度小于 75% 的一般场所可选用 I 类或 II 类手持式电动工具，其金属外壳与 PE 线的连接点不得少于 2 处；除塑料外壳 II 类工具外，相关开关箱中漏电保护器的额定漏电动作电流不应大于 15mA，额定漏电动作时间不应大于 0.1s，其负荷线插头应具备专用的保护触头。所用插座和插头在结构上应保持一致，避免导电触头和保护触头混用。

在潮湿场所或金属构架上操作时，必须选用 II 类或由安全隔离变压器供电的 III 类手持式电动工具：金属外壳 II 类手持式电动工具使用时，必须符合本规范要求；其开关箱和控制箱应设置在作业场所外面：在潮湿场所或金属构架上严禁使用 I 类手持式电动工具。

狭窄场所必须选用由安全隔离变压器供电的 III 类手持式电动工具，其开关箱和安全隔离变压器均应设置在狭窄场所外面，并连接 PE 线。漏电保护器的选择应符合使用于潮湿或有腐蚀介质场所漏电保护器的要求。操作过程中，应有人在外面监护。

手持式电动工具的负荷线应采用耐气候型的橡皮护套铜芯软电缆，并不得有接头。手持式电动工具的外壳、手柄、插头、开关、负荷线等必须完好无损，使用前必须做绝缘检查和空载检查，在绝缘合格、空载运转正常后方可使用。绝缘电阻不应小于表 10.2 规定的数值。使用手持式电动工具时，必须按规定穿戴绝缘防护用品。

表 10.2　手持式电动工具绝缘电阻限值

测量部位	绝缘电阻/MΩ		
	I 类	II 类	III 类
带电零件与外壳之间	2	7	1

注：绝缘电阻用 500V 兆欧表测量。

10.5.6　其他电动建筑机械用电

混凝土搅拌机、插入式振动器、平板振动器、地面抹光机、水磨石机、钢筋加工机械、木工机械、盾构机械、水泵等设备的漏电保护应符合规范要求。混凝土搅拌机、插入式振动器、平板振动器、地面抹光机、水磨石机、钢筋加工机械、木工机械、盾构机械的负荷线必须采用耐气候型橡皮护套铜芯软电缆，并不得有任何破损和接头。水泵的负荷线必须采用防水橡皮护套铜芯软电缆，严禁有任何破损和接头，并不得承受任何外力。盾构机械的负荷线必须固定牢固，距地高度不得小于 2.5m。对混凝土搅拌机、钢筋加工机械、木工机械、盾构机械等设备进行清理、检查、维修时，必须首先将其开关箱分闸断电，呈现可见电源分断点，并关门上锁。

10.6　柴油发电机组

10.6.1　用途及特点

远离电网的情况下，以柴油机为原动力的交流发电机组在工程建设施工现场应用比较普遍。柴油发电机组属自备电站交流供电设备的一种类型，是一种小型独立的发电设备，以内燃机作动力，驱动同步交流发电机而发电。一般柴油机发电机组的输出额定电压为 400V，额定频率为 50Hz。尽管柴油发电机组的功率较低，但由于其具有机动灵活、使用维护方便和对环境适应性较强等特点，广泛应用于矿山、铁路、野外工地、道路交通维护及工厂、企业、医院等部门作为备用电源或临时电源。

10.6.2　组成及型号

柴油发电机组主要包括柴油机、三相同步发电机和控制屏 3 部分，如图 10.13 所示。控制屏上设有配电装置、电压表、频率表、功率因数表、功率表等各种仪表和指示灯，通过这些仪表和指示灯，能随时监测柴油发电机组的运行情况。柴油发电机组按控制系统分普通型和自动化型。自动化型柴油发电机组的控制系统可采用继电器、集成电路或可编程控制器（微机）进行自动控制，可完成应急自启动、无人值守或远程集中监控的功能。

国产柴油发电机组的各项技术性能达到国家标准 GB 2820、GB 12786 的技术要求，其型号编制方法如图 10.14 所示。例如：300GF18 表示额定功率 300kW、交流工频、陆用、设计序号为 18 的普通型柴油发电机组。

10.6.3　机组的匹配

为实现柴油发电机组各项技术，在柴油发电机组设计、制造和使用时，必须使柴油机和发电机良好地配合-匹配，它包括功率匹配和转速匹配等。

（1）功率匹配

柴油机的功率是指其曲轴输出的有效功率。根据 GB 1105—74 的规定，发电机组用柴油机的功率标定为 12h 功率，即在标准工况（大气压力为 760mmHg、环境空气温度为 20℃、相对空气湿度为 50%）下，柴油机以额定转速连续 12h 正常运转时，可以达到的有效功率 P_e。三相同步发电机的额定功率是指在额定转速下长时间连续运转时由输出端子（出线盒的接线柱）上得到的额定电功率 P_N。根据柴油发电机组的技术要求和使用环境条件，柴油发电机组输出的额定电功率 P_N 可按下列公式计算：

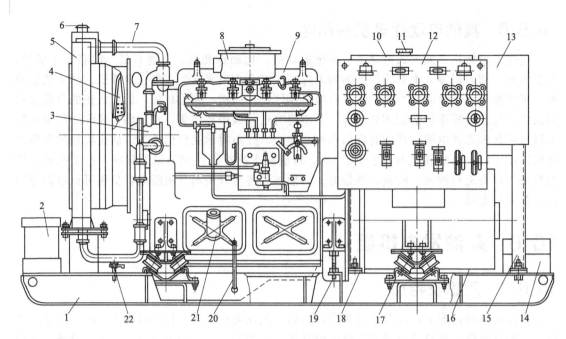

图 10.13　柴油发电机组

1—底座；2—蓄电池；3—水泵；4—风扇；5—水箱；6—加水口；7—连接水管；8—空气滤清器；9—柴油机；
10—柴油箱；11—柴油加油；12—控制屏；13—励磁调压器；14—备件箱；15—支架；16—同步发电机；
17—减振器；18—橡胶垫；19—支撑螺钉（安装时用）；20—油尺；21—机油加油；22—放水阀

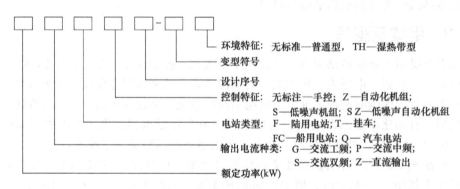

图 10.14　柴油发电机型号示意图

$$P_N = \eta K_1 (K_2 K_3 P_e - P_P) \quad (kW)$$

式中　K_1——功率单位换算系数；

　　　η——同步发电机的效率；

　　　K_2——柴油机的功率修正系数，12h 以内取 1.0，长时间运转时取 0.9；

　　　K_3——环境条件修正系数，一般取 0.77～0.94；

　　　P_e——柴油机输出的机械功率，kW；

　　　P_P——柴油机风扇、联轴器等消耗的功率，kW。

　　一般把柴油机输出的有效功率与同步发电机的电功率之比称为匹配比 K，即 $K = P_e / P_N$。对于平原上使用的柴油发电机组的 K 值为 1.6；对于一些要求较高（高原上使用的）柴油发电机组的 K 值为 2。

　　（2）转速匹配

柴油发电机组中的柴油机有效功率和发电机的电功率、频率、电压等都与转速有密切的关系，因此柴油发电机组对其转速的要求十分严格。为实现柴油发电机主要技术性能，要求与发电机配套的柴油机必须具有性能较好、工作可靠的调速器（调速率 $\delta \leqslant 5\%$，稳定时间 $t \leqslant 3 \sim 5s$），以利于保证发电机在额定转速下稳定运行。使柴油机转速（或经过传动机构传输的转速）等于发电机的额定转速，称为转速匹配。

10.6.4　技术使用

柴油发电机组技术使用主要包括：使用前的准备、开机与运行监视、停机与存放、技术维护、故障排除等。

（1）使用前的准备

无论是新的，还是经过大、中修理过的，以及使用中的柴油发电机组，在开机之前都要做相应的技术和物质准备工作，这是保证柴油发电机组正常运行的必要条件。

① 柴油、润滑油及冷却水的选用。

a. 柴油的选用。柴油作为柴油机的燃料，直接影响着柴油机的动力性和使用经济性。柴油发电机组对柴油牌号的选择主要根据使用条件下的环境温度来决定。通常选用的柴油牌号（柴油凝固点）应比实际使用的环境温度低 $5 \sim 10℃$ 较为合适。

b. 机油的选用。柴油机用的润滑油是由柴油机滑动轴承（俗称轴瓦）的合金材料决定的。通常使用的是铅青铜轴瓦，其抗腐蚀性能差，则应当用柴油机油。柴油机油的牌号一般有 5 种（8 号、11 号、14 号、16 号和 20 号），号数越大，油越稠。柴油机冬季选用 8 号柴油机油，夏季选用 11 号柴油机油。

c. 冷却水的选用。水冷式柴油机是利用冷却水的循环流动带走多余的热量，以保持柴油机的正常工作温度。通常，应坚持使用软水（雨、雪水），不要用含有矿物质和盐类的硬水（江、河、湖水，某些地区的自来水，尤其是井水和泉水）。因为硬水受热后会析出硬质的水垢，附着在水套及散热器等处的内壁上，减小了冷却系统的容积、增大了循环水的流动阻力，同时水垢的导热性能很差（约为铸铁的 1/25），故严重影响冷却效果，时间久了还会严重堵塞水道。若不能及时供应软水，应当对硬水进行清洁和软化处理：加热煮沸、沉淀；添加苛性钠（烧碱）或磷酸三钠，仔细搅拌、沉淀后取其上部的清水使用。

② 开机前的准备工作。一般柴油发电机组开机前应做以下准备工作：

a. 做好柴油发电机组的全面清洁工作。用压缩空气吹净发电机和控制屏各处的尘土，擦净机组各部位的泥污、油垢，尤其是滑环和换向器以及仪表盘面等处，去除各种异物。

b. 检查柴油机、发电机、控制屏以及它们的各附件的固定和连接是否可靠，特别要注意各电器接头、油管和水管接头、联轴器、地脚螺栓以及接地器。

c. 检查蓄电池的电量是否充足，电解液的液面高度是否符合规定，必要时添加蒸馏水。

d. 根据柴油发电机组使用的环境温度，添加适当的柴油、机油和冷却水。

e. 检查风扇皮带的张紧度是否合适，一般用手压皮带的中央，以能压下 $10 \sim 20mm$ 为宜。

f. 检查电刷装置的调整弹簧的弹力是否适当，电刷与滑环或与换向器的接触是否良好，电刷的活动是否正常。

g. 检查各仪表和开关的技术状况是否良好，将主开关和支路开关都置于断开位置，手动/自动开关置于"手动"位置，励磁电压调节手柄转到"启动"位置。

h. 对于冬季使用的柴油发电机组，开机前要做好防冻和预热工作。

（2）开机和运行监视

① 电启动的开机步骤。

a. 打开燃油箱开关。

b. 抽动输油泵手柄，以排除喷油泵低压油路中的空气。

c. 将调速器操纵手柄固定在"启动"位置，以便柴油机启动后急速暖车运转。

d. 接通电源主开关，按下启动按钮，使柴油机启动，待柴油机自行运转后随即松开启动按钮。若按下启动按钮10s柴油机尚不能启动，应立即松开启动按钮，待1～2min后再作第二次启动操作，如果连续3～4次启动失败，应检查原因、排除故障后再进行启动，以免损坏蓄电池、启动电动机和柴油机。

e. 启动后应注意柴油机的各仪表指示和读数，特别是机油压力表指针仍不变动，应立即停机检查，避免柴油机发生严重事故。

f. 柴油机启动后应低速暖车运转3～5min，冬季可稍长一些，待水温和油温上升，柴油机各机件运转正常后，便可逐渐增加速度至额定转速，再空载运行几分钟。在此期间中，要注意检查柴油机有无不正常的声音和现象。

g. 柴油机运转正常后接通主开关，逐渐地增加负载运行，转动励磁电压调节手柄（减小励磁电阻），使电压表读数逐渐升高到400V（三相电压应相同，频率表指示正常，信号灯有指示），随后将手动/自动转换开关转换到"自动"位置。

② 运行监视。柴油发电机组接入负载运行后，操作人员应当用看、听、嗅、摸的方法，必要时借助于测试仪表监视柴油发电机组的运转情况，同时进行一些调节和判断，处理所有不正常现象，必时进行停机操作和修理。

a. 看：经常观察各种仪表的指示灯，仪表指示数值应在规定的范围内，且电流表应在"0～＋"之间变动；三相电压和电流指示值应当对称，特殊情况下相电流的不对称量应不超过额定的25％。观察滑环或换向器有无不正常，或电刷跳动等接触不良现象。注意机组各处的连接与固定情况，有无松动和剧烈振动；观察各种保护、监视装置、柴油机排气颜色等是否正常；察看燃油、机油和冷却水等有无异常消耗情况。

b. 听：随时监听柴油发电机组各处运转声音是否正常。

c. 嗅：注意嗅闻柴油发电机组各处，尤其是电气系统有无烧焦气味。

d. 摸：用手抚摸发电机外壳和轴承盖，了解其温度变化情况，进而掌握其技术状况。

③ 使用中的注意事项。

a. 严格按照使用说明书的要求，操作柴油发电机组的启动和带负载运行。

b. 不允许柴油发电机组超负荷运行和三相负载严重不对称运行。

c. 尽量避免柴油发电机组负载的突然变化，应当逐渐地增加或减少。

d. 避免柴油发电机组慢速重负荷、超速和长时间低速运转。

（3）停机与存放

① 正常停机步骤。

a. 逐渐降低发电机负载，转动调压手柄，使电压调到最低值，再断开机组总开关。

b. 逐渐减小柴油机的油门，降低其转速，然后将调速器上的油量控制手柄推到"停车"位置，使柴油机停止运转。

c. 断开电启动系统的开关。

d. 将控制屏上有关开关恢复到启动前的准备位置。

e. 在冬季，若没有可靠的防冻保暖措施或冷却系统未采用防冻液，柴油机停车后必须将冷却水放尽，以免冻坏柴油机。

f. 整理、清洁机组与现场，并认真、仔细地填写柴油发电机组的运行记录，特别是异常现象，以便更好地对柴油发电机组进行维护保养。

② 紧急停机。遇有特殊情况，若不停机会造成重大伤害或设备事故时，必须立即停机。

例如：柴油机的机油压力突然下降到极低值或无压力；有严重超速运行（飞车）现象；柴油机声音、转速突然变化——响声变大、转速下降，或某机件卡死、损坏、失灵；发电机内部突然冒烟，发出焦煳臭味；柴油机异常排烟和升温。将油量控制手柄迅速地推到"停车"位置，中断供油，迫使柴油机停车；柴油机停车后立刻检查原因，进行维护和修理，并将情况详细记录在机组运行记录中。

③ 存放。暂时不用的柴油发电机组（三个月以内）可以不进行油封，但必须放掉冷却水和机油，彻底整理和清洁机组后在电刷下面垫上牛皮纸。用塑料布将柴油机的进、排气口和发电机端盖的通风口包扎好，同时应将柴油发电机组的底座垫高、垫稳，并用篷布将整个机组盖严。蓄电池应单独存放。长期存放不用的柴油发电机组必须进行油封，避免机件锈蚀损坏，并按如下要求妥善保管：库房要干燥、清洁，通风良好；定期检查油封情况，若发现锈迹，及时清除并补涂润滑脂；定期检查蓄电池，并添加蒸馏水和补充电；库房内严禁存放酸、碱、化学药品等有腐蚀作用的物品。

第**11**章

工程机械故障诊断技术

现代机械设备日趋大型化、连续化、机电一体化，其性能与复杂程度逐步提高，对设备故障的诊断也更加复杂，状态监测日益受到用户重视。液压与液力传动、电液控制和电子控制等先进技术的应用提高了工程机械的技术水平和工作能力，大大提高了其自动化程度，大大促进了状态监测和故障诊断技术的发展。

工程机械故障就是工程机械或其某些部分丧失或降低了其规定功能，或者运行参数超出规定的许可范围的事件或现象，可表现为动作、温度、声音、外观和气味以及其他理化指标的异常。产生故障的根本原因可分外因和内因：外因主要包括恶劣的工作环境、不正确的操作、不按规定进行维护保养、不按规定提供合格燃料和各种工作介质，以及事故性损坏等方面的因素；内因主要有机件的磨损、汽蚀、腐蚀、氧化、老化、变形、松弛、疲劳和设计制造缺陷等方面的因素。熟悉故障分类有利于掌握故障特征，明晰故障分析思路，减少诊断时的盲目性。故障分类方法主要有如下几种：根据是否可以直接观察到故障部位可分为直观性故障和隐蔽性故障；根据发展进程不同可分为渐进性故障和突发性故障；根据影响范围不同可分为局部性故障和整体性故障；根据影响程度不同可分为功能性故障和参数性故障。

11.1　故障诊断技术

故障诊断技术是以电子信息技术为代表的高新技术发展和社会对工业生产和科技发展需求相结合的产物，它最早起源于 1961 年美国阿波罗计划期间由美宇航局和美海军研究室负责组建的美国机械故障预防小组。英国、挪威、瑞典、日本等一些国家迅速开始跟进，在船舶诊断技术、声发射检测系统、轴承监测等方面取得重大进展，并在宇航、钢铁、化工、电力、铁路等部门得到广泛应用，最终由英国的 R. A. Collacot 博士于 1978 年正式提出机械故障诊断与状态监测这个新概念并为国际工程界广泛接受和传播。它的出现有着重要的时代背景和内涵：一是国际社会的一些重大工程项目迫使人们认识到发展故障诊断技术的重要性和迫切性，如：美国 1961 年执行的具有划时代意义的阿波罗计划、苏联切尔诺贝利核电站泄漏事故、日本 1964 年的新干线建设、英国 1970 年从节省资源和降低成本等角度出发提出的关于设备综合工程学和寿命周期研究等；再者 20 世纪 60 年代为计算机和电子技术大发展的年代，快速傅里叶变换和算法语言的出现，把信号分析技术从硬件到软件推到一个新的水平，人们可以把机械设备的可靠性、可用性、可维修性、经济性和安全性等要求都提高到一个新的高度。

　　故障诊断的主要内容包括：设备运行状态的监测，它根据机械设备在运行时产生的信息判断设备是否运行正常，其目的是早期发现设备故障的苗头；设备运行状态的趋势预报，它在状态监测的基础上预测设备运行状态的发展趋势，可以预知设备劣化的速度，以便为生产安排和维修计划提前做好准备；故障类型、程度、部位、原因的确定，它最重要的是故障类型的确定，即在状态监测的基础上，当确认机器已处于异常状态时所需要进一步解决的问题，其目的是为最后的诊断决策提供依据。

　　经过近 40 年的发展，故障诊断技术经历了三个重要的发展阶段：

　　① 第一阶段以设备状态监测为目标，主要以快速傅里叶变换、光谱分析、信号处理等技术为基础，称为状态监测阶段。

　　② 第二阶段以设备故障诊断为目标，以故障分类、模式识别、智能化专家系统和故障树计算、模糊逻辑计算、神经网络和基因计算等人工智能技术为基础，称为故障诊断阶段。由于工程机械故障的多样性、突发性、成因的复杂性和进行故障诊断所需要的知识对领域专家实践经验和诊断策略的依赖，智能化的故障诊断系统对工程机械尤为重要。智能诊断系统的构成主要包括人（尤其是领域专家）、现代模拟脑功能的硬件及其必要的外部设备、各种传感器以及支持这些硬件的软件。

　　美国、日本、德国和法国除对工程机械各功能部件进一步完善外，还广泛采用了实时故障诊断系统和电子控制。最为典型的是将虚拟现实技术应用于装载机，即在各功能部件实现自动控制的前提下，采用微机对装载机进行集中监控，使人机结合形成一种全新的控制模式。在此模式下，操作人员可以在驾驶室里或在更远的办公室里对装载机进行全方位的监视和控制，虚拟现实技术在装载机上的应用框图如图 11.1 所示。应用虚拟现实技术对装载机可实现位置识别和诱导、安全管理；利用专家系统建立的推理和学习机能，可实时判断处理装载机的运转状况，保证其高效、快速、准确和安全地进行作业。

　　③ 目前故障诊断技术已处于第三阶段，它以设备全过程经济管理为技术核心，以优化控制、经济运行、全寿命管理、系统工程等为内容，称为现代化管理阶段。目前，国际上除在故障诊断理论、技术和方法等方面进行研究外，在实际应用中也不断开发出新的监测诊断系统和仪器设备，如：美国 Bently Nevada 公司开发的 DM2000 系统、Westinghouse 公司的 PDS 系统、日本的 MHM 系统、瑞士 ABB 公司的 MACS

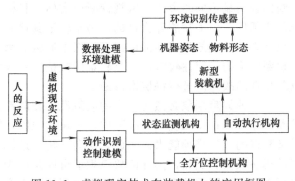

图 11.1　虚拟现实技术在装载机上的应用框图

系统、法国电气研究与发展部近年来发展的 PSAD 系统等，这些设备大多是基于网络的远程诊断系统，它们通过网络对多台设备同时进行在线监测和智能诊断，使得不同地区不同企业的不同部门都能同时获取设备运行状态信息，对设备进行在线监测、诊断和维护，极大地提高了对设备的科学管理效率。

　　国外的工程机械故障诊断技术相对成熟和完善，得到了广泛的应用。美国卡特彼勒公司利用 GPS、GIS 和 GSM 技术并将其宏伟计划命名为"采矿铲土运输技术系统（METS）"，它包括多种多样的技术产品，如无线电数据通信、机器监测、诊断、工作与业务管理软件和机器控制等装置。德国 O&K 公司开发的 BORD 电子监测系统，能监测与液压挖掘机作业和维修有关的全部重要参数，利用微处理机检查挖掘机作业数据、快速监测、评估和显示所计算的数据，可识别发生故障和超出极限值的趋势，在重大事故前显示报警信息。日本日立公司在 ZAXIS 系列液压挖掘机上安装了电子监测与故障诊断系统，可对挖掘机 40 种以上的作业状态进行实时检测，包括发动机机油压力、冷却水温度、燃油油位、液压油油位、空滤器堵塞、发动机转速、液压流量和所有电气系统参数，并具备报警功能；同时经过与该机相配的专用检测仪 Dr.Ex，可以自动诊断机器的故障。凯斯（Case）公司在 21B、C 系列装载机上采用的计算机监控系统，德国利渤海尔公司开发的液压挖掘机的 Litronic 系统，沃尔沃（Volvo）公司用于 L 系列装载机上的 Matris 软件包，Trimble 的 Site Vision GPS 系统，Leica 公司采用 GPS 技术的 Dozer2000 导航系统等，都具有故障诊断和报警功能。

在国内，20 世纪 90 年代以来，浙江大学、同济大学等高校开始研究工程机械故障诊断，并与广西玉林柴油机厂、长江挖掘机厂等企业合作开发了工况监测系统，实时监测液压、发动机、电气运行状态参数，并显示在液晶显示屏上，当检测到故障信息时，通过声、光、图像进行报警。2005 年，柳工机械股份有限公司完成了国家 863 项目"装载机远程服务系统与智能化挖掘机"，建立了柳工专用网络、挖掘机 GPS 硬件平台及专用软件，可以实现远程数据传输、故障诊断、遥控定位、锁机等功能。三一重工研究院自主研发了基于 GTRS 的远程监控平台。利用全球卫星定位技术（GPS）、无线通信技术（GPRS）、地理信息技术（GIS）、数据库技术等信息技术对工程机械的地理位置、运动信息、工作状态和施工进度等实施数据采集、数据分析、远程监测、故障诊断和技术支持。近年来，山河智能、一拖、柳工、徐工、厦工、中联、三一、福田、山推等企业集团都相继研究开发了工程机械电子监控系统。

11.2　故障诊断的主要思路

故障诊断是从故障现象出发，分析和查找故障原因的过程。故障诊断有常规诊断和深层诊断两种明显不同的形式。常规诊断以实体为目标，以找出故障部位，通过修理、更换有故障的零部件，以消除故障为目的，易于验证其诊断结果。深层诊断以影响因素为目标，以找出引起系统发生故障或零部件损坏的根本原因，采取相应的预防措施，具有较强的理论性，其诊断结论的确定性较差，也比较难以验证。一般性故障只需进行常规诊断，而重大故障或反复出现的故障应进行深层次诊断。

一定的故障现象必然与一定的故障原因相联系，分析现象与原因之间的内在联系是故障诊断的中心工作。在复杂的故障中，现象和原因之间的关系往往错综复杂，这就要求诊断者具备良好的分析推理能力。因此，逆向分析、逻辑推理、逐步逼近是故障诊断最基本和最实用的思想武器。当然，同样的故障现象可能是由于不同的故障原因导致的，相同的故障原因也可能产生不同的结果。因此，诊断时还须善于在复杂的系统中抓住主要矛盾，识别出主要因素。

11.3　故障诊断方法

（1）准备阶段

在准备阶段，最重要的工作是掌握原理，弄清现象。熟练掌握诊断对象的构造特征和工作原理是进行具体诊断和分析的前提，否则只能是瞎摸。进行深层诊断时，诊断人员还要掌握相关知识，具备综合分析能力。而弄清现象是进行诊断的依据，对相关人员反映的情况要进行仔细核实，而由诊断人员亲自操作试机是最好的方法。在熟悉原理、抓准现象后应进行必要的推理分析，缩小查找范围，抓住重点。同时，要善于借助常用的分析工具，如因果图、故障树和流程图等进行辅助推理分析，做到掌握全局，避免疏漏。

（2）查找阶段

① 坚持原则，少走弯路。查找故障时，必须坚持由简到繁的基本原则，即要做到由表及里，先易后难，先低压后高压，先控制后主流。这就把容易查找或能够准确判断的因素先期进行排查，避免出现"小题大做"的情况。在使用测量和试验手段时也要优先选择简单易行的方法。如液压故障诊断时，优先进行压力测量，最后才考虑使用流量试验。对发动机负荷变化引起的明显的转速变化和排气颜色变化也完全能通过操作人员的耳目直接判断。

② 注意抓住重点，集中突破。要注意识别系统的串并联关系，善于分区域、分段落进行检查。对能够准确判断或排除故障范围的检查项目，可安排重点检查，这样有利于尽快缩小查找范围，做到集中力量，有的放矢。诊断过程中要不断把已确定或排除的因素和最新的故障现象进行进一步的分析判断，以更好地选择下一步行动。

③ 重视测量和比较所规定的条件，避免出现误判。查找故障时，进行必要的测量和试验。实际工作中，测量和试验的条件（如发动机水温、油温、转速、液压油黏度、温度、操作状态和环境温度等）往往容易被忽视，这样就有可能对测试结果产生重大影响，有时甚至会产生相反的结论。另外，测量和试验过程中不但要观察和记录特定操作状态下的参数和状况，还要特别注意观察不同操作动作及其转换过程中被监测参数的变化趋势。

11.4 工程机械电气系统故障诊断技巧

工程机械主要工作系统通常都具有比较明确的逻辑关系，如动力系统以串联为主，串并结合；而控制系统以并联为主。这就非常有利于使用对比试验和逻辑推理的方法进行故障诊断。工程机械电气设备故障率较高，同时引起电气设备发生故障的因素也很多，但归纳起来主要是电器元件损坏或调整不当、电路断路或短路、电源设备损坏等。检修工程机械电气系统，需要在弄懂基本结构和原理的前提下，熟练掌握和灵活运用检修的基本方法。每一种方法都有它的应用条件。当遇到具体故障时，通过仔细分析，选择一种合适的方法，准确迅速地找出故障点或损坏的电器部件。其几种常用的方法如下。

（1）宏观检查法

电气设备发生故障多表现为发热异常，有时还冒烟、产生火花、工程机械工况突变等。这些现象通过感觉器官，看、问、听、摸、闻等宏观手段判断故障位置和故障性质，就可直观地发现故障所在部位。

（2）分段查找法

分段查找法是将一个系统根据结构关系分成几段，然后在各段的输出点进行测量，迅速确定故障在哪一段内。由于分段查找法是在一个缩小的范围内查找故障，因此故障诊断效率大为提高。

（3）导线短路试验法与拆线试验法

短路试验法是用一根良好的导线由电源直接与用电设备进行短接，以取代原导线，然后进行测试。如果用电设备工作正常，说明原来线路连接不好，应再继续检查电路中串接的关联件，如开关、熔断器或继电器等。例如，当打开转向开关时，转向指示灯不亮，可用跨接线短接闪光器，若转向灯亮，则说明闪光器已损坏。

拆线试验法是将导线拆下来，以判断电路中的短路故障，即将某系统的导线从接线点拆下，若搭铁现象消除，表明此段线路搭铁。

（4）搭铁试火法

用导线或其他导体做短路搭铁划火实验。搭铁试火法分为直接搭铁和间接搭铁两种。直接搭铁试火，是未经过负载而直接搭铁试火，看是否产生强烈火花。间接搭铁试火，是通过某一负载而搭铁试火,看是否有微弱火花或无火,来判断是否有故障。此法操作简单而实用,是工程机械维修电工和驾驶员最常用的诊断方法。但在使用时必须十分慎重,如果使用不当,会损坏电子设备和电控电路。

(5)断路法

当电气系统发生搭铁短路故障时,将电路断路,故障消失,说明此处电路有故障,否则该路工作正常。

(6)替换法

替换法是将认为已损坏的部件从系统中拆下,换上一个规格相同、性能良好的电器去代替可能有故障的电器工作,进行比较判断,以判断机件是否有故障,也称置换比较法。诊断时,如换上新件后系统能正常工作,则说明其他器件性能良好,被替换的元器件已损坏;如果不能正常工作,则故障在本系统的其他部件上。替换法在工程机械电气系统的故障诊断中应用十分广泛。

(7)试灯检查法或刮火检查法

试灯检查法或刮火检查法,用来检查电路的断路故障。

试灯检查法是用一个车用灯泡作试灯,检查电器或电路有无故障。它用试灯的一根导线搭接电源接点,若试灯亮,表示由此至电源线路良好,否则表明由此至电源断路。此方法特别适合不允许直接短路或带有电子元器件的电器。其测试灯有带电源的测试灯和不带电源的测试灯两种。对带电源的测试灯,常用于模拟脉冲触发信号等;不带电源的测试灯,常用来检查电器和电路有无断路或短路故障。用测试灯检查交流发电机是否发电是一种比较安全和实用的方法。

刮火检查法与试灯检查法基本相似,即将某电路的怀疑接点用导线与搭线处刮碰,若有火花出现,表明由此至电源的线路良好,否则表明此处线路断路。用刮火的方法检查电器绕组(如电动刮水器定子绕组)好坏时,使绕组一端搭铁,另一端与电极刮火,根据火花的强弱程度和颜色来判断故障。若刮火时出现强弱的火花,多数是电器绕组匝间严重短路;若刮火时无火花,表明电路绕组匝间断路;若刮火时出现蓝色小火花,表示电器绕组良好。

(8)熔断器故障诊断法

工程机械上各用电设备均应串接熔断器,通过检查车上电路中的保险器是否断开或熔断丝是否熔断,来判断故障。若某熔断器常被烧断,说明此用电设备多半是搭铁故障。

(9)仪表法

仪表检查法(仪表诊断法)也叫直接测试法。它是利用测量仪器直接测量电器元件的一种方法。利用车上的仪表指针转动情况,判断故障。特别是电流表接在整个电气系统的公共电路上,利用它可直接判断仪表电路、灯光电路、点火电路的故障。采用这种方法诊断故障,应首先清楚被测电器件的技术文件规定值,然后再测当前值,将两者进行比较,即可查明故障。如转速传感器可能有故障,可用万用表或示波器直接测试器件的各种性能指标。再如,可用万用表检查交流发电机励磁电路的电阻值是否符合技术要求,若被查对象电阻值大于技术文件规定,说明励磁电路接触不良,若被测电路电阻值小于技术文件规定值,说明发电机的电磁绕组有短路故障。此外,还可通过测量某电气设备的电压或电压降来判断故障。仪表法是检查电器故障最常用的方法。

(10)跟踪法

跟踪法也就是顺序查找法。电气系统故障诊断时,通过仔细观察和综合分析来追寻故障,一步一步地逼近故障的真实部位。例如,查找汽油机的点火系低压电路断路故障时,可先打开点火开关,查看电流表是否有电流显示;若没有,再查看保险装置是否断路等,最后再查看蓄电池是否有电等。由于工程机械电气系统属于串联系统,跟踪法实际上是顺序查找法。查找电路故障有顺查法和逆查法两种。查找电路故障时，由电源至用电设备逐段检查的方法称为顺查法。逆查法是指查找电路故障时，由用电设备至电源作逐段检查的方法。

（11）特性诊断法

检查电气设备的电磁线圈是否断路，有时不必拆开电气设备，可接通被检查对象的电源，然后将螺丝刀放在电磁线圈的支承部分的周围，看螺丝刀是否有被吸的感觉，如果有，说明此电磁线圈没有断路。经验丰富的工作人员还可以根据吸力的大小判断电磁线圈损坏的程度。

（12）条件改变法

工程机械中，有些故障是在一定的条件下才有明显表现，有些故障间歇性地出现。针对这类故障，经常采用条件改变法来查找故障。条件改变法可分条件附加法和条件去除法。条件附加法是指在某些条件下故障不明显，若此时诊断该机件是否有故障，则必须加上一些条件。条件去除法则相反，正因为有这些条件，故障现象不明显，必须设法将该条件除去。例如，许多电子元器件在低温时工作良好，但当温度稍高时就不能可靠地工作，此时可采用一个附加环境温度的方法，促使该故障明显化。常用的电子系统条件改变法有下列几种：

① 振动法。如果振动可能是导致故障的主要原因，则在模拟试验时可将连接器在垂直和水平方向轻轻摆动，将电路的配线在垂直和水平方向轻轻摆动。试验时，连接器的接头、支架、插座等都必须仔细检查，并应用手轻拍装有传感器的零件，检查传感器是否失灵。注意不要用力拍打继电器，否则可能会使继电器开路。进行振动试验时，可用万用电表检测输出信号，观察振动时输出的信号有无变化。

② 加热法。当某一部位可能是受热引起的故障时，可用电吹风机或类似的工具加热可能引起故障的零件，检查此时是否出现故障。注意加热时不可直接加热电子集成块中的元件，且加热温度不得高于60℃。

③ 水淋法。当故障可能是由雨天或高温潮湿环境引起时，可将水喷淋在机械上，检查是否有故障产生。注意此时不要将水直接喷淋在机器的零件上，而应间接改变温度与湿度。试验时，不可将水喷淋在电子元器件上，尤其要防止水渗漏到电子集成块的内部。

④ 电器全部接通法。当故障可能是电负荷过大而引起时，可采用接通全部电器（增大负荷）的方法，观察此时故障是否产生。

⑤ 工作模拟试验法。通过工作试验模拟故障出现时的工况，以检查故障是否存在。

11.5　自诊断技术

现代机械设备的电子控制系统很多都装有自动诊断系统，如发动机、变速器、ABS系统、空调系统等。现代汽车、工程机械发动机的电子控制系统中的故障自诊断系统可通过各种传感器对运行中发动机进行实时监控，将传感器传来的数据与设定值进行对比，自行及时地判断发动机的工作是否正常。若出现故障，也可及时准确找出故障所在的部位。

自诊断系统于1979年在美国通用汽车公司正式问世，经历了自由发展阶段，即各厂家各自发展自己的自诊断系统，同样的故障而故障码形式、读取方式、显示方式均不同。这阶段自诊断系统也比较简单，缺乏统一的规范，使用的仪器设备也不尽相同，通用性差，限制了推广及使用。20世纪80年代和90年代初期，美国制定了第一代车载自诊断系统标准，称为OBD-Ⅰ系统，1994年美国汽车工程师协会（SAE）又推出了第二代车载自诊断系统标准，称为OBD-Ⅱ系统，此套自诊断系统不仅使诊断测试技术、诊断工具、故障码、诊断连接接口均趋于统一，还为推广普及应用自诊断系统创造了良好条件。

自诊断系统工作原理就是在微机控制发动机系统中，许多部位都装有各种传感器，以监控发动机的工作状态。在正常工作状态下，传感器传来的电信号（输入、输出）都是在规定的范围内变化的。当某一部件或某一电路传来的信号偏离规定值范围，或出现微机无法识别的信号时，微机经与设定值相比较，确认为异常情况，则系统就可判定为出现故障，并通过故障码（diagnostic trouble code，简称DTC）的形式显示出故障大致部位及性质，以便于检修。

例如，为防止起重机倾翻，通过微机对传感器输入的信息进行运算处理，一旦有危险立即发出警报，显示其状态并使安全装置起作用；在坡地作业的机械上装设带倾斜仪的防倾翻装置；在柴油机上广泛采用电子控制喷射系统，该系统由传感器、电子控制（ECU）和执行器三部分组成。电子控制单元ECU具有故障自诊断功能，用以监测控制系统各部分的工作状态，当ECU检测到来自传感器和执行器的故障信号时，立即将警示灯点亮，同时将故障信息以故障码的形式存入存储器中；检查车辆时，可将存储器中的故障信息（故障码）调出，以灯光闪烁的方式或直接通过检测仪器显示出来，帮助修理人员判断故障的类别和范围；车辆说明书给出了每个故障代码的内容及测试、诊断、维修步骤；故障排除后应清除存储器中的故障码，以免与新的故障码混杂，给检修带来困难。广泛采用电子控制防抱死制动系统（简称ABS），也配置有自诊断系统，在制动过程中，电子控制装置（ABS-ECU）根据来自车轮轮速传感器的输入信号对各车轮的运动状态进行分析和判断，形成相应的防抱死控制指令，并调节制动压力，同时实时监测系统状态，一旦发现系统中存在影响其正常工作的故障时，根据相应情况编制出故障码并传送入存储器中，同时电子控制装置将自动切断整个ABS系统，恢复为常规制动。检修人员根据ABS自诊断系统的使用指南进行操作，即可将故障代码读出并进一步检查。

下面以点火系统故障诊断为例较为详细地说明自诊断系统工作原理，见图11.2。

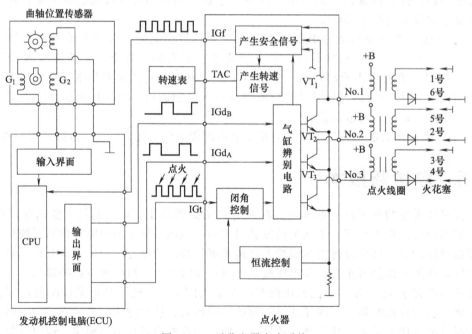

图11.2　无分电器点火系统

当点火系统正常时，微机不断地向点火控制器发出点火信号（IGt），控制三极管的导通与截止，接通、切断点火线圈初级电路，在次级产生高压，火花塞跳火点燃混合气以完成点火任务。每当三极管截止时，点火线圈初级绕组产生电压信号（自感电动势）送入点火控制器中的点火监测回路，而点火监测回路一旦接收到此信号，又将反馈信号（IGf）反馈到微机，正常情况下，只有微机接收到点火反馈信号（IGf）才能确认点火系统正常。

当点火系统出现故障时，点火监测系统接收不到点火信号电压，也就无法反馈信号给微机，微机未能接收到反馈信号（IGf）就会判定点火系统出现故障，在进行系统自检时就会显示相应故障码。但并不是一次没有点火反馈信号（IGf）微机就判定点火系统出现故障，一般连续出现3～5次，系统才会确定为点火系统故障，防止出现误判。当点火系统出现故障，火花塞就不能点火，但若曲轴位置传感器无故障，则喷油器就会照常喷油。为防止出现此类情况，微机一旦接收不到点火反馈信号（ICf），就会同时采用措施停止喷油，避免浪费及油淹火花塞。

11.6 发动机上的自诊断系统

车载自诊断系统一旦检测到发动机电子控制系统出现故障，系统就会将此信息以代码的形式存储在存储器内，只要蓄电池有电，就不会丢失故障码。因此，带有车载自诊断系统的汽车及工程机械出现故障时，不得随意拆下电源正极线或搭铁线，以防丢失故障码。

一般有两种读取故障码的方法，一是采用车载自诊断系统直接读取；另一种采用专用检测仪器读取故障码。

（1）直接读取故障码

采用第一代车载自诊断系统（OBD-Ⅰ）的汽车，由于车型不同、生产厂家不同，直接读取故障码的方法也不尽相同。一般是将特定的信号诊断端子短接，则自诊断系统启动自检功能，读取存储在存储器中的故障码，并顺序显示出来。

一般故障码的显示方式有3种形式，大部分汽车采用仪表盘上发动机故障指示灯的闪烁规律显示故障码（如采用OBD-Ⅰ系统各厂家的故障码是不同的）；采用发光二极管闪烁规律显示故障码；采用液晶显示器以数字直接显示故障码。排除故障后，必须清除故障码，否则它会一直保存在存储器中，而一旦有新的故障出现时，会连同新的故障码一同显示出来。故障码的清除方法（不同车型的清除方法可能有差异）如下。

① 使点火开关处于关闭状态（OFF），拔掉发动机EEI熔断器盒内EFI熔断丝，保持10s以上，即可清除故障码。当外界温度较低时，可适当延长时间。

② 再将特定的信号诊断端子短接，一般比读取故障码时间要短。

③ 拆下蓄电池负极搭铁线并保持20s，但此种方法不能用于安装有防盗装置的车辆，除非在搞清其解密方法的前提下才可进行。

（2）专用检测仪器读取故障码

汽车专用检测仪器也称汽车电脑检测仪或电脑解码器或汽车扫描仪，使用时需将诊断接口插入车辆专用接口中，按使用说明连接各端子，再输入被测车辆的型号及车辆识别码，在面板上选择检测项目。按屏幕的提示信息操作，运行相应的检测程序，检测车辆各电子控制系统，一旦检测到故障，便以故障码的形式显示在屏幕上，就可读取故障码及相关信息。

应用故障代码诊断故障的诊断流程见图11.3。

11.7 工程机械上的自诊断系统

以微机为核心的电子控制系统一般都具有自动诊断功能，在工作过程中，控制器要不断地检测和判断各主要元件的工作是否正常。若发现电信号异常，控制器以故障代码的形式向

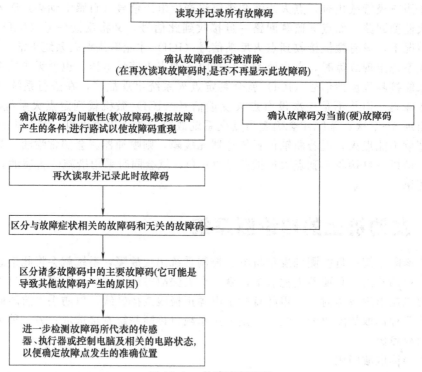

图 11.3 故障诊断流程

驾驶员发出警示，并指明故障的部位及原因，以帮助检修人员迅速查找并排除故障。

（1）大宇重工 DH220 型和 DH280 型挖掘机电子控制系统自诊断功能

大宇重工 DH220L 型和 DH280 型挖掘机 EPOS 控制器具有故障自诊断功能，通过观察其上的检测屏幕，可以从所显示的故障代码来判断系统是否正常，若有故障就能通过其判断故障部位及原因。EPOS 控制器显示屏幕上所显示故障代码的含义见表 11.1。

表 11.1 大宇重工 DH220L 型和 DH280 型挖掘机电控系统故障自诊断

显示字母	故障位置	产生故障的原因
U	发动机转速传感器	在 H 模式时,转速传感器没有信号输出
P	加速踏板行程开关	在 H 模式时,行程开关处于断开的状态
O	模式选择开关	模式选择开关未接通
E	电磁比例减压阀	EPOS 控制器与电磁比例减压阀之间有搭铁
L	F 模式电磁换向阀	在 F 模式时,电磁换向阀断路或搭铁
P	自动急速电磁换向阀	自动急速电磁换向阀断路或搭铁

（2）小松 PC-2005-5 挖掘机电子控制系统故障自诊断功能

小松 PC-2005-5 挖掘机电子控制系统控制器上安装有 3 只发光二极管，通过发光二极管的亮与灭的组合来显示系统是否正常。若不正常，则显示故障的部位及原因。

① 将启动机开关转至"接通"位置时，3 只二极管（颜色分别为红、绿、红）首先进行车型显示，如表 11.2 所示。

表 11.2 小松挖掘机车型标记显示

机型	发光二极管（LEDS）	机型	发光二极管（LEDS）
PC200	红●绿○红○	PC200-5	红○绿●红○

② 约 5s 后，进入系统的工作正常显示（见表 11.3）或故障显示（见表 11.4）。

表 11.3　小松挖掘机正常标记显示

二极管颜色	红	绿	红	二极管颜色	红	绿	红
正常显示	○	●	○	通断状态	断	通	断

表 11.4　小松挖掘机电控系统故障自诊断显示

前后顺序	发光二极管（LEDS）	故障部位及原因	前后顺序	发光二极管（LEDS）	故障部位及原因
1	红绿红 ○○○ 断断断	电源系统或控制系统	4	红绿红 ○○● 断断通	调速电机断路
2	红绿红 ●○● 通断通	调速电机有部分短路	5	红绿红 ●●○ 通通断	调速电机电位器异常或电机失调
3	红绿红 ●○○ 通断断	蓄电池继电器有短路	6	红绿红 ●●● 通通通	燃油控制盘电路异常

③ 若电子控制系统有两种以上的故障，发光二极管将按照表 11.4 的前后顺序进行显示。

④ 排除故障后，自诊断系统的显示将停止。

（3）液压起重机电子控制系统的全自动防止超载装置（ACS）的故障自诊断功能

当起重机吊装作业中发生操作错误或故障时，则点亮故障指示灯，ACS 系统的显示器上出现故障代码（或称错误代码），起重机会自动停止吊装作业。当起重机发生故障时，便以故障代码的形式显示在 ACS 的显示器上，见图 11.4。

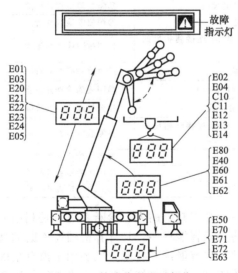

图 11.4　故障代码显示部位

故障代码的含义及排除方法如表 11.5 所示。

（4）工程机械故障诊断专家系统

随着工程机械的发展，机、电、液一体化在工程机械上的应用愈加广泛，对工程机械的故障诊断及维修提出了更高的要求。依靠传统的检查故障方法不能满足现代工程机械故障诊断与维修的要求。虽然借助各种检测仪器能够提高工作效率及维修质量，但这也受到维修人员自身的素质、经验及运用检测仪器水平的影响。

表 11.5　故障代码含义及排除方法

故障代码	故障内容	检修措施
E01	随机存储单元 RAM 故障	更换中央处理器 CPU 电路板
E02	只读存储元件 ROM 故障	①更换可编程序只读存储单元 ROM ②更换中央处理器 CPU 电路板
E03	稳定电源故障	参照故障检查并排除
E04	模拟信号不良	①拆卸每一个外部插接件加以检查 ②检查输入输出电路和元件 I/O 电路板
E05	内部运算不良	①检查来自检测元件的输入信号 ②更换可编程序只读存储器 ROM
E10	支腿状态转换开关置于两个转换位置之间	①检查支腿状态转换开关及转换位置的指示灯 ②更换仪表盘电路板 ③更换输出输入电路和元件 I/O 电路板
E11	支腿状态转换开关置于"不打开支腿"位置而前倾千斤顶指示灯电亮	①检查实际是否处于左述的状态 ②更换仪表盘电路板 ③更换输出输入电路和元件 I/O 电路板
E12 E13 E14	支腿状态转换开关故障	①检查支腿状态指示灯 ②更换仪表盘电路板 ③更换输出输入电路和元件 I/O 电路板
E20	起吊臂作业状态转换开关置于两个转换位置之间	①检查吊臂作业状态转换开关及指示灯 ②更换仪表盘电路板 ③更换输出输入电路和元件 I/O 电路板
E21	来自起吊臂置于转换开关的输入信号不符合可编程序只读存储器 ROM 的内容	①检查只读存储元件 ROM 和仪表盘 ②更换仪表盘电路板 ③更换输出输入电路和元件 I/O 电路板
E22 E23 E24	起吊臂作业转换开关故障	①检查吊臂作业状态显示灯 ②更换仪表盘电路板 ③更换输出输入电路和元件 I/O 电路板
E40	臂杆长度信号超过最大值	参照故障检查并排除
E50	臂杆角度信号超过 90°	参照故障检查并排除
E60	将压力检测部 p_1 和 p_2 连接到相反的位置时出现	参照故障检查并排除
E61	p_1 超过规定上限值	参照故障检查并排除
E62	臂杆角度大于 10° 时 $p_1 = 0$	参照故障检查并排除
E63	检测时 p_1 值不符合规定	参照故障检查并排除
E70	将压力检测部 p_1 和 p_2 连接到相反的位置时出现	参照故障检查并排除
E71	p_2 超过规定上限值	参照故障检查并排除
E72	p_2 值运算错误	参照故障检查并排除
E80	回转角度信号不良	参照故障检查并排除

　　故障诊断专家系统是一种基于知识的人工诊断系统，是利用大量人类专家的知识和推理方法求解复杂的实际问题的人工智能程序，是计算机辅助诊断的高级阶段。故障诊断专家系统是研究最多、应用最广的一类智能诊断技术，主要用于没有精确数学模型或很难建立数学模型的复杂系统。专家系统的主要问题是知识获取困难、运行速度慢。在采用先进传感技术与信号处理技术的基础上研制开发的故障诊断专家系统，将现代科学的优势同领域专家丰富经验与思维方式的优势结合起来，是故障诊断技术发展的主要方向。故障诊断专家系统的计算机系统通过对传感器传来的各种电信号进行分析、比较、计算等处理，输出机械技术状况的信息，从而指导工程机械操作、维修人员了解机械的技术性能指标，对机械进行故障的预测、预防、预报，对已出现的故障报警，并指导维修人员判断故障。

　　工程机械故障诊断专家系统由采集机、中继机和分析处理机组成。采集机安装在工程机械上，主要负责数据采集、临时存储、机械故障再现报警等；中继机是采集机与分析处理机的数据传递设备；分析处理机对数据进行分析、处理并输出。三者关系如图 11.5 所示。

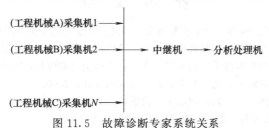

图 11.5　故障诊断专家系统关系

系统停机时，数据采集机处于待命状态，依靠自身所带的电源保持数据。工程机械驾驶操作人员无法改变采集机所存储的数据，以保证采集数据的真实性和可靠性。工程机械处于工作状态时，采集机立即采集并存储各传感器传来的各种数据。其硬件系统组成见图 11.6。

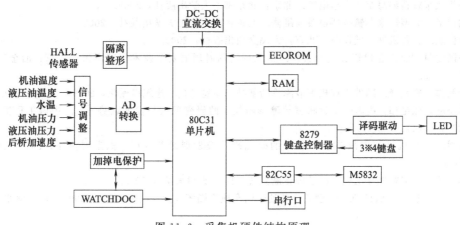

图 11.6　采集机硬件结构原理

该系统的软件系统由采集机处理系统、中继机处理系统和分析处理机系统三部分组成。采集机系统主要负责工作模式识别、传感器智能识别、数据采集、存储满提示和数据越限报警、中继机单行通信、维修调试等；中继机处理系统主要负责接收采集机的数据并将其传递到分析处理机，读取、显示和修改采集机构的时钟等；分析处理机系统主要负责数据查询、数据的综合统计与故障趋势分析、机械状态提示和结果输入、输出等功能。

参 考 文 献

[1] 王力群，王昕，燕学智. 电器、电子控制与安全系统. 北京：化学工业出版社，2005.

[2] 梁杰，于明进，路晶等. 现代工程机械电气与电子控制. 北京：人民交通出版社，2005.

[3] 冯久东. 公路工程机械电器电子控制装置. 北京：人民交通出版社，2005.

[4] 崔生杰. 工程机械机电液一体化. 北京：人民交通出版社，2000.

[5] 陈六海. 电气设备与修理. 北京：国防工业出版社，2008.

[6] 王安新. 工程机械电器设备. 北京：人民交通出版社，2009.

[7] 寇长青. 工程机械基础. 成都：西南交通大学出版社，2001.

[8] 赵学斌，王凤军. 汽车电器与电子控制技术. 北京：机械工业出版社，2006.

[9] 毛峰. 汽车电器设备与维修. 北京：机械工业出版社，2005.

[10] 吴基安，吴洋. 汽车电子新技术. 北京：电子工业出版社，2006.

[11] 麻友良. 汽车电器与电子控制系统. 第2版. 北京：机械工业出版社，2007.

[12] 凌凯汽车资料编写组. 汽车电工. 北京：北京邮电大学出版社，2006.

[13] 姚国平. 大型运输车辆电器设备与维修. 北京：北京理工大学出版社，2005.

[14] 赵仁杰. 工程机械电气设备. 北京：人民交通出版社，2002.

[15] 中国建筑工业协会建筑安全分会编. 施工现场临时用电安全技术规范图解. 北京：冶金工业出版社，2009.

[16] 杜艳霞，郭斌峰. 国外工程机械故障诊断新技术概览 [J]. 建筑机械化，2009，(9)：88-89.

[17] 简小刚，张艳伟，冯跃. 工程机械故障诊断技术的研究现状与发展趋势 [J]. 中国工程机械学报，2005，3 (4)：445-449.

[18] 龚雪. 工程机械智能故障诊断技术的研究现状及发展趋势 [J]. 机床与液压，2011，39 (14)：124-126.

[19] 傅宗元. 机群智能化工程机械故障诊断系统 [D]. 天津大学，2003.

[20] 李自广. 解放 CA4158K2R5 型长头柴油牵引车线束图解 [J]. 汽车电器，2009，(4)：18-25.